"十三五"职业教育系列教材

（第四版）

建筑制图与阴影透视

主　编　魏艳萍
编　写　马　丽　董　南　李　莹
　　　　邢国清　郭正煊　刘双英

中国电力出版社
CHINA ELECTRIC POWER PRESS

内 容 提 要

本书是“十三五”职业教育系列教材。全书共分三篇，第一篇为制图基本知识，包括制图工具、仪器及用品，基本制图标准，绘图的一般步骤和方法，几何作图；第二篇为投影作图，包括投影的基本知识，点、直线、平面的投影，基本体的投影，组合体的投影，轴测投影，剖面图和断面图，建筑阴影，透视投影；第三篇为专业制图，包括建筑施工图，结构施工图，室内设备施工图，装饰装修施工图。

本书在编写过程中，以“应用”为主旨，在理论上坚持“必需、够用”的原则，深入浅出，图文结合，特别是书后所附整套施工图，把专业制图与实际工程紧密结合在一起，起到了画龙点睛的作用。

与本书配套的《建筑制图与阴影透视习题集》同时出版，供参考选用。

本书可作为建筑类专业教材，也可作为建筑工程技术人员自学和参考用书。

图书在版编目(CIP)数据

建筑制图与阴影透视/魏艳萍主编. —4版. —北京：中国电力出版社，2018.8(2022.7重印)
“十三五”职业教育规划教材
ISBN 978-7-5198-1773-2

Ⅰ.①建… Ⅱ.①魏… Ⅲ.①建筑制图-透视投影-职业教育-教材 Ⅳ.①TU204

中国版本图书馆CIP数据核字(2018)第037716号

出版发行：中国电力出版社
地　　址：北京市东城区北京站西街19号（邮政编码100005）
网　　址：http://www.cepp.sgcc.com.cn
责任编辑：孙　静
责任校对：黄　蓓　李　楠
装帧设计：张俊霞　张　娟
责任印制：吴　迪

印　　刷：北京九州迅驰传媒文化有限公司
版　　次：2014年2月第一版　2018年8月第四版
印　　次：2022年7月北京第十八次印刷
开　　本：787毫米×1092毫米　16开本
印　　张：20.5
字　　数：496千字
定　　价：**62.00**元

前　言

21世纪是科技高速发展的世纪，建筑行业面临的是一个经济全球化、信息国际化、知识产业化、学习社会化、教育终身化的崭新时代。培养高等应用型技术人才，提高从业人员的整体素质，是我国现代建筑行业蓬勃发展的迫切需要。高等职业技术教育就是培养适应生产、建设、管理、服务第一线需要的高等技术应用型人才。目前，随着我国高等职业技术教育改革的深化，高等职业技术建筑类专业迫切需要一套新的教学计划及配套教材，以使培养的学生能更好地适应社会及经济建设发展的需要。

本书是在总结高等职业技术教育经验的基础上，结合我国高等职业技术教育的特点，在保持原版编写风格基础上编写的。适用于建筑设计技术、建筑装饰、城市规划等专业的教学使用，同时也适用于工业与民用建筑、给水排水、供暖通风、建筑设备安装和工程造价等专业相应课程的教学使用，还可作为二级注册建筑师资格考试复习参考资料。

本书内容的编写，采用了最新国家标准和有关规范；同时适当降低了画法几何的深度，更加注重专业制图理论与实际工程的结合，力求做到以“应用”为主旨，在理论上坚持“必需、够用”的原则，注重基本理论、基本概念和基本方法的阐述，深入浅出、图文结合，使其更具有针对性和实用性。

为适应教学需要，同时出版了与本书配套的《建筑制图与阴影透视习题集》与教学课件。

本书由山西建筑职业技术学院魏艳萍教授主编，并承担全书的统稿和校核工作。参加编写工作的有魏艳萍（绪论、第一、二、三、四、五、六、九、十、十三章及附图）、山西建筑职业技术学院马丽（第七、八章）、山东城市建设职业学院董南（第十一章）、山东城市建设职业学院李莹（第十二章）、山东城市建设职业学院邢国清（第十五章及附图）、山西建筑职业技术学院郭正烜（第十六章及课件制作）、山西建筑职业技术学院刘双英（第十四章）。

本书在编写过程中，参考了部分同学科的教材、习题集等文献（见书后的“参考文献”）；同时，在使用过程中，广大读者提出了许多非常宝贵的修改意见，在此谨向文献的作者及广大读者表示深深的谢意。

限于编者水平，书中的缺点和不足之处难免，恳请使用本书的广大读者批评指正。

编　者
2018.7

目　　录

第三篇　专 业 制 图

绪　　论

一、本课程的性质与任务

在建筑工程中，无论是建造工业建筑还是民用建筑，都要依据设计完善的图纸进行施工。这是因为建筑物的形状、大小、结构和做法等，都不是用人类的语言或文字能描述清楚的。而图纸却可以借助一系列的图样，将建筑物各个方面的形状、大小、内部布置、细部构造、结构、材料及其他施工要求等，按照国家制图标准，准确而详尽地在图纸上表达出来，作为施工的依据。所以，图样是建筑工程中不可缺少的重要技术资料，是工程界的共同语言。

建筑制图是研究工程图样的绘制和识读规律的一门学科，是工程技术人员表达设计意图、交流技术思想、指导生产施工等必须具备的基本知识和技能。

本课程是一门既有理论又有实践的专业基础课，其主要任务是培养学生的基本操作能力、抽象思维能力、专业绘图能力及识读建筑工程图的能力。

二、本课程的主要内容

1. 制图基本知识

制图基本知识包括介绍制图工具、仪器及用品的使用与维护，基本制图标准，绘图的一般步骤及几何作图方法。

2. 投影作图

投影作图主要介绍投影的基本知识和基本理论，包括正投影、轴测投影及透视投影。主要学习正投影原理，这是制图的理论基础，也是本课程的重点内容。

3. 专业制图

专业制图包括房屋建筑施工图、结构施工图、室内设备施工图及装饰装修施工图等。主要介绍各专业施工图的特点、识读方法与绘制方法。

三、学习本课程的要求

通过本课程的学习，应达到下列基本要求：

(1) 能正确使用绘图工具、仪器，掌握正确的画图方法和步骤。

(2) 熟悉现行房屋建筑制图标准。

(3) 会用形体分析法指导画图、看图和标注尺寸。

(4) 作图时投影正确，定形、定位尺寸齐全，布图匀称，图面整洁，字体工整。

(5) 掌握正投影的基本理论和作图方法以及轴测投影、透视投影的基本知识和画法。

(6) 了解建筑工程图的主要内容，能绘制和识读本专业的一般施工图，会查阅本省建筑构配件通用图集。

四、本课程的学习方法

本课程是一门专业基础课，系统性、理论性及实践性较强。学习时要讲究学习方法，才能提高学习效果。

(1) 认真听讲，及时复习，理解和掌握作图与识图的基本理论、基本知识及基本方法。

（2）在做作业和练习过程中，要独立思考，反复不断地查阅有关教材的内容，以解决所遇到的疑难问题和检查所做练习、作业的正确程度，从而也对教材内容加深理解。这是针对制图“容易学，难掌握”的特点所必须采用的一种方式。

（3）多画图、多识图，从物到图，从图到物，反复训练，理论联系实际，培养空间想象能力。

（4）正确处理好画图与识图的关系。画图可以加深对图样的理解，提高识图能力。画图是手段，识图是目的，对于高职院校的学生，识图能力的培养尤为重要。

（5）平时注意多观察周围的建筑物，积累一定的感性认识，这样有助于基本理论的掌握。

（6）由于工程图样是施工的依据，图样上的一丝差错都会给工程造成损失。因此在学习时，应严格遵守国家制图标准，培养严肃认真、一丝不苟的工作态度和耐心细致的工作作风。同时良好的职业道德和敬业精神也是现代企业对高职院校毕业生的基本要求。

第一篇　制图基本知识

第一章　制图工具、仪器及用品

学习建筑制图，必须了解制图工具和用品的构造、性能及特点，熟练掌握它们正确、合理的使用方法，并注意经常维护、保养，这是提高绘图水平和保证绘图质量的前提条件。

第一节　制图工具、仪器

一、绘图板

绘图板是固定图纸用的绘图工具。板面一般是用胶合板制作而成，四周边框镶有硬质木条，如图 1-1 所示。板面要求平整，图板的四边要求平直、光滑。图板的工作面确定后，左侧为图板的工作边。图板应防止因受潮、暴晒和重压而变形。

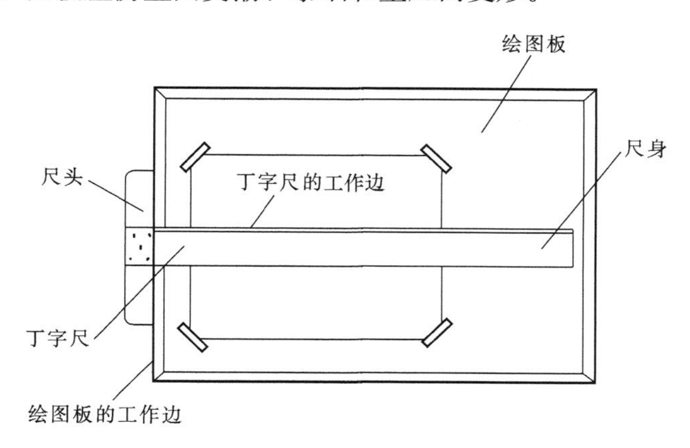

图 1-1　绘图板与丁字尺

图板有不同的大小规格，在制图时多用 1 号或 2 号图板。

二、丁字尺

丁字尺是画水平线的绘图工具。它由互相垂直的尺头和尺身组成，如图 1-1 所示。使用时必须将尺头内侧紧靠图板左侧工作边，然后上下推动，并将尺身上边缘对准画线位置，用左手压紧尺身，右手执笔，从左到右画线，如图 1-2 所示。使用时，只能将尺头靠在图板左侧边，不能靠在图板的右边或上、下边使用，也不能在尺身的下边画线，如图1-3所示。

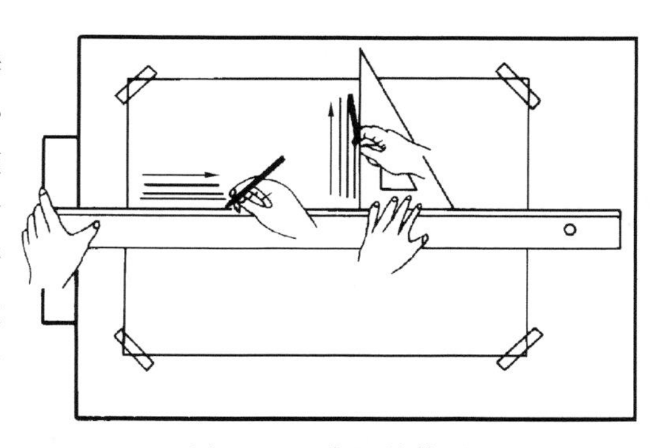

图 1-2　丁字尺的使用

丁字尺使用完毕后，要挂置妥当，不要随便

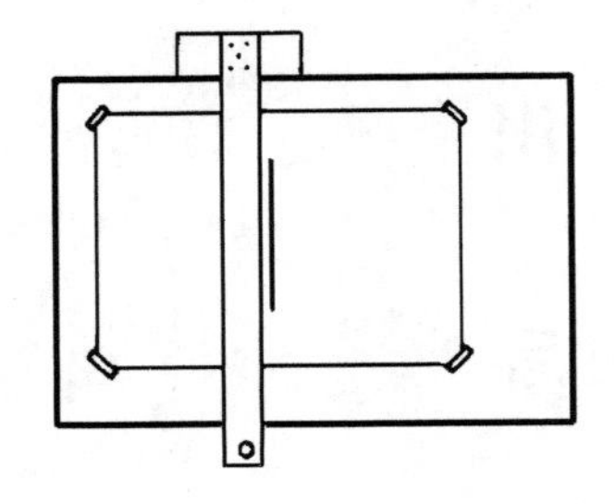
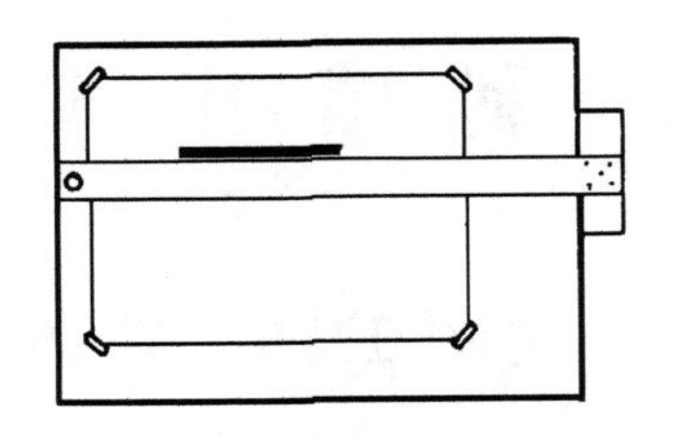
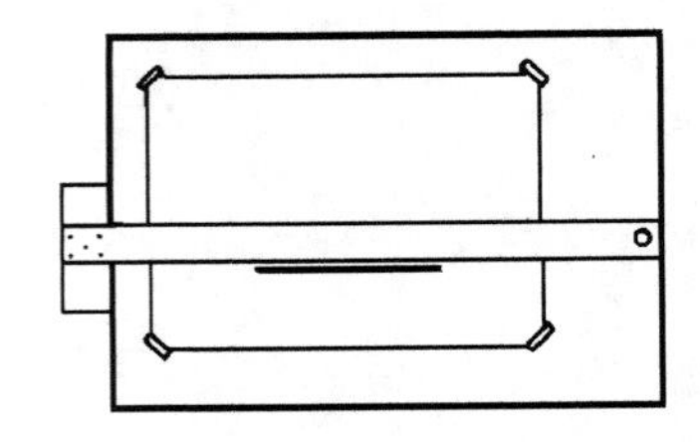

图 1-3 丁字尺的错误用法

靠在桌边或墙边，以防止尺身变形和尺头松动。

三、三角板

一副三角板有两块，与丁字尺配合使用可画出垂直线，如图 1-2 所示，各种角度倾斜线如图 1-4 所示。用两块三角板配合，也可画出任意直线的平行线或垂直线，如图 1-5 所示。

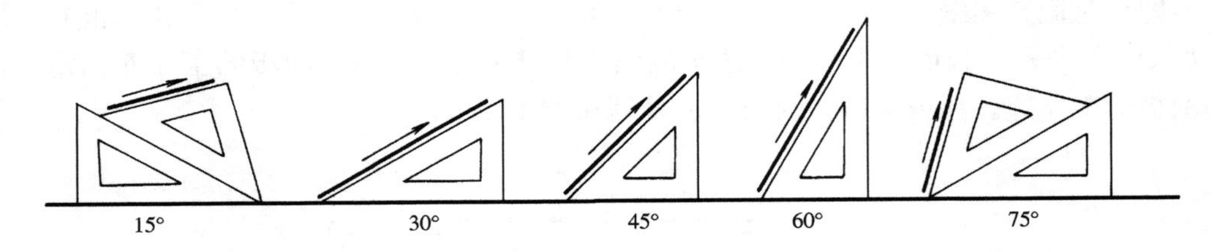

图 1-4 三角板与丁字尺配合画各种不同角度的倾斜线

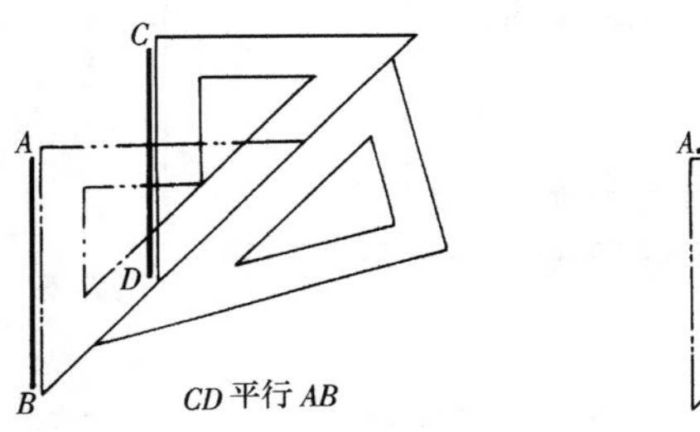

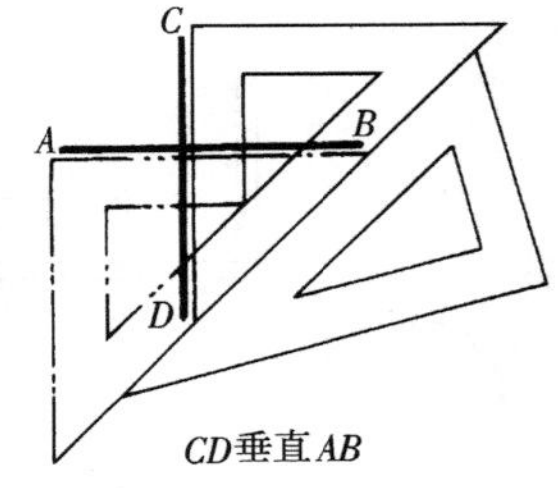

图 1-5 画任意直线的平行线和垂直线

四、比例尺

比例尺是绘图时用来缩小图形的绘图工具。目前常用的比例尺为三棱尺，如图 1-6 所示，其上有六种不同比例的刻度，画线时可以不经计算而直接从比例尺上量取尺寸。比例尺中没有的比例还可换算，如 1∶10、1∶1000 均可用 1∶100 的比例换算使用。绘图时，不要将比例尺当作三角板或丁字尺画线。

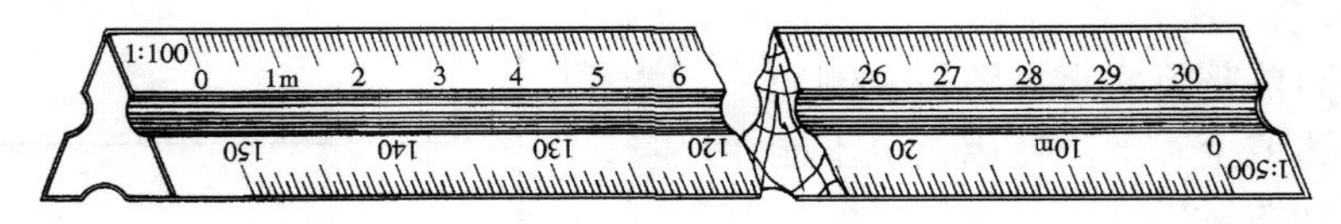

图 1-6 比例尺

五、曲线板

曲线板是绘制非圆弧曲线的工具之一，如图1-7所示。画曲线时，先要定出曲线上足够数量的点，徒手将各点轻轻地连成光滑的曲线，然后根据曲线弯曲趋势和曲率大小，选择曲线板上合适的部分，沿着曲线板边缘将该段曲线画出，每段至少要通过曲线上的三个点。而且在画后一段时，必须使曲线板与前一段中的两点或一定的长度相叠合。

图 1-7　曲线板

六、绘图针管笔

近年来描图多使用绘图针管笔。这种笔外形类似普通中性笔，如图 1-8 所示，笔头直径有多种规格，所画线型粗细由笔头直径确定。

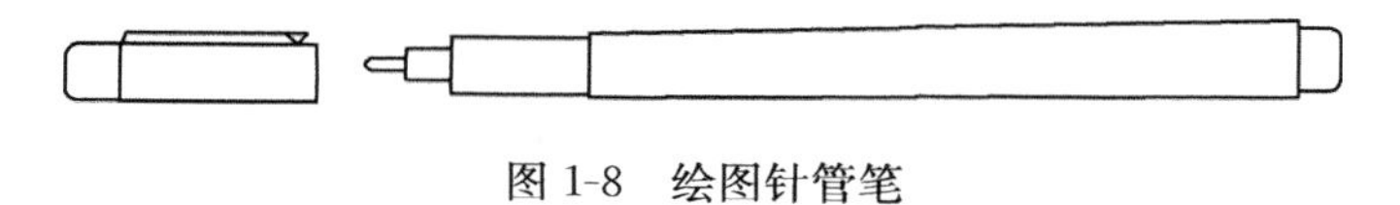

图 1-8　绘图针管笔

使用时，要注意识别笔身上标明的笔头直径规格，根据所画线条粗细选用不同规格的针管笔。

七、圆规和分规

圆规是画圆和圆弧的仪器，通常用的是组合式圆规。圆规一条腿为固定针脚，另一条腿上有插接构造，可插接铅芯插腿、绘图墨水笔插腿及带有钢针的插腿，如图 1-9 所示，分别用于绘制铅笔及墨线的圆，或当作分规使用。

分规是等分线段和量取线段的仪器，它的形状与圆规相似，只是两腿端部均装有固定钢针，如图 1-10 所示。使用时，应注意把分规两针尖调平。

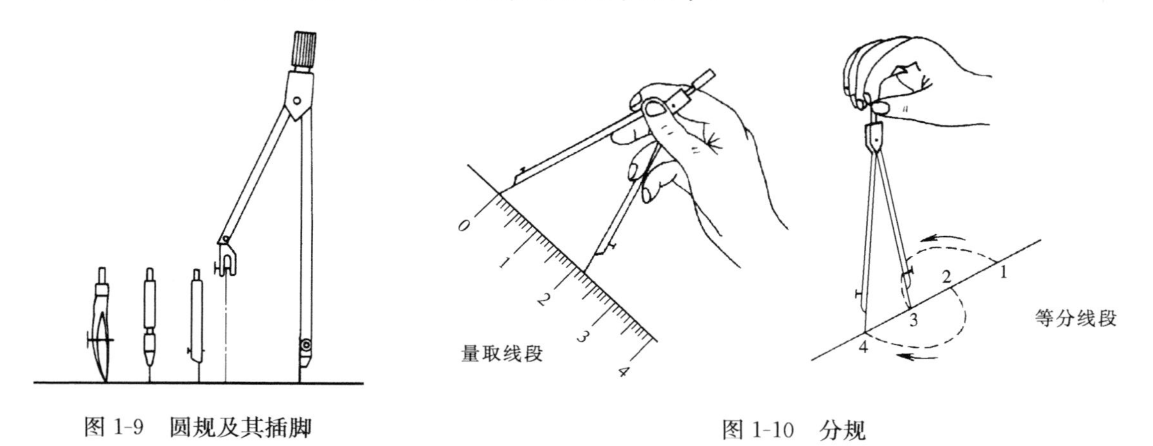

图 1-9　圆规及其插脚

图 1-10　分规

第二节　制　图　用　品

一、图纸

图纸有绘图纸和描图纸两种。

绘图纸用来画铅笔图或墨线图，要求纸面洁白，质地坚硬，橡皮擦后不易起毛。

描图纸（也称硫酸纸）是专门用来绘制墨线图的，描绘的墨线图样即为复制蓝图的底图。描图纸应透明度好，表面平整挺括。

二、绘图铅笔

绘图铅笔的型号以铅芯的软硬程度来分，分别用 H 和 B 表示，H 前的数字越大，表示铅芯越硬；B 前的数字愈大，表示铅芯愈软；HB 表示软硬适中。

铅笔应从没有标志的一端开始使用，以便保留标志，供使用时辨认。铅笔尖应削成圆锥形，长 20～25mm，铅芯露出 6～8mm。用刀片或细砂纸削磨成尖锥或楔形，如图 1-11 所示。

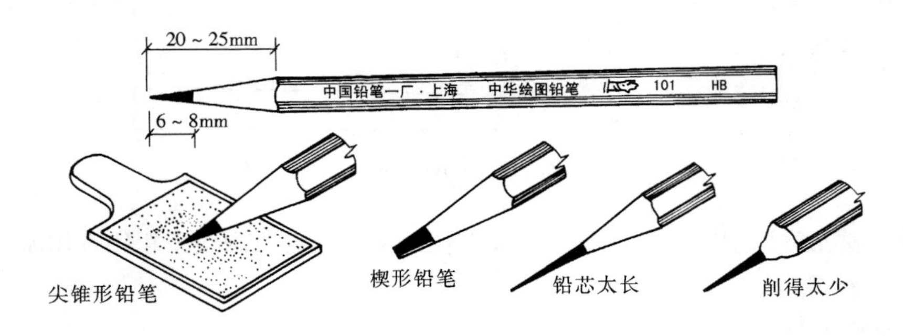

图 1-11 绘图铅笔

三、其他用品

1. 绘图墨水

用于绘图的墨水有碳素墨水和普通绘图墨水两种。碳素墨水不易结块，适用于绘图墨水笔。

2. 擦图片

擦图片是修改图线用的辅助工具，如图 1-12 所示，其材质多为不锈钢薄片。使用时，将需擦去的图线对准擦图片上相应的孔洞，再用橡皮擦拭，可避免影响邻近的线条。

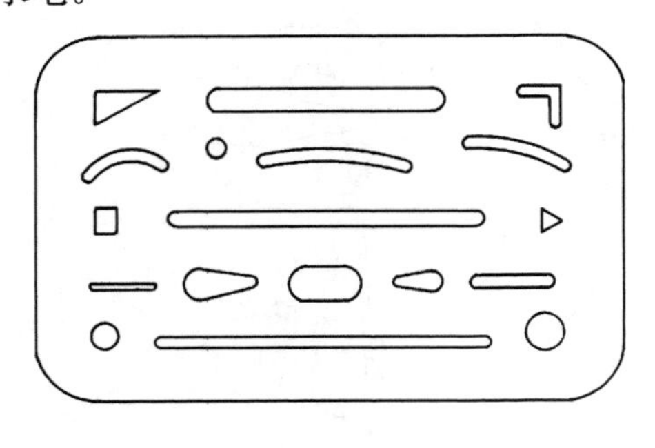

图 1-12 擦图片

3. 制图模板

为了提高绘图速度和质量，把图样上常用的一些符号、图例和比例等，刻画在有机玻璃的薄板上，制成模板使用。目前有很多专业型的模板，如建筑模板（如图 1-13 所示）、装饰模板等。

4. 排笔

用橡皮擦拭图纸时，会出现很多橡皮屑，为保持图面整洁，应及时用排笔将橡皮屑清扫干净，如图 1-14 所示。

另外，绘图时还需用胶带纸、橡皮、小刀、刀片、砂皮纸等用品。

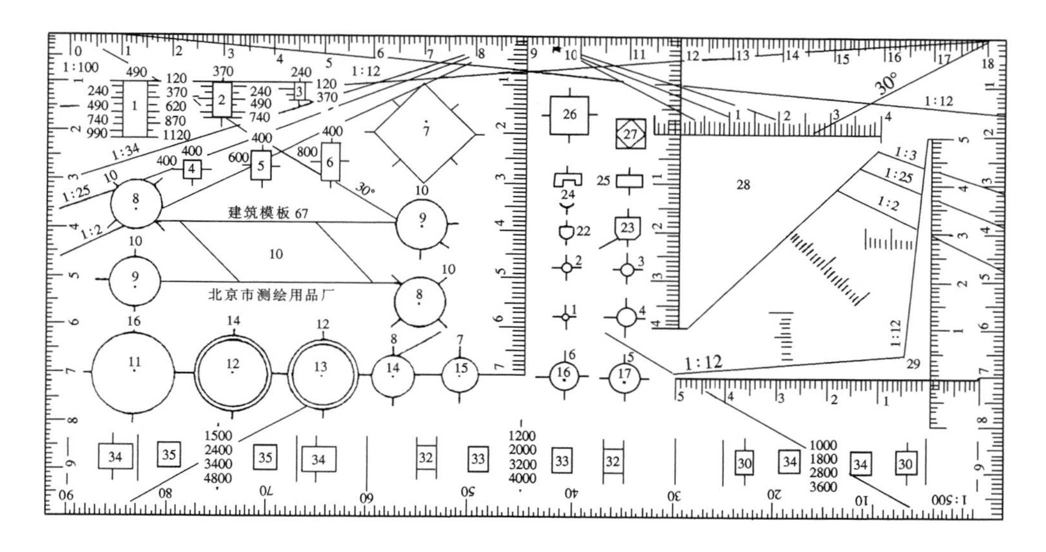

图 1-13　建筑模板

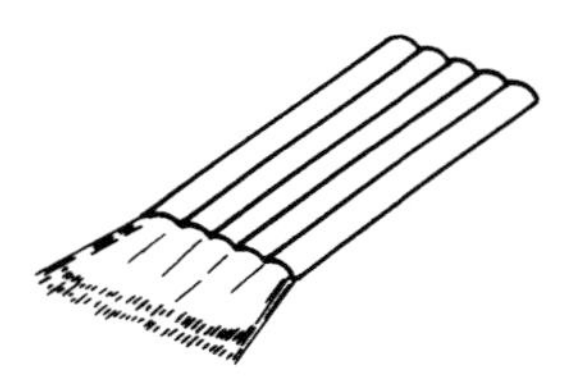

图 1-14　排笔

第二章　基本制图标准

工程图样是工程界的技术语言，是表达设计意图、进行建筑施工的重要依据。因此，为了统一房屋建筑制图规则，保证制图质量，提高制图效率，做到图面清晰、简明，符合设计、施工、审查、存档的要求，适应工程建设的需要，国家制定了全国统一的建筑工程制图标准。其中《房屋建筑制图统一标准》（GB/T 50001—2010）（以下简称《制图统一标准》）是房屋建筑制图的基本规定，是各专业制图的通用部分，自 2011 年 3 月 1 日起实施。

本章参照《制图统一标准》，主要介绍图纸幅面规格、图线、字体、比例及尺寸标注等制图标准，其他标准规定在后面有关章节中介绍。

第一节　图纸幅面规格

一、图纸幅面

图纸幅面是指图纸宽度与长度组成的图面。绘制图样时，图纸幅面及图框尺寸，应符合表 2-1 的规定及如图 2-1～图 2-4 所示的格式。

表 2-1　　**幅面及图框尺寸**　　mm

尺寸代号 \ 幅面代号	A0	A1	A2	A3	A4
$b \times l$	841×1189	594×841	420×594	297×420	210×297
c	10			5	
a	25				

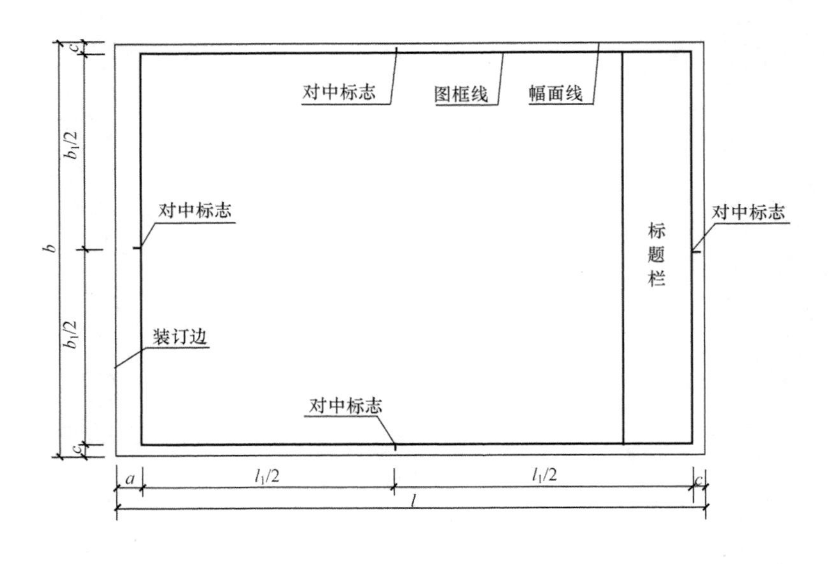

图 2-1　A0～A3 横式幅面（一）

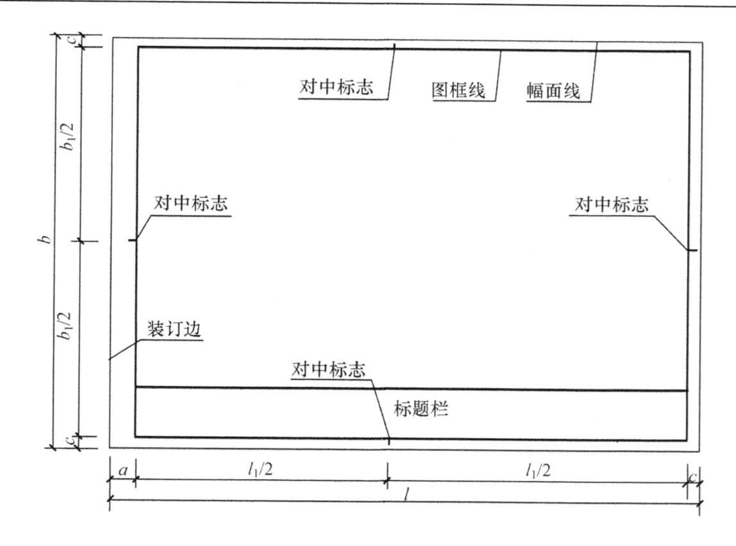

图 2-2　A0～A3 横式幅面（二）

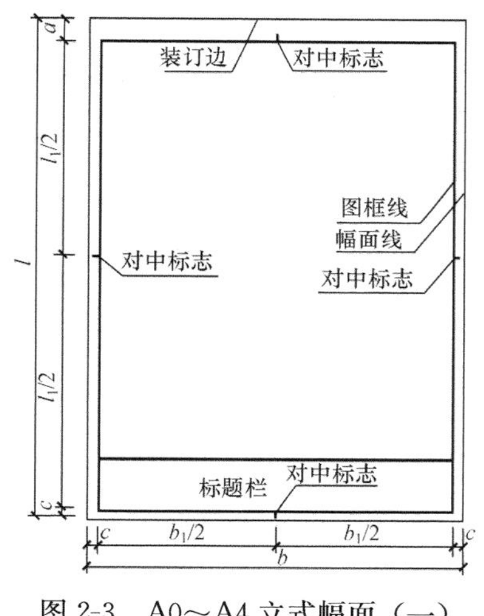

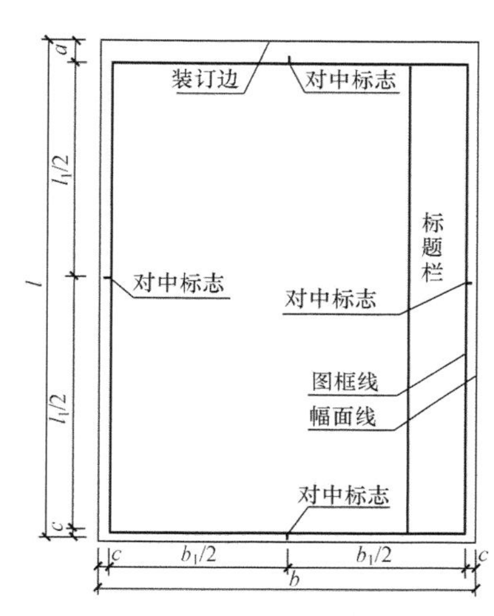

图 2-3　A0～A4 立式幅面（一）　　图 2-4　A0～A4 立式幅面（二）

需要微缩复制的图纸，其一个边上应附有一段准确米制尺度，四个边上均附有对中标志。对中标志应画在图纸内框各边长的中点处，线宽 0.35mm，并应伸入内框边，在框外为 5mm。对中标志的线段，于 l_1 和 b_1 范围取中。

图纸以短边作为垂直边称为横式，以短边作为水平边称为立式。A0～A3 图纸宜横式使用，必要时，也可立式使用。图纸的裁切方法如图2-5所示。图纸的长边可加长，但应符合国家制图标准规定；但短边一般不应加长。

在一个工程设计中，每个专业所使用的图纸，一般不宜多于两种幅面，不含目录及表格所采用的 A4 幅面。

二、标题栏

图纸中应有标题栏、图框线、幅面线、装订边线和对中标志。图纸的标题栏及装订边的位置，应符合下列规定：

（1）横式使用的图纸，应按图 2-1、图 2-2 的形式进行布置。

（2）立式使用的图纸，应按图 2-3、图 2-4 的形式进行布置。

标题栏应符合图 2-6、图 2-7 的规定，根据工程的需要选择确定其尺寸、格式及分区。签字栏应包括实名列和签名列，并应符合下列规定：

（1）涉外工程的标题栏内，各项主要内容的中文下方应附有译文，设计单位的上方或左方，应加“中华人民共和国”字样。

（2）在计算机制图文件中当使用电子签名与认证时，应符合国家有关电子签名法的规定。

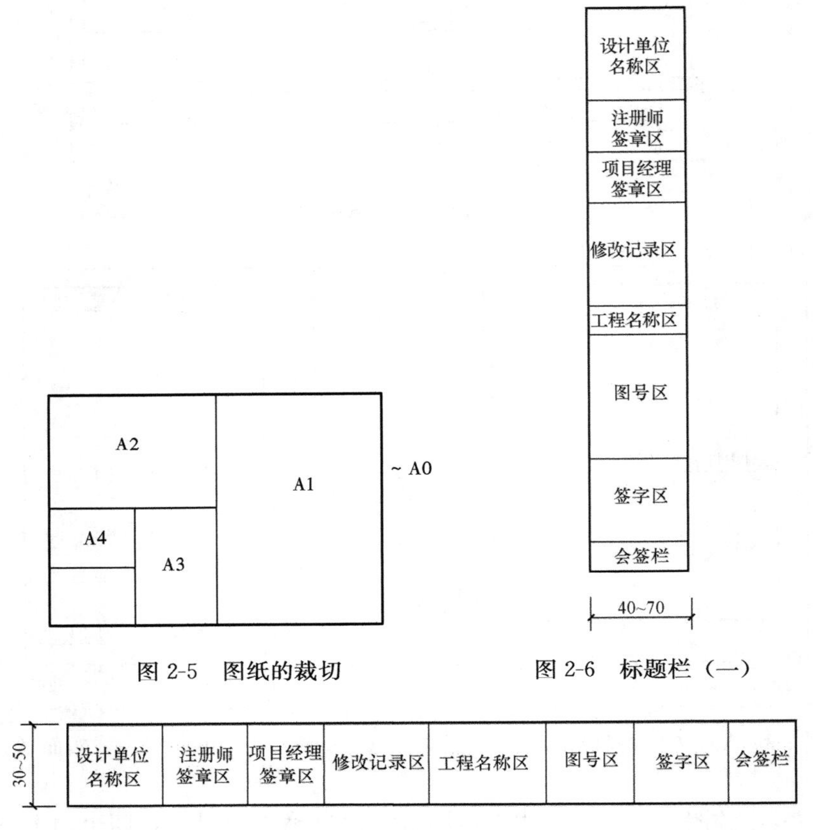

图 2-5　图纸的裁切

图 2-6　标题栏（一）

图 2-7　标题栏（二）

学生制图作业所用标题栏，可采用图 2-8、图 2-9 的格式。

第二节　图　　线

图线是构成图形的基本元素，在建筑工程图中，为了表达工程图样的不同内容，并使图中主次分明，绘图时必须采用不同的线型和线宽来表示设计内容。

一、图线的种类及用途

建筑工程图常用的图线有实线、虚线、单点长画线、双点长画线、折断线和波浪线等，各类图线的线型、线宽及一般用途见表 2-2。

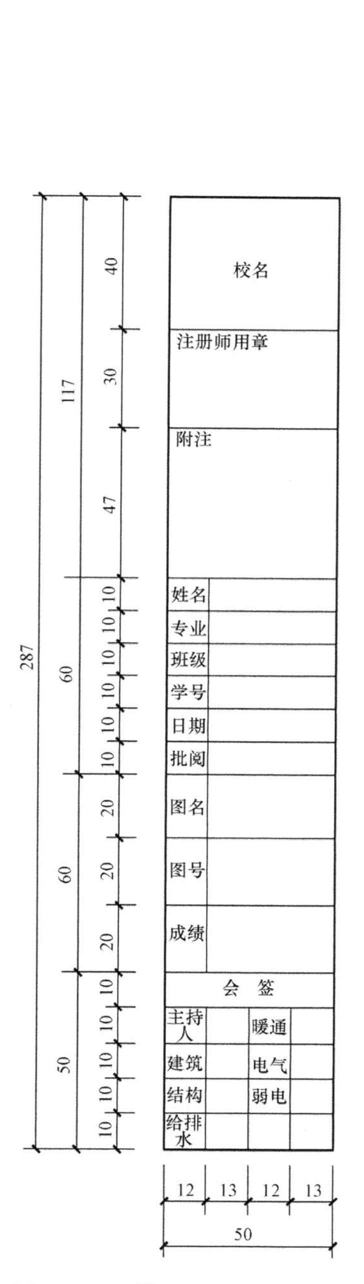

图 2-8 A3 横式幅面（学生用）通长竖式标题栏

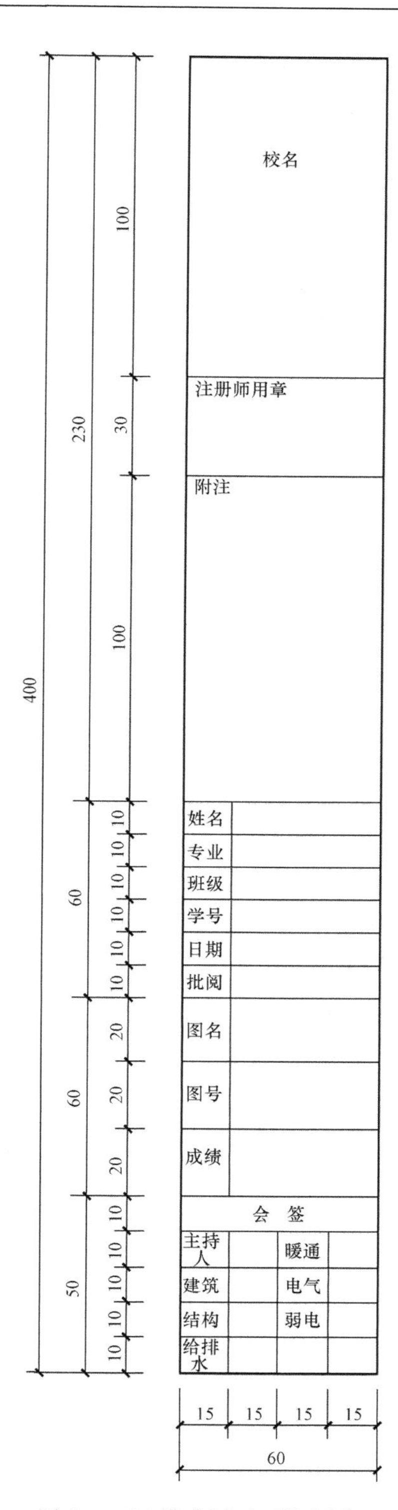

图 2-9 A2 横式幅面（学生用）通长竖式标题栏

表 2-2 图 线

名称		线型	线宽	一般用途
实线	粗	————	b	主要可见轮廓线
	中粗	————	0.7b	可见轮廓线
	中	————	0.5b	可见轮廓线、尺寸线、变更云线
	细	————	0.25b	图例填充线、家具线
虚线	粗	— — — —	b	见各有关专业制图标准
	中粗	— — — —	0.7b	不可见轮廓线
	中	— — — —	0.5b	不可见轮廓线、图例线
	细	— — — —	0.25b	图例填充线、家具线
单点长画线	粗	—·—·—	b	见各有关专业制图标准
	中	—·—·—	0.5b	见各有关专业制图标准
	细	—·—·—	0.25b	中心线、对称线、轴线等
双点长画线	粗	—··—··—	b	见各有关专业制图标准
	中	—··—··—	0.5b	见各有关专业制图标准
	细	—··—··—	0.25b	假想轮廓线、成型前原始轮廓线
折断线	细	——\/——	0.25b	断开界线
波浪线	细	~~~	0.25b	断开界线

二、图线的画法要求

(1) 在《制图统一标准》中规定，图线的宽 b，宜从下列线宽系列中选取：1.4、1.0、0.7、0.5、0.35、0.25、0.18、0.13mm。图线宽度不应小于 0.1mm。

画图时，每个图样应根据复杂程度与比例大小，先选定基本线宽 b，再选用表 2-3 中相应的线宽组。

表 2-3 线宽组 mm

线宽比	线宽组			
b	1.4	1.0	0.7	0.5
0.7b	1.0	0.7	0.5	0.35
0.5b	0.7	0.5	0.35	0.25
0.25b	0.35	0.25	0.18	0.13

注 1. 需要微缩的图纸，不宜采用 0.18mm 及更细的线宽。
2. 同一张图纸内，各不同线宽中的细线，可统一采用较细的线宽组的细线。

(2) 同一张图纸内，相同比例的各图样应选用相同的线宽组。

(3) 图纸的图框和标题栏线，可采用表 2-4 的线宽。

表 2-4 图框和标题栏线的宽度 mm

幅面代号	图框线	标题栏外框线	标题栏分格线
A0、A1	b	0.5b	0.25b
A2、A3、A4	b	0.7b	0.35b

（4）相互平行的图例线，其净间隙或线中间隙不宜小于0.2mm，如图2-10（a）所示。

（5）虚线、单点长画线或双点长画线的线段长度和间隔，宜各自相等，如图2-10（a）所示。

（6）单点长画线或双点长画线，当在较小图形中绘制有困难时，可用实线代替，如图2-10（b）所示。

（7）单点长画线或双点长画线的两端，不应是点。点画线与点画线交接或点画线与其他图线交接时，应是线段交接，如图2-10（c）所示。

（8）虚线与虚线交接或虚线与其他图线交接时，应是线段交接。虚线为实线的延长线时，不得与实线相接，如图2-10（c）所示。

（9）图线不得与文字、数字或符号重叠、混淆，不可避免时，应首先保证文字的清晰。

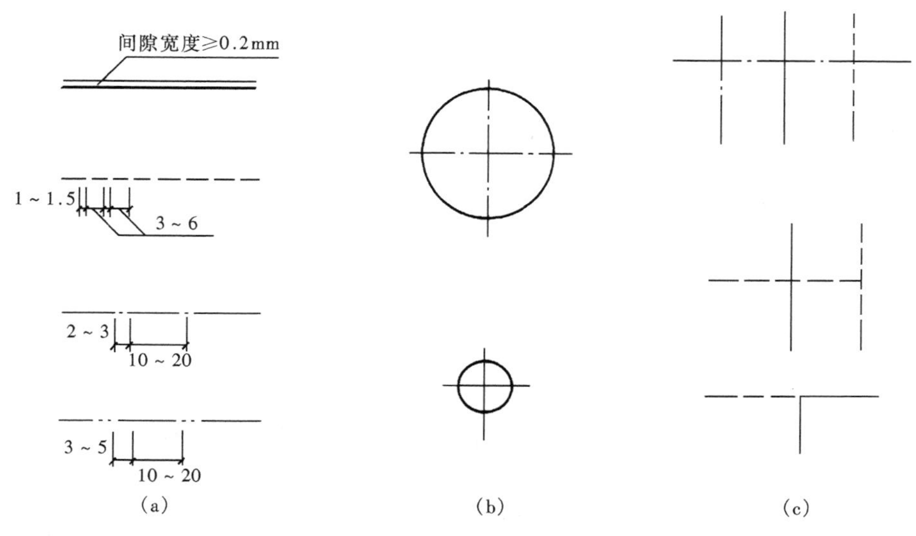

图2-10 图线的有关画法

（a）线的画法；（b）圆的中心线画法；（c）交接

第三节 字 体

工程图上所需书写的文字、数字或符号等，均应笔画清晰、字体端正、排列整齐；标点符号应清楚正确。

图纸中字体的大小按照图样的大小、比例等具体情况来定，但应从规定的字高系列中选用。字高系列有3.5、5、7、10、14、20mm。字的大小用字号表示，字号即为字的高度，如5号字的字高为5mm。如需书写更大的字，其高度按$\sqrt{2}$的倍数递增。

一、汉字

图样及说明中的汉字，宜采用长仿宋体或黑体，同一图纸字体种类不应超过两种。长仿宋体的高宽关系应符合表2-5的规定，黑体字的宽度与高度应相同。

表2-5 **长仿宋体字高宽关系** mm

字　高	20	14	10	7	5	3.5
字　宽	14	10	7	5	3.5	2.5

在实际应用中，汉字的高度不小于 3.5mm 且字高与字宽的比例大约为 3∶2。

为了保证字体写得大小一致，整齐匀称，初学长仿宋体时应先打格，然后书写，如图 2-11 所示。

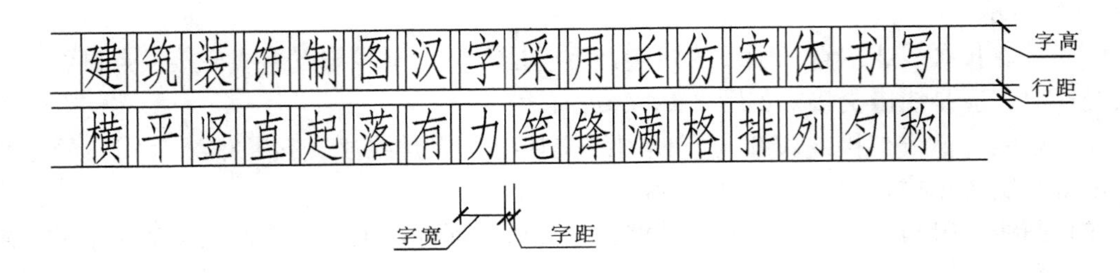

图 2-11 仿宋字示例

长仿宋体字的书写要领是横平竖直、起落分明、粗细一致、结构匀称、充满方格。

二、数字和字母

数字和字母在图样上的书写分直体和斜体两种，但同一张图纸上必须统一。如需写成斜体字，其斜度应从字的底线逆时针向上倾斜 75°。斜体字的高度与宽度与相应的直体字相等，如图 2-12 所示。在汉字中的阿拉伯数字、罗马数字、拉丁字母，其字高宜比汉字字高小一号，但不应小于 2.5mm。

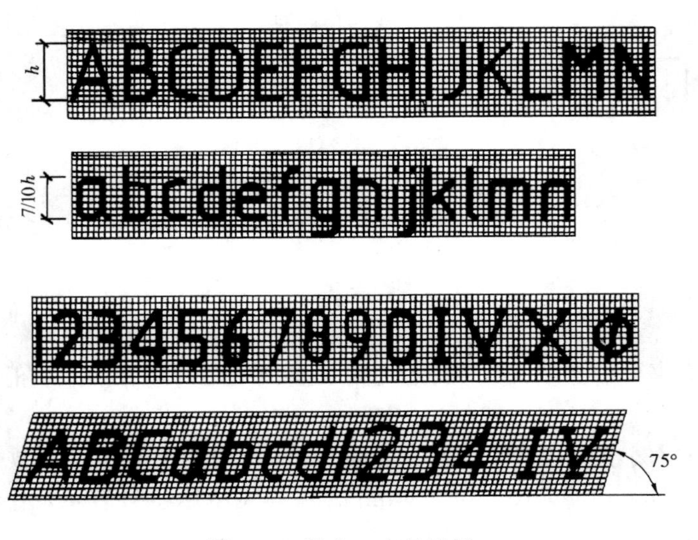

图 2-12 数字、字母示例

第四节 比 例

图样的比例，为图形与实物相对应的线性尺寸之比。比例的大小是指其比值的大小，如 1∶50 大于 1∶100。

比例的符号为“∶”，比例应以阿拉伯数字表示，如 1∶1、1∶2 等。如果图样上某线段长为 10mm，而实际物体相应部位的长为 1000mm 时，则比例等于 1 比 100，写成 1∶100。

比例宜注写在图名的右侧，字的基准线应取平；比例的字高宜比图名的字高小一号或二号，如图 2-13 所示。

图 2-13　比例的注写

工程图中的各个图样，都应按一定的比例绘制。绘图所用的比例，应根据图样的用途与被绘对象的复杂程度，从表 2-6 中选用，并应优先采用表中常用比例。

表 2-6　　绘图所用的比例

常用比例	1∶1、1∶2、1∶5、1∶10、1∶20、1∶30、1∶50、1∶100、1∶150、1∶200、1∶500、1∶1000、1∶2000
可用比例	1∶3、1∶4、1∶6、1∶15、1∶25、1∶40、1∶60、1∶80、1∶250、1∶300、1∶400、1∶600、1∶5000、1∶10 000、1∶20 000、1∶50 000、1∶100 000、1∶200 000

一般情况下，一个图样应选用一种比例。根据专业制图需要，同一图样可选用两种比例。为了适应计算机绘图的需要，允许自选比例，但应绘制该比例的比例尺。

第五节　尺　寸　标　注

图纸上的图形只能表示物体的形状，而物体各部分的具体位置和大小，必须由图上标注的尺寸来确定，并以此作为施工的依据。因此，在绘图时必须保证所注尺寸要完整、准确和清楚。

一、尺寸的组成

图样上的尺寸由尺寸界线、尺寸线、尺寸起止符号和尺寸数字组成，如图 2-14 所示。

1. 尺寸界线

尺寸界线用来限定所注尺寸的范围，用细实线绘制，一般应与被注长度垂直，其一端离开图样轮廓线不小于 2mm，另一端宜超出尺寸线 2～3mm。图样轮廓线可用作尺寸界线，如图 2-15 所示。

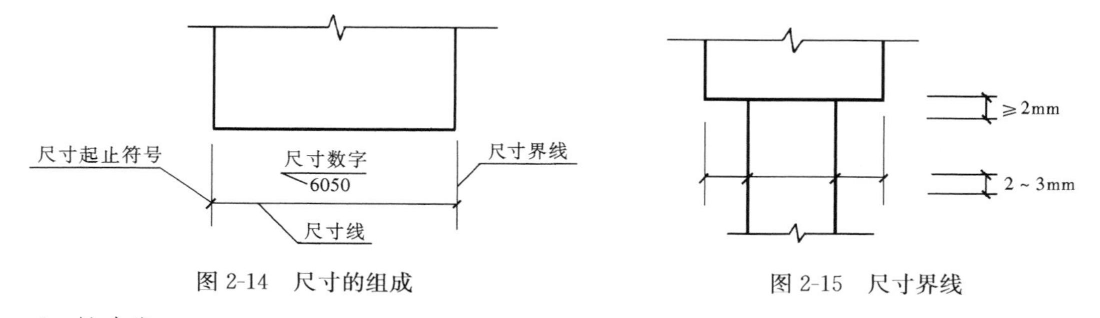

图 2-14　尺寸的组成　　图 2-15　尺寸界线

2. 尺寸线

尺寸线用来表示尺寸的方向，用细实线绘制，并与被注长度平行。图样本身的任何图线均不得用作尺寸线。

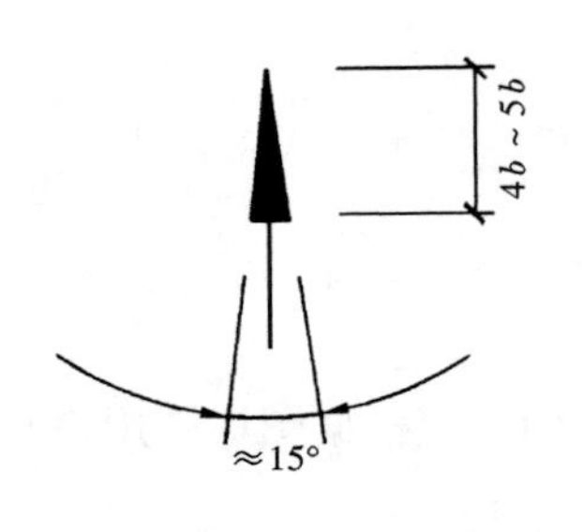

图 2-16 箭头尺寸起止符号

3. 尺寸起止符号

尺寸起止符号用来表示尺寸的起止位置，一般用中粗斜短线绘制，其倾斜方向与尺寸界线成顺时针 45°角，长度宜为 2～3mm。

半径、直径、角度及弧长的尺寸起止符号，宜用箭头表示，如图 2-16 所示。

4. 尺寸数字

图样上的尺寸数字为物体的实际大小，与采用的比例无关。图样上的尺寸，应以尺寸数字为准，不得从图上直接量取。图样上的尺寸单位，除标高及总平面图以米为单位外，其他必须以毫米为单位。

尺寸数字的方向，应按图 2-17（a）的规定注写。水平方向的数字，注写在尺寸线的上方中部，字的头部朝正上方；竖直方向的数字，注写在竖直尺寸线的左方中部，字的头部朝左，如图 2-17（b）所示。如果尺寸数字在 30°斜线区内，宜按图 2-17（c）的形式注写。

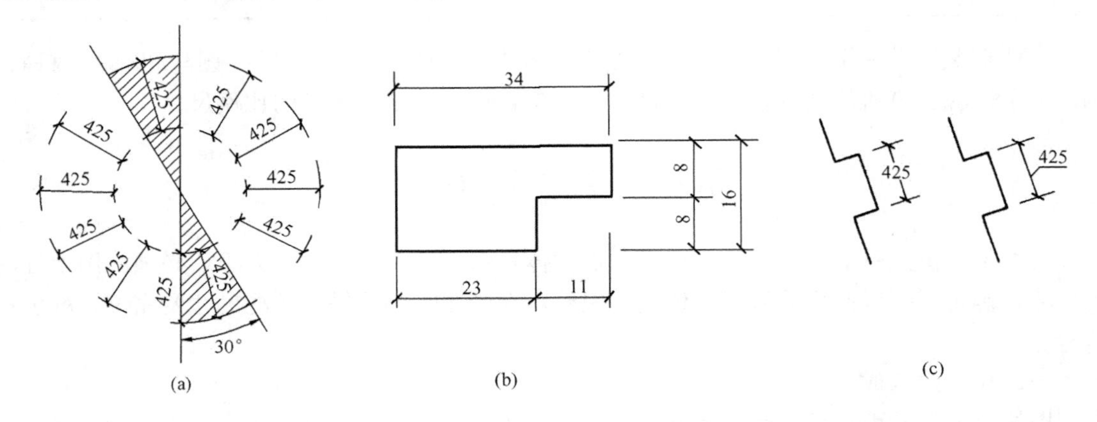

图 2-17 尺寸数字的注写方向

尺寸数字一般应根据其方向注写在靠近尺寸线的上方中部。如没有足够的注写位置，最外边的尺寸数字可注写在尺寸界线的外侧，中间相邻的尺寸数字可上下错开注写，也可引出注写，如图 2-18 所示。

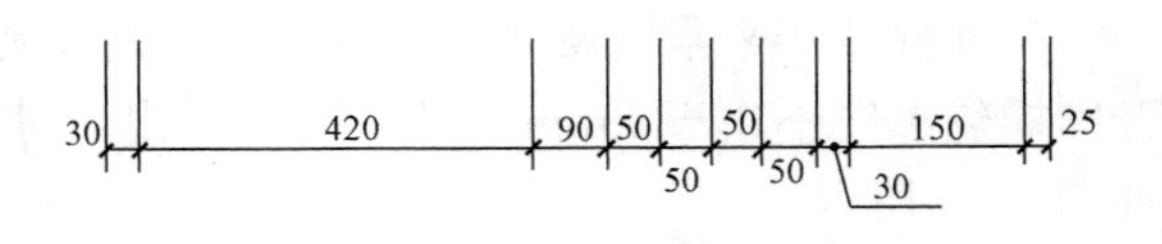

图 2-18 尺寸数字的注写位置

二、尺寸标注

1. 尺寸的排列与布置

（1）尺寸宜标注在图样轮廓以外，不宜与图线、文字及符号等相交，如图 2-19 所示。

（2）互相平行的尺寸线，应从被注写的图样轮廓线由近向远整齐排列，较小尺寸应离轮廓线较近，较大尺寸应离轮廓线较远，如图 2-20 所示。

（3）图样轮廓线以外的尺寸线，距图样最外轮廓之间的距离，不宜小于 10mm。平行排列的尺寸线的间距，宜为 7～10mm，并应保持一致，如图 2-20 所示。

（4）总尺寸的尺寸界线应靠近所指部位，中间分尺寸的尺寸界线可稍短，但其长度应相等，如图 2-20 所示。

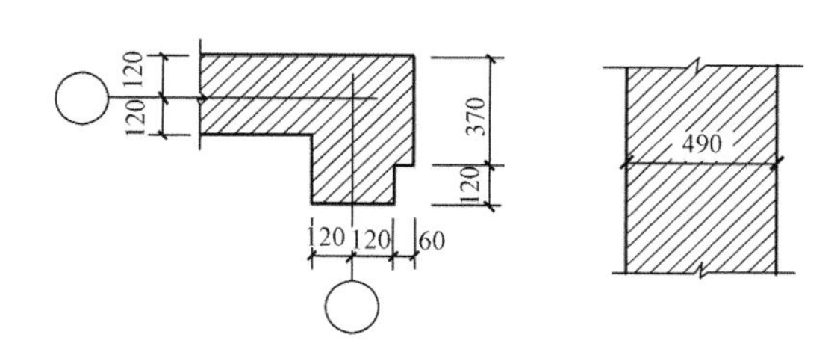

图 2-19 尺寸数字的注写

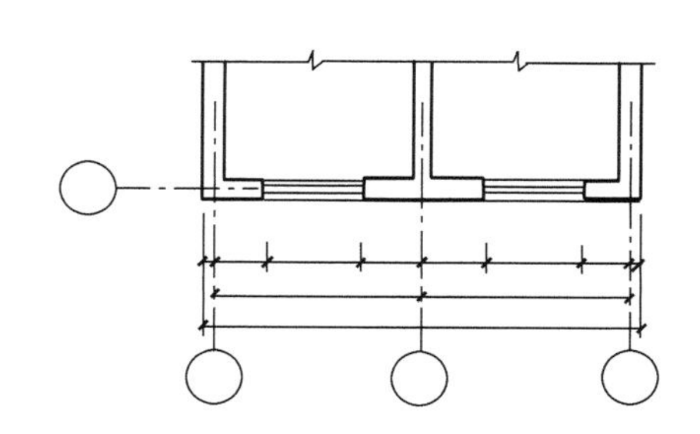

图 2-20 尺寸的排列

2. 半径、直径及角度的尺寸标注

(1) 半径的尺寸线应一端从圆心开始，另一端画箭头指向圆弧。半径数字前应加注半径符号“*R*”，如图 2-21 所示。

(2) 较小圆弧的半径，可按图 2-22 的形式标注；较大圆弧的半径，可按图 2-23 的形式标注。

(3) 标注圆的直径尺寸时，直径数字前应加直径符号“ϕ”。在圆内标注的尺寸线应通过圆心，两端画箭头指至圆弧，如图 2-24所示。较小的圆的直径尺寸，可标注在圆外，如图 2-25 所示。

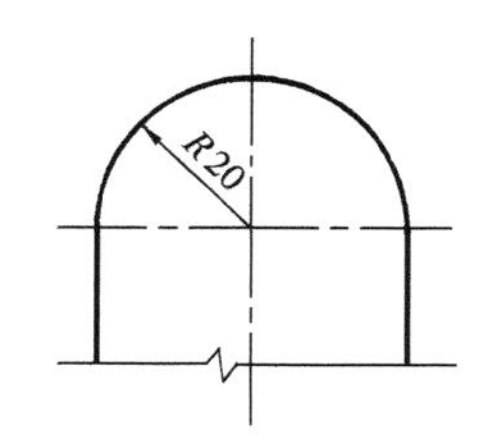

图 2-21 半径标注方法

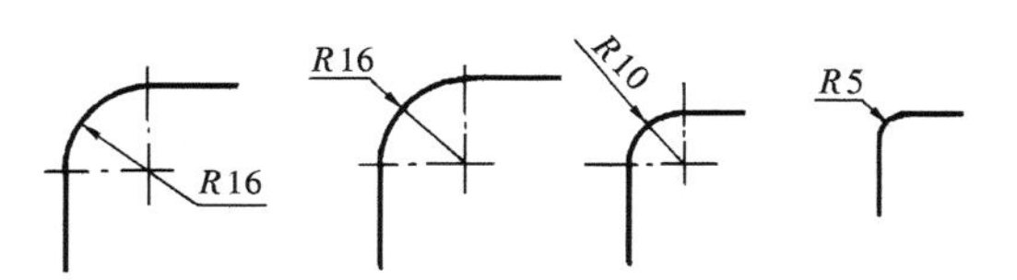

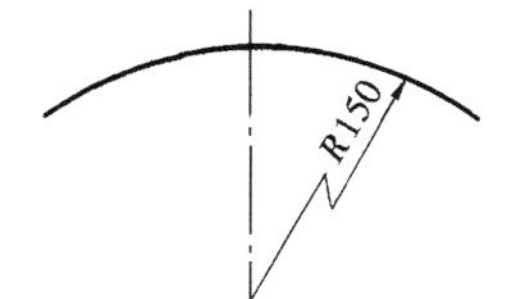

图 2-22 小圆弧半径的标注方法

图 2-23 大圆弧半径的标注方法

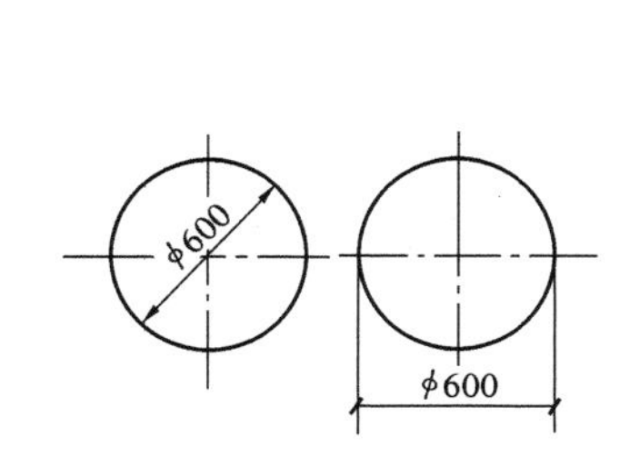

图 2-24 圆直径的标注方法

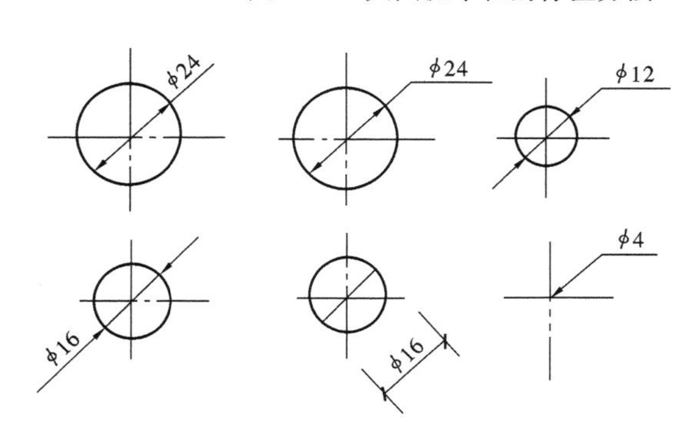

图 2-25 小圆直径的标注方法

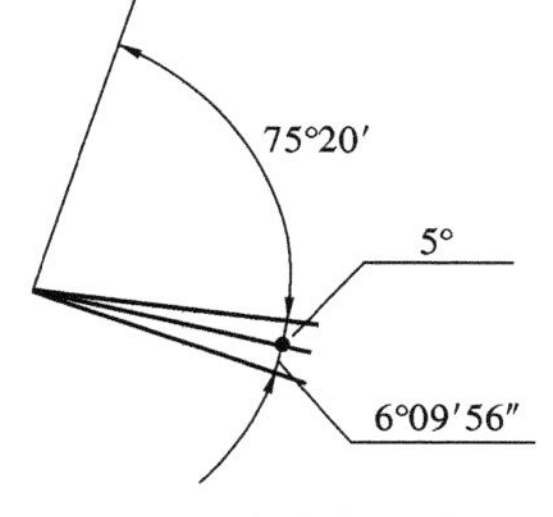

图 2-26 角度标注方法

(4) 角度的尺寸线以圆弧表示。该圆弧的圆心是该角的顶点，角的两条边为尺寸界线。起止符号以箭头表示，如没有足够位置画箭头，可用圆点代替，角度数字按水平方向注写，如图 2-26 所示。

3. 薄板厚度、正方形及坡度的尺寸标注

(1) 在薄板板面标注板厚尺寸时，应在厚度数字前加厚度符号“*t*”，如图 2-27 所示。

（2）标注正方形的尺寸，可用“边长×边长”的形式，也可在边长数字前加正方形符号“□”，如图 2-28 所示。

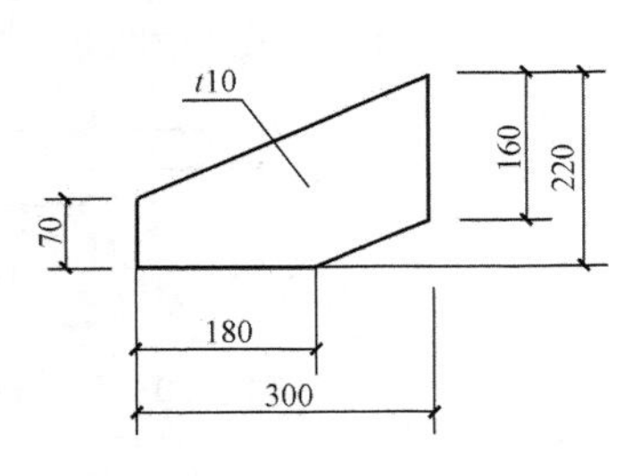

图 2-27 薄板厚度标注方法

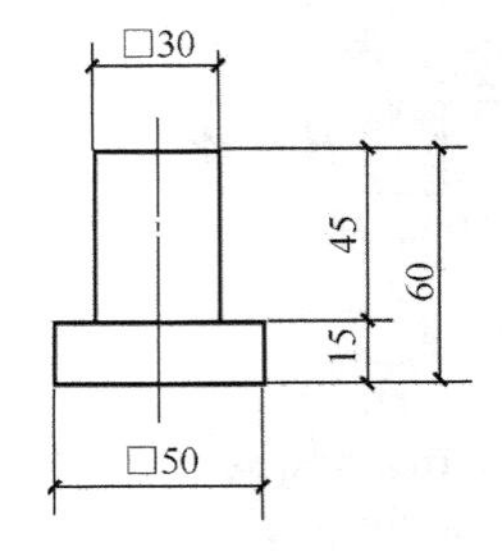

图 2-28 标注正方形尺寸

（3）标注坡度时，应加注坡度符号“←”［图 2-29（a）、（b）］，该符号为单面箭头，箭头应指向下坡方向。坡度也可用直角三角形形式标注［图 2-29（c）］。

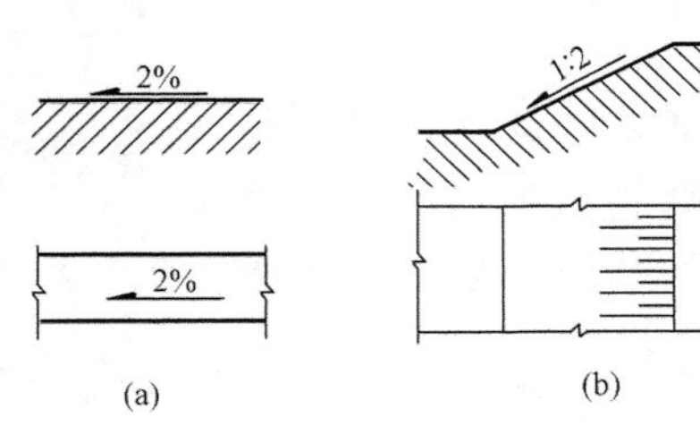

图 2-29 坡度标注方法

4. 尺寸的简化标注

（1）对于杆件或管线的长度，在单线图（桁架简图、钢筋简图、管线简图）上，可直接将尺寸数字沿杆件或管线的一侧注写，如图 2-30 所示。

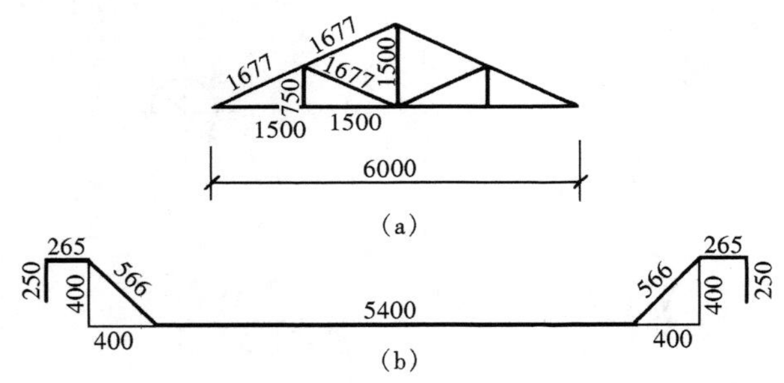

图 2-30 单线图尺寸标注方法

（2）连续排列的等长尺寸，可用“等长尺寸×个数＝总长”［图 2-31（a）］或“个数×等分＝总长”［图 2-31（b）］的形式标注。

（3）对于形体上有相同要素的尺寸标注，可仅标注其中一个要素的尺寸，并在其前加注个数，如图 2-32 所示。

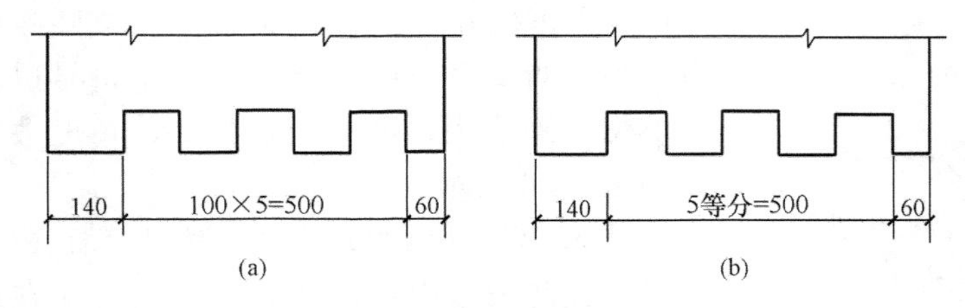

图 2-31 等长尺寸简化标注方法

（4）对称构配件采用对称省略画法时，该对称构配件的尺寸线应略超过对称符号，仅在尺寸线的一端画尺寸起止符号，尺寸数字按整体全尺寸注写，其注写位置宜与对称符号对齐，如图 2-33 所示。

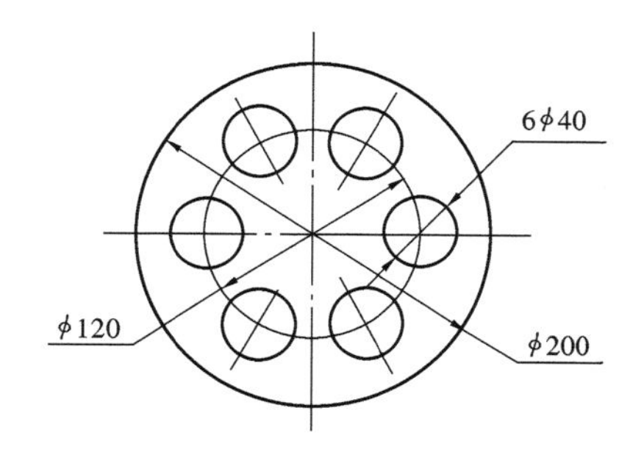

图 2-32　相同要素尺寸标注方法

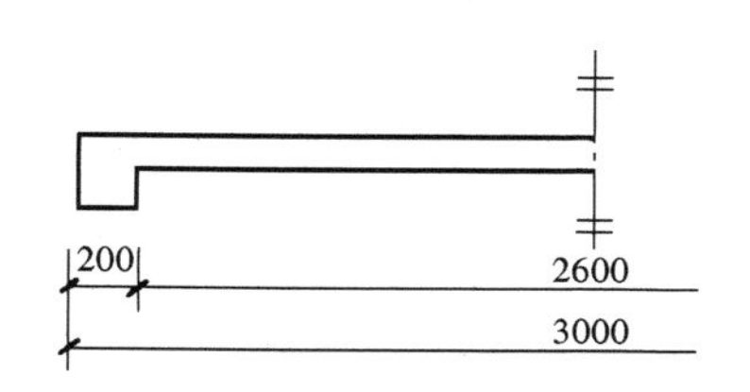

图 2-33　对称构件尺寸标注方法

（5）两个构配件，如个别尺寸数字不同，可在同一图样中将其中一个构配件的不同尺寸数字注写在括号内，该构配件的名称也应注写在相应的括号内，如图 2-34 所示。

（6）数个构配件，如仅某些尺寸不同，这些有变化的尺寸数字，可用拉丁字母注写在同一图样中，另列表格写明其具体尺寸，如图 2-35 所示。

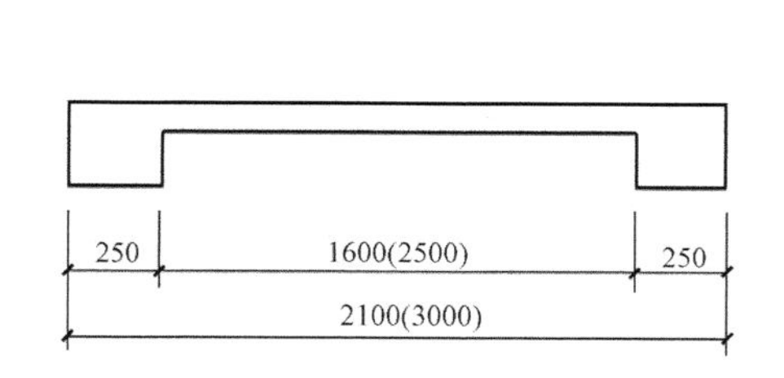

图 2-34　相似构件尺寸标注方法

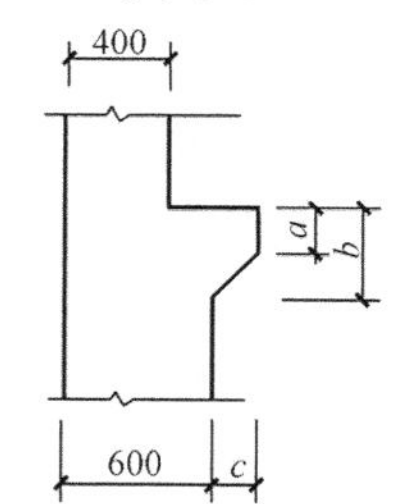

构件编号	*a*	*b*	*c*
Z-1	200	200	200
Z-2	250	450	200
Z-3	200	450	250

图 2-35　相似构配件尺寸表格式标注方法

第三章　绘图的一般步骤和方法

一、用绘图工具、仪器绘制图样

为了提高绘图效率和保证图面质量，除正确使用绘图工具、仪器，熟悉《房屋建筑制图统一标准》外，还需要按照一定的程序、正确的绘图步骤进行。

（一）准备工作

(1) 对所绘图样进行识读了解，在绘图之前尽量做到心中有数。

(2) 准备好必需的绘图工具、仪器、用品，并把图板、丁字尺、三角板等擦拭干净；将各种绘图用具放在桌子的右边，但不能影响丁字尺的上下移动；洗净双手。

(3) 选好图纸，鉴别图纸的正反面，可用橡皮在纸边试擦，不易起毛的面为正面。

(4) 将图纸用胶带纸固定在图板的适当位置。固定时，应使图纸的上边对准丁字尺的上边缘，然后下移使丁字尺的上边缘对准图纸的下边。最好使图纸的下边与图板下边保持大于一个丁字尺宽度的距离。

（二）画底稿

1. 画底稿的步骤

(1) 根据制图标准的要求，首先把图框线和标题栏的位置画好。

(2) 依据所画图形的大小、多少及复杂程度选择好比例，然后安排好各图形的位置，定好图形的中心线或基线。图面布置要适中、匀称。

(3) 首先画图形的主要轮廓线，然后由大到小，由外到里，由整体到细部，完成图形所有轮廓线。

(4) 画出尺寸线和尺寸界线等。

(5) 检查修正底稿，擦去多余线条。

2. 画底稿注意事项

(1) 采用 H～3H 的铅笔画底稿，所有的线应轻、淡、细、准，不要重复描绘，以目光能辨认即可。

(2) 对有错误或过长的线条，不必立即擦除，可标以记号，待整个图样绘制完成后，再用橡皮、擦图片擦除。

(3) 为了保持图面干净，在作图时，可用白纸覆盖，只露出所要画的部分。

（三）铅笔加深

1. 铅笔加深的步骤

(1) 加深图线时，必须是先曲线，再直线，后斜线；各类图线的加深顺序为细点画线、细实线、粗实线、粗虚线。

(2) 同类图线其粗细、深浅要保持一致，按照水平线从上到下，垂直线从左到右的顺序依次完成。

(3) 最后画出起止符号，注写尺寸数字、说明，填写标题栏，加深图框线。

2. 铅笔加深注意事项

（1）加深粗实线的铅笔宜选用 B～2B，加深细实线的铅笔宜用 H～2H，写字的铅笔用 H 或 HB。加深圆或圆弧时所用的铅芯，应比加深同类型直线所用的铅芯软一号。

（2）加深粗实线时，要以底稿线为中心线，以保证图形的准确性。

（3）要勤修削铅笔，用力要均匀，粗实线或圆弧可重复几次画成。

（4）修正铅笔加深图，可用擦图片配合橡皮进行，尽量缩小擦拭的面积，以免损坏图纸。

（四）描图

建筑工程在施工过程中，往往需要多份图纸，这些图纸通常采用描图和晒图的方法进行复制。描图就是用墨线把图样描绘在描图纸（也称硫酸纸）上，它是用来复制直接指导生产的施工图的底图。

描图的步骤与铅笔加深的顺序相同，同一粗细的线要尽量一次画出，以便提高绘图的效率。

描图注意事项如下：

（1）描图时，图板要放平，墨水瓶千万不可放在图板上，以免翻倒沾污图纸。手和用具一定要保持清洁干净。

（2）描图时，每画完一条线一定要等墨水干透再画，否则容易弄脏图面。

（3）描图时，若画错或有墨污，一定要等墨迹干后再修改。修改时，可用双面刀片轻轻地将画错的线或墨污刮掉。刮时，要将图纸放平，力量轻而均匀。千万不要着急，以免刮破描图纸。刮过的地方用软橡皮擦净并压平后重描。

（五）检查校核

图样绘完后，必须进行一次全面的检查，校核是否还有错误或遗漏。对画得欠佳处还应进行修改，以确保图样的正确、完整、清晰。

二、徒手作图

徒手作图是一种不受条件限制，作图迅速，容易更改的作图方法。徒手作出的图称为草图。草图是工程技术人员表达新的构思、拟定设计方案、创作、现场参观记录及交谈等方面的有力工具。工程技术人员应熟练掌握徒手作图的技能。

草图的“草”字只是指徒手作图而言，并没有允许潦草的含义。徒手作图同样有一定的作图要求，即布图、图线、比例、尺寸大致合理，但不潦草。

徒手作图，可以使用钢笔、铅笔等画线工具。选用铅笔最好选软一些的，一般选用 B 或 2B，铅笔削长一点，笔芯不要过尖，要圆滑些。

徒手作图要手眼并用，作垂直线、等分线段或圆弧、截取相等的线段等，都是靠眼睛目测、估计决定的。

（一）直线的画法

画直线时，要注意执笔方法。画短线时，用手腕运笔；画长线时，用整个手臂动作。

画水平线时，铅笔要放平些。画长水平线可先标出直线两端点，掌握好运笔方向，眼睛此时不要看笔尖，要盯住终点，用较快的速度轻轻画出底线。加深底线时，眼睛要盯住笔尖，沿底线画出直线并改正底线不平滑之处，如图 3-1（a）所示；画竖直线和斜线时，铅笔要竖高些，画法与画水平线的方法相同，如图 3-1（b）、（c）所示。

（二）角度的画法

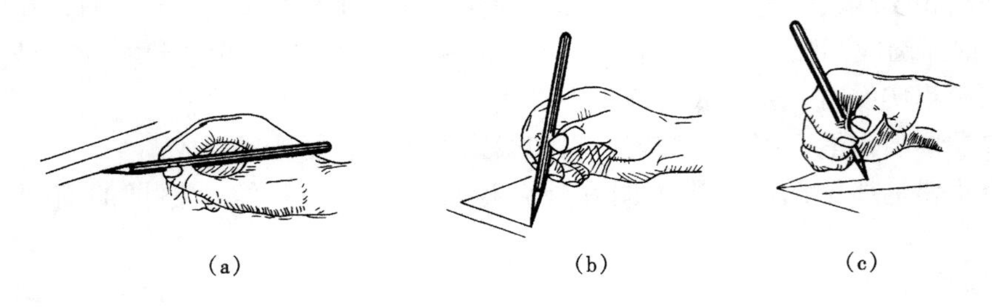

图 3-1　徒手画直线

(a) 画水平线；(b) 画竖直线；(c) 画斜线

画角度时，先画出互相垂直的两相交直线，交点为 O，如图 3-2（a）所示，在两相交线上适当截取相同的尺寸，并各标出一点，徒手作出圆弧，如图 3-2（b）所示。若需画出 45°角，则取圆弧的中点与两直线交点 O 的连线，即得连线与水平线间的夹角为 45°角，如图 3-2（c）所示。若画 30°角与 60°角时，则把圆弧作三等分。自第一等分点起与交点 O 连线，即得连续与水平线间的夹角为 30°角；第二等分点与交点 O 连线，即得连线与水平线间的夹角为 60°角，如图 3-2（d）所示。

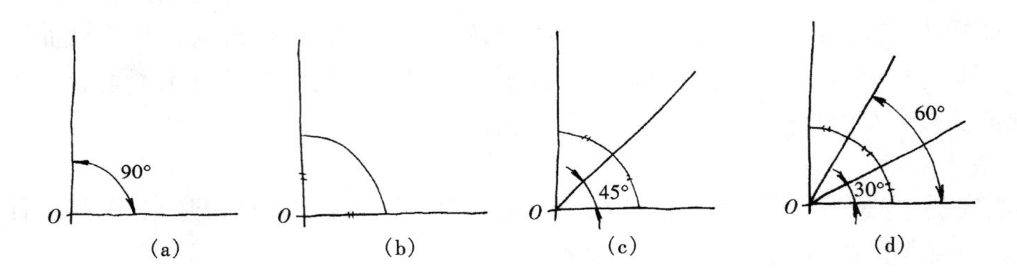

图 3-2　徒手画角度

（三）圆的画法

画圆时，先画出互相垂直的两直线，交点 O 为圆心，如图 3-3（a）所示，估计或目测徒手作图的直径，在两直线上取半径 $OA=OB=OC=OD$，得点 A、B、C、D，过点作相应直线的平行线，可得到正方形线框，AB、CD 为直径，如图 3-3（b）所示。再作出正方形的对角线，分别在对角线上截取 $OE=OF=OG=OH=OA$（半径），于是在正方形上得到八个对称点，如图 3-3（c）所示。徒手将点用圆弧连接起来，即得徒手画的圆，如图 3-3（d）所示。

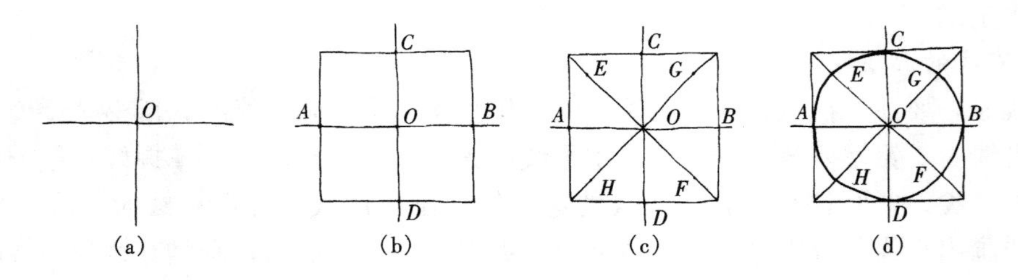

图 3-3　徒手画圆

（四）椭圆的画法

画椭圆时，先画出椭圆的长、短轴，具体画图步骤与徒手画圆的方法相同，如图 3-4 所示。

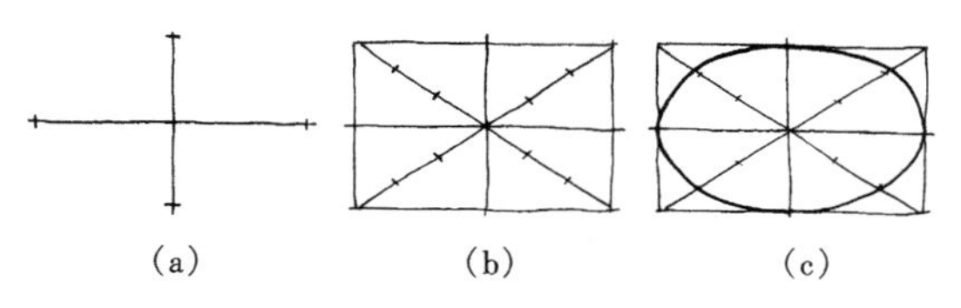

图 3-4　徒手画椭圆

第四章　几　何　作　图

建筑物各部分的形状和轮廓都是由直线、圆弧、曲线等几何图形组合而成的。为了提高绘图的速度和准确度，必须正确使用制图工具和仪器，掌握几种最基本的几何作图方法。

第一节　直线的平行线和垂直线

一、作已知直线的平行线

1. 作水平方向线的平行线

过已知点 C，作水平方向线 AB 的平行线，其作图方法和步骤如图 4-1 所示。

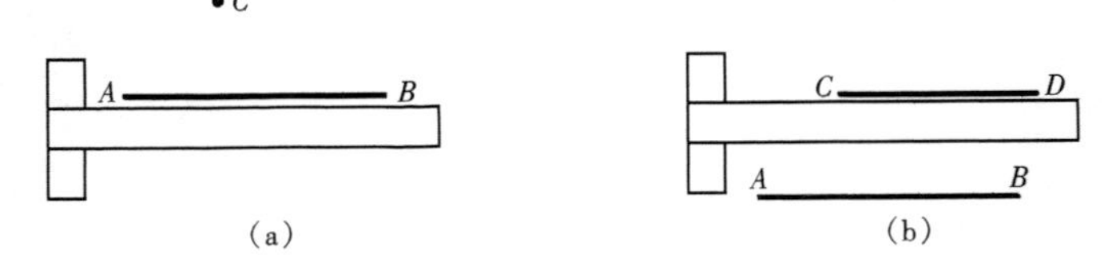

图 4-1　作水平方向线的平行线

(a) 使丁字尺的工作边与已知直线 AB 平行；(b) 平推丁字尺，使其工作边紧靠点 C，作直线 CD，CD 即为所求

2. 作斜方向线的平行线

过已知点 C，作已知直线 AB 的平行线，其作图方法和步骤如图 4-2 所示。

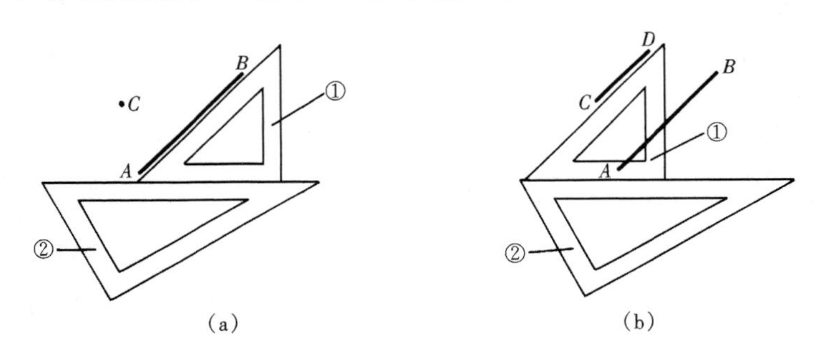

图 4-2　作斜方向线的平行线

(a) 使三角板①的边平行于 AB，将三角板②紧贴三角板①的一边；(b) 按住三角板②，平推三角板①，使平行于 AB 的边过点 C，作直线 CD，CD 即为所求

二、作已知直线的垂直线

1. 作水平线的垂直线

过已知点 C，作水平线 AB 的垂直线，可用丁字尺和三角板来完成，其作图方法和步骤如图 4-3 所示。

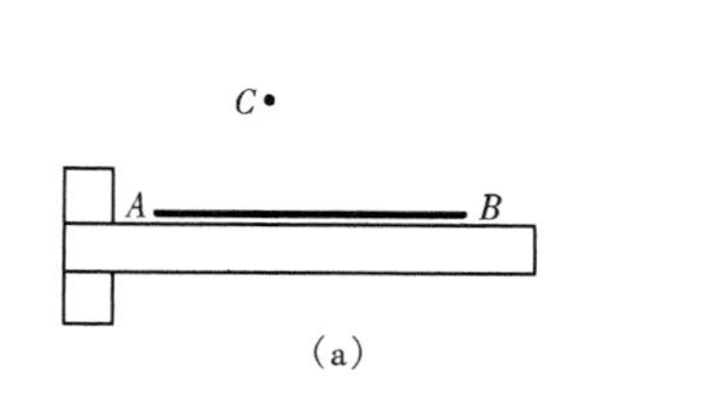

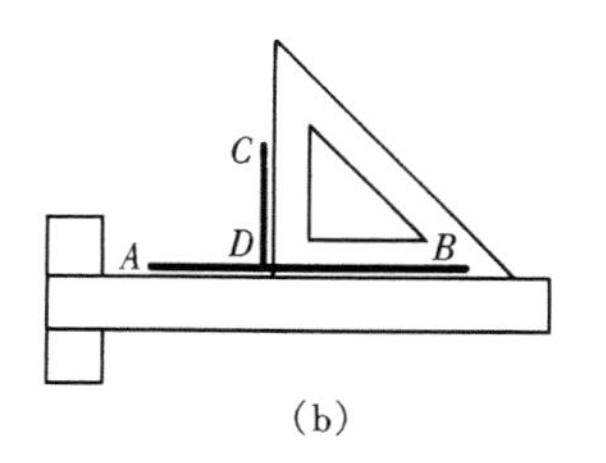

图 4-3　作水平线的垂直线

(a) 使丁字尺的工作边与已知直线 AB 平行；(b) 将三角板一直角边紧贴丁字尺工作边，沿三角板另一直角边过点 C，作直线 CD，CD 即为所求

2. 作斜方向线的垂直线

过已知点 C，作已知直线 AB 的垂直线，可借助两块三角板来完成，其作图方法和步骤如图 4-4 所示。

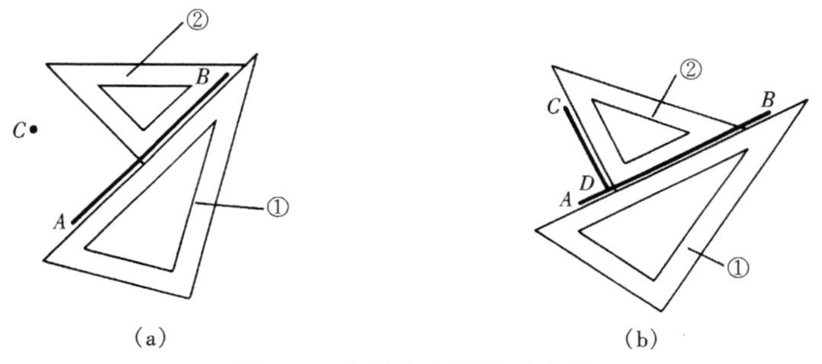

图 4-4　作斜方向线的垂直线

(a) 使三角板①的边平行于 AB，将三角板②的一直角边紧贴三角板①；(b) 平推三角板②，沿三角板②另一直角边过点 C 作直线 CD，CD 即为所求

第二节　等　分　作　图

一、等分线段

1. 二等分直线段

直线段的二等分可用平面几何中作垂直平分线的方法来画，其作图方法和步骤如图4-5所示。

2. 任意等分直线段（以五等分为例）

把已知线段 AB 五等分，可用平行线法求得，其作图方法和步骤如图 4-6 所示。

二、等分圆周

1. 三等分圆周并作圆内接正三角形

(1) 用圆规三等分圆周，并作圆内接正三角形，其作图方法和步骤如图 4-7 所示。

(2) 用丁字尺和三角板三等分圆周，并作圆内接正三角形，其作图方法和步骤如图 4-8 所示。

2. 四等分圆周并作圆内接正方形

用丁字尺和三角板四等分圆周并作圆内接正方形，其作图方法和步骤如图 4-9 所示。

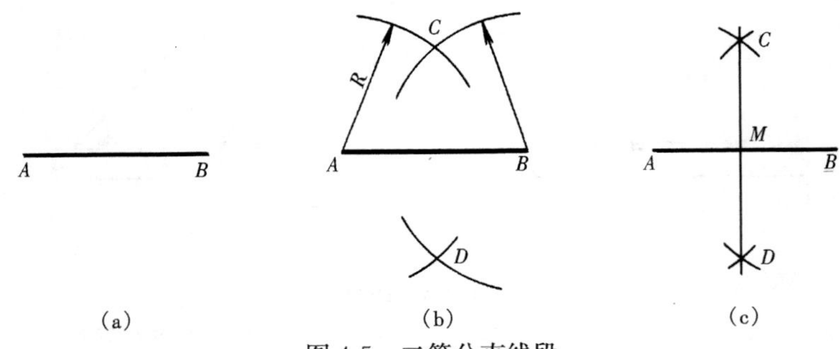

图 4-5 二等分直线段

(a) 已知线段 AB；(b) 分别以 A、B 为圆心，大于$\frac{1}{2}AB$的长度 R 为半径作弧两弧交于 C、D；(c) 连接 CD 交 AB 为 M，M 即为 AB 中点

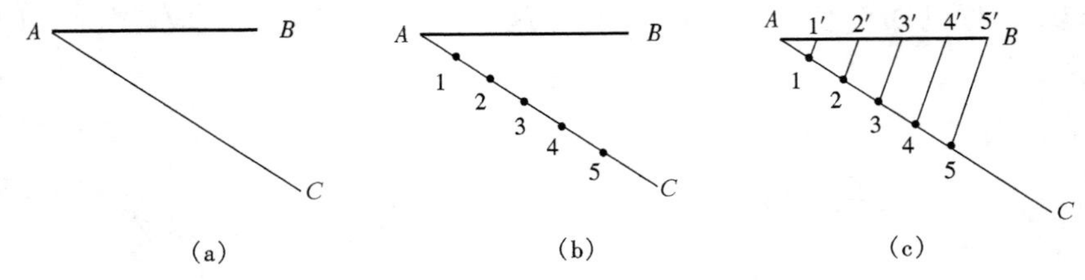

图 4-6 五等分直线段

(a) 自 A 点任意引一直线 AC；(b) 在 AC 上截取任意等分长度的五个等分线段 1、2、3、4、5 点；(c) 连接 $5B$，分别过 1、2、3、4 各点作 $5B$ 的平行线，即得等分点 $1'$、$2'$、$3'$、$4'$

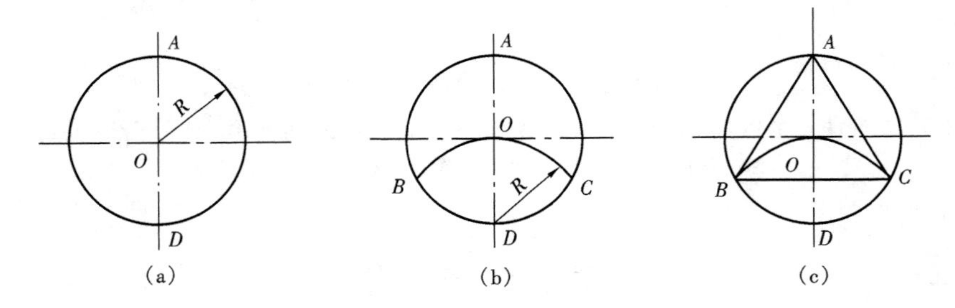

图 4-7 用圆规三等分圆周并作圆内接正三角形

(a) 已知半径为 R 的圆及圆上两点 A、D；(b) 以 D 为圆心，R 为半径作弧得 B、C 两点；(c) 连接 AB、AC、BC，即得圆内接正三角形

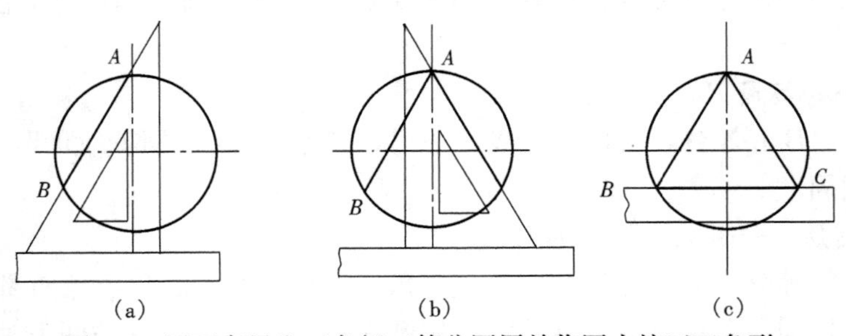

图 4-8 用丁字尺和三角板三等分圆周并作圆内接正三角形

(a) 将 60°三角板的短直角边紧靠丁字尺工作边，沿斜边过点 A 作直线 AB；(b) 翻转三角板，沿斜边过点 A 作直线；(c) 用丁字尺连接 BC，即得圆内接正三角形 ABC

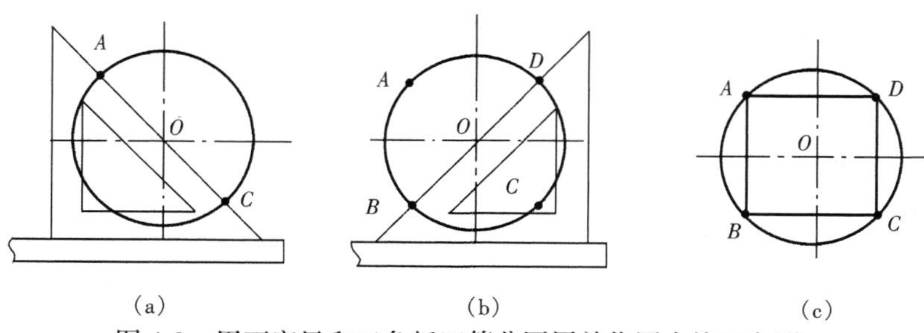

图 4-9 用丁字尺和三角板四等分圆周并作圆内接正方形

(a) 将 45°三角板的直角边紧靠丁字尺工作边，过圆心 O 沿斜边作直径 AC；(b) 翻转三角板，过圆心 O 沿斜边作直径 BD；(c) 依次连接 AB、BC、CD、DA，即得圆内接正方形

3. 五等分圆周并作圆内接正五边形

用圆规五等分圆周并作圆内接正五边形，其作图方法和步骤如图 4-10 所示。

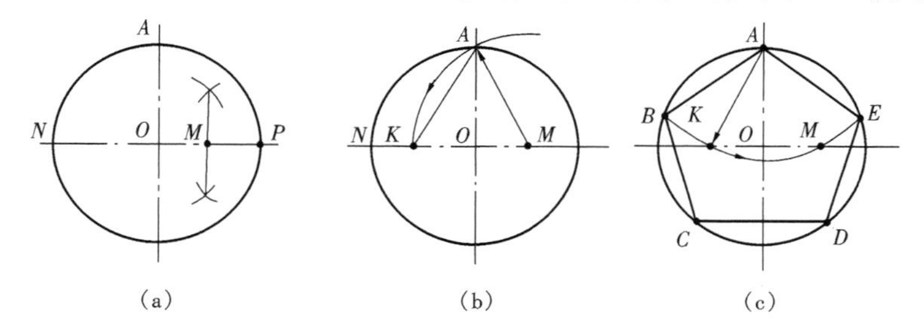

图 4-10 用圆规五等分圆周并作圆内接正五边形

(a) 作 OP 中点 M；(b) 以 M 为圆心，MA 为半径作弧交 ON 于 K，AK 即为圆内接正五边形的边长；(c) 自 A 点起，以 AK 为边长五等分圆周得点 B、C、D、E，依次连接 AB、BC、CD、DE、EA，即得圆内接正五边形

4. 六等分圆周并作圆内接正六边形

(1) 用圆规六等分圆周并作圆内接正六边形，其作图方法和步骤如图 4-11 所示。

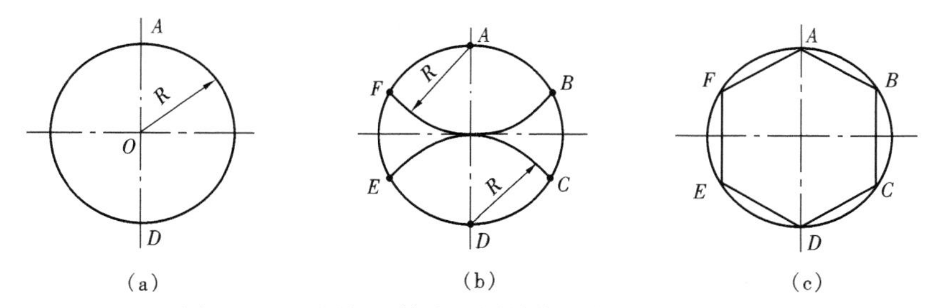

图 4-11 用圆规六等分圆周并作圆内接正六边形

(a) 已知半径为 R 的圆及圆上两点 A、D；(b) 分别以 A、D 为圆心，R 为半径作弧得 B、C、E、F 各点；(c) 依次连接各点即得圆内接正六边形 $ABCDEF$

(2) 用丁字尺和三角板六等分圆周并作圆内接正六边形，其作图方法和步骤如图 4-12 所示。

5. 任意等分圆周并作圆内接 n 边形（以圆内接正七边形为例）

任意等分圆周并作圆内接 n 边形的方法，为一近似作法，当求得边长的等分点时，会出现误差，应进行适当调整。

用圆规和三角板作圆内接正七边形的方法和步骤如图 4-13 所示。

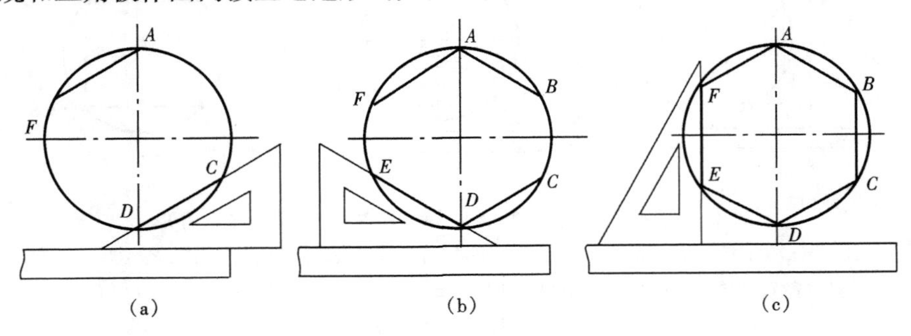

图 4-12 用丁字尺和三角板六等分圆周并作圆内接正六边形

(a) 以 60°三角板的长直角边紧靠丁字尺，沿斜边分别过 *A*、*D* 点，作直线 *AF*、*DC*；(b) 翻转三角板，沿斜边分别过 *A*、*D* 点，作直线 *AB*、*DE*；(c) 用三角板的直角边连接 *FE*、*BC*，即得圆内接正六边形 *ABCDEF*

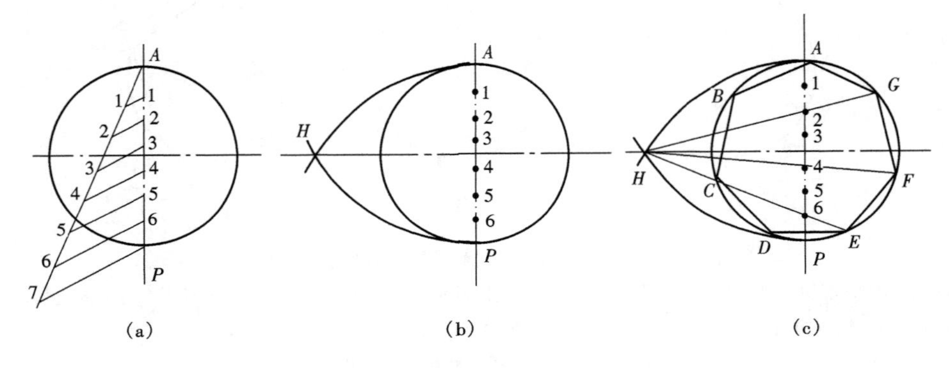

图 4-13 作圆内接正七边形

(a) 已知直径为 *D* 的圆及圆直径 *AP*，将直径 *AP* 等分得 1、2、3、4、5、6 各点；(b) 以 *A*（或 *P*）为圆心，*D* 为半径作弧，与圆的中心线的延长线交 *H* 点；(c) 连接 *H* 及 *AP* 上的偶数点，并延长与圆周相交得 *G*、*F*、*E* 点，在另一半圆上对称地作出点 *B*、*C*、*D*，依次连接各点，即得圆内接正七边形 *ABCDEFG*

第三节 圆弧的连接

一、两直线间的圆弧连接

用圆弧连接两直线的方法和步骤如图 4-14 所示。

二、直线与圆弧间的圆弧连接

用圆弧连接直线和圆弧的方法和步骤如图 4-15 所示。

三、两圆弧间的圆弧连接

用圆弧连接两圆弧有三种情况，即外切连接、内切连接和内、外切连接。

(1) 圆弧与两圆弧外切连接的方法和步骤如图 4-16 所示。

(2) 圆弧与两圆弧内切连接的方法和步骤如图 4-17 所示。

(3) 圆弧与两圆弧内、外切连接的方法和步骤如图 4-18 所示。

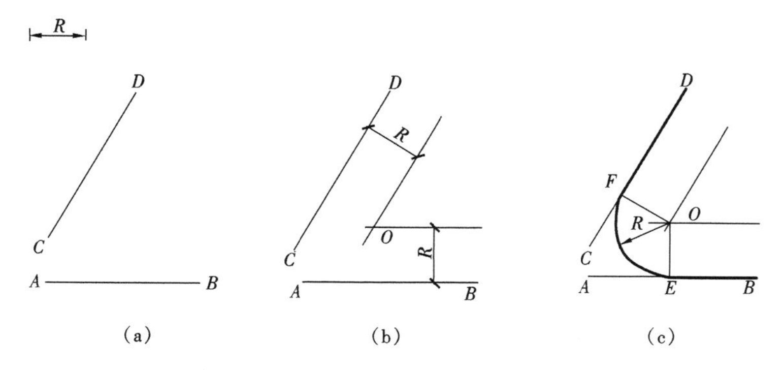

图 4-14　圆弧连接两直线

(a) 已知直线 AB、CD，连接弧半径 R；(b) 以连接弧半径 R 为间距，分别作两已知直线的平行线交于 O 点；(c) 过 O 点作已知直线的垂线，切点为 E、F 点，以 O 为圆心，R 为半径，过 E、F 作弧，即为所求

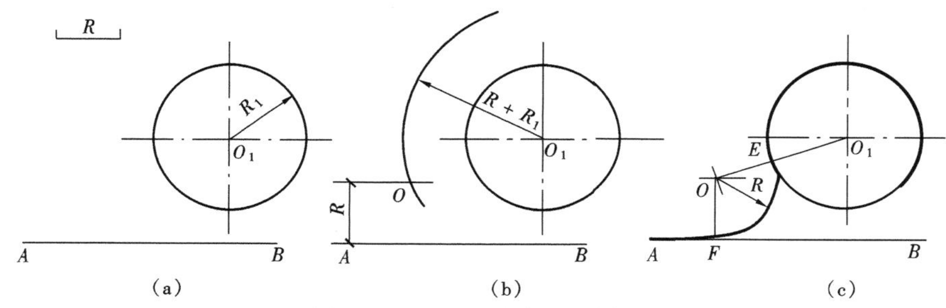

图 4-15　圆弧连接直线和圆弧

(a) 已知直线 AB，半径为 R_1 的圆 O_1，连接弧半径 R；(b) 以 R 为间距，作 AB 直线的平行线与以 O_1 为圆心、$R+R_1$ 为半径所作的弧交于 O，O 即为所求连接弧圆心；(c) 连 OO_1 交圆于 E 点，过 O 作 OF 垂直直线 AB，F 为垂足，以 O 为圆心，连接弧 R 为半径，过 E、F 作弧，即为所求

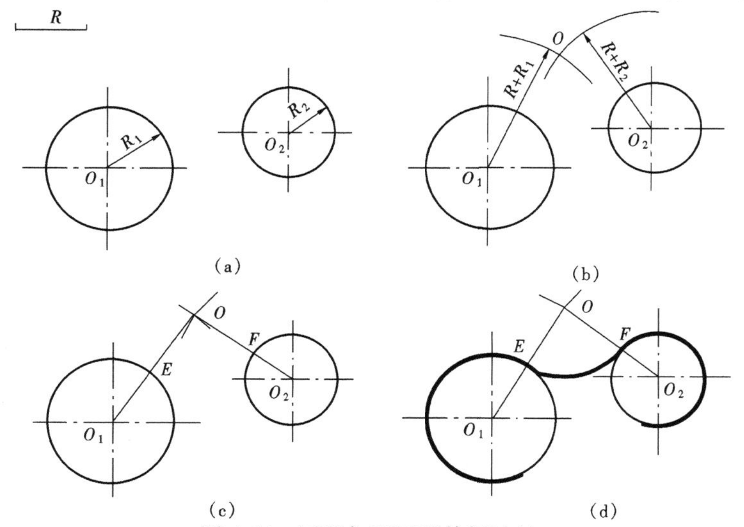

图 4-16　圆弧与两圆弧外切连接

(a) 已知圆 O_1、O_2，半径分别为 R_1、R_2，连接弧半径为 R；(b) 分别以 O_1、O_2 为圆心，以 $R+R_1$、$R+R_2$ 为半径作弧，并交于点 O，O 即为连接弧圆心；(c) 连接 OO_1、OO_2 与两圆的圆周分别交于 E、F 点，E、F 点即为切点；(d) 以 O 为圆心，R 为半径，自切点 E、F 作弧，即为所求

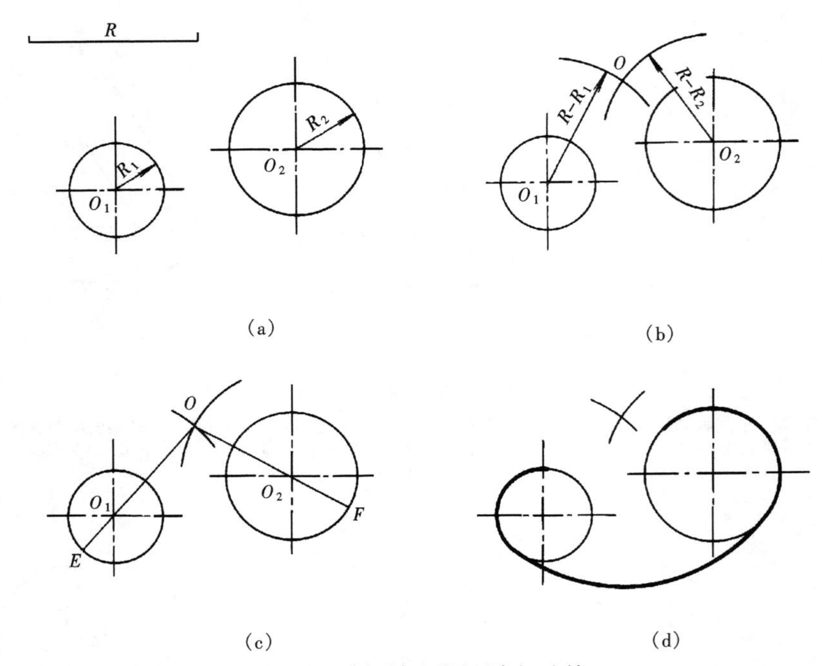

图 4-17　圆弧与两圆弧内切连接

(a) 已知圆 O_1、O_2，半径分别为 R_1、R_2，连接弧半径为 R；(b) 分别以 O_1、O_2 为圆心，以 $R-R_1$、$R-R_2$ 为半径作弧，并交于点 O，O 即为连接弧圆心；(c) 连 OO_1、OO_2 并延长与两圆的圆周分别交于 E、F 点，E、F 点即为切点；(d) 以 O 为圆心，R 为半径，自切点 E、F 作弧，即为所求

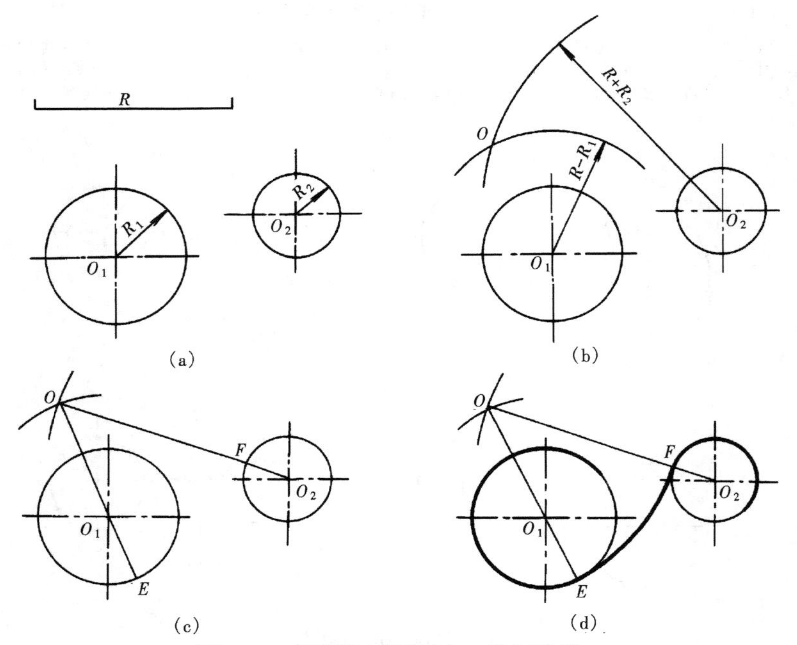

图 4-18　圆弧与两圆弧内、外切连接

(a) 已知圆 O_1、O_2，半径分别为 R_1、R_2，连接弧半径为 R；(b) 分别以 O_1、O_2 为圆心，以 $R-R_1$、$R+R_2$ 为半径作弧，并交于点 O，O 即为连接弧圆心；(c) 连 OO_1、OO_2 与两圆的圆周分别交于 E、F 点，E、F 点即为切点；(d) 以 O 为圆心，R 为半径，自切点 E、F 作弧，即为所求连接弧

第四节　椭圆的画法

椭圆的画法较多，这里仅介绍用同心圆法和四心圆弧近似法作椭圆的两种方法。

一、同心圆法

用同心圆法作椭圆的方法和步骤如图 4-19 所示。

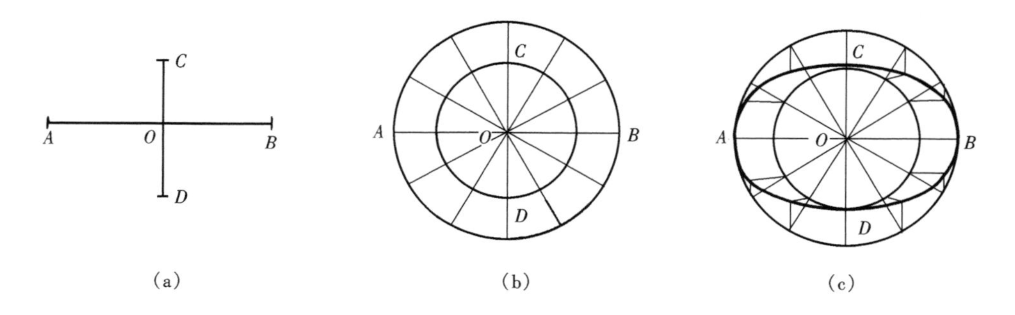

图 4-19　同心圆法作椭圆

(a) 已知椭圆的长轴 AB 及短轴 CD；(b) 以 O 为圆心，分别以 OA、OC 为半径作圆，并将圆 12 等分；(c) 分别过小圆上的等分点作水平线，大圆上的等分点作竖直线，其各对应的交点，即为椭圆上的点，依次相连即可

二、四心圆弧近似法

用四心圆弧近似法作椭圆的方法和步骤如图 4-20 所示。

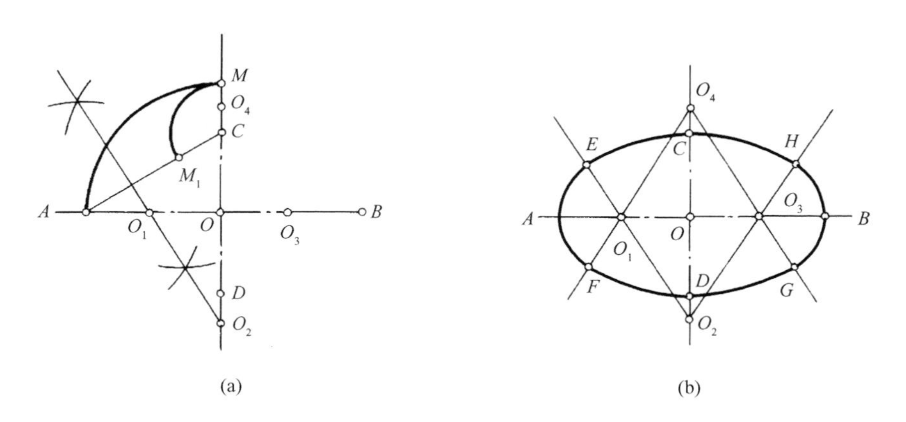

图 4-20　四心圆弧法作椭圆

(a) 已知椭圆的长短轴 AB、CD，连接 AC，并作 $OM=OA$，又作 $CM_1=CM$ 及 AM_1 的垂直平分线交 AB 于 O_1、CD 于 O_2，作 $OO_3=OO_1$，$OO_4=OO_2$；(b) 连 O_1O_2、O_1O_4、O_3O_2、O_3O_4 并延长，分别以 O_1、O_3、O_2、O_4 为圆心，以 O_1A、O_3B、O_2C、O_4D 为半径作弧，使各弧相接于 E、F、G、H，即得所求

第二篇　投　影　作　图

第五章　投影的基本知识

建筑工程中所使用的图样是根据投影的方法绘制的。投影原理和投影方法是绘制投影图的基础，也是绘制和识读各种工程图样的基础。本章主要介绍正投影法的基本原理和三面正投影图的形成及其基本规律。

第一节　投影的概念与分类

一、投影的概念

光线照射物体时，在地面或墙面上便会出现影子，当光线的照射角度或距离改变时，影子的位置和形状也随之改变，这些都是生活中的常见现象。人们从这些现象中认识到影子是在有光线、物体和投影面的条件下产生的，影子是灰黑一片的。它只能反映物体底部的轮廓，而上部的轮廓则被黑影所代替，不能表达物体的真面目，如图 5-1（a）所示。

如果假设光线能够透过物体，使组成物体的各棱线都能在投影面上投落下它们的影子，这样的影子，不但能反映物体的外形，也能反映物体上部和内部的情况，如图 5-1（b）所示。我们把这时所产生的影子称为投影，通常也称投影图，能够产生光线的光源称为投影中心，而光线称为投影线，承接影子的平面称为投影面。

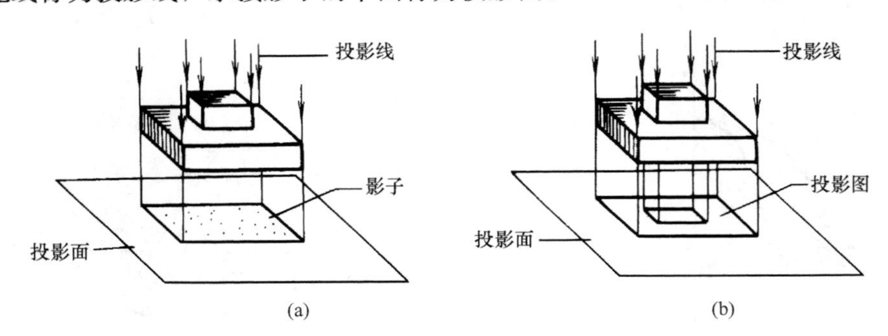

图 5-1　影子与投影

（a）影子；（b）投影

建筑工程图样是按照投影的原理和方法绘制的。

二、投影的分类

投影分为中心投影和平行投影两类。

（一）中心投影

投影中心 S 在有限的距离内发出放射状的投影线，用这些投影线作出的投影，称为中心投影，如图 5-2 所示。作出中心投影的方法称为中心投影法。

用中心投影法绘制的物体投影图称为透视图，如图 5-3 所示。它只需一个投影面，其特点是图形逼真、直观性强，但作图复杂，物体各部分的确切形状和大小都不能直接在图中度量出来，故不能作为施工图使用，它仅适用于建筑设计方案的比较及工艺美术和宣传广告画等。

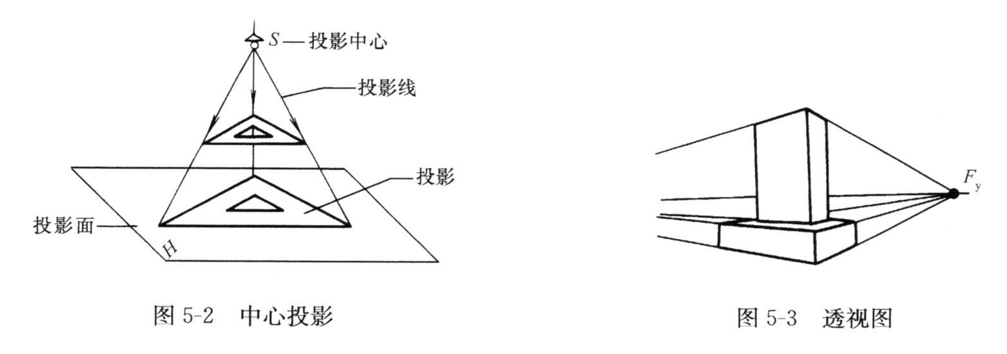

图 5-2　中心投影　　图 5-3　透视图

（二）平行投影

当投影中心 S 移至无限远处时，投影线将依一定的投影方向平行地投射下来。用平行投影线作出的投影，称为平行投影，如图 5-4 所示。作出平行投影的方法称为平行投影法。

根据投影线与投影面的角度不同，平行投影又可分为斜投影和正投影。

1. 斜投影

投影方向倾斜于投影面时所作出的平行投影，称为斜投影，如图 5-4（a）所示。作出斜投影的方法称为斜投影法。

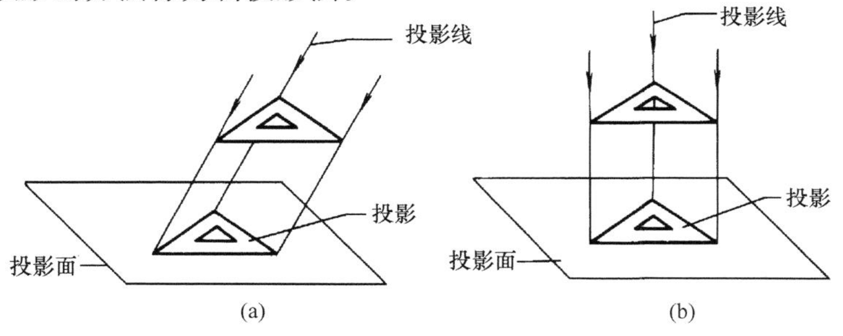

图 5-4　平行投影
（a）斜投影；（b）正投影

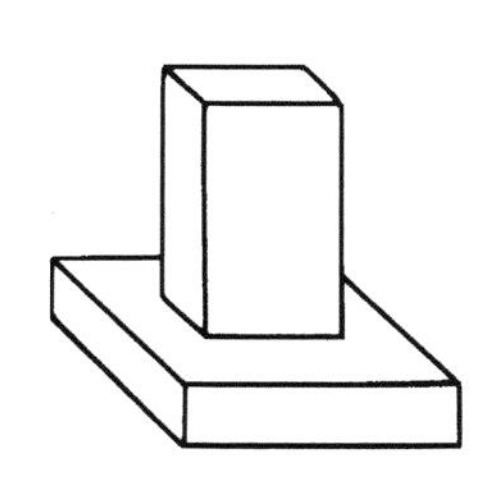

图 5-5　斜轴测投影图

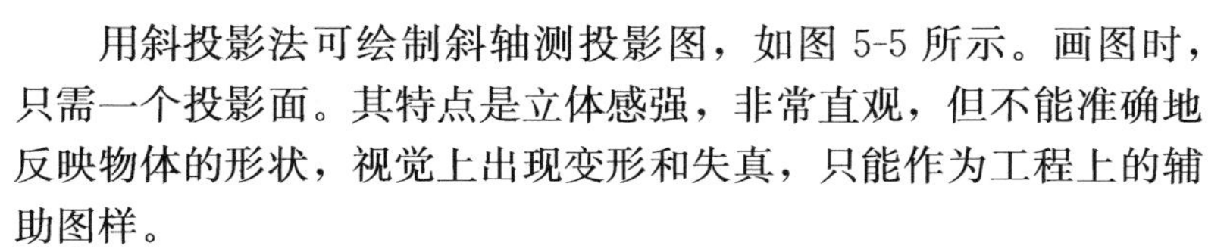

用斜投影法可绘制斜轴测投影图，如图 5-5 所示。画图时，只需一个投影面。其特点是立体感强，非常直观，但不能准确地反映物体的形状，视觉上出现变形和失真，只能作为工程上的辅助图样。

2. 正投影

投影方向垂直于投影面时所作出的平行投影，称为正投影，如图5-4（b）所示。作出正投影的方法称为正投影法。

用正投影法在两个或两个以上相互垂直的，并平行于物体主要侧面的投影面上分别获得同一物体的正投影，然后按规则展开在一个平面上，便得到物体的多面正投影图，如图 5-6 所示。

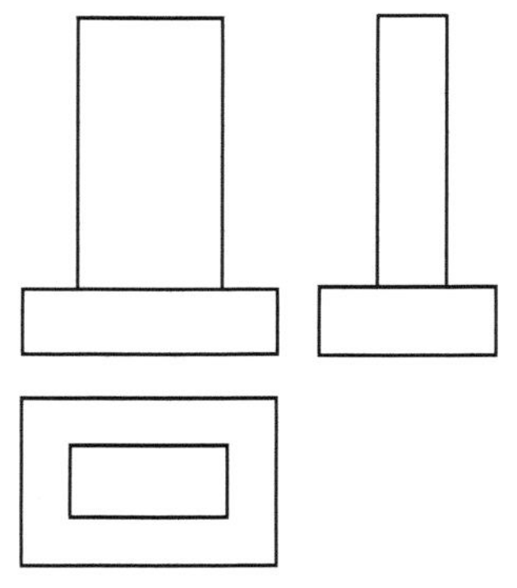

图 5-6　正投影图

正投影图的特点是作图较其他方法简便，便于度量，但缺乏立体感，需经过一定的训练才能看懂。

第二节 正投影的基本特性

在建筑制图中，最常使用的投影法是正投影法。正投影有如下的特性。

一、全等性

当直线段平行于投影面时，其投影与直线段等长，如图 5-7 所示；当平面图形平行于投影面时，其投影与平面图形全等，如图 5-8 所示。即直线段的长度和平面图形的形状和大小，都可直接从投影图中确定和度量。这种特性称为全等性，这种投影称为实形投影。

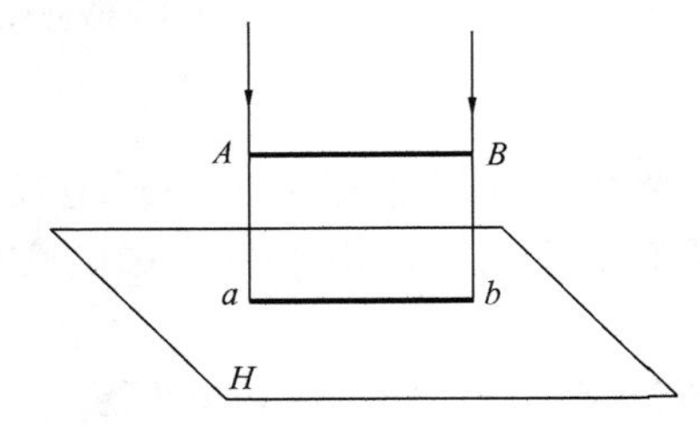

图 5-7 直线段平行投影面

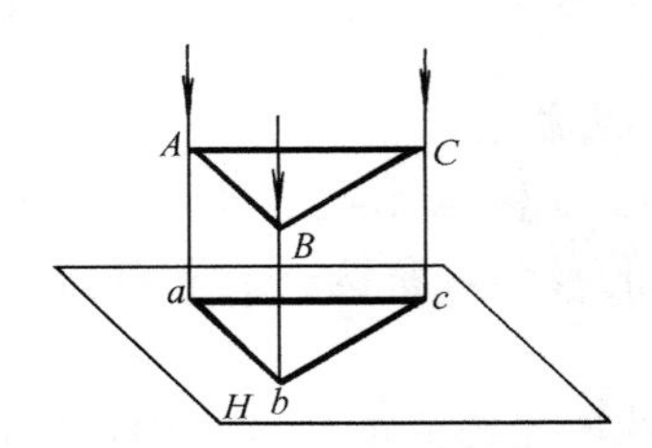

图 5-8 平面图形平行投影面

二、积聚性

当直线段垂直于投影面时，其投影积聚成一点，如图 5-9 所示；当平面图形垂直于投影面时，其投影积聚成一直线段，如图 5-10 所示。这种特性称为积聚性，这种投影称为积聚投影。

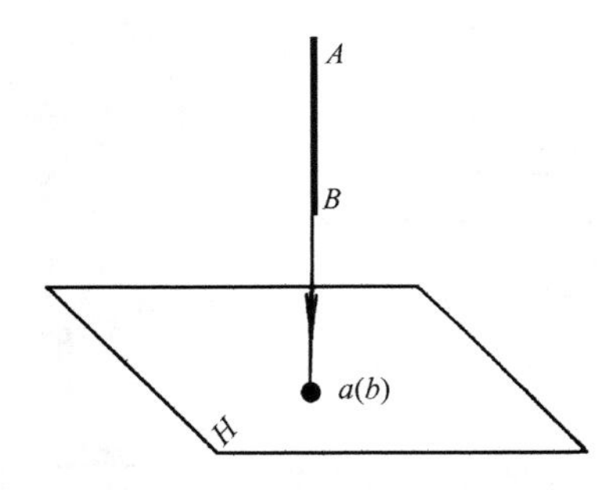

图 5-9 直线段垂直投影面

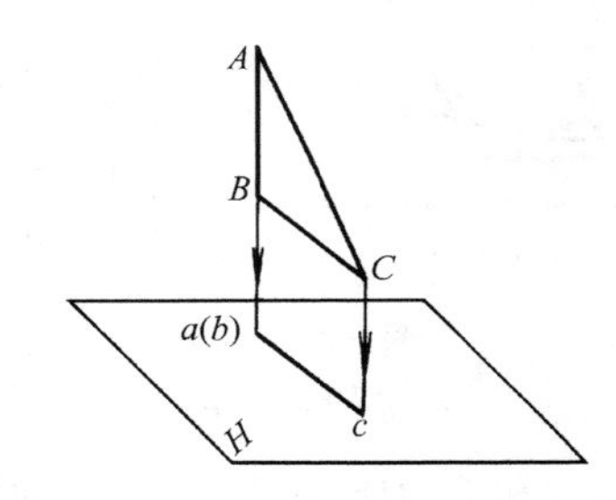

图 5-10 平面图形垂直投影面

三、类似性

当直线段倾斜于投影面时，其投影仍是直线段，但比实长短，如图 5-11 所示；当平面图形倾斜于投影面时，其投影与平面形类似，但比实形小，如图 5-12 所示。这种特性称为类似性。

由于正投影不仅具有反映实长、实形的特性，而且投影方向规定垂直于投影面，便于作图。因此，大多数的工程图样都用正投影法画出。以下各章节提及投影二字，除特别说明外，均指正投影。

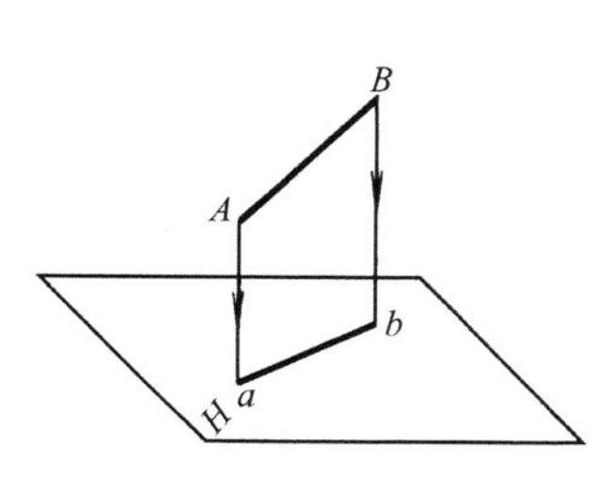

图 5-11　直线段倾斜投影面

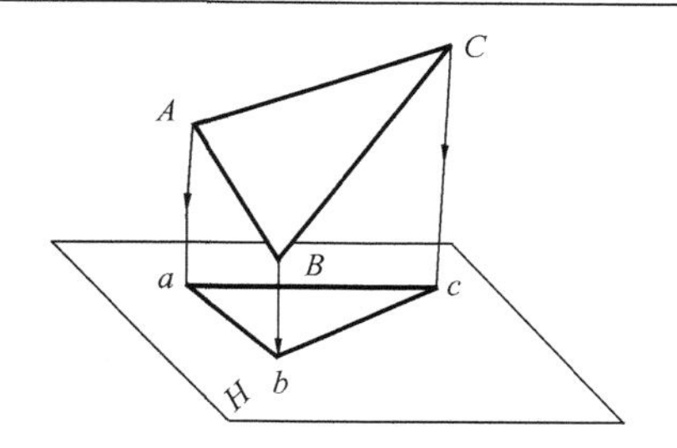

图 5-12　平面图形倾斜投影面

第三节　三面正投影图

当投影方向、投影面确定后，物体在一个投影面上的投影图是唯一的，但一个投影图只能反映物体一个面的形状和尺寸，并不能完整地反映它的全部面貌。如图 5-13 中三个空间形状不同的物体，在同一个投影面上的投影，却是相同的，所以该投影是不能反映三个不同物体的形状和大小的。

那么，需要几个投影图才能准确而全面地表达物体的形状和大小呢？一般需要两个或两个以上的投影图。

一、三投影面体系的建立

三个相互垂直的投影面构成三投影面体系，如图 5-14 所示。在三投影面体系中，呈水平位置的投影面称为水平投影面（简称水平面），用 *H* 表示，水平面也可称为 *H* 面；与水平投影面垂直相交呈正立位置的投影面称为正立投影面（简称正面），用 *V* 表示，正面也可称为 *V* 面；位于右侧与 *H*、*V* 同时垂直相交的投影面称为侧立投影面（简称侧面），用 *W* 表示，侧面也可称为 *W* 面。

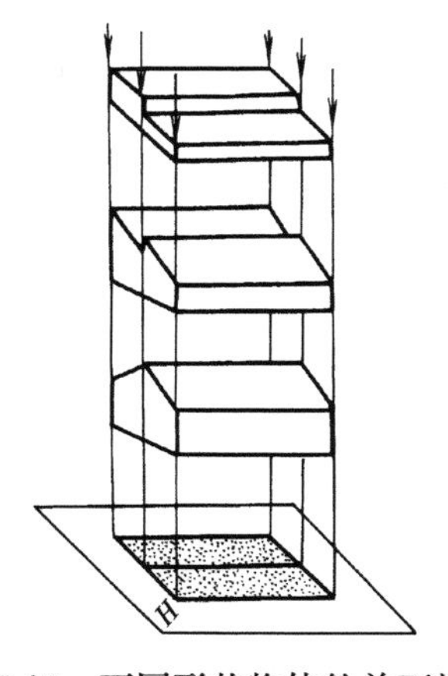

图 5-13　不同形状物体的单面投影

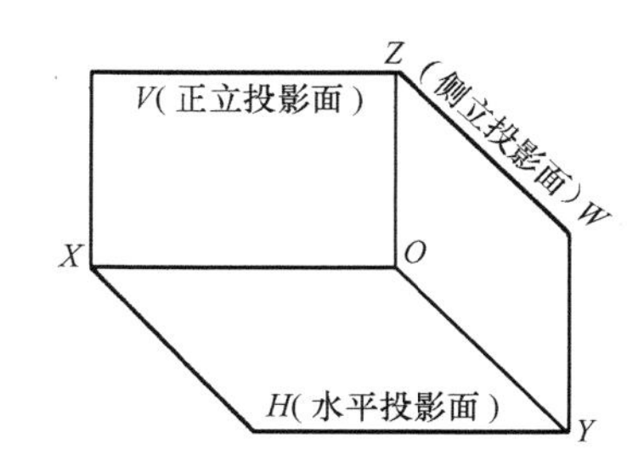

图 5-14　三投影面的建立

三个投影面的两两相交线 *OX*、*OY*、*OZ* 称为投影轴，它们相互垂直。三投影轴相交于一点 *O*，称为原点。

二、三面正投影图的形成

将物体置于 *H* 面之上，*V* 面之前，*W* 面之左的空间，如图 5-15 所示。用分别垂直于三个投影面的平行投影线投影，可得到物体在三个投影面上的正投影图。

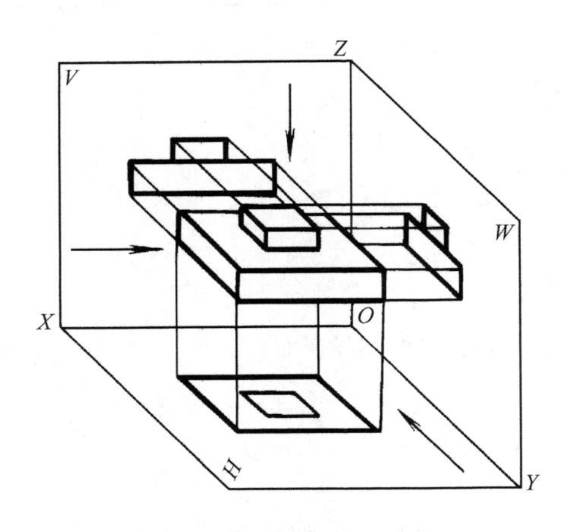

图 5-15 投影图的形成

投影线由上向下垂直 H 面，在 H 面上产生的投影称为水平投影图（简称平面图）；

投影线由前向后垂直 V 面，在 V 面上产生的投影称为正立投影图（简称正面图）；

投影线由左向右垂直 W 面，在 W 面上产生的投影称为侧立投影图（简称侧面图）。

三、三投影面展开规则

为了把空间三个投影面上所得到的投影图画在一个平面上，需将三个相互垂直的投影面展开摊平成一个平面。

展开规则是，V 面保持不动，H 面绕 OX 轴向下翻转 90°，W 面绕 OZ 轴向右翻转 90°，则它们就和 V 面处在同一平面上，如图 5-16 所示。

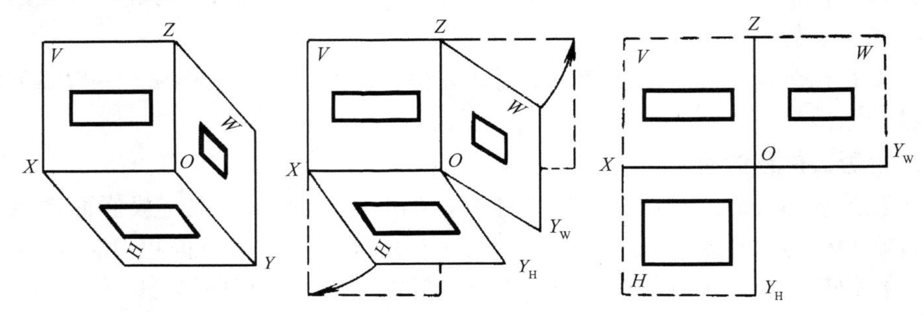

图 5-16 三个投影面的展开

三个投影面展开后，三条投影轴成为两条垂直相交的直线。原 OX、OZ 轴的位置不变，OY 轴则分为两条，在 H 面上的用 OY_H 表示，它与 OZ 轴成一直线；在 W 面上的用 OY_W 表示，它与 OX 轴成一直线。

H、V、W 面的相对位置是固定的，投影图与投影面的大小无关。作图时，不必画出投影面的边界，也不必标注投影面、投影轴和投影图的名称，如图 5-17 所示。在工程图样中，投影轴一般可不画出来，如图 5-18 所示。但在初学投影作图时，最好将投影轴保留，并用

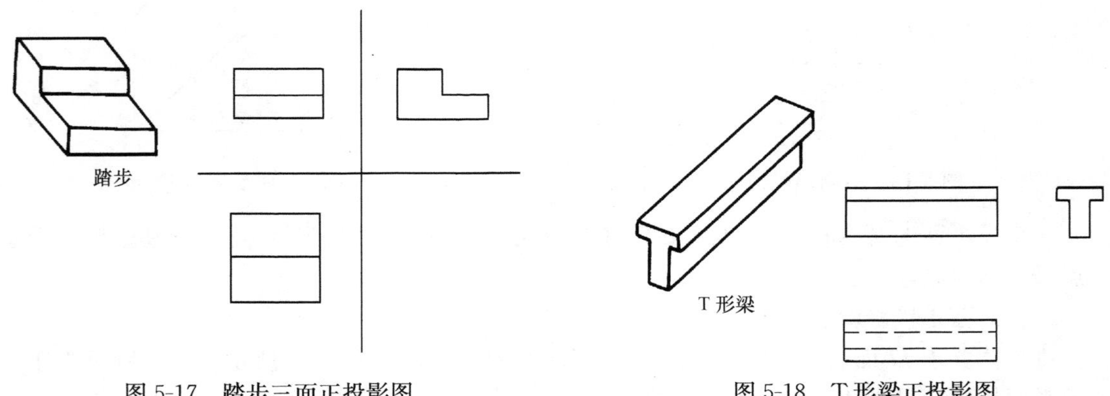

图 5-17 踏步三面正投影图

图 5-18 T 形梁正投影图

细实线画出。

四、三面正投影图的投影规律

空间物体都有长、宽、高三个方向的尺度，在作投影图时，对物体的长度、宽度和高度方向，统一按下述方法确定。

当物体的正面确定之后，其左右方向的尺寸称为长度；前后方向的尺寸称为宽度；上下之间的尺寸称为高度，如图 5-19 所示。

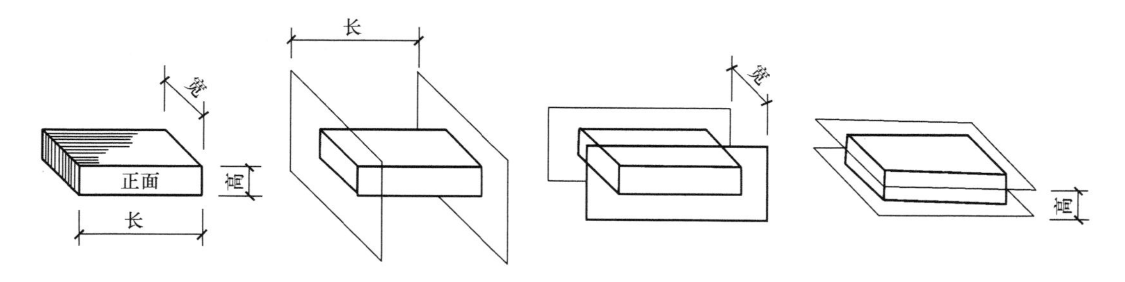

图 5-19　物体的长、宽、高

三面投影图是从三个不同方向投影而得到的，对于同一物体，其三面投影图之间既有区别，又有联系。从图 5-20 中可以看出三面正投影图具有下述投影规律。

（一）投影对应规律

投影对应规律是指各投影图之间在量度方向上的相互对应。

由图 5-20（b）可知，*H* 投影和 *V* 投影在 *X* 轴方向都反映物体的长度，它们的位置左右应对正，这种关系称为“长对正”；*V* 投影和 *W* 投影在 *Z* 轴方向都反映物体的高度，它们的位置上下应对齐，这种关系称为“高平齐”；*H* 投影和 *W* 投影在 *Y* 轴方向都反映了物体的宽度，这种关系称为“宽相等”。

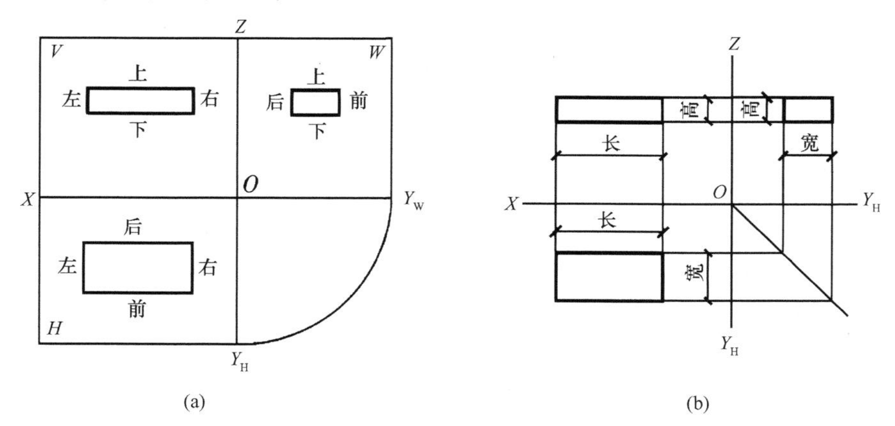

图 5-20　三个投影面展开后的位置

“长对正、高平齐、宽相等”这三等关系反映了三面正投影图之间的投影对应规律，是绘制和识读正投影图时必须遵循的准则。

（二）方位对应规律

方位对应规律是指各投影图之间在方向位置上的相互对应。

任何物体都有上、下、左、右、前、后六个方位。在三面投影图中，每个投影图各反映其中四个方位的情况，即平面图反映物体的左右和前后；正面图反映物体的左右和上下；侧面图反映物体的前后和上下，如图 5-20（a）所示。

在投影图上识别形体的方位，对识图将有很大的帮助。

对一般物体，用三面投影已能确定其形状和大小，因此 H、V、W 三个投影面称为基本投影面。

五、三面正投影图的画法

熟练掌握物体三面正投影图的画法是绘制和识读工程图样的重要基础。下面是画三面正投影图的具体方法和步骤：

（1）先画出水平和垂直十字相交线，以作为正投影图中的投影轴，如图 5-21（b）所示；

（2）根据物体在三投影面体系中的放置位置，先画出能够反映物体特征的正面投影图或水平投影图，如图 5-21（c）所示；

（3）根据“三等”关系，由“长对正”的投影规律，画出水平投影图或正面投影图；由“高平齐”的投影规律，把正面投影图中涉及高度的各相应部分用水平线拉向侧立投影面；由“宽相等”的投影规律，用过原点 O 作一条向右下斜的 45°线，然后在水平投影图上向右引水平线，与 45°线相交后再向上引铅垂线，得到在侧立面上与“等高”水平线的交点，连

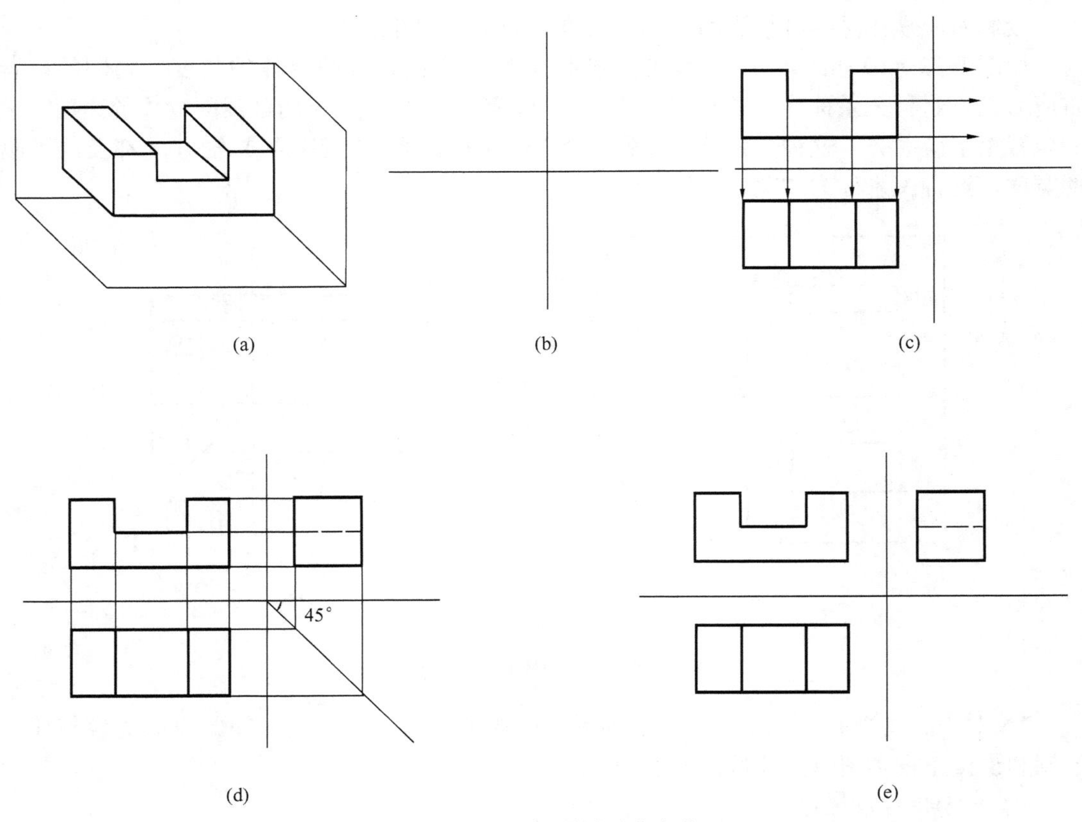

图 5-21 三面正投影图画法步骤

接关联点而得到侧面投影图，如图 5-21（d）所示。

（4）擦去作图线，整理、描深，如图 5-21（e）所示。

由于在制图时，只要求各投影图之间的“长、宽、高”关系正确，因此，在实际工程图中，一般不画投影轴，各投影图的位置也可以灵活安排，有时各投影图还可以不画在同一张图纸上。

六、镜像投影

在建筑工程中，建筑物的有些部位或构件的图样直接用正投影法绘制时，难于表达其真实形状，甚至会出现与实际相反的情况，造成施工误会。对于这类图样可采用与正投影法不同的镜像投影法绘制。

镜像投影法就是假设把玻璃镜面放在物体的下面，代替水平投影面 H，在镜面中得到反映物体底面形状的图像。所得到的图像称为镜像投影图，如图 5-22（a）所示。用镜像投影法绘制的平面图应在图名后注写“镜像”二字，如图 5-22（b）所示，或按图 5-22（c）画出镜像投影识别符号。

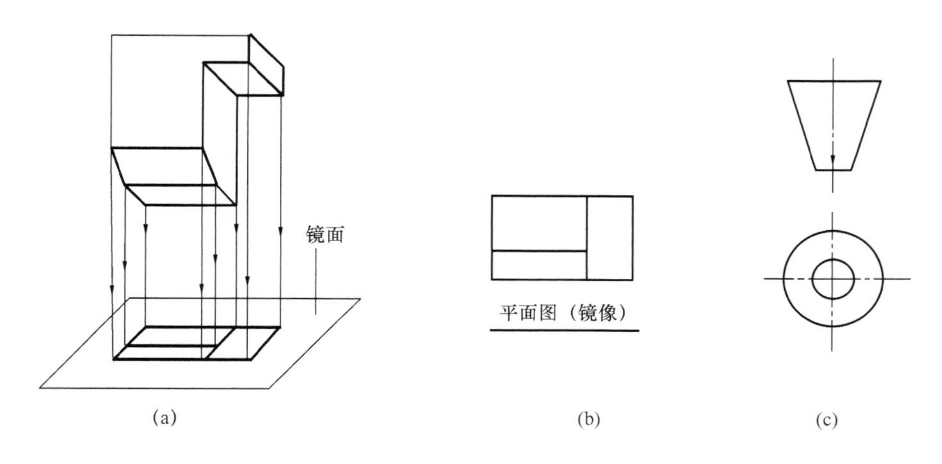

图 5-22　镜像投影法

镜像投影法一般用于绘制建筑室内顶棚的装饰平面图。例如吊顶图案的施工图，若采用一般正投影法，如图 5-23（b）所示，吊顶图样均为虚线，不利于看图施工；若采用仰视画法，如图 5-23（c）所示，则吊顶图样与实际情况相反，容易造成施工误会；如果我们采用

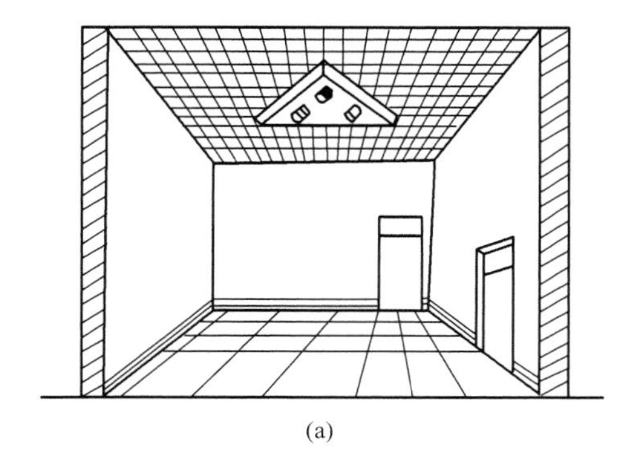
(a)

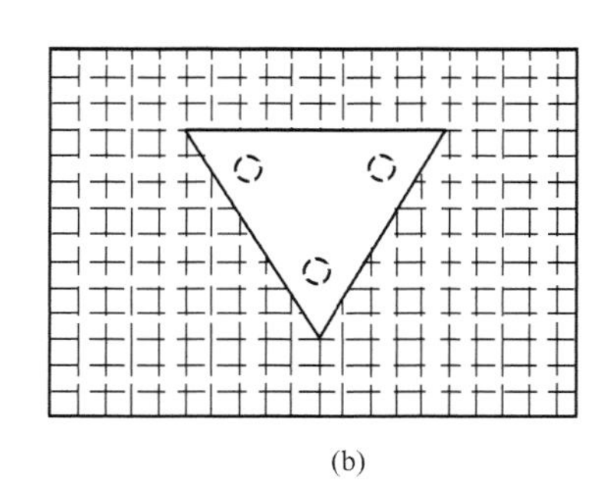
(b)

图 5-23　吊顶示意图（一）
（a）吊顶透视图；（b）用正投影法绘制吊顶

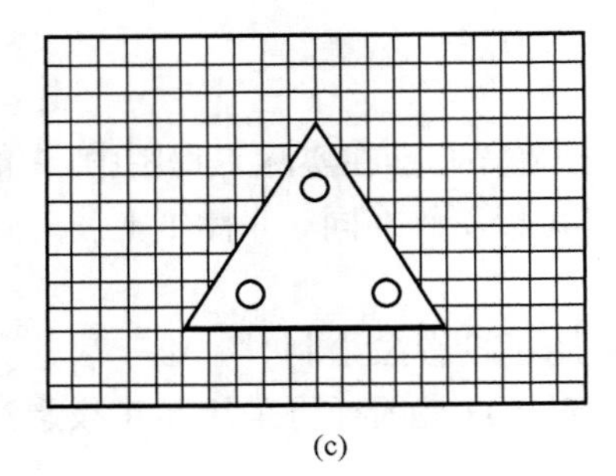
(c)

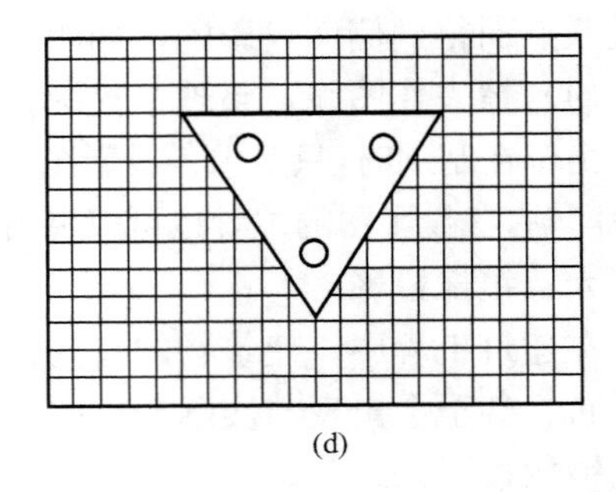
(d)

图 5-23 吊顶示意图（二）

（c）用仰视法绘制吊顶；（d）用镜像投影法绘制吊顶

镜像投影法，把地面看作是一面镜子，从中得到正确的顶棚平面图（镜像），如图 5-23（d）所示，它能真实反映吊顶图案的实际情况，有利于施工。

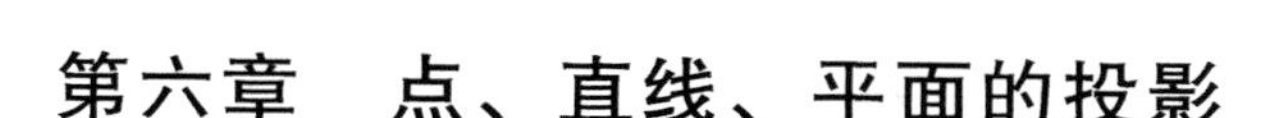

第六章　点、直线、平面的投影

点、直线、平面是组成物体表面形状的基本几何元素，要正确地画出物体的投影图，必须先掌握组成物体表面形状的基本几何元素的投影特性和作图方法。

第一节　点　的　投　影

一、点的三面投影

将空间点 A 置于三投影面体系中，由 A 点分别向三个投影面作垂线（即投影线），三个垂足就是点 A 在三个投影面上的投影。用相应的小写字母 a、a'、a''表示。如图 6-1 所示。

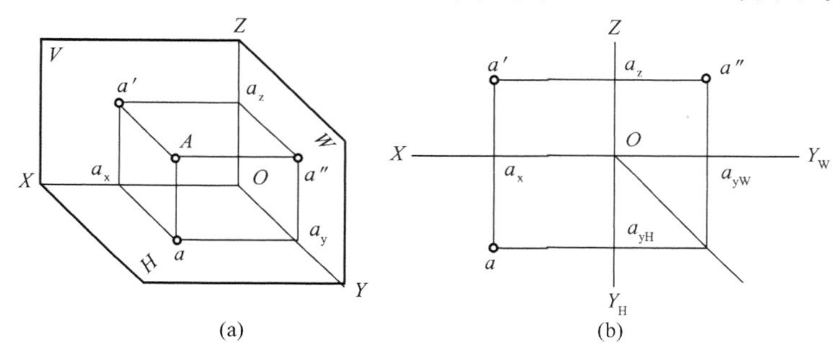

图 6-1　点的三面投影

（a）直观图；（b）投影图

投影法规定：空间点用大写字母表示；H 面投影用相应的小写字母表示；V 面投影用相应的小写字母并在右上角加一撇表示；W 面投影用相应的小写字母并在右上角加两撇表示。如点 B 的三面投影，分别用 b、b'、b''表示。以后学习线、面、体的投影都按此规定标注。

二、点的投影规律

在图 6-1 中，过空间点 A 的两条投影线 Aa、Aa'决定的平面 $Aa'a_xa$ 同时垂直于 H 面和 V 面，因此，该平面与 H 面和 V 面的交线必互相垂直，即 $aa_x \perp a'a_x$、$aa_x \perp OX$、$a'a_x \perp OX$。当 V 面和 H 面展开后，点 A 的水平投影 a 与正面投影 a'的连线，垂直于 OX 轴，即 $aa' \perp OX$。同理可分析出，$a'a'' \perp OZ$。

平面 $Aa'a_xa$ 为矩形，其对边相等，即 $a'a_x = Aa$、$aa_x = Aa'$。而 Aa 和 Aa'分别表示空间点 A 到 H 面和 V 面的距离。因此，$a'a_x$、aa_x 分别表示点 A 到 H、V 面的距离。

从以上分析可以得出点在三投影面体系中的投影规律：

（1）点的水平投影和正面投影的连线垂直于 OX 轴，即 $aa' \perp OX$。

（2）点的正面投影和侧面投影的连线垂直于 OZ 轴，即 $a'a'' \perp OZ$。

（3）点的水平投影到 OX 轴的距离等于点的侧面投影到 OZ 轴的距离，即 $aa_x = a''a_z$。

（4）点到某一投影面的距离，等于该点在另两个投影面上的投影到其相应投影轴的距离。

不难看出，点的三面投影也符合“长对正、高平齐、宽相等”的投影规律。这些规律也说明，在点的三面投影图中，任何两个投影都能反映出点到三个投影面的距离。因此，只要给出点的任何两个投影，就可以求出第三个投影。

【例 6-1】 已知点 B 的两面投影 b'、b''，求作其水平投影 b，如图 6-2 所示。

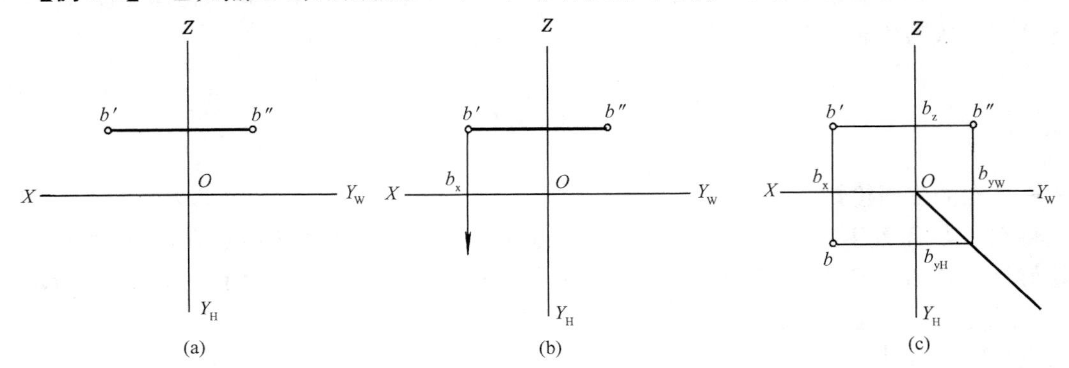

图 6-2　已知点的两面投影求第三面投影

（a）已知点 B 的两投影 b'、b''；（b）过 b' 作 OX 轴的垂直线 $b'b_x$；

（c）在 $b'b_x$ 的延长线上截取 $bb_x=b''b_z$，b 即为所求

三、点的坐标

（一）点的坐标

在三投影面体系中，点在空间的位置可由该点到三个投影面的距离来确定。如果把图 6-3（a）的三投影面体系看作空间直角坐标系，投影轴 OX、OY、OZ 相当于坐标轴 X、Y、Z，投影面 H、V、W 相当于坐标面，投影轴原点 O 相当于坐标系原点。则空间点 A 到三投影面的距离，就是该点的三个坐标（用小写字母 x、y、z 表示）。即：

点 A 到 W 面的距离为 x 坐标；点 A 到 V 面距离为 y 坐标；点 A 到 H 面的距离为 z 坐标。因此，点 A 的空间位置，可以用 $A(x、y、z)$表示。

已知点的三个坐标，可以作出该点的三面投影图。相反地，已知点的三面投影图，也可以量出该点的三个坐标值。

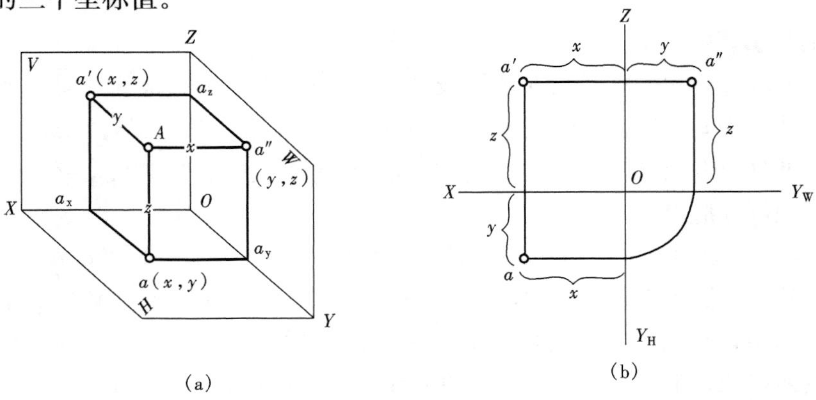

图 6-3　点的坐标

（a）直观图；（b）投影图

【例 6-2】 已知点 $A(18、12、14)$，求作点 A 的三面投影图，如图 6-4 所示。

（二）特殊位置点的投影

在投影面、投影轴或坐标原点上的点，称为特殊位置的点。

当点在某一投影面上，它的坐标必有一个为零。当点在某一投影轴上，它的坐标必有两个为零。当点在坐标原点 O 上，它的坐标均为零。

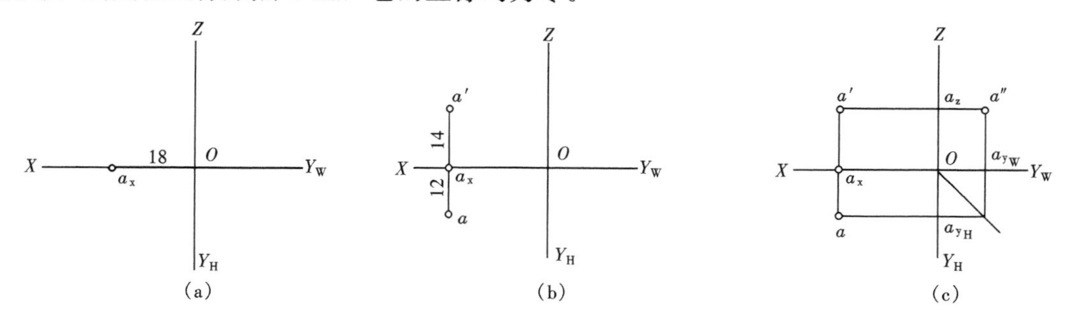

图 6-4　根据点的坐标作投影图

(a) 在 OX 轴上取 $Oa_x=18$mm；(b) 过 a_x 作 OX 轴的垂直线，在其上取 $aa_x=12$mm，$a'a_x=14$mm，得 a 和 a'；(c) 根据 a 和 a' 求出 a''

1. 投影面上的点

如图 6-5 (a) 所示，如果点 A 在 H 面上，坐标 z 等于零。点 A 的 H 投影 a 与 A 重合，V 投影 a' 落在 OX 轴上，W 投影 a'' 落在 OY 轴上（展开后应在 OY_W 轴上）。

由此，可以得出投影面上点的投影特点：投影面上的点，一个投影为该点所在投影面上的原来位置，其余两个投影分别在围成该投影面的两个投影轴上。

2. 投影轴上的点

图 6-5 (b) 表示点 B 在 OX 轴上，坐标 y、z 都等于零。点 B 的 H 投影 b 和 V 投影 b' 与 B 均重合在 OX 轴上，点 B 的 W 投影 b'' 落在坐标原点 O 上。

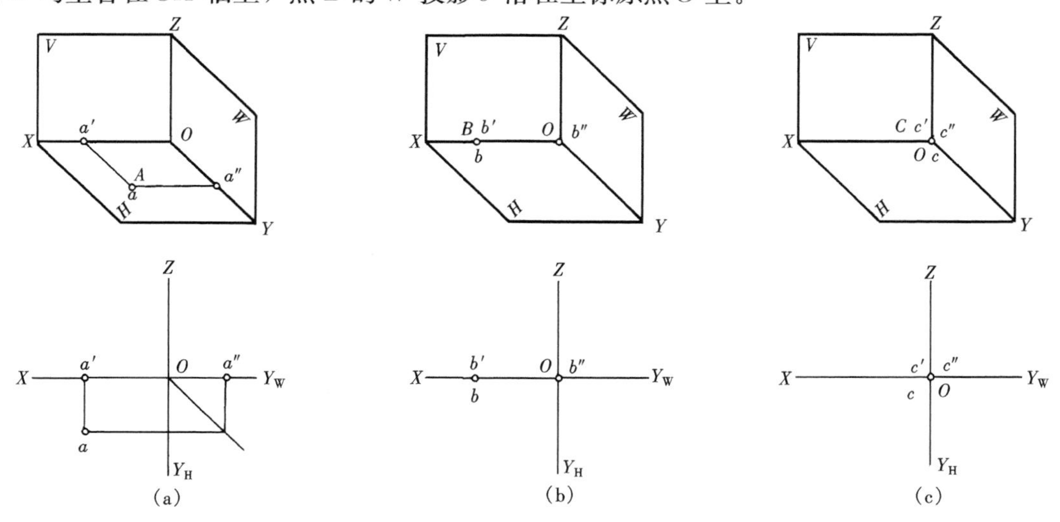

图 6-5　特殊位置点的投影

(a) 点在投影面上；(b) 点在投影轴上；(c) 点在原点

由此，可以得出投影轴上点的投影特点：投影轴上点的投影，有两个投影在同一投影轴上，另一个投影在坐标原点。

3. 坐标原点的点

图 6-5（c）表示点 C 在坐标原点 O 上，x、y、z 三个坐标都等于零，点 C 的三个投影 c、c'、c'' 和 C 均与坐标原点 O 重合。

在特殊位置点的三面投影图中，空间点可不标注，其三个投影的符号，应写在相应的投影面上。

四、两点的相对位置

空间两点的相对位置，是指两点间的前后、左右和上下位置关系，可分别在它们的三面投影中反映出来。

H 投影反映出它们的前后、左右关系；V 投影反映出它们的左右、上下关系；W 投影反映出它们的前后、上下关系。

在三面投影图中，x 坐标可确定点在三投影面体系中的左右位置，y 坐标可确定点的前后位置，z 坐标可确定点的上下位置。

因此，只要将空间两点同面投影的坐标值加以比较，就可判断出两点的左右、前后、上下位置关系。坐标大者为左、前、上，坐标小者为右、后、下。

【例 6-3】 试判断 A、B 两点的相对位置，如图 6-6 所示。

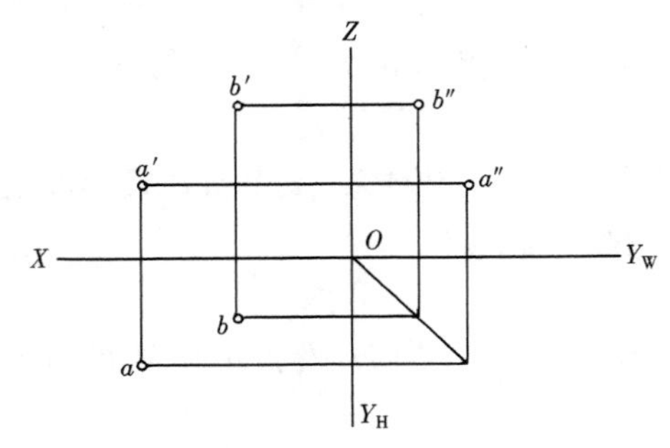

图 6-6 两点的相对位置

判断：

从两点的 H、V 面投影来看，A 点的 x 坐标比 B 点的 x 坐标大，即 $x_A > x_B$，说明 A 点在 B 点的左方，B 点在 A 点的右方。

从两点的 H、W 面投影来看，A 点的 y 坐标比 B 点的 y 坐标大，即 $y_A > y_B$，说明 A 点在 B 点的前方，B 点在 A 点的后方。

从两点的 V、W 面投影来看，A 点的 z 坐标比 B 点的 z 坐标小，即 $z_A < z_B$，说明 A 点在 B 点的下方，B 点在 A 点的上方。

将三面投影联系起来即可确定，A 点在 B 点的左、前、下方，或 B 点在 A 点的右、后、上方。

五、重影点及其可见性

当空间两点位于某一投影面的同一条投影线上时，这两点在该投影面上的投影必然重合，这两个点称为该投影面上的重影点。

如图 6-7 所示，点 A 和点 B 在同一垂直于 H 面的投影线上，它们的 H 投影重合在一起。由于点 A 在上，点 B 在下，向 H 面投影时，投影线先遇点 A，后遇点 B。点 A 为可见，它的 H 投影仍标注为 a，点 B 为不可见，其 H 投影标注为 (b)。

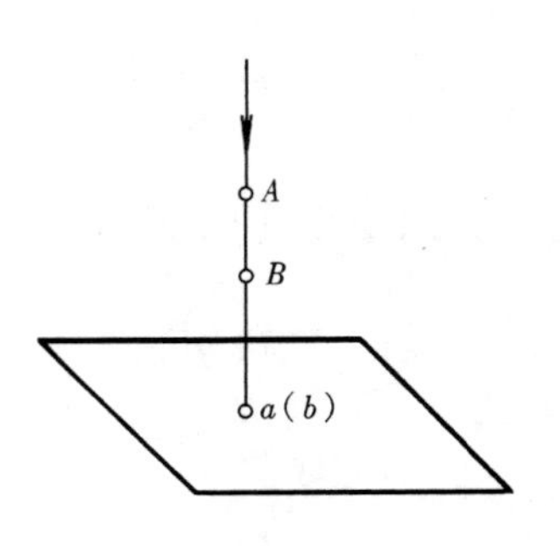

图 6-7 重影点的投影

既然两点的投影重合，那么就有一点可见和一点不可见的问题。如何判别重影点的可见性呢？一般根据两点的坐标差来确定。坐标大者为可见，坐标小者为不可见。

重影点的投影标注方法是：可见点注写在前，不可见点注写在后并且在字母外加括号。

【例 6-4】 已知点 A 的三面投影，如图 6-8（a）所示。点 B 在点 A 的正右方 6mm，求作点 B 的三面投影，并判别重影点的可见性。

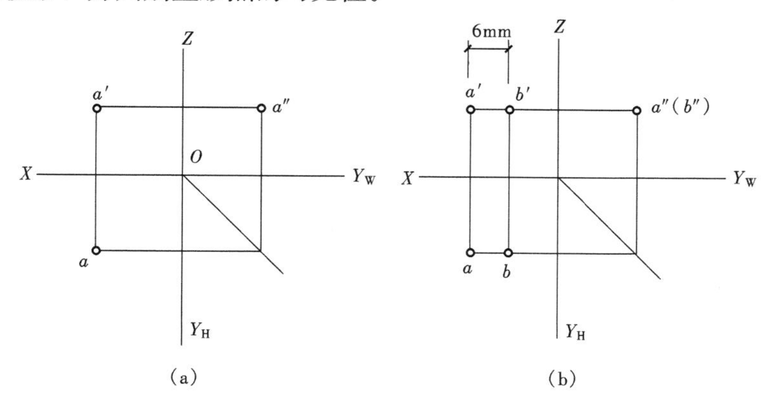

图 6-8　求作点的投影并判别可见性

作法如下：

（1）由于 B 点在 A 点的正右方，故两点的 z 坐标和 y 坐标相同。过 a' 作水平线，向右量取 6mm，即为 b'；过 a 向右作水平线，由 b' 作 OX 轴的垂线交于 b 即为所求。第三面投影 a''、b'' 重合，如图 6-8（b）所示。

（2）判别重影点的可见性，从图 6-8（b）可知，A、B 两点的侧面投影 a''、b'' 重合在一起，为重影点。因 $x_A > x_B$，从左向右投影时，点 A 在左可见，点 B 在右不可见，加上括号以示区别。

第二节　直 线 的 投 影

一、直线投影图作法

从几何学知道，直线的长度是无限的。直线的空间位置可由线上任意两点的位置确定，即两点可以确定一直线。

因此，作直线的投影时，只需求出直线上两个点的投影，然后将其同面投影连接，即为直线的投影。如果已知直线上的点 $A(a、a'、a'')$ 和 $B(b、b'、b'')$，那么就可以画出直线 AB 的投影图，如图 6-9 所示。

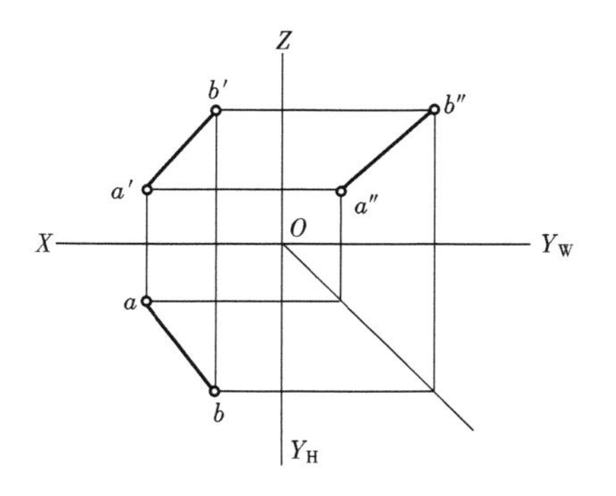

图 6-9　直线投影图作法

二、各种位置直线及投影特性

在三投影面体系中，直线对投影面的相对位置，有投影面平行线、投影面垂直线及投影面倾斜线三种情况。前两种称为特殊位置直线，后一种称为一般位置直线。

倾斜于投影面的直线与投影面之间的夹角，称为直线对投影面的倾角。直线对 H 面、V 面和 W 面的倾角，分别用 α、β 和 γ 表示。

（一）投影面平行线

平行于一个投影面而倾斜于另两个投影面的直线，称为投影面平行线。

投影面平行线分为三种情况：

（1）水平线，平行于 H 面，倾斜于 V、W 面的直线。

（2）正平线，平行于 V 面，倾斜于 H、W 面的直线。

（3）侧平线，平行于 W 面，倾斜于 H、V 面的直线。

这三种投影面平行线的直观图、投影图和投影特性见表 6-1。

表 6-1　　投影面平行线

名称	直观图	投影图	投影特性
水平线	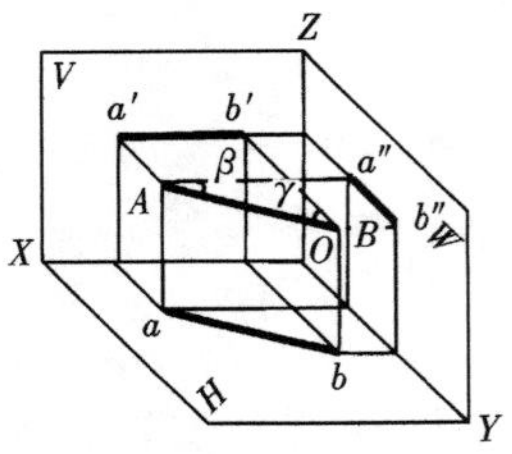	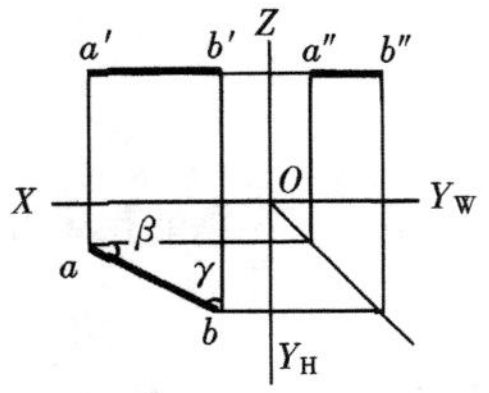	1. $a'b' /\!/ OX$ $a''b'' /\!/ OY_W$ 2. $ab=AB$ 3. 反映 β、γ 实角
正平线	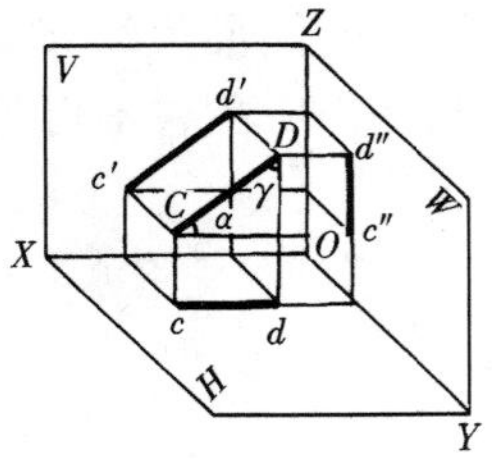	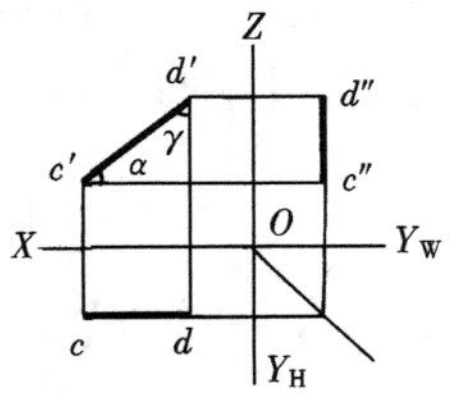	1. $cd /\!/ OX$ $c''d'' /\!/ OZ$ 2. $c'd'=CD$ 3. 反映 α、γ 实角
侧平线	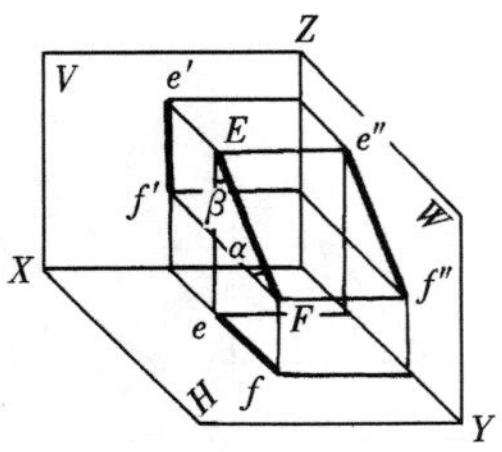	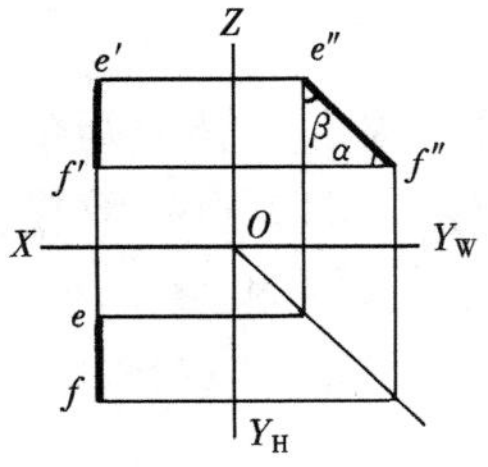	1. $ef /\!/ OY_H$ $e'f' /\!/ OZ$ 2. $e''f''=EF$ 3. 反映 α、β 实角

由表 6-1 可以得出投影面平行线的投影特性：

（1）直线平行于某一投影面，则在该投影面上的投影反映直线实长，并且该投影与投影轴的夹角反映直线对其他两个投影面的倾角。

（2）直线在另外两个投影面上的投影，分别平行于相应的投影轴，但不反映实长。

根据投影面平行线的投影特性，可判别直线与投影面的相对位置。即“一斜两直线，定是平行线；斜线在哪面，平行哪个面。”

（二）投影面垂直线

垂直于一个投影面而平行于另两个投影面的直线，称为投影面垂直线。

投影面垂直线分为三种情况：

（1）铅垂线，垂直于 H 面，平行于 V、W 面的直线。

（2）正垂线，垂直于 V 面，平行于 H、W 面的直线。

（3）侧垂线，垂直于 W 面，平行于 H、V 面的直线。

这三种投影面垂直线的直观图、投影图和投影特性见表 6-2。

表 6-2　　**投影面垂直线**

名称	直观图	投影图	投影特性
铅垂线	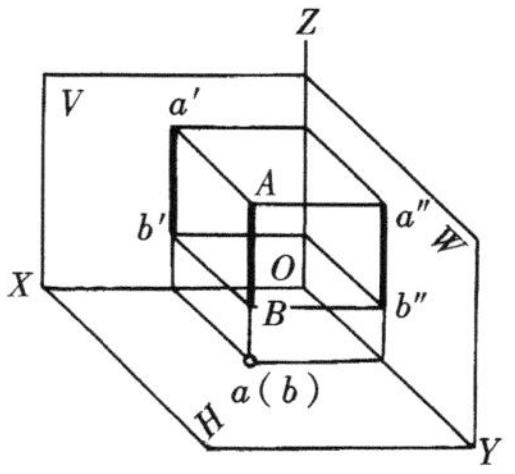	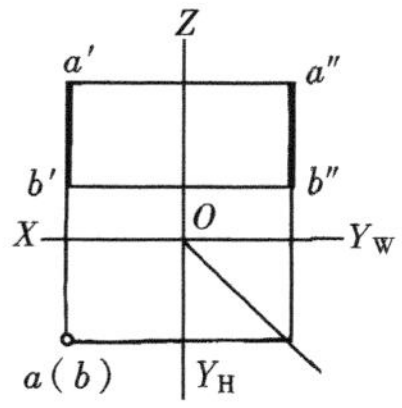	1. ab 积聚成一点 2. $a'b' \perp OX$ $a''b'' \perp OY_W$ 3. $a'b' = a''b'' = AB$
正垂线	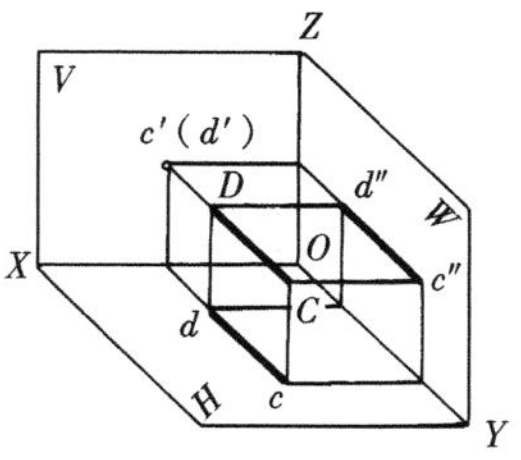	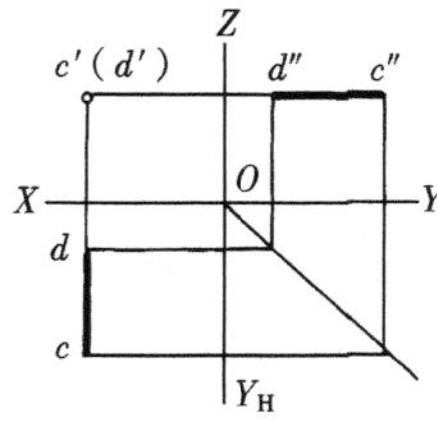	1. $c'd'$ 积聚成一点 2. $cd \perp OX$ $c''d'' \perp OZ$ 3. $cd = c''d'' = CD$
侧垂线	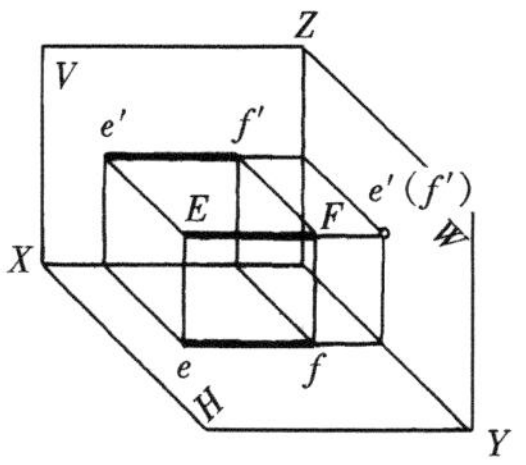	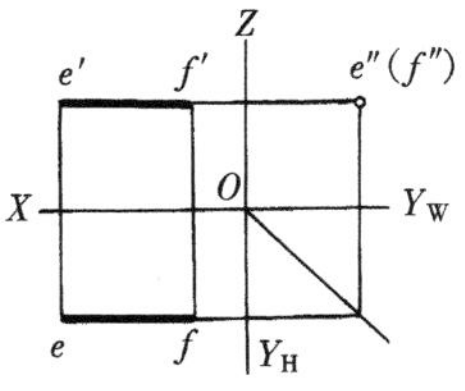	1. $e''f''$ 积聚成一点 2. $ef \perp OY_H$ $e'f' \perp OZ$ 3. $ef = e'f' = EF$

由表 6-2 可以得出投影面垂直线的投影特性：

（1）直线垂直于某一投影面，则在该投影面上的投影积聚为一点。

（2）直线在另外两个投影面上的投影分别垂直于相应的投影轴，且反映实长。

根据投影面垂直线的投影特性，可判别直线与投影面的相对位置。即“一点两直线，定是垂直线；点在哪个面，垂直哪个面。”

（三）一般位置直线

与三个投影面均倾斜的直线，称为一般位置直线，如图 6-10 所示。

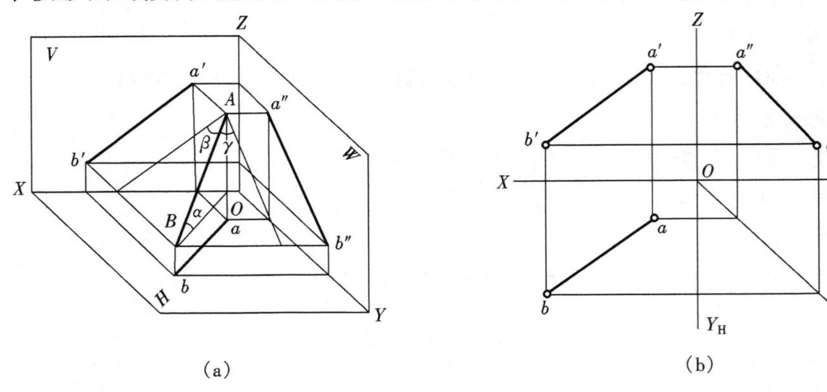

图 6-10　一般位置直线

(a) 直观图；(b) 投影图

由图 6-10 可以得出一般位置直线的投影特性：

(1) 直线倾斜于投影面，则三个投影均为倾斜于投影轴的直线，且不反映实长。

(2) 直线的三个投影与投影轴的夹角，均不反映直线对投影面的倾角。

根据一般位置直线的投影特性，可判别直线与投影面的相对位置。即“三个投影三斜线，定是一般位置线。”

三、直线上的点

（一）直线上点的投影

点在直线上，则点的各投影必定在该直线的同面投影上，并且符合点的投影规律；反之，如果点的各投影均在直线的同面投影上，且各投影符合点的投影规律，则该点必在直线上。

一般情况下，判断点是否在直线上，可由它们的任意两个投影来决定。在图 6-11 中，e 在 ab 上，e' 在 $a'b'$ 上，且 ee' 连线垂直于 OX 轴，则空间点 E 在直线 AB 上；f 在 ab 上，f' 不在 $a'b'$ 上，则空间点 F 不在直线 AB 上。

如果直线平行于某投影面时，还应根据直线所平行的投影面上的投影，才能判别点是否

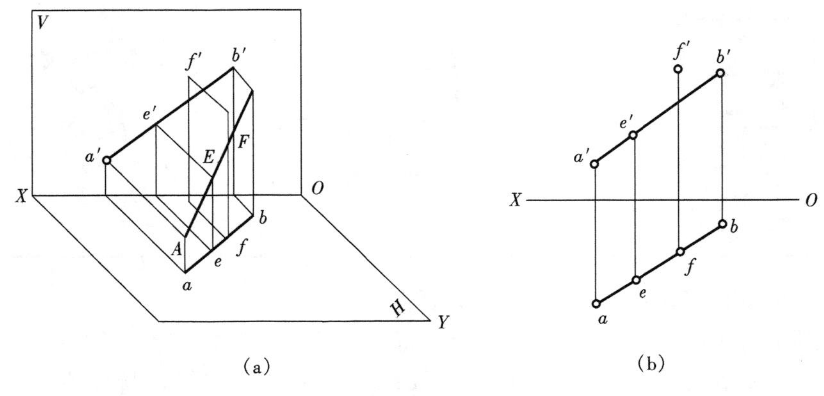

图 6-11　判别点是否在直线上

(a) 直观图；(b) 投影图

在直线上。在图 6-12 中，k 在 mn 上，k' 在 $m'n'$ 上，但是 k'' 不在 $m''n''$ 上，则空间点 K 不在直线 MN 上。

（二）直线上的点分割线段成定比

直线上一点，把直线分成两段，则两段的长度之比，等于它们的投影长度之比。这种比例关系称为定比关系。

在图 6-11 中，E 点把直线 AB 分为 AE、EB 两段，则：$AE/EB=ae/eb=a'e'/e'b'=a''e''/e''b''$（证明从略）。

【例 6-5】 已知直线 AB 的投影 ab 和 $a'b'$，如图 6-13（a）所示，求作直线上一点 C 的投影，使 $AC:CB=3:2$。

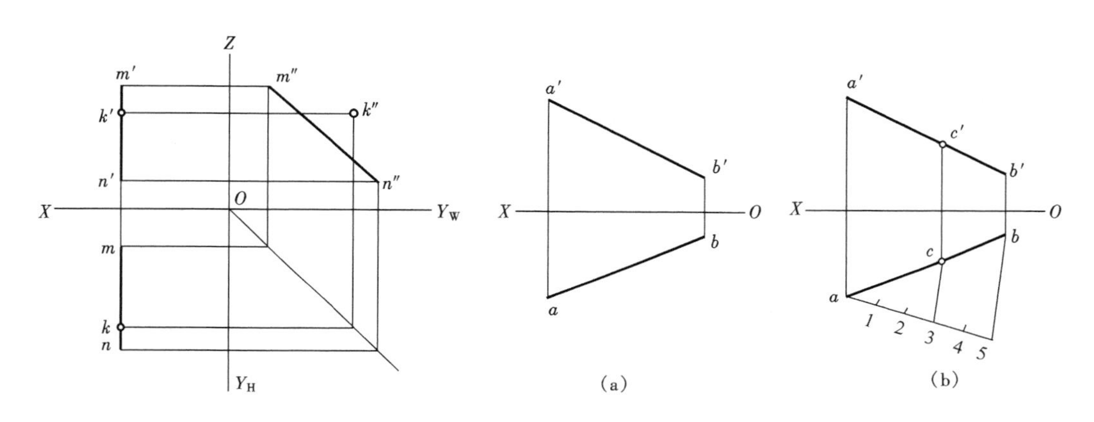

图 6-12　侧平线上的点　　图 6-13　求作直线上点的投影

作法如图 6-13（b）所示：

（1）过点 a 作一直线，在直线上量取 5 个单位，得分点 1、2、3、4、5，连接 $b5$。

（2）过点 3 作 $b5$ 的平行线，与 ab 相交于点 c。

（3）过 c 作 OX 轴的垂线并延长交 $a'b'$ 于 c'，则 c、c' 即为所求。

第三节　平 面 的 投 影

一、平面的表示方法

平面是广阔无边的，它在空间的位置可由下列任何一组几何元素来确定。因此，在投影图上，平面可以用确定其空间位置的几何元素来表示，如图 6-14 所示。

（1）不在同一直线上的三点，如图 6-14（a）所示。

（2）一直线及线外一点，如图 6-14（b）所示。

（3）两相交直线，如图 6-14（c）所示。

（4）两平行直线，如图 6-14（d）所示。

（5）平面图形，如图 6-14（e）所示。

所谓确定位置，就是通过上列每一组元素，只能作出唯一的一个平面。通常用一个平面图形（如三角形、四边形、多边形、圆形等）来表示一个平面。如果说平面图形 ABC，则只表示在三角形 ABC 范围内的那部分平面；如果说平面 ABC，则表示通过三角形 ABC 的

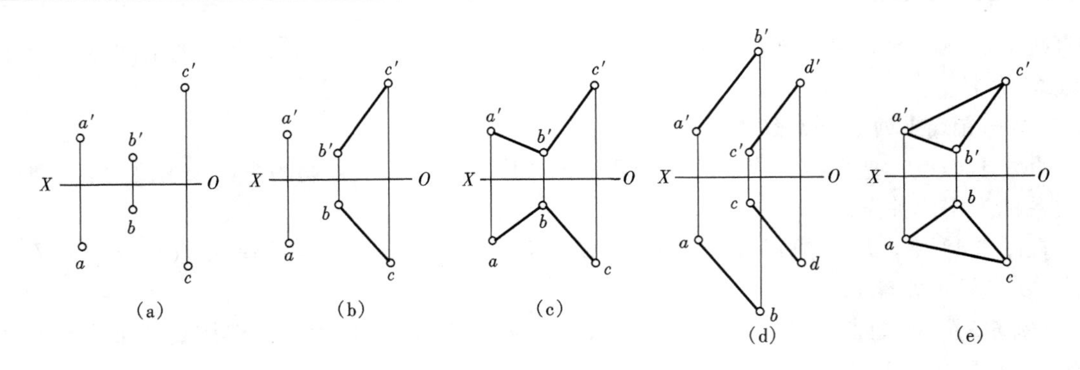

图 6-14 平面的表示方法

一个广阔无边的平面。

二、平面投影图作法

平面是由点、线所围成的。因此，求作平面的投影，实质上是求作点和线的投影。

如图 6-15 所示，空间一平面 ABC，若将其三个顶点 A、B、C 的三面投影作出，再将各点的同面投影连接起来，即为平面 ABC 的投影。

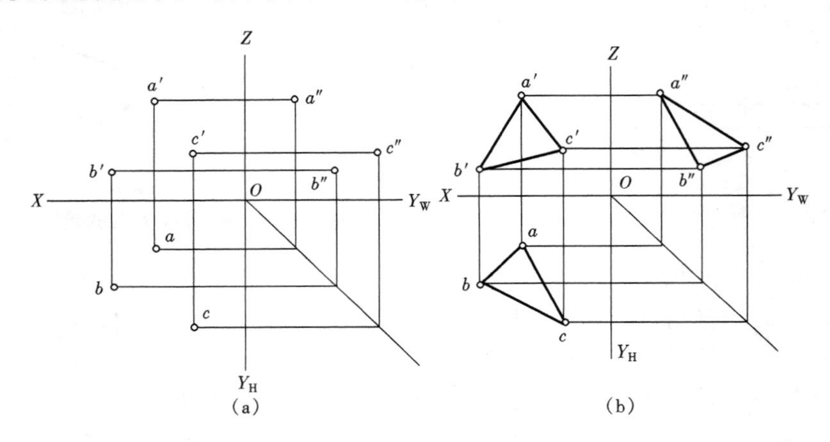

图 6-15 平面投影图作法

三、各种位置平面及投影特性

在三投影面体系中，平面对投影面的相对位置，有投影面平行面、投影面垂直面及投影面倾斜面三种情况。前两种称为特殊位置平面，后一种称为一般位置平面。

倾斜于投影面的平面与投影面之间的夹角，称为平面对投影面的倾角。平面对 H 面、V 面和 W 面的倾角，分别用 α、β 和 γ 表示。

（一）投影面平行面

平行于一个投影面而垂直于另外两个投影面的平面，称为投影面平行面。

投影面平行面分为三种情况：

（1）水平面，平行于 H 面，垂直于 V、W 面的平面。

（2）正平面，平行于 V 面，垂直于 H、W 面的平面。

（3）侧平面，平行于 W 面，垂直于 H、V 面的平面。

这三种投影面平行面的直观图、投影图和投影特性见表 6-3。

表 6-3　投影面平行面

名称	直观图	投影图	投影特性
水平面	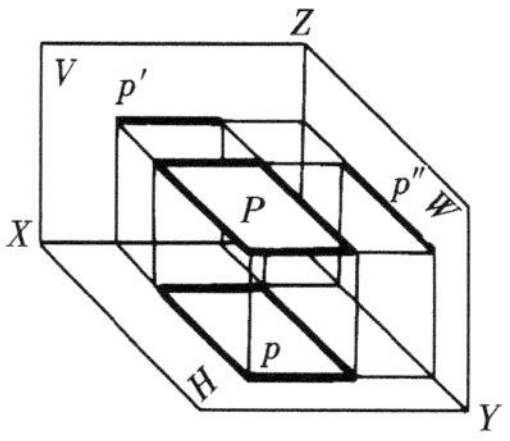	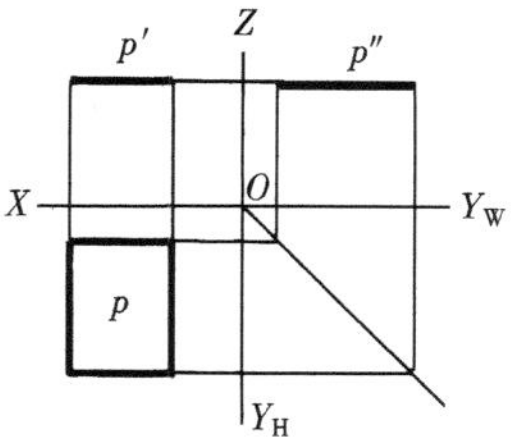	1. 水平投影反映实形 2. 正面投影及侧面投影积聚成一直线，且分别平行于 OX 轴及 OY_W 轴
正平面	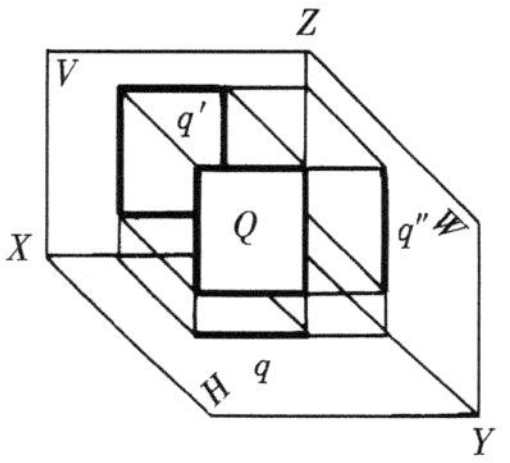	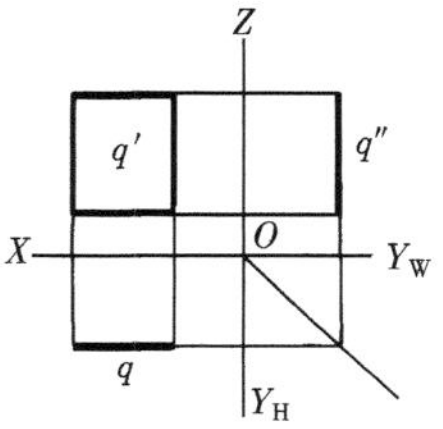	1. 正面投影反映实形 2. 水平投影及侧面投影积聚成一直线，且分别平行于 OX 轴及 OZ 轴
侧平面	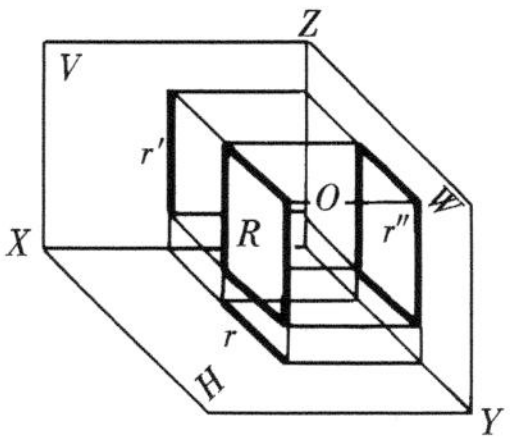	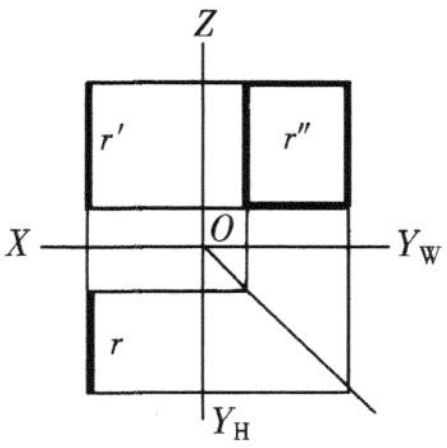	1. 侧面投影反映实形 2. 水平投影及正面投影积聚成一直线，且分别平行于 OY_H 轴及 OZ 轴

由表 6-3 可以得出投影面平行面的投影特性：

(1) 平面平行于某一投影面，则在该投影面上的投影反映实形。

(2) 平面在另外两个投影面上的投影积聚成直线，并分别平行于相应的投影轴。

根据投影面平行面的投影特性，可判别平面与投影面的相对位置。即“一框两直线，定是平行面；框在哪个面，平行哪个面”。

(二) 投影面垂直面

垂直于一个投影面而倾斜于另外两个投影面的平面，称为投影面垂直面。

投影面垂直面分为三种情况：

(1) 铅垂面，垂直于 H 面，倾斜于 V、W 面的平面。

(2) 正垂面，垂直于 V 面，倾斜于 H、W 面的平面。

(3) 侧垂面，垂直于 W 面，倾斜于 H、V 面的平面。

这三种投影面垂直面的直观图、投影图和投影特性见表 6-4。

表 6-4 投影面垂直面

名 称	直 观 图	投 影 图	投影特性
铅垂面	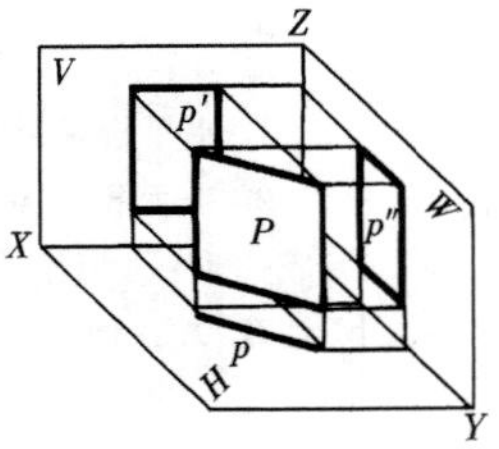	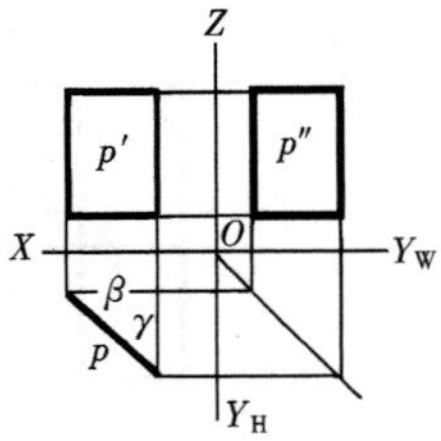	1. 水平投影积聚成一直线，并反映对 V、W 面的倾角 β、γ 2. 正面投影和侧面投影为平面的类似形
正垂面	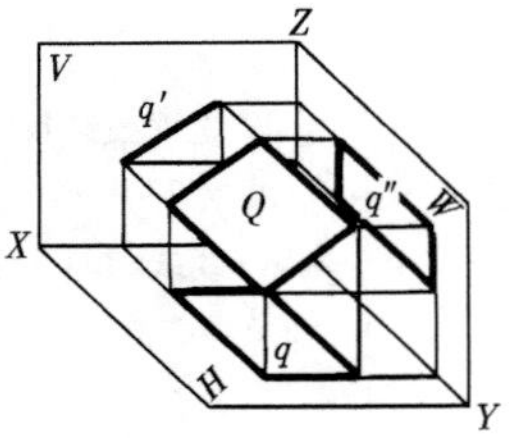	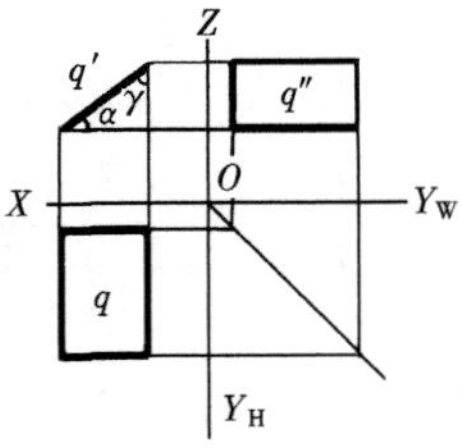	1. 正面投影积聚成一直线，并反映对 H、W 面的倾角 α、γ 2. 水平投影和侧面投影为平面的类似形
侧垂面	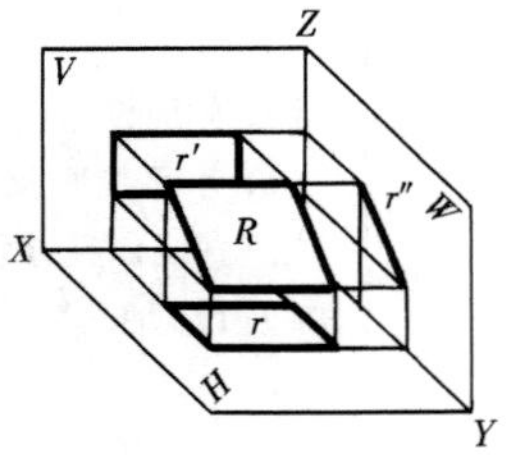	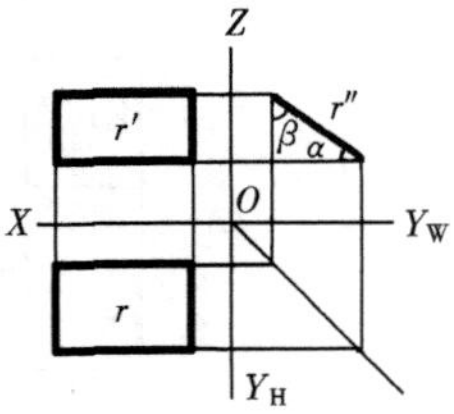	1. 侧面投影积聚成一直线，并反映对 H、V 的倾角 α、β 2. 水平投影和正面投影为平面的类似形

由表 6-4 可以得出投影面垂直面的投影特性：

(1) 平面垂直于某一投影面，则在该投影面上的投影，积聚成一条倾斜于投影轴的直线，且此直线与投影轴的夹角反映空间平面对另外两个投影面的倾角。

(2) 平面在另外两个投影面上的投影，均为缩小了的原平面的类似形线框。

根据投影面垂直面的投影特性，可判别平面与投影面的相对位置。即“两框一斜线，定是垂直面；斜线在哪面，垂直哪个面。”

(三) 一般位置平面

与三个投影面均倾斜的平面，称为一般位置平面，如图 6-16 所示。

由图 6-16 可以得出一般位置平面的投影特性：平面倾斜于投影面，则三个投影既没有积聚性，也不反映实形，而是原平面图形的类似形。

根据一般位置平面的投影特性，可判别平面与投影面的相对位置。即“三个投影三个框，定是一般位置面。”

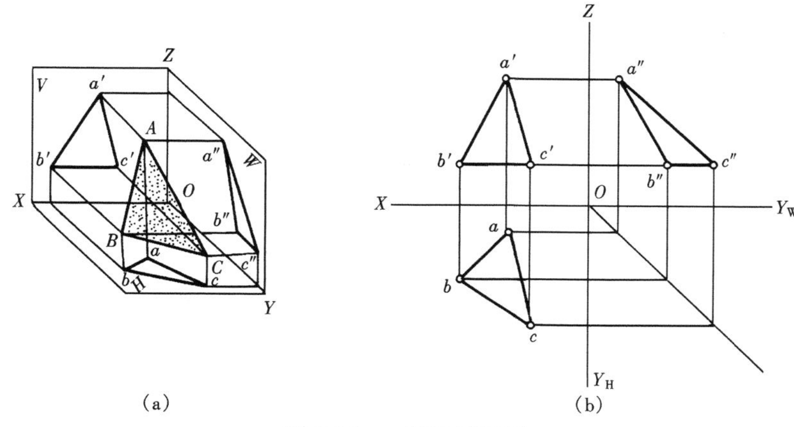

图 6-16　一般位置平面

(a) 直观图；(b) 投影图

【例 6-6】 试判断图 6-17 所示的立体表面上平面 *ABGF*、*ABCDE*、*MNP* 的空间位置。

由前述平面的投影特性可以判断：

(1) 图 6-17 中 *ABGF* 在 *V* 面的投影为一直线，而在 *H*、*W* 面上的投影为该平面的类似形，都为四边形线框，符合“两框一斜线，定是垂直面”的规律，且斜线在 *V* 面，故该平面垂直于正面，即平面 *ABGF* 为正垂面。

(2) 平面 *ABCDE* 在 *V* 面的投影为一五边形平面，在 *H*、*W* 面上的投影各为一直线，符合“一框两直线，定是平行面”的规律，且框在 *V* 面，故该平面平行于 *V* 面，即平面 *ABCDE* 为正平面。

(3) 平面 *MNP* 在三投影面上都为平面的类似形，即三角形线框，符合“三个投影三个框，定是一般位置面”的规律，故平面 *MNP* 为一般位置平面。

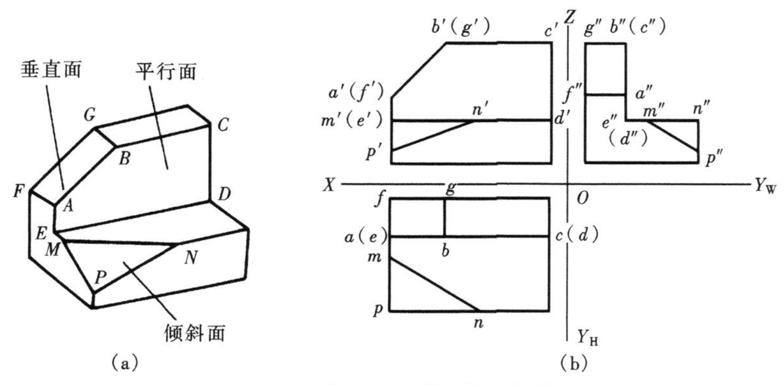

图 6-17　立体表面上平面的空间位置

(a) 直观图；(b) 投影图

四、平面上的直线和点

(一) 平面上的直线

(1) 一直线若通过平面内的两点，则此直线必位于该平面上。如图 6-18 (a)、(b) 所示，直线 *DE* 上的点 *D* 在△*ABC* 的 *BC* 边上，点 *E* 在 *AC* 边上，故直线 *DE* 在△*ABC* 上。

(2) 一直线通过平面上的一点，且平行于平面上的另一条直线，则此直线必位于该平面上。如图 6-18（a）、（c）所示，直线 BG 通过平面△ABC 上的一点 B，且平行于 AC，故直线 BG 在△ABC 上。

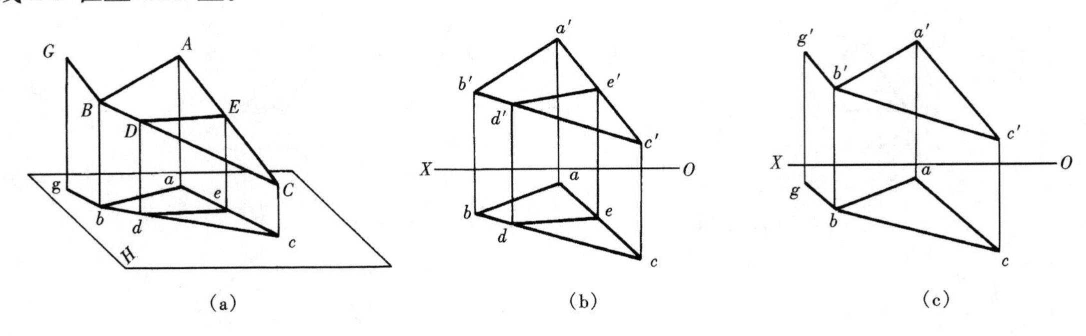

图 6-18　平面上的直线

（a）直观图；（b）、（c）投影图

综上所述，在已知平面上作直线时，一定要过平面上两已知点；或过平面上一已知点，且与该平面的另一条直线平行。

【例 6-7】 在已知△ABC 上任取一直线，如图 6-19（a）所示。

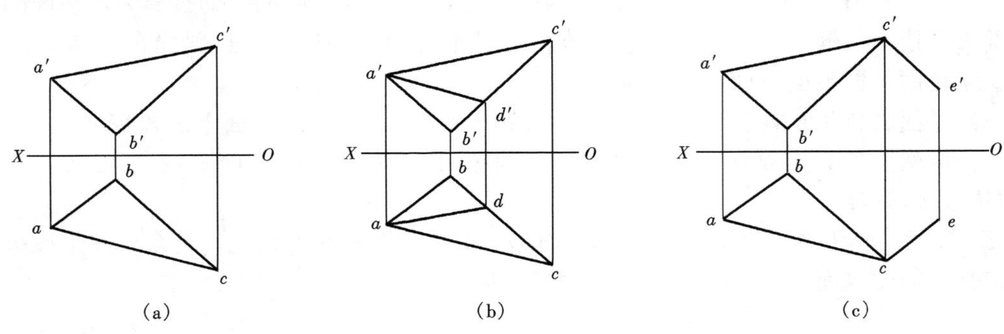

图 6-19　平面上取直线

此题有两种作法：

（1）过 a 作一直线与 bc 相交于 d，自 d 向上引垂线交 $b'c'$ 于 d'；连接 $a'd'$，则 ad 与 $a'd'$ 即为所求，如图 6-19（b）所示。

（2）过 c 作 $ce /\!/ ab$，过 c' 作 $c'e' /\!/ a'b'$，ce 与 $c'e'$ 即为所求，如图 6-19（c）所示。

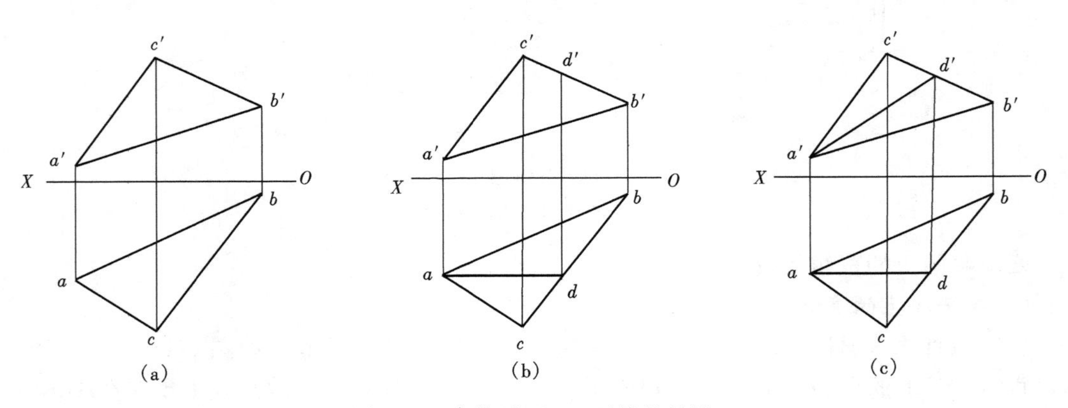

图 6-20　求作平面上正平线的投影

【例 6-8】 过点 A 在已知△ABC 上，如图 6-20（a）所示，作一正平线。

作法如下：

（1）过 a 作一平行于 OX 轴的直线与 bc 相交于 d，自 d 向上引垂线交 $b'c'$ 于 d'，如图 6-20（b）所示；

（2）连接 $a'd'$，则 ad 与 $a'd'$ 即为所求，如图 6-20（c）所示。

（二）平面上的点

如果一点在直线上，直线在平面上，则点必位于平面上。

如图 6-21 所示，点 F 在直线 DE 上，而 DE 在平面 ABC 上，因此，点 F 在平面 ABC 上。

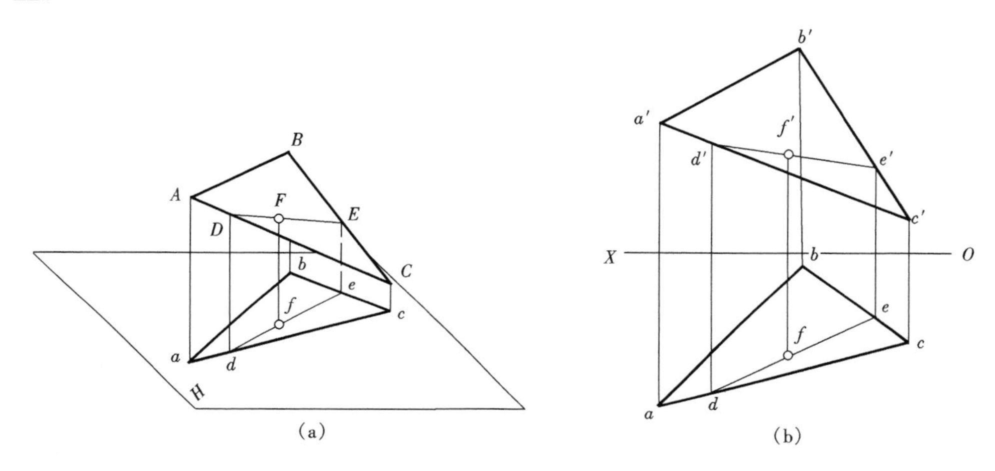

图 6-21　平面上的点

（a）直观图；（b）投影图

从点和直线在平面内的投影特性可知，在平面上取点，首先要在平面上取线。而在平面上取线，又需先在平面上取点。因此，在平面上取点取线，互为作图条件。

【例 6-9】 已知△ABC 及其上一点 M 的水平投影 m，如图 6-22（a）所示，求作 M 的正面投影 m'。

作法如下：

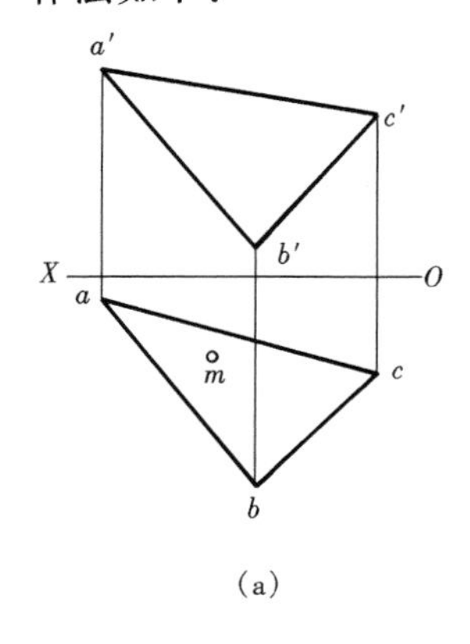

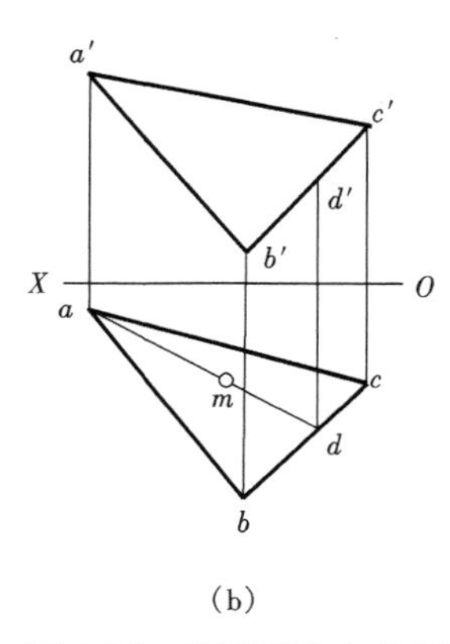

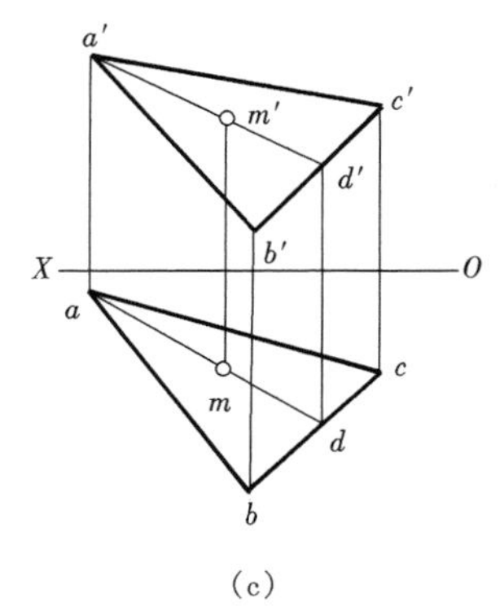

图 6-22　作平面上点的投影

(1) 连接 am 并延长交 bc 于 d，自 d 向上引垂线交 $b'c'$ 于 d'，如图 6-22 (b) 所示；

(2) 连接 $a'd'$，自 m 向上引垂线交 $a'd'$ 于 m'，则 m' 即为所求，如图 6-22 (c) 所示。

【例 6-10】 已知四边形 $ABCD$ 的水平投影和 AB、AD 两边的正面投影，如图 6-23 (a) 所示，完成四边形 $ABCD$ 的正面投影。

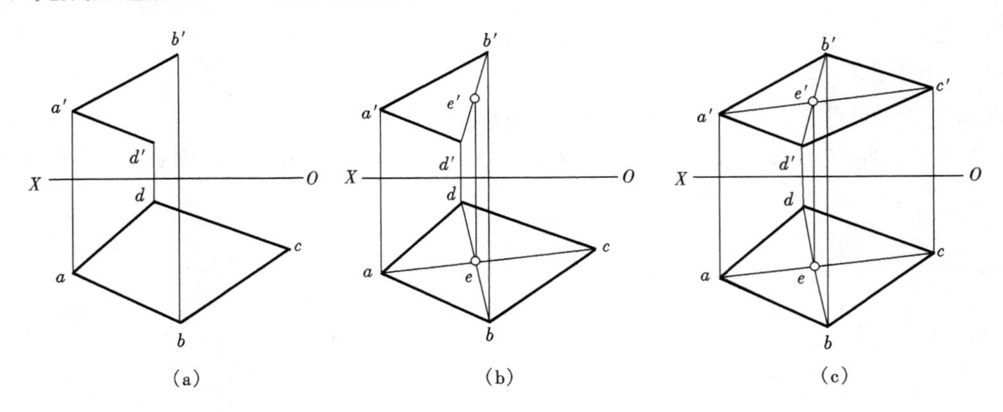

图 6-23 求作四边形的投影

作法如下：

(1) 连接 ac、bd 交于 e，过 e 向上引垂线与 $b'd'$ 相交于 e'，如图 6-23 (b) 所示；

(2) 过 c 向上引垂线与 $a'e'$ 的延长线相交于 c'，连接 $b'c'$、$c'd'$ 即为所求，如图 6-23 (c) 所示。

第七章　基本体的投影

工程建筑物的形体复杂多样，但任何建筑形体均由基本几何体经过一定方式组合而成。常见的基本几何体分为平面体和曲面体两大类。表面由若干平面形围成的立体称为平面体，如棱柱体、棱锥体等；表面由曲面或平面形与曲面围成的立体，称为曲面体，如圆柱体、圆锥体等。

第一节　平面体的投影

平面体的每个表面均为平面多边形，故作平面体的投影，就是作出组成平面体的各平面形的投影。利用前面所学知识分析组成平面体表面的各平面形对投影面的相对位置及投影特性，对于正确作图是十分重要的。

一、棱柱体和棱锥体的投影

（一）棱柱体的投影

1. 棱柱体的形成

图 7-1 (a) 所示的物体是一个三棱柱，它的上下底面为两个全等三角形平面且互相平行；侧面均为四边形，且每相邻两个四边形的公共边都互相平行。由这些平面组成的基本几何体为棱柱体，当底面为 n 边形时所组成的棱柱为 n 棱柱；侧棱与底面垂直时为直棱柱，底面是正多边形的直棱柱称为正棱柱。

2. 投影分析

现以正三棱柱为例来进行分析，如图 7-1 (b)、(c) 所示。

三棱柱的放置位置：上下底面为水平面，左前、右前侧面为铅垂面，后侧面为正平面。

在水平面上正三棱柱的投影为一个三角形线框，该线框为上下底面投影的重合，且反映实形。三条边分别是三个侧面的积聚投影。三个顶点分别为三条侧棱的积聚投影。

在正立面上正三棱柱的投影为两个并排的矩形线框，分别是左右两个侧面的投影。两个

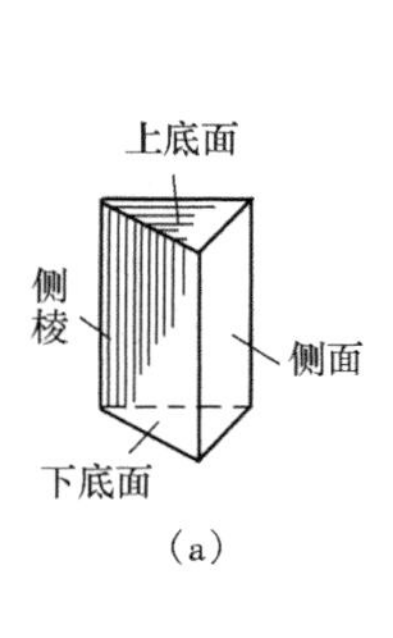

(a)

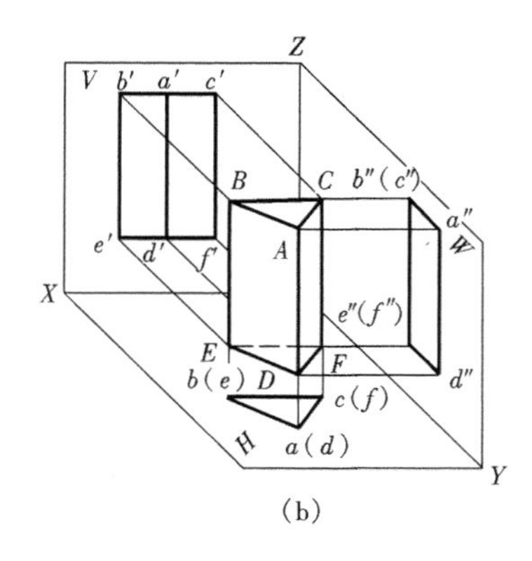

(b)

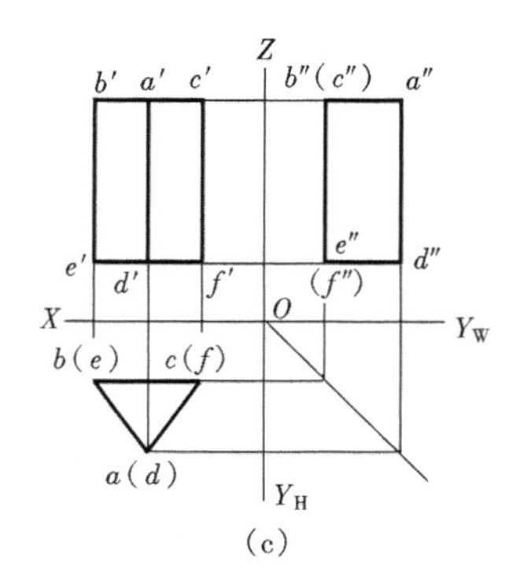

(c)

图 7-1　正三棱柱体的投影

(a) 三棱柱体；(b) 直观图；(c) 投影图

矩形的外围（即轮廓矩形）是左右侧面与后侧面投影的重合。三条铅垂线是三条侧棱的投影，并反映实长。两条水平线是上下底面的积聚投影。

在侧立面上正三棱柱的投影为一个矩形线框，是左右两个侧面投影的重合。两条铅垂线分别为后侧面的积聚投影及左右侧面的交线的投影。两条水平线是上下底面的积聚投影。

3. 投影特性

棱柱的三面投影，在一个投影面上是多边形，在另两个投影面上分别是一个或者是若干个矩形。

（二）棱锥体的投影

1. 棱锥体的形成

图 7-2（a）所示的物体是一个三棱锥，它的底面为三角形，侧面均为具有公共顶点的三角形。由这些平面组成的基本几何体为棱锥体，当底面为 n 边形时所组成的棱锥为 n 棱锥；棱锥顶点与底面重心的连线为棱锥体的轴线，轴线与底面垂直时为直棱锥，底面是正多边形的直棱锥称为正棱锥。

2. 投影分析

以正三棱锥为例进行分析，如图 7-2（b）、（c）所示。

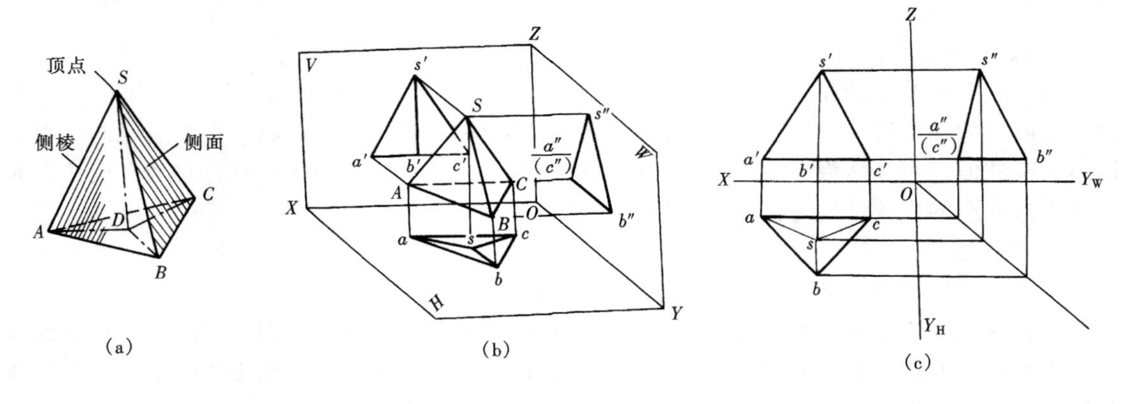

图 7-2　正三棱锥体的投影

（a）三棱锥体；（b）直观图；（c）投影图

正三棱锥的放置位置：底面为水平面，后侧面为侧垂面，左前、右前侧面为一般位置面。

在水平面上正三棱锥的投影为由三个三角形线框围成的大三角形线框。外形三角形线框是底面的投影，反映实形。顶点的投影 S 在三角形中心，它与三个角点的连线是三条侧棱的投影。三个小三角形是三个侧面的投影。

在正立面上正三棱锥的投影为三角形线框。水平线是底面的积聚投影；两条斜边和中间铅垂线是三条侧棱的投影。三角形线框内的小三角形分别为左右侧面的投影，外形三角形线框为后侧面的投影。

在侧立面上正三棱锥的投影为三角形线框。水平线是底面的积聚投影，斜边分别为后侧面的积聚投影及侧棱的投影。三角形线框是左右两个侧面的重合投影。

3. 投影特性

棱锥的三面投影，一个投影的外轮廓线为多边形，另两个投影为一个或若干个具有公共顶点的三角形。

综合上面两个例子，可知平面体的投影特点：

（1）求平面体的投影，实质上就是求点、直线和平面的投影。

（2）投影图中的线段可以仅表示侧棱的投影，也可能是侧面的积聚投影。

（3）投影图中线段的交点，可以仅表示为一点的投影，也可能是侧棱的积聚投影。

（4）投影图中的线框代表的是一个平面。

（5）当向某投影面作投影时，凡看得见的侧棱用实线表示，看不见的侧棱用虚线表示，当两条侧棱的投影重合时，仍用实线表示。

二、平面体投影图的画法

（1）已知四棱柱的底面及柱高，作四棱柱的投影图，画法如图 7-3 所示。

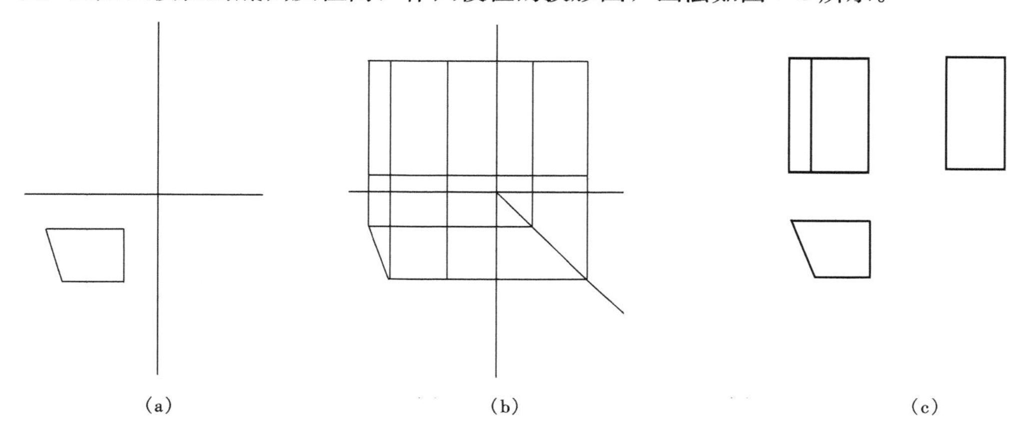

图 7-3　四棱柱投影图的画法

(a) 画基准线及反映底面实形的水平投影；(b) 按投影关系及柱高，作出正面投影和侧面投影；(c) 检查整理底图，加深图线

（2）已知六棱锥的底面及柱高，作六棱锥的投影图，画法如图 7-4 所示。

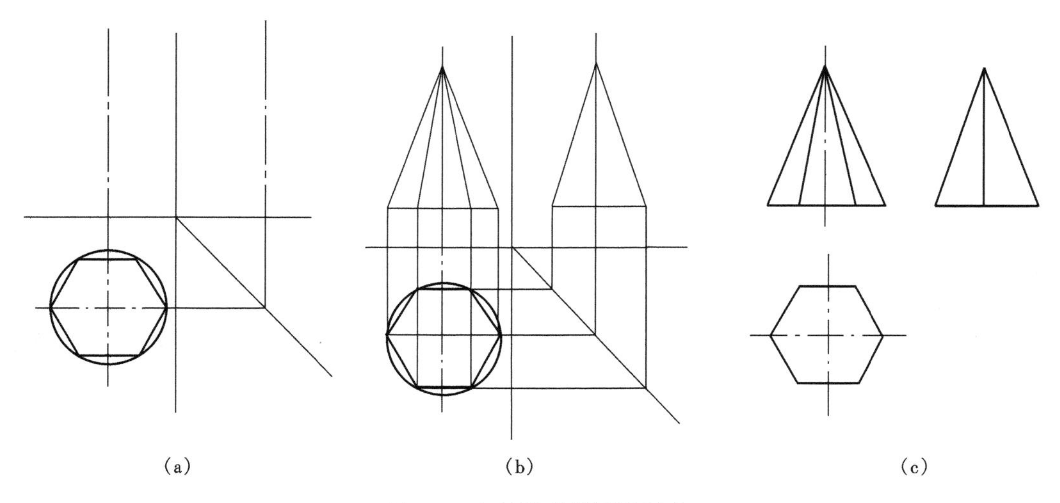

图 7-4　六棱锥投影图的画法

(a) 画基准线及反映底面实形的水平投影；(b) 按投影关系及柱高，作出正面投影和侧面投影；(c) 检查整理底图，加深图线

三、平面体投影图的尺寸标注

平面体投影图的尺寸标注，须标注出形体的长、宽、高，尺寸要齐全，避免重复。长、宽尺寸应注写在反映实形的投影图上，高度尺寸尽量注写在正面和侧面投影图之间。表 7-1 为平面立体投影图的尺寸标注样式。

表 7-1 **平面体的尺寸标注**

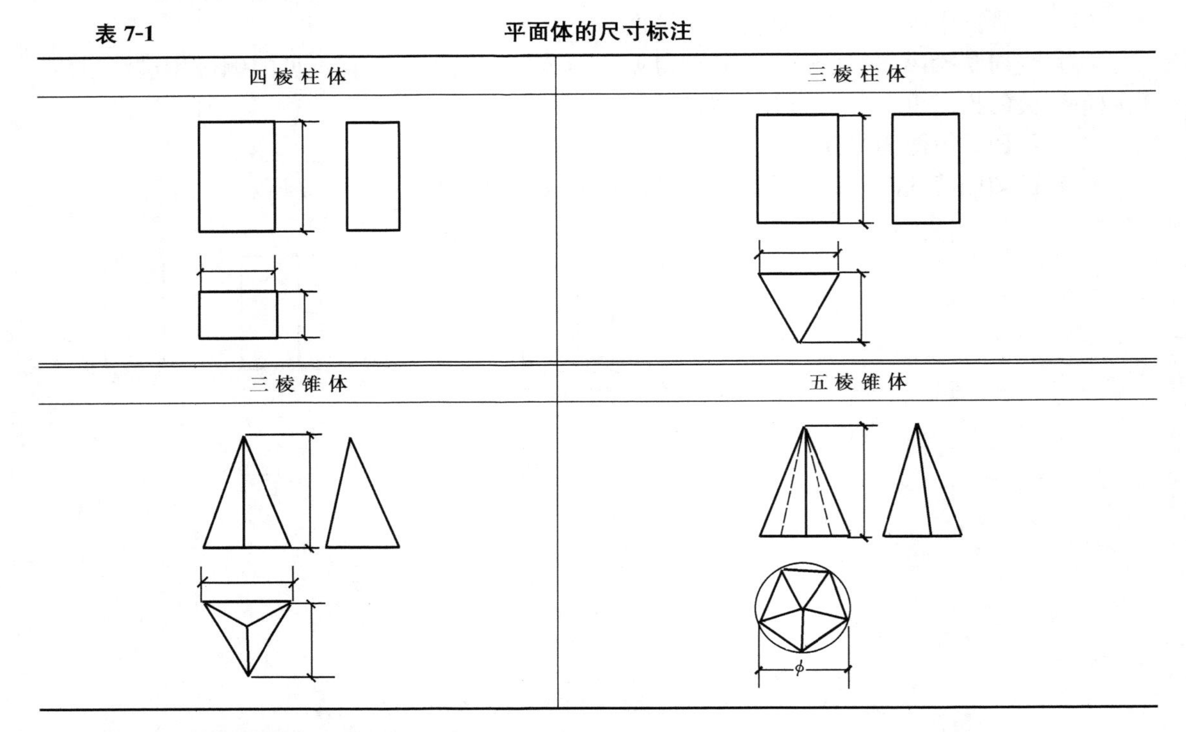

四、平面体表面上的点和直线

平面体表面上的点和直线的投影实际上就是平面上的点和直线的投影。但平面体是由若干平面图形依次围成的，在每一投影图上同一封闭线框内，总有形体两表面重叠在一起，一面为可见，一面为不可见。所以凡位于看得见表面上的点和直线是可见的，看不见表面上的点和直线是不可见的。作图时要判断平面体表面上的点和直线的可见性。

（一）棱柱体表面上的点和直线

棱柱体表面上点和直线投影的求解利用了其表面具有积聚性的投影特点。

如图 7-5 所示，在四棱柱体侧面 $ABFE$ 上有一点 M，在侧面 $DCGH$ 上有一点 N。侧面 $ABFE$ 为铅垂面，其水平投影积聚为一直线，其正面投影、侧面投影为矩形线框。点 M 的水平投影 m 在侧面 $ABFE$ 的积聚水平投影上，根据 m、m'，可求得 m''。同理，可求得 n、n''。不同的是由于侧面 $DCGH$ 的侧面投影不可见，所以点 N 的侧面投影也不可见，要加括号标注。

如图 7-6 所示：在三棱柱体侧面 $ABED$ 上有一直线 MN。其侧面 $ABED$ 为铅垂面，其水平投影积聚成一直线，正面投影和侧面投影分别为一矩形，直线 MN 的水平投影 mn 在三棱柱侧面 $ABED$ 的水平投影上，即在侧面 $ABED$ 的积聚线上，正面投影 $m'n'$ 和侧面投影 $m''n''$ 分别在侧面 $ABED$ 的正面投影和侧面投影内。因三棱柱侧面 $ABED$ 与 $ADFC$ 的侧面投影重合，侧面 $ABED$ 的侧面投影不可见，所以直线 MN 的投影 $m''n''$ 用虚线表示。

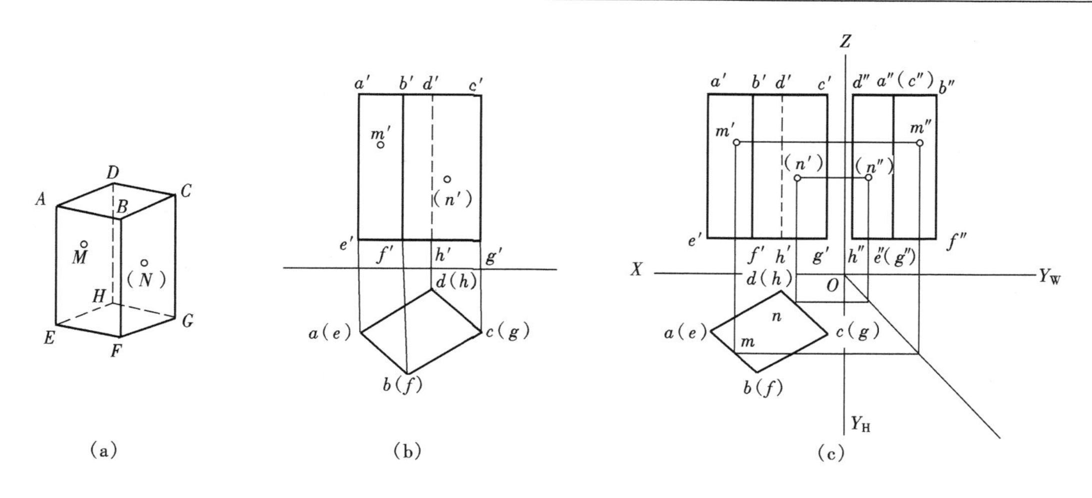

图 7-5　四棱柱表面上的点

(a) 直观图；(b) 已知；(c) 作图

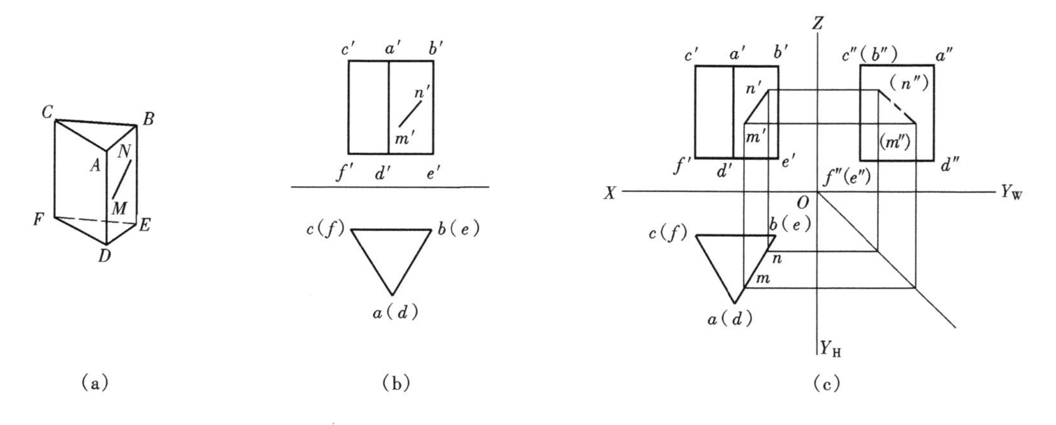

图 7-6　三棱柱表面上的直线

(a) 直观图；(b) 已知；(c) 作图

（二）棱锥体表面上的点和直线

棱锥体表面上点和直线投影的求解采用辅助线法。

如图 7-7 所示，在三棱锥侧面 SAB 上有一点 K，侧面 SAB 为一般位置平面，其三面投影为三个三角形线框。由于点 K 在侧面 SAB 上，因此点 K 的三面投影必定在侧面 SAB 上过点 K 的直线 SF 上。作图时，过点 K 作一直线 SF，点 K 在直线 SF 上，则点 K 的三面投影在直线 SF 的三面投影上，这种方法称为辅助线法。

如图 7-8 所示，在三棱锥侧面 SBC 上有一直线 MN，侧面 SBC 为一般位置平面，其三面投影为三个三角形线框。直线 MN 的三面投影 mn、$m'n'$ 和 $m''n''$ 分别在三棱锥侧面 SBC 的同面投影内，由于点 N 在侧棱 SB 上，点 N 可按直线上求点的方法求得。点 M 的投影用辅助线法可以求得。然后将 M、N 点的同面投影直线连接即为 MN 的投影。求得投影后还需判别可见性。由于 SBC 的侧面投影不可见，直线 MN 的侧面投影 $m''n''$ 亦为不可见，故用虚线表示。

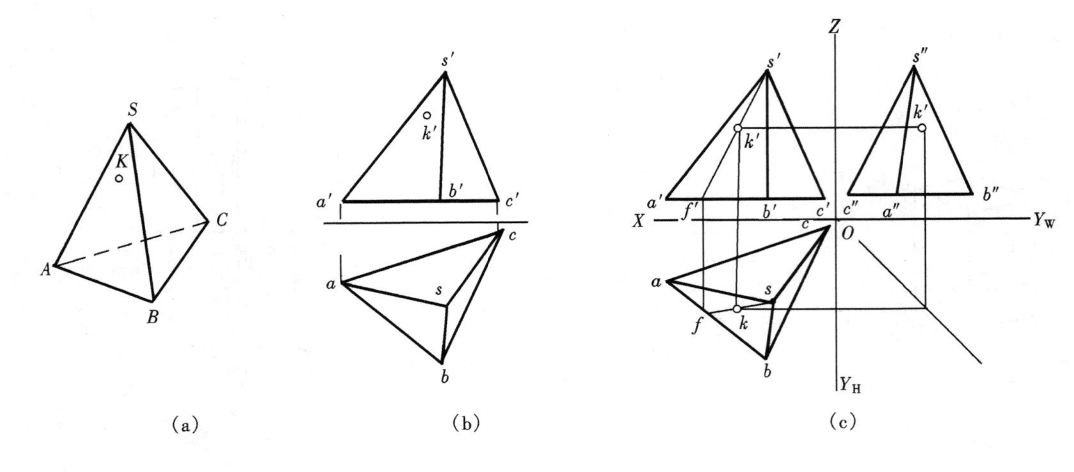

图 7-7 三棱锥表面上的点

(a) 直观图；(b) 已知；(c) 作图

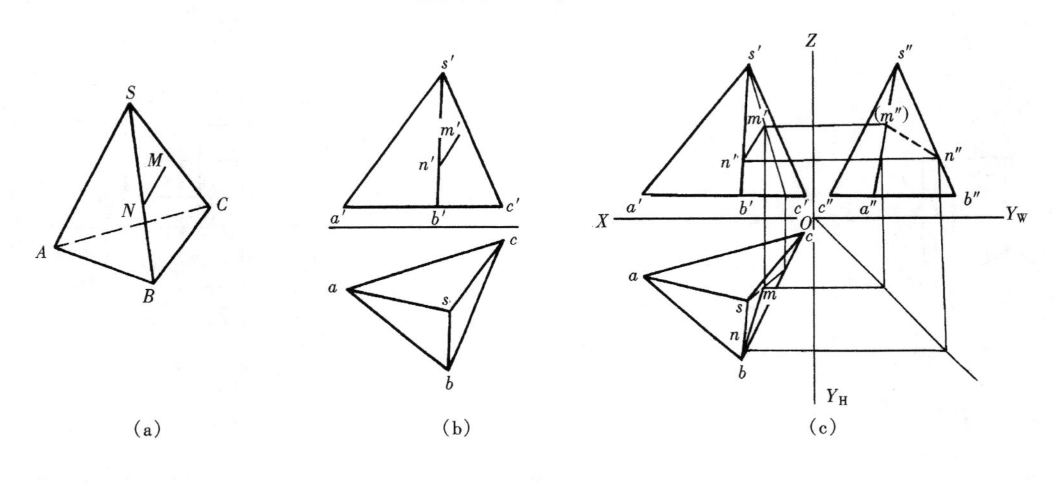

图 7-8 三棱锥表面上的直线

(a) 直观图；(b) 已知；(c) 作图

求点的投影是基础。如果求直线的投影，则把直线两端点的投影求出，然后连接两点的同面投影，并判断其可见性即可（看不见的线画虚线）。

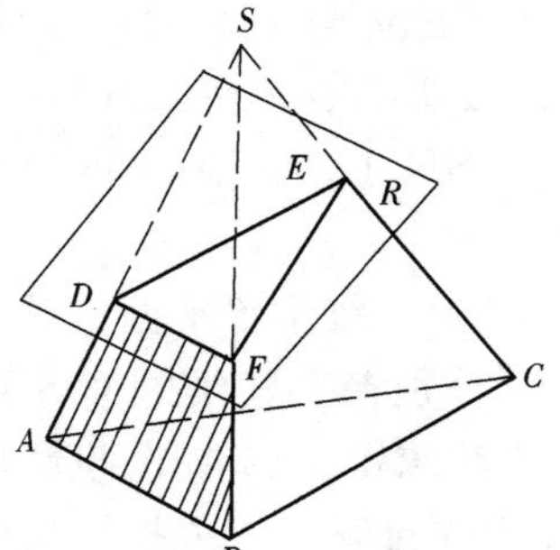

图 7-9 平面截三棱锥截交线

五、平面体的截交线

平面体被一个或多个平面截割，必然在平面体表面上产生交线。假想用来截割平面体的平面称为截平面，截平面与平面体表面的交线称为截交线，截交线围成的平面图形称为断面。如图 7-9 所示，R 为截平面，DE、FD、EF 为截交线，平面图形 DEF 为断面。

平面截割平面体所得的截交线是一条封闭的平面折线，它既属于截平面也属于平面体。求平面体截交线时，先求出侧棱及底边与截平面的交点后依次连接即可；或求各侧面及底面与截平面的交线，该交线即为截交线。

1. 棱柱上的截交线

【例 7-1】 已知正三棱柱被正垂面 P 所截，求截交线的投影。如图 7-10（a）、(b) 所示。

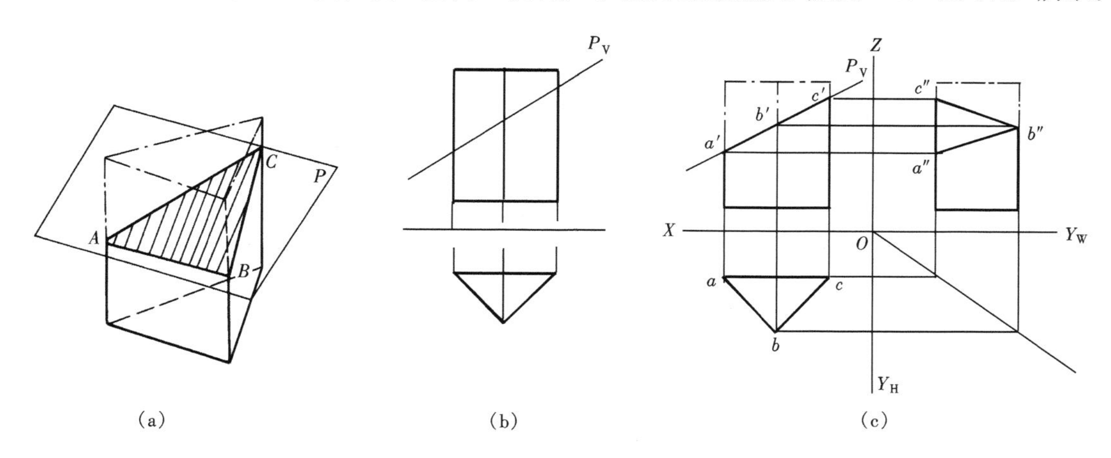

图 7-10 正三棱柱的截断

(a) 直观图；(b) 已知；(c) 作图

作法：

（1）分析：

三棱柱的两侧面是铅垂面，一个侧面是正平面，截平面 P 与三个侧面都相交，故断面是一个三角形 ABC，其三个顶点是截平面 P 与三棱柱三条棱线的交点。

（2）作图：

因截平面 P 为正垂面，断面 ABC 在正立面上的投影 $a'b'c'$ 即为可知；又因为三棱柱在水平面上投影的积聚性，所以 abc 可知；再利用投影规律可求得 a''、b''、c''，然后连接 a''、b''、c''，并判断可见性。因为 A 点在左棱上，可见；B 点在前面的棱线上，可见；C 点在右侧棱上并且高于 A、B 点，也可见。故 $a''b''c''$ 画为实线，如图 7-10（c）所示。

2. 棱锥上的截交线

【例 7-2】 已知正四棱锥被正垂面 P 所截，求截交线的投影，如图 7-11（a）、（b）所示。

作法：

（1）分析：

四棱锥的侧面都是一般位置平面，前后对称，截平面 P 与四个侧面都相交，故断面是一个四边形 $ABCD$，四边形的四个顶点分别是截平面 P 与四条棱线的交点。

（2）作图：

因截平面 P 为正垂面，断面 $ABCD$ 在正立面上的投影 $a'b'c'd'$ 即为可知：因为 A 点在四棱锥的左侧棱上，所以由 a' 向下作竖直线交四棱锥左边棱线的水平投影于 a；同理，由 c' 可求出 c。由于四棱锥的前后棱线为侧平线，水平投影不能直接求出，所以过 b'（d'）作一水平线交左棱线于 e'，同理则可求得水平投影 e，再过 e 作左侧前后底边的平行线，交前、后棱的水平投影于两点 b、d。连 a、b、c、d 即为截交线的水平投影；然后判断可见性，因为截交线所在立体表面的投影均可见，故截交线可见，如图 7-11（c）所示。

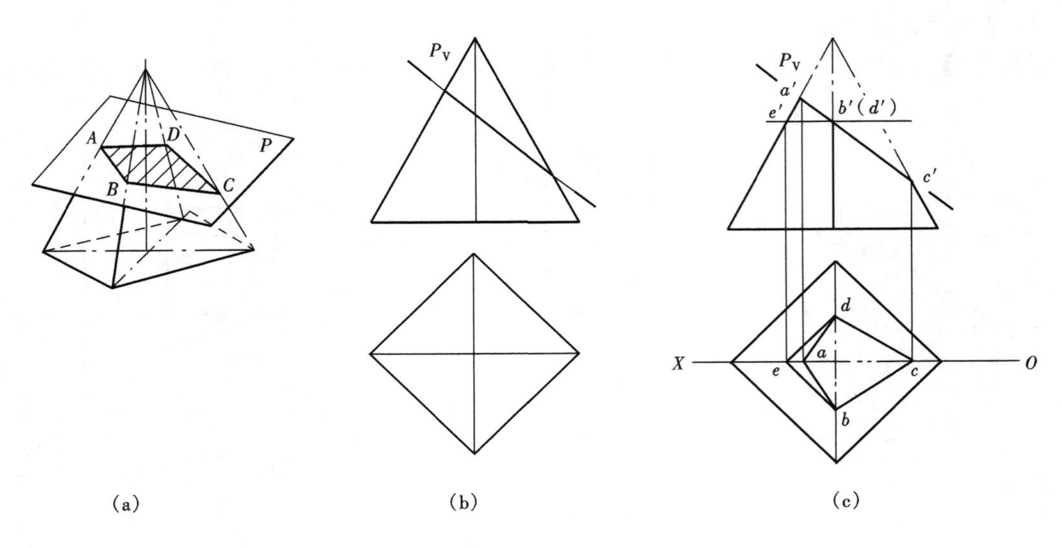

图 7-11 正四棱锥的截断
(a) 直观图；(b) 已知；(c) 作图

第二节 曲面体的投影

建筑形体中，许多是由曲面或曲面与平面围成的基本体，这样的基本体为曲面体。作曲面体的投影图，实际上就是作组成曲面体的外轮廓线和平面的投影。

一、圆柱体、圆锥体和球体的投影

（一）圆柱体的投影

1. 圆柱体的形成

如图 7-12 所示，一直线 AA_1 绕与其平行的另一直线 OO_1 旋转一周后，其轨迹是一圆柱面。直线 OO_1 为轴，直线 AA_1 为母线，母线在圆柱面上任意位置时称为素线，圆柱面与垂直于轴线的两平行平面所围成的立体称为正圆柱体。我们所讲圆柱体均指正圆柱体。

2. 投影分析

现以一圆柱体为例来进行分析，如图 7-13 所示。

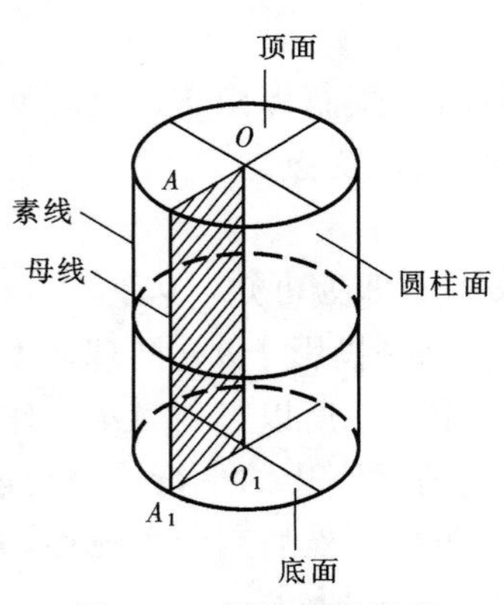

图 7-12 圆柱体的形成

在水平面上圆柱体的投影是一个圆，它是上下底面投影的重合，反映实形。圆心是轴线的积聚投影，圆周是整个圆柱面的积聚投影。

在正立面上圆柱体的投影是一个矩形线框，是看得见的前半个圆柱面和看不见的后半个圆柱面投影的重合，矩形的高等于圆柱体的高，矩形的宽等于圆柱体的直径。$a'b'$、$a'_1b'_1$ 是圆柱上下底面的积聚投影。$a'a'_1$、$b'b'_1$ 是圆柱最左、最右轮廓素线的投影，最前、最后轮廓素线的投影与轴线重合且不是轮廓线，所以仍然用细单点长画线画出。

在侧立面上圆柱体的投影是与正立面上的投影完全相

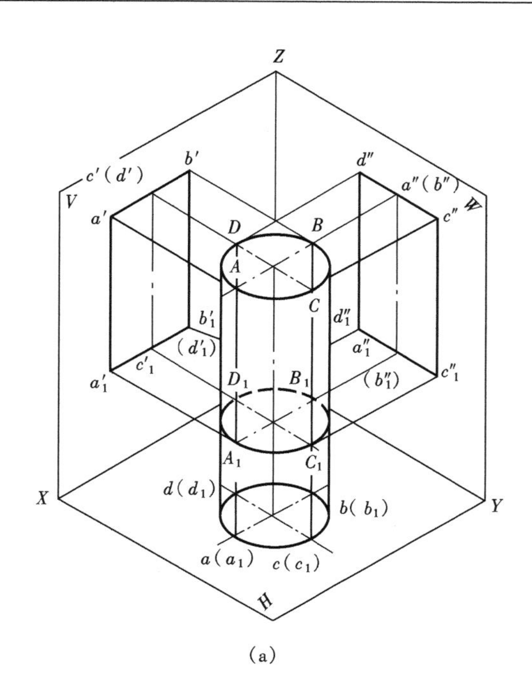

(a)

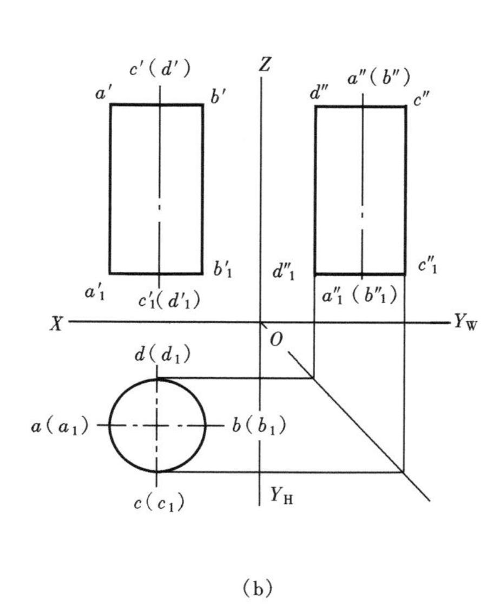

(b)

图 7-13　圆柱体的投影

(a) 直观图；(b) 投影图

同的矩形线框，是看得见的左半个圆柱面和看不见的右半个圆柱面投影的重合，矩形的高等于圆柱体的高，矩形的宽等于圆柱体的直径。$d''c''$、$d''_1c''_1$ 是上下两底面的积聚投影。$c''c''_1$、$d''d''_1$ 是圆柱最前、最后的轮廓素线的投影，最左、最右轮廓素线的投影与轴线重合且不是轮廓线，所以仍然用细单点长画线画出。

轴线的投影用细单点长画线画出。

3. 投影特性

圆柱的三面投影，一个投影是圆，另两个投影为全等的矩形。

（二）圆锥体的投影

1. 圆锥体的形成

如图 7-14 所示，由一条直线（母线 SN）以与其相交于点 S 的直线（导线 SO）为轴回转一周所形成的曲面为圆锥面。母线在圆锥面上任一位置时称为圆锥面的素线，圆锥面与垂直于轴线的平面所围成的立体称为正圆锥体。我们所讲圆锥体均指正圆锥体。

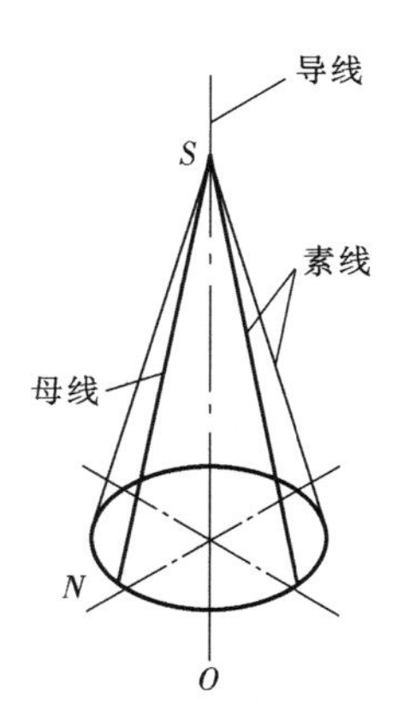

图 7-14　圆锥体的形成

2. 投影分析

现以一圆锥体为例进行分析，如图 7-15 所示。

在水平面上圆锥体的投影是一个圆，它是圆锥面和圆锥体底面的重合投影，反映底面的实形。圆的半径等于底圆的半径，圆心是轴线的积聚投影，锥顶的投影落在圆心上。

在正立面上圆锥体的投影是一个三角形线框，三角形的高等于圆锥体的高，三角形的底边长等于底圆的直径。三角形线框是看见的前半个圆锥面和看不见的后半个圆锥面投影的重

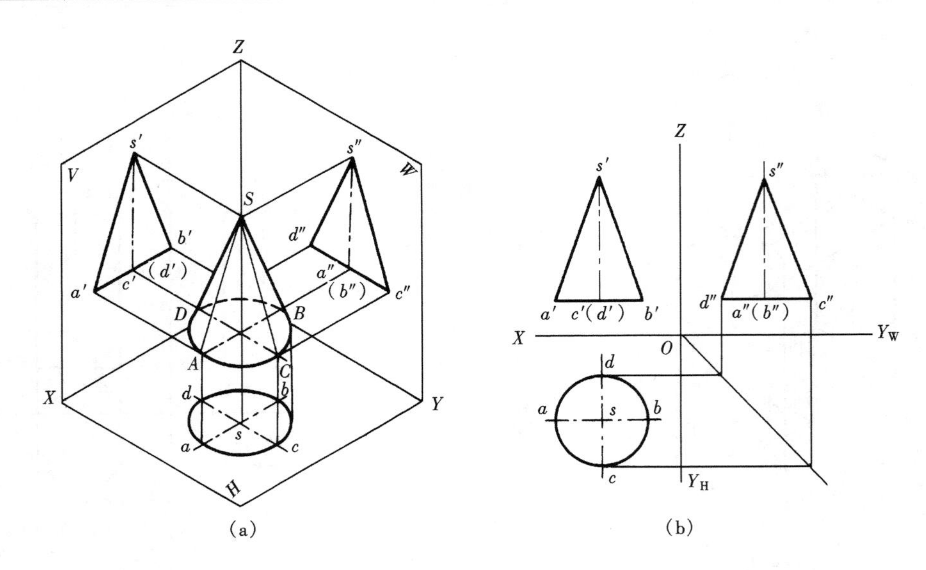

图 7-15 圆锥体的投影

(a) 直观图；(b) 投影图

合。$s'a'$、$s'b'$是圆锥面最左、最右两条轮廓素线的投影，最前、最后轮廓素线的投影与轴线重合且不是轮廓线，所以仍然用细单点长画线画出。

在侧立面上圆锥体的投影是一个三角形线框，与正立面上的投影三角形线框是全等的，它是看得见的左半个圆锥面和看不见的右半个圆锥面投影的重合。$s''c''$、$s''d''$是圆锥面最前、最后两条轮廓素线的投影，最左、最右两条轮廓素线的投影与轴线重合且不是轮廓线，所以仍然用细单点长画线画出。

轴线的投影用细单点长画线画出。

3. 投影特性

圆锥的三面投影，一个投影是圆，另两个投影是全等的三角形。

（三）球体的投影

1. 球体的形成

如图 7-16 所示，以圆周为母线，绕着其本身的任意直径为轴回转一周所形成的曲面为球面，球面围成的立体称为球体。

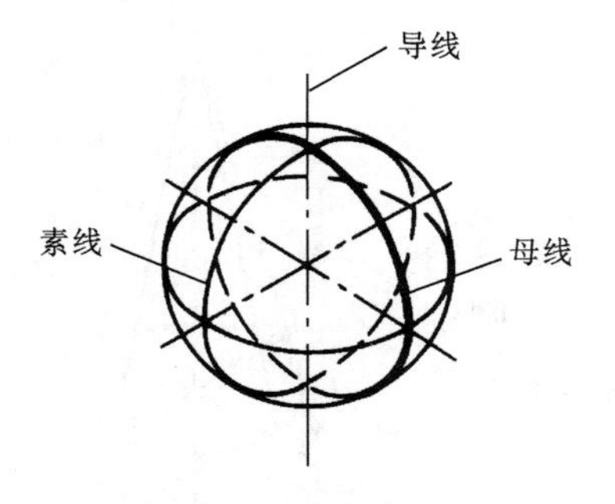

图 7-16 球体形成

2. 投影分析

现以一球体为例进行分析，如图 7-17 所示。

在水平面上球体的投影是一个圆，它是看得见的上半个球面和看不见的下半个球面投影的重合，该圆周是球面上平行于水平面的最大圆的投影。

在正立面上球体的投影是与水平投影全等的圆，它是看得见的前半个球面和看不见的后半个球面投影的重合，该圆周是球面上平行于正立面的最大圆的投影。

在侧立面上球体的投影是与水平投影和正立投影都全等的圆，它是看得见的左半个球面和看不见的右半个球面投影的重合，该圆周是球面上平行于侧立面的最大圆的投影。

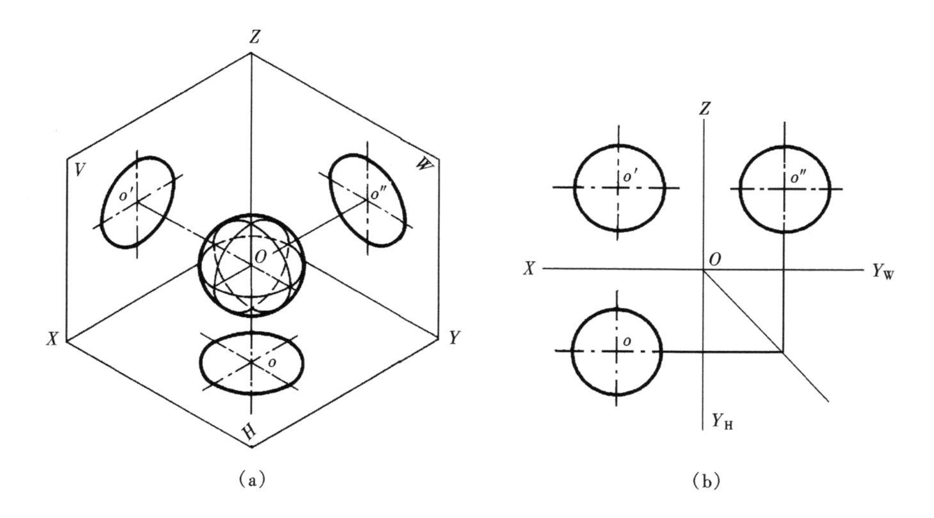

图 7-17　球体的投影

（a）直观图；（b）投影图

3. 投影特性

球体的三面投影，是三个全等的圆，圆的直径等于球径。

二、曲面体投影图的画法

作曲面体投影图时，曲面体的中心线和轴线要用细单点长画线画出。

（1）圆柱体投影图画法如图 7-18 所示。

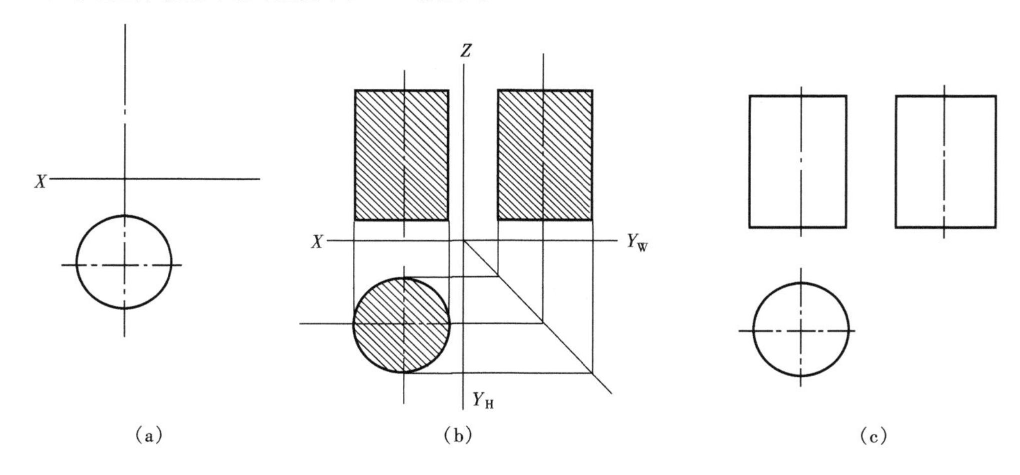

图 7-18　圆柱体投影图画法

（a）画中心线及反映底面实形的投影；（b）按投影关系及柱高，作出正面投影和侧面投影；（c）检查整理底图，加深图线

（2）圆锥体投影图画法如图 7-19 所示。

（3）球体投影图画法如图 7-20 所示。

三、曲面体投影图的尺寸标注

曲面体投影图的尺寸标注原则与平面体的尺寸标注大致相同，表 7-2 为曲面体投影图的

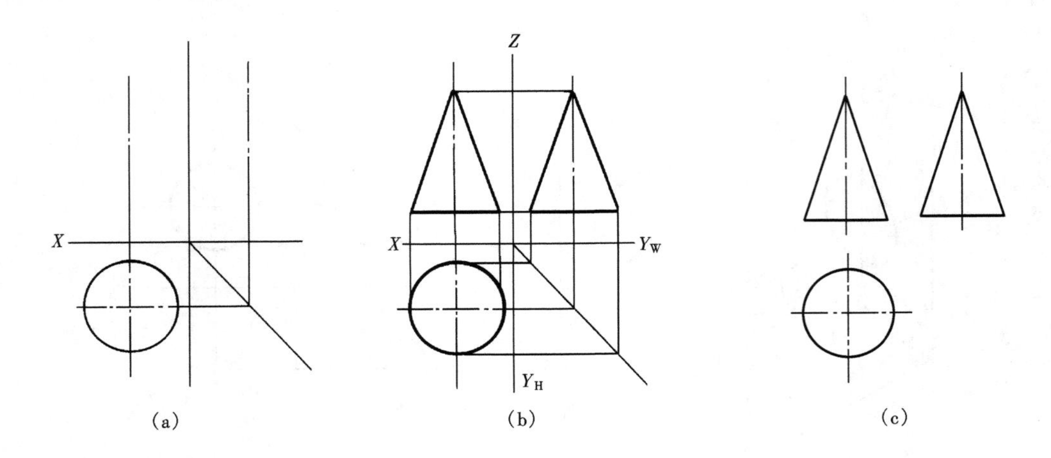

图 7-19 圆锥体投影图画法

(a) 画中心线及反映底面实形的投影；(b) 按投影关系及锥体高，作出正面投影和侧面投影；(c) 检查整理底图，加深图线

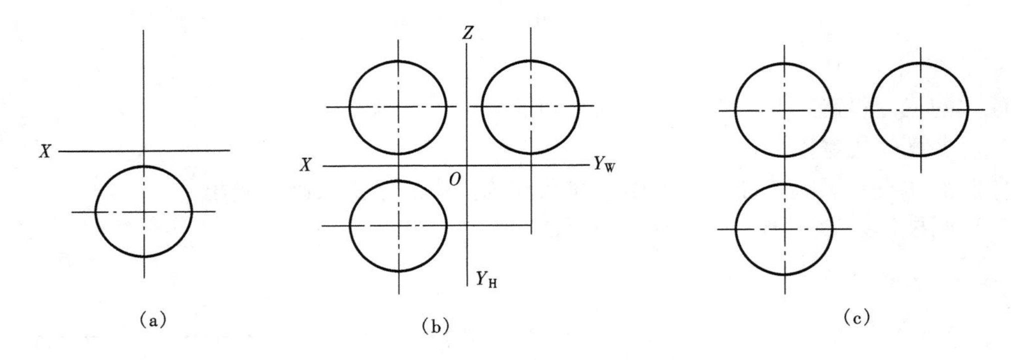

图 7-20 球体投影图画法

(a) 画水平投影的中心线及水平投影；(b) 按照投影关系作其他两投影；(c) 检查底图，加深图线

尺寸标注样式。

表 7-2 **曲面立体的尺寸标注**

圆柱体	圆锥体	球 体
φ	φ	φ

四、曲面体表面上的点和线

在曲面体表面上取点的方法与在平面体表面上取点类似。求曲面体表面上点的投影可通

过该点在曲面上作线，求线的投影，然后利用线上点的投影原理，作出该点的投影。

（一）圆柱体表面上的点和线

求圆柱体表面上的点和线的投影，可利用圆柱表面投影的积聚性来解决。

如图 7-21 所示，圆柱体表面上有一点 A，该点在圆柱体右前方，它的水平投影在圆柱面水平投影的圆周上。它的正面投影在圆柱正面投影矩形的右前半边，为可见。其侧面投影在圆柱体侧面投影矩形的右半边，为不可见。已知 a'，求 a 时，可先过 a' 作 OX 轴的垂线，与水平投影上前半个圆周相交于 a，再利用投影规律可求出 a''，并判断可见性。a''不可见，故写成（a''）。

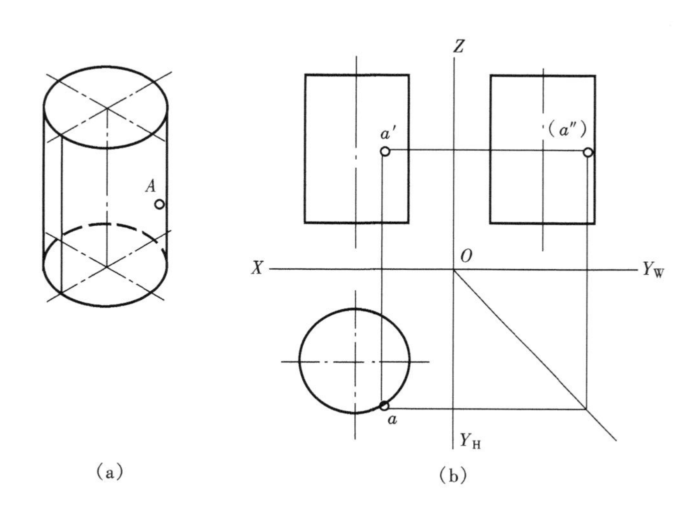

图 7-21　圆柱体表面上点的投影

（a）直观图；（b）投影图

求线的投影时，先求出点的投影，然后连线，并判断可见性。

【例 7-3】　已知圆柱体上线段 MKN 的 V 面投影，求该线段的另两面投影，如图 7-22（a）、（b）所示。

作法：

（1）由于圆柱在水平面上投影积聚成一个圆，MKN 线段在圆柱的前半个圆柱面上，故过 m'、n'，作竖直线与圆柱水平投影的前半个圆周相交，可得 m、n，而 K 点正好在圆柱的最前轮廓线上，可求得 k；由二求三可得 m''、n''、k''，如图 7-22（c）所示。

（2）判断可见性。MK 在左前圆柱面上，故 $m''k''$可见，而 KN 在右前圆柱面上，所以 $k''n''$不可见。

（3）用光滑的实线连 $m''k''$，用光滑的虚线连 $k''n''$即可，如图 7-22（d）所示。

（二）圆锥体表面上的点和线

求圆锥体表面上的点和线的投影，可采用两种方法求解，即素线法和纬圆法。

1. 素线法

圆锥体表面上任意素线都通过顶点，已知圆锥体表面上一点，则过该点作素线，素线的投影找出，则线上点的投影即可求出。

【例 7-4】　已知圆锥体表面上点 K 的正面投影，求另两面投影，如图 7-23（a）所示。

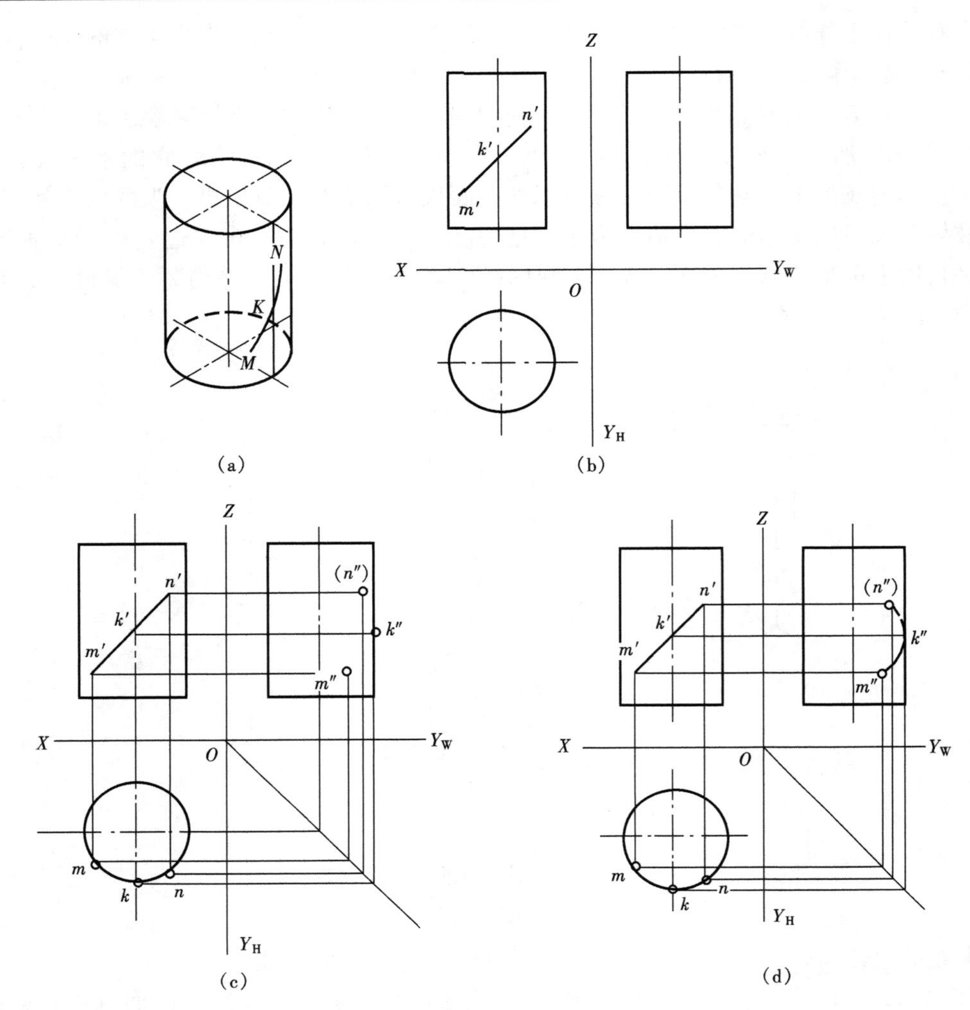

图 7-22 圆柱体表面上线段的投影

(a) 直观图；(b) 已知；(c)、(d) 投影图

作法：

(1) 过 K 点的正面投影 k' 作直线 $s'k'$ 交三角形的底边于 e'，则 E 点在圆锥底面上，因此 E 点的水平投影 e 落在圆锥水平投影的圆周上；又 E 点在前半个圆锥面上，从而水平投影 e 又落在前半个圆周上。过 e' 作 OX 的垂线交圆周于 e，连 s、e。

(2) 利用点在线上的投影，过 k' 作 OX 的垂线交 se 于点 k，再利用投影规律即可求出 k''。

(3) 判断可见性。K 点在左半个圆锥面上，所以 k、k''可见。如图 7-23 (b) 所示。

【例 7-5】 已知圆锥体表面上线段 $ABCD$ 的正面投影，求另两面投影，如图 7-24(a)所示。

作法：

(1) 过 A 点的正面投影 a' 作直线 $s'a'$，交三角形的底边于 e'，则 E 点在圆锥底面上，因此 E 点的水平投影 e 落在圆锥水平投影的圆周上，又 E 点在前半个圆锥面上，从而水平投影 e 又落在前半个圆周上。过 e' 作 OX 的垂线交圆周于 e，连 se。

(2) 利用点在线上的投影，过 a' 作 OX 的垂线交 se 于 a，再利用投影规律即可求出 a''。同理可求得 b、c、d、b''、c''、d''。

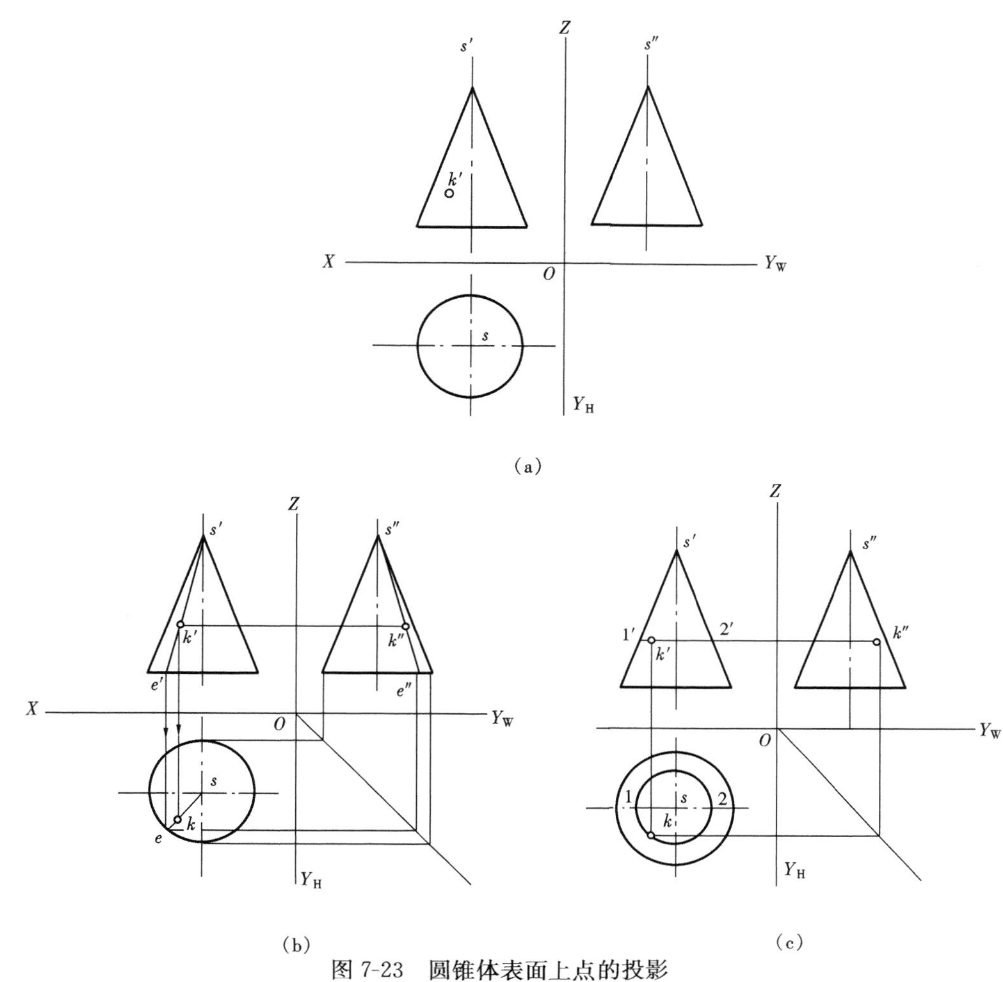

图 7-23　圆锥体表面上点的投影

(a) 已知；(b) 投影图（素线法）；(c) 投影图（纬圆法）

(3) 判断可见性。A、B、C 点在左前半个圆锥面上，所以 a、b、c、a''、b''、c''可见。而 D 点在右前半个圆柱面上，所以 d''不可见。用光滑的实线连 a''、b''、c''，用光滑的虚线连 c''、d''即可。如图 7-24 (b) 所示。

2. 纬圆法

【例 7-6】　用纬圆法求解［例 7-4］，如图 7-23 (c) 所示。

作法：

(1) 过 k'点作一纬圆（即与圆锥底面平行的圆），它的正面投影积聚成一直线 $1'2'$，则 $1'2'$的长即为该纬圆的直径。以 s 为圆心，以 $1'2'$的二分之一长为半径作圆，即纬圆在水平面上的投影，k 落在该圆周上。因为 K 在圆锥体前半个面上，故过 k'作 OX 的垂线，交纬圆水平投影的前半个圆周于点 k。

(2) 利用投影规律，求出 k''，K 点在圆锥左半个圆锥面上，从而 k、k''可见。

(三) 球体表面上的点和线

求球体表面上点和线的投影，可用纬圆法求解。

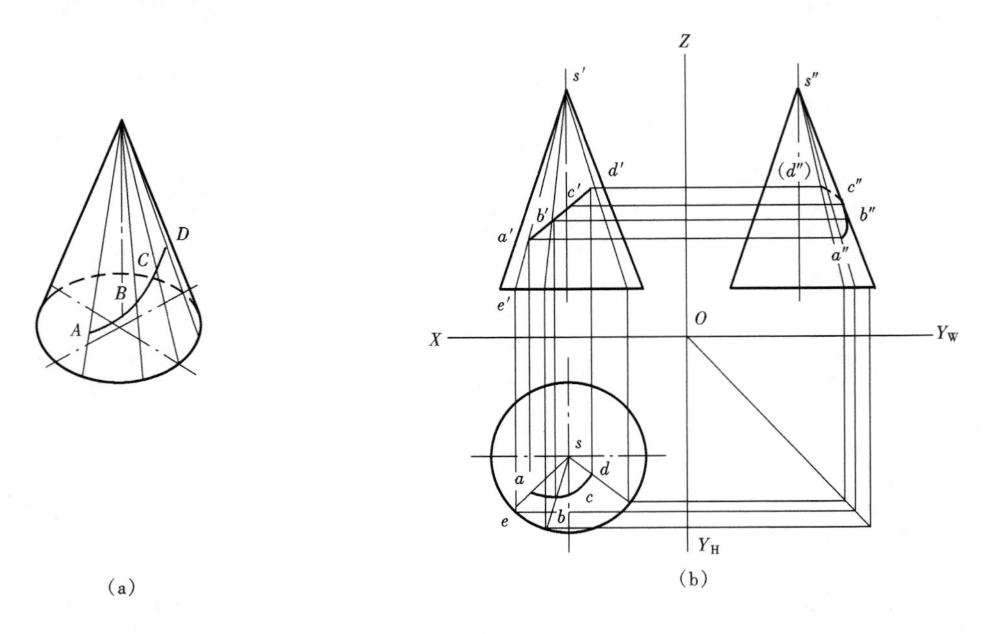

(a)　　(b)

图 7-24　圆锥体表面上线段的投影

(a) 直观图；(b) 投影图

【例 7-7】　已知一球体上点 A、B 的投影 a'、b'，求两点的另两面投影，如图 7-25 (a) 所示。

作法：

(1) A 点在球体表面左前上方，过 a 作一纬圆，在正面投影上积聚为一直线 $c'd'$，以水平投影的圆心为圆心，$c'd'$长的二分之一为半径画圆；过 a'作 OX 轴的垂线，交该纬圆的水平投影圆周于 a 点。

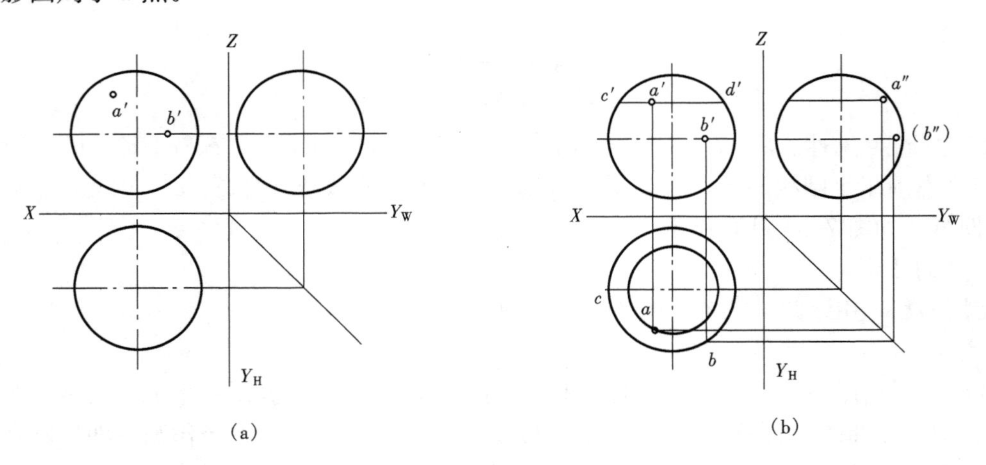

(a)　　(b)

图 7-25　球体表面上点的投影

(a) 已知；(b) 投影图

(2) 利用投影规律求得 a''，经判断均可见。

(3) B 为特殊点，在球体表面过球心与水平面平行的最大的圆周上，可直接求得 b，再

求得 b''，因为 B 点在圆面的右前方，故 b''不可见，写成（b''），如图 7-25（b）所示。

求球体表面上线的投影就是把几个组成该线的点的投影求出后，判断可见性并依次连线即可。

五、曲面体的截交线

平面截割曲面体的截交线，一般是封闭的平面曲线，当然也可能是由平面曲线与直线围成的闭合平面图形，这主要取决于截平面与曲面体的相对位置。曲面体截交线上的每一点，都是截平面与曲面体表面上共有的点，所以找到足够的共有点，并依次连接起来，就可得到截交线的投影。

求共有点的基本方法有素线法、纬圆法。

（一）平面与圆柱相交

根据截平面与圆柱轴线相对位置的不同，截交线有圆、椭圆、矩形三种情况。见表7-3。

表 7-3　　圆 柱 上 的 截 交 线

截平面位置	倾斜于圆柱轴线	垂直于圆柱轴线	平行于圆柱轴线
截交线形状	椭　圆	圆	两条素线
立体图	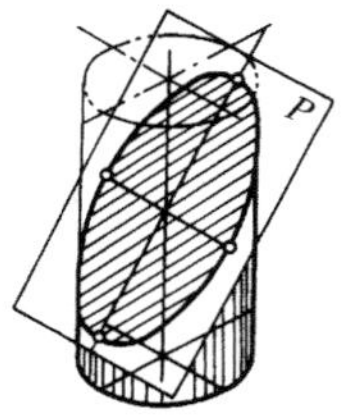 P	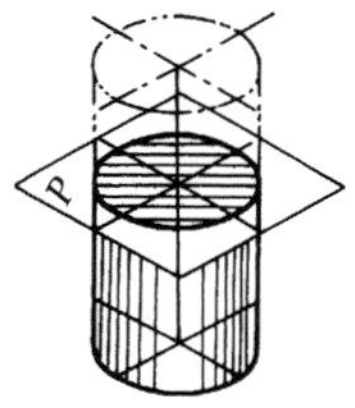 P	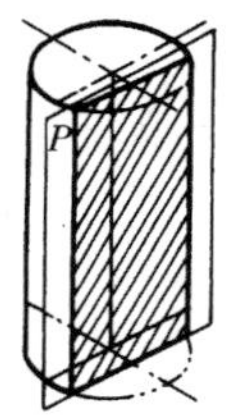 P
投影图	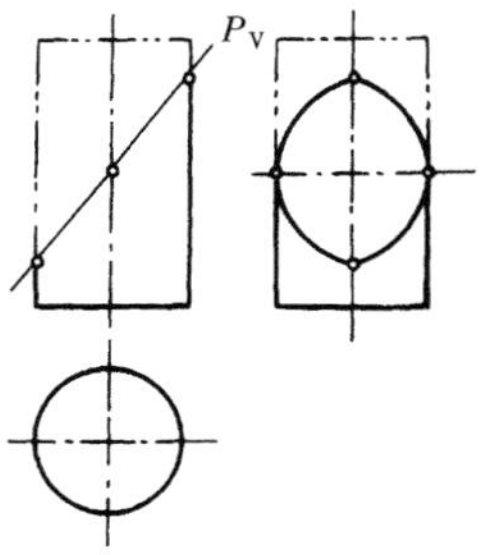 P_V	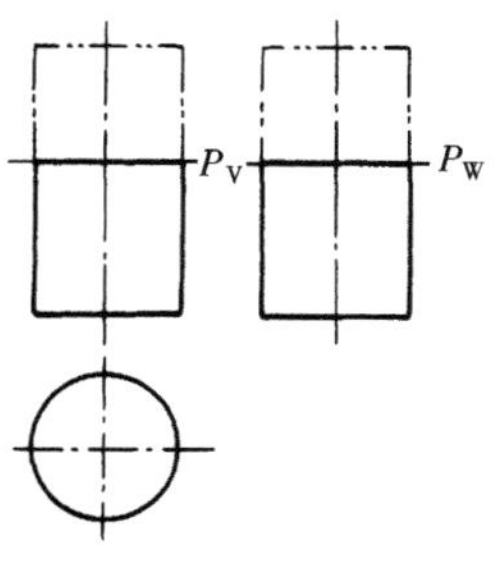 P_V　P_W	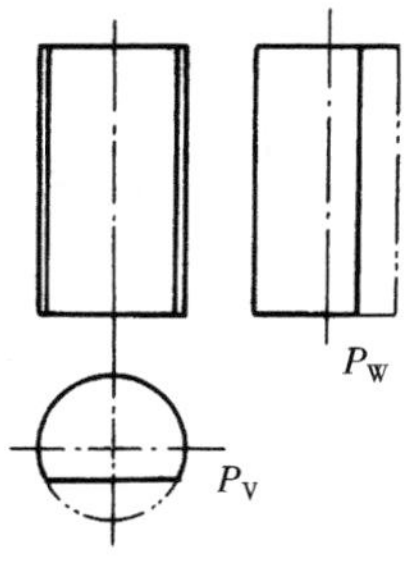 P_W　P_V

【例 7-8】　已知圆柱被一倾斜于圆柱轴线的正垂面 P 所截，求作截交线的投影，如图 7-26 所示。

解　(1) 分析：

圆柱轴线垂直于水平面，在水平面上投影积聚成一圆周，截平面 P 与正立面垂直，在正立面上积聚为一直线，P 与圆柱轴线斜交，截交线为椭圆，其长轴平行于正立面，短轴垂直于正立面，椭圆在正立面上的投影与 P_V 重合，故只需求出截交线在侧立面上投影。

(2) 作图：

1) 先求出特殊点。椭圆的长轴、短轴的端点 A、E、C、G 分别是圆柱最左、最右、最前、最后轮廓线上的点，也是截平面上的点，利用投影规律，可求得 a、e、c、g、a''、e''、c''、g''。

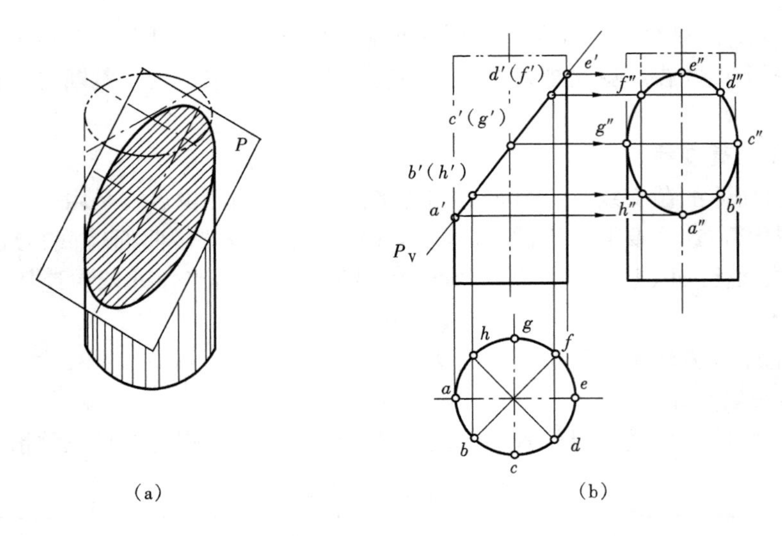

图 7-26 作圆柱的截交线

(a) 直观图；(b) 投影图

2）找一般点。在截交线上任取 B、D、F、H 点，在正立面投影中可求出 b'、d'、f'、h'，进而得到 b、d、f、h、b''、d''、f''、h''。

3）依次连接 a''、b''、c''、d''、e''、f''、g''、h''各点，所得曲线即为截交线的侧面投影。经判断可见，如图 7-26（b）所示。

（二）平面与圆锥相交

当平面截割圆锥时，根据截平面与圆锥轴线的相对位置，可有五种不同形状的截交线。见表 7-4。

表 7-4 **圆锥上的截交线**

截平面位置	垂直于圆锥轴线	与锥面上所有素线相交 $\alpha<\varphi<90°$	平行与圆锥面上一条素线 $\varphi=\alpha$	平行于圆锥面上两条素线 $0\leqslant\varphi<\alpha$	通过锥顶
截交线形状	圆	椭圆	抛物线	双曲线	两条素线
立体图	P	P	P	P	P
投影图	P_V	P_V α φ	P_V α φ	P_V α φ	P_V

【例 7-9】 已知圆锥被一正平面 P（不过顶点）所截断，求作截交线的投影。如图 7-27（a)所示。

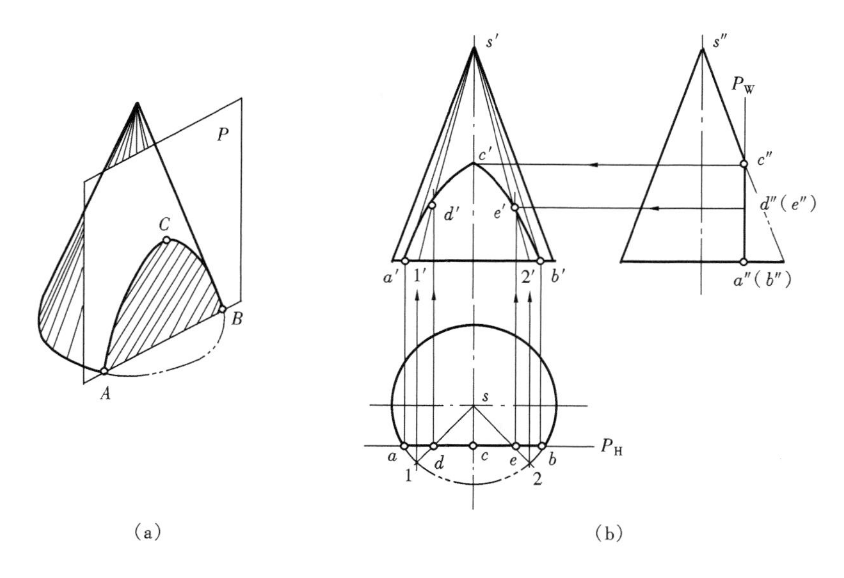

图 7-27　用素线法作圆锥的截交线

(a) 直观图；(b) 投影图

解（1）分析：

截平面为正平面，在水平面、侧立面上的投影分别积聚为一直线，故截交线在水平面、侧立面上的投影落在截平面的积聚线上，截交线的正立面投影为一双曲线。下面用素线法来求解。

（2）作图：

1）找特殊点。平面 P 与圆锥最前面的一条素线的交点 C，它的 H 投影 c 和 W 面投影 c''可直接找出。自 c''作水平线，在 V 面上可求得它的 V 面投影 c'，即为双曲线上的最高一点。截平面 P 与圆锥底圆的两个交点 A 和 B，它们的 H 面和 W 面投影可在图中直接找出，它们的 V 面投影也很容易求得，a'和 b'即为双曲线最下面的两个点。

2）找一般点。双曲线的 H 面投影为一直线与 P_H 重合，首先在该直线上取 d 和 e，作为双曲线上一般点 D 和 E 的 H 面投影，连 sd 和 se，并延长与底圆交于 1 和 2，此 $s1$ 和 $s2$ 为圆锥面上通过点 D 和点 E 素线的 H 面投影。再自 1 和 2 向上引垂线，与圆锥底圆的 V 面投影相交得 $1'$及 $2'$，连 $s'1'$和 $s'2'$，再自 d 向上作垂线与素线 $s'1'$交于 d'，自 e 向上作垂线与素线 $s'2'$交于 e'，即为双曲线上一般点 D 和 E 的 V 面投影。

3）连线。在圆锥的 V 面投影上依次光滑地连接 a'、d'、c'、e'、b'各点，即得双曲线的 V 面投影。显然，若能多作出一些点的 V 面投影，绘出的双曲线就会更准确些。如图 7-27（b)所示。

（三）平面与球体相交

平面截割球时，不论截平面与球的相对位置如何，其截交线均是圆，但是由于截平面与投影面的相对位置关系，截交线的投影可能为圆、椭圆或直线段。

【例 7-10】 已知球体被水平面 R 截割，求截交线。如图 7-28 所示。

解 (1) 分析：

截平面 R 是水平面，在正立面和侧立面上的投影有积聚性，故截交线在正立面和侧立面上的投影可知。

(2) 作图：

1) 在正立面上 R 面的投影交圆轮廓线于点 a'、b'，在侧立面上 R 面的投影交圆轮廓线于点 c''、d''。

2) 在水平面上以球心为圆心，$a'b'$的二分之一为半径画圆，即为所求。

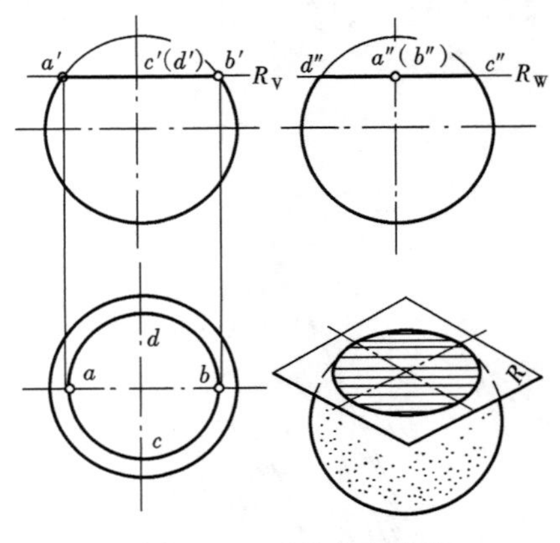

图 7-28 球体的截交线

第三节 同坡屋面的投影

在房屋建筑中，坡屋面是常见的一种屋顶形式，
通常情况下，屋顶檐口的高度处在同一水平面上，各个坡面的水平倾角相同，所以又称为同坡屋面，如图 7-29 所示。

一、同坡屋面交线的特点

如图 7-30 所示，同坡屋面交线的特点如下：

(1) 檐口线平行的两个坡面相交，交线是一条平行于檐口线的水平线即屋脊线。它的水平投影与这两檐口线的水平投影平行且等距。

(2) 相邻两个坡面的檐口线相交，其交线是一条斜脊或斜沟，它的水平投影必定为两檐口线水平投影夹角的平分线。

(3) 如果在屋面上有两斜脊、两天沟或一斜脊一天沟相交则交点上必然有另一条屋脊线通过。

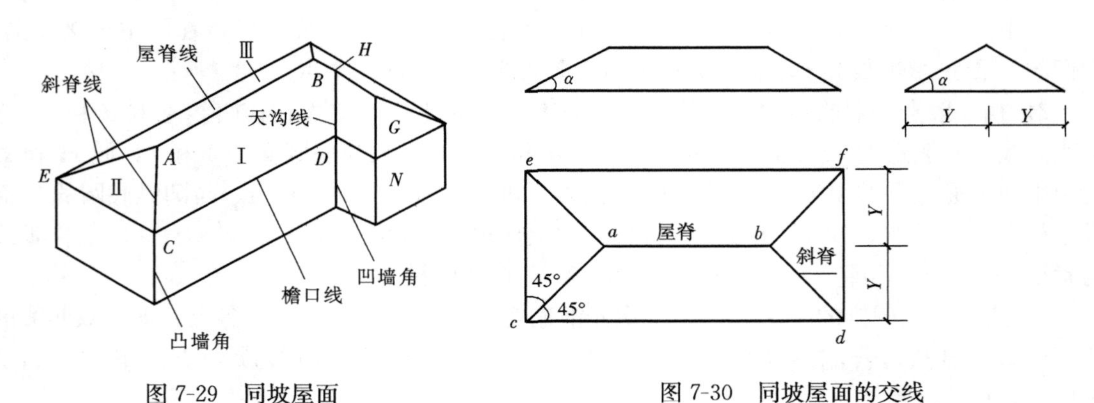

图 7-29 同坡屋面　　图 7-30 同坡屋面的交线

二、同坡屋面的画法

【例 7-11】 已知同坡屋顶的平面图和各坡面的水平倾角 α，求屋顶的水平投影和正面投影，如图 7-31 (a) 所示。

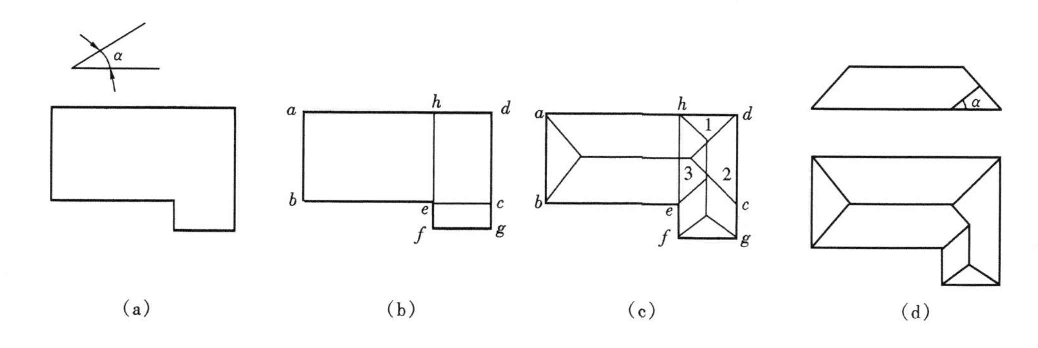

图 7-31 同坡屋面的画法

作图：

(1) 房屋平面形状是一个 L 形，它是两个四坡屋面垂直相交的屋顶。假设将房屋平面划分为两个矩形 $abcd$，$fgdh$，如图 7-31 (b) 所示。

(2) 据同坡屋面的特点，作各矩形顶角的斜脊线和屋脊线的投影，得到有部分重叠的两个四坡屋面，如图 7-31 (c) 所示。

(3) L 形平面的凹角 bef 是由两檐口线垂直相交而成，坡屋面在此发生转折，因而有一交线，称为天沟线，过 e 作 45°斜线交于 2 点。

(4) 图中 $h1$、$c2$、12 各线段都位于重叠的坡面上，是不存在的。且 he、ec 均为假设的，也不存在，擦去这些图线，即得屋面水平面投影，如图 7-31 (d) 所示。

(5) 据给定坡屋面倾角 α 和水平面投影，可作出屋面正立面投影，如图 7-31 (d) 所示。

第八章　组 合 体 的 投 影

在实际工程中，工程建筑物的形状多种多样，看似复杂，其实它们都是由一些基本形体（如棱柱、棱锥、圆柱、圆锥、球体等）按一定方式组合而成的。我们把这样的立体称为组合体。

组合体的组合方式有叠加式、切割式和综合式三种。

(1) 叠加式：组合体由若干个基本形体叠加或叠砌在一起而成。图 8-1（a）所示物体是由两个大小不同的长方体叠加而成的。

(2) 切割式：组合体由一个基本体经过若干次切割而成。图 8-1（b）所示物体是在一个长方体的上表面挖去一个小长方体后剩下的部分形成的。

(3) 综合式：组合体由基本体叠加和切割而成。图 8-1（c）所示物体的下部分是由一个长方体两边分别切去一个四棱柱，该长方体的中间切去一个三棱柱后剩下的形体；它的上部分是一个四棱柱切去一个三棱柱后成五棱柱，同时又叠加了一个半圆柱，然后上下部分叠加，组成了该组合体。

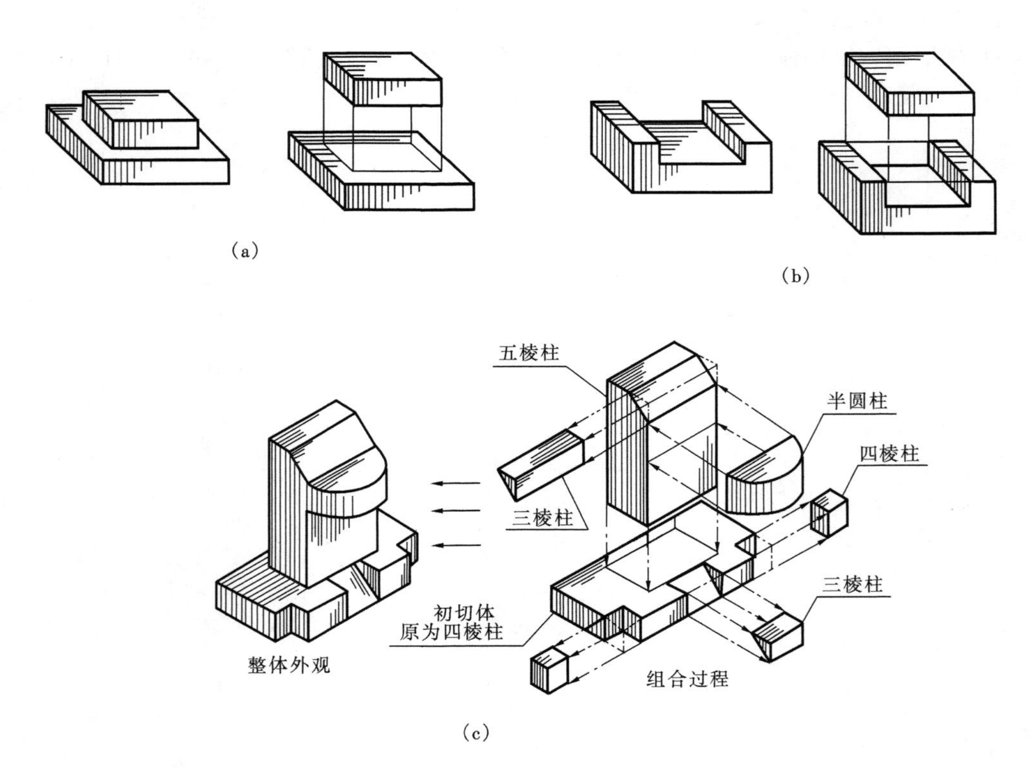

图 8-1　组合体的组合方式

(a) 叠加式；(b) 切割式；(c) 综合式

第一节 组合体投影图的画法

作组合体的投影图时，要将组合体分解成若干个基本形体，分析这些基本形体的组合形式、彼此间的连接关系及相互位置关系，最后根据分析逐一解决基本体的画图和读图问题，从而作出组合体的投影图。组合体投影图具体画法如下：

一、形体分析

一个组合体可以看作是由若干个基本几何体所组成，我们对这些基本体的组合形式、表面连接关系和相互位置进行分析，弄清各部分的形状特征，逐步进行作图，这种分析方法即形体分析法。

图 8-2 所示是一台阶直观图，它可看作是由三块四棱柱体的踏步板按大小至下而上的顺序叠放，两块五棱柱体的栏板紧靠在踏步板的左右两侧叠加而成的。

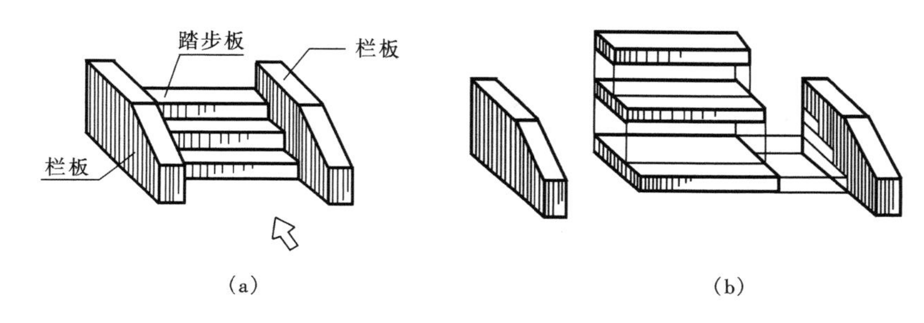

图 8-2 形体分析

(a) 直观图；(b) 形体分析

无论是由哪一种形式组成的组合体，画它们的投影图时，都必须正确表示各基本体之间的表面连接关系和相互位置关系。所谓连接关系，就是指基本体组合成组合体时，各基本形体表面间真实的相互关系，如图 8-3 所示；所谓相互位置关系，就是以某一形体为参照，另一基本形体在组合体的前后、左右、上下等位置关系，如图 8-4 所示。

二、投影图的选择

原则：用较少的投影图把形体的形状完整、清楚、准确地表达出来，并且要合理使用图纸。

1. 确定组合体安放位置

确定组合体安放位置应注意以下四点：

(1) 将最能反映构件或零件外形特征的那个面作为正立面。

(2) 主要平面放置成投影面平行面。

(3) 按照生活习惯放置。

(4) 尽量减少图中的虚线。

如图 8-2 所示台阶应平放，箭头所示方向为正面投影方向，这样符合日常生活中人们对台阶的习惯使用，并且把主要平面放置成了投影面平行面。

2. 确定组合体的投影图数量

具体做法是：

(1) 根据表达基本形体所需的投影图来确定组合体的投影图数量。

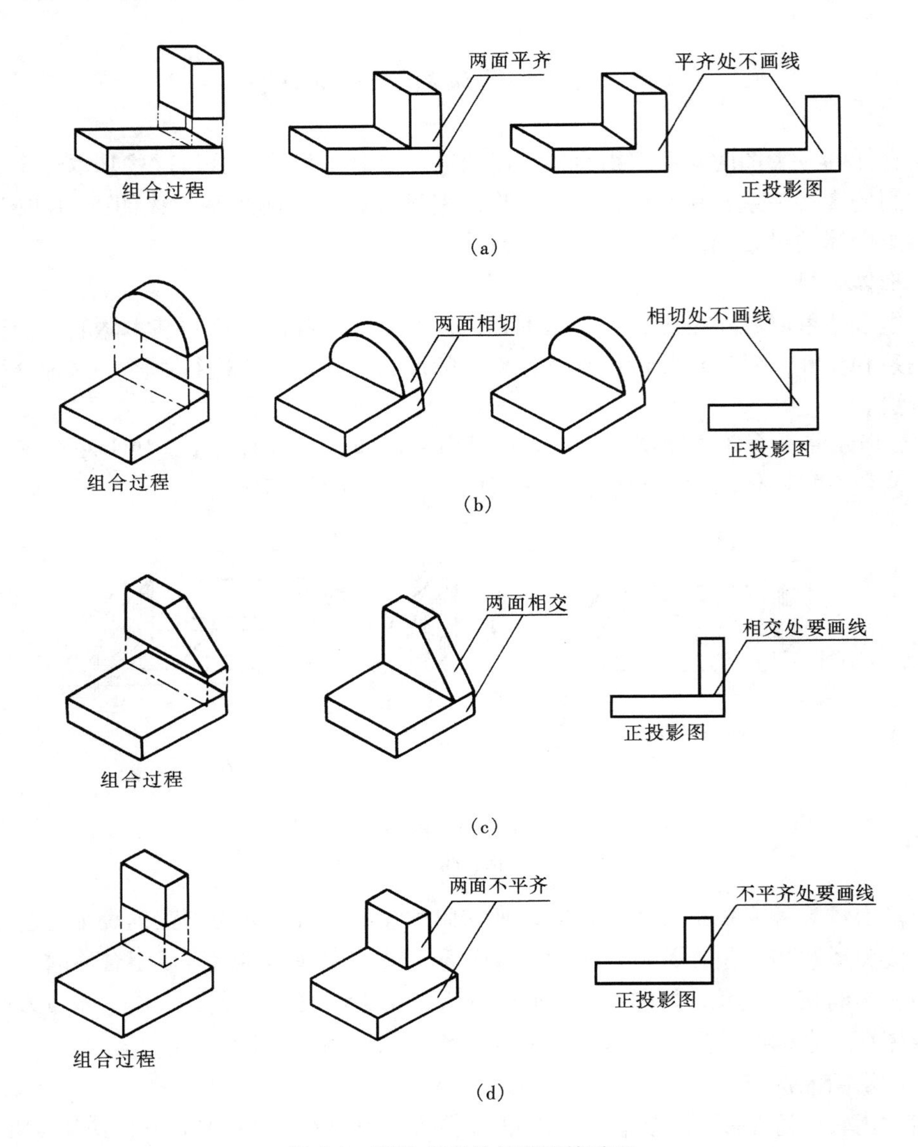

图 8-3 形体表面的几种连接关系

(a) 表面平齐；(b) 表面相切；(c) 表面相交；(d) 表面不平齐

(2) 抓住组合体的总体轮廓特征或其中某基本体的明显特征来选择投影图数量。

(3) 选择投影图与减少虚线相结合。

如图 8-5 所示，台阶的三块踏步叠加在一起形成一个立体，两侧栏板是五棱柱体，它们共同组成该组合体，在侧面投影中可以比较清楚地反映出台阶的形状特征，故用正面投影和侧面投影即可将台阶表达清楚，如若仅用正面投影和水平投影就不能清楚地反映出其形状特征。

三、组合体投影图的画图步骤

1. 选择合适的比例图幅

根据形体大小所占位置，选择合适的比例、图幅。为了作图和读图方便，最好采用1∶1的比例。但是建筑物的构件大小不定，无法按实际大小作图，因而必须选择适当比例。当比

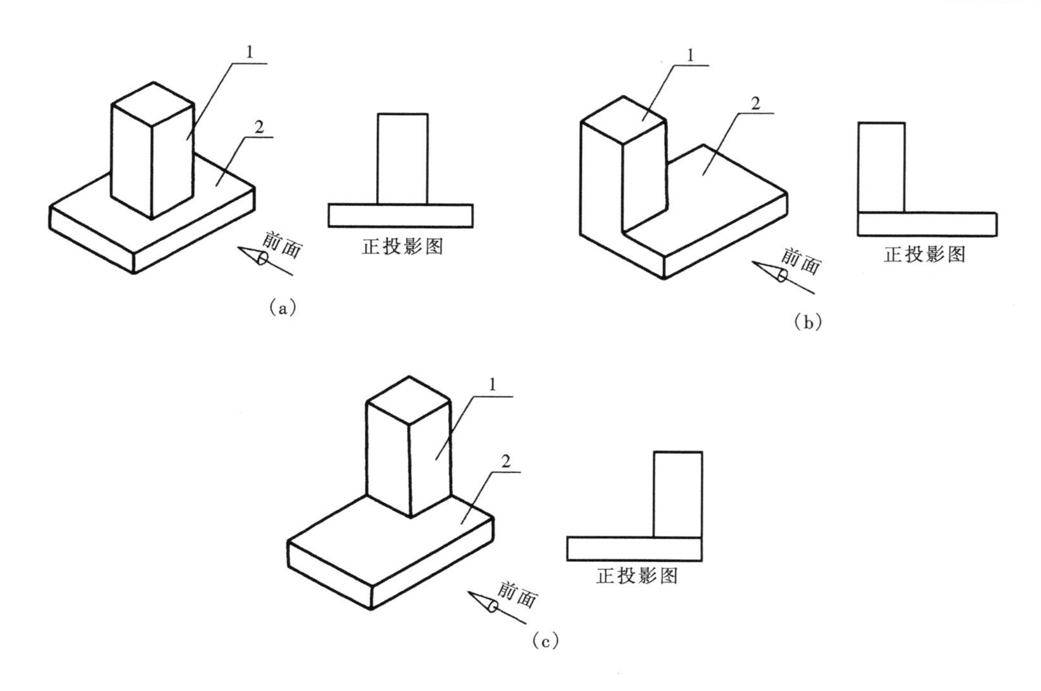

图 8-4　基本形体间的几种位置关系

(a) 1 号形体在 2 号形体的上方中部；(b) 1 号形体在 2 号形体的左后上方；(c) 1 号形体在 2 号形体的右后上方

例确定后，应进一步根据投影图所需要的面积，合理选择图纸幅面。

2. 布置投影图

首先画出图框、标题栏框，确定可以画图的界限。然后大致摆放三个投影图的位置，同时要留出标注尺寸的位置，布图要匀称。

3. 画底图并按规定的线型加深图线

按照形体分析的结果使用绘图工具画每一基本形体。画每一个基本形体时，先画出它最具形状特征的投影，后画其他投影。注意每一部分的三面投影须符合投影规律，先画主要部分的投影，再画次要部分的投影。组合体实际是一个不可分割的整体，形体分析仅仅是一种假设，所以要注意它们彼此间表面的连接关系。

四、标注尺寸

详见第二节内容。

五、检查图线有无错漏或多余

应用形体分析法想象形体的空间形状，看图是否与原给出的形体相符，做到读图与画图相结合。

六、填写标题栏内各项内容，后成图

做到投影关系正确、尺寸标注齐全、布图均匀合理、字体端正、线型明确、图面整齐干净。

【例 8-1】　已知一肋式杯形组合体的直观图，如图8-6所示，求作该组合体的三面投影图。

作法如图 8-7 所示。

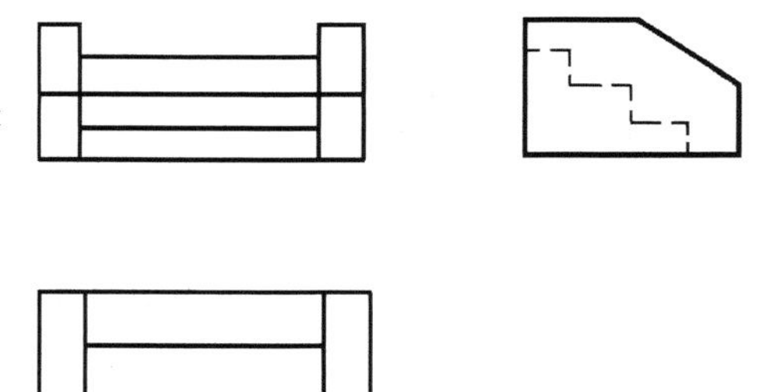

图 8-5　台阶的投影图

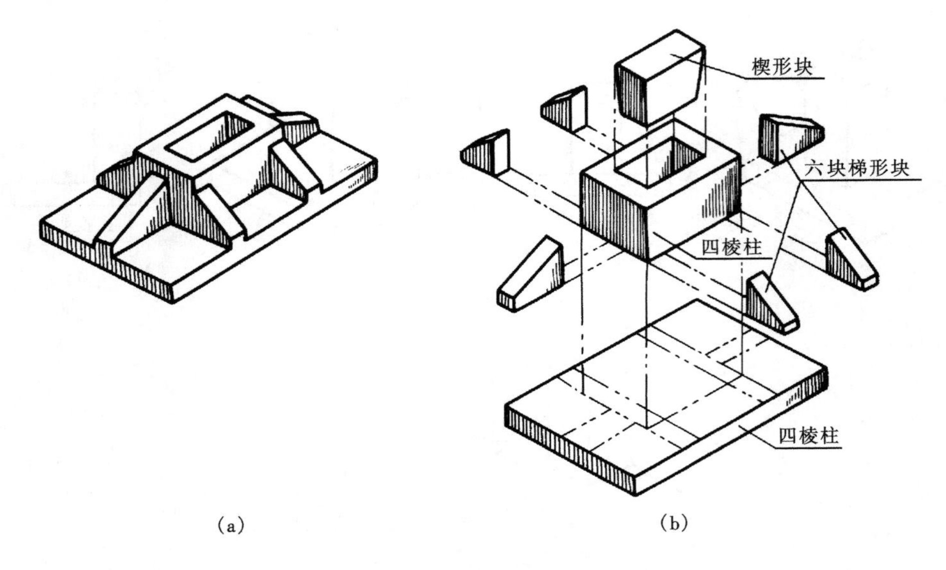

图 8-6 肋式杯形组合体

(a) 立体图；(b) 形体分析

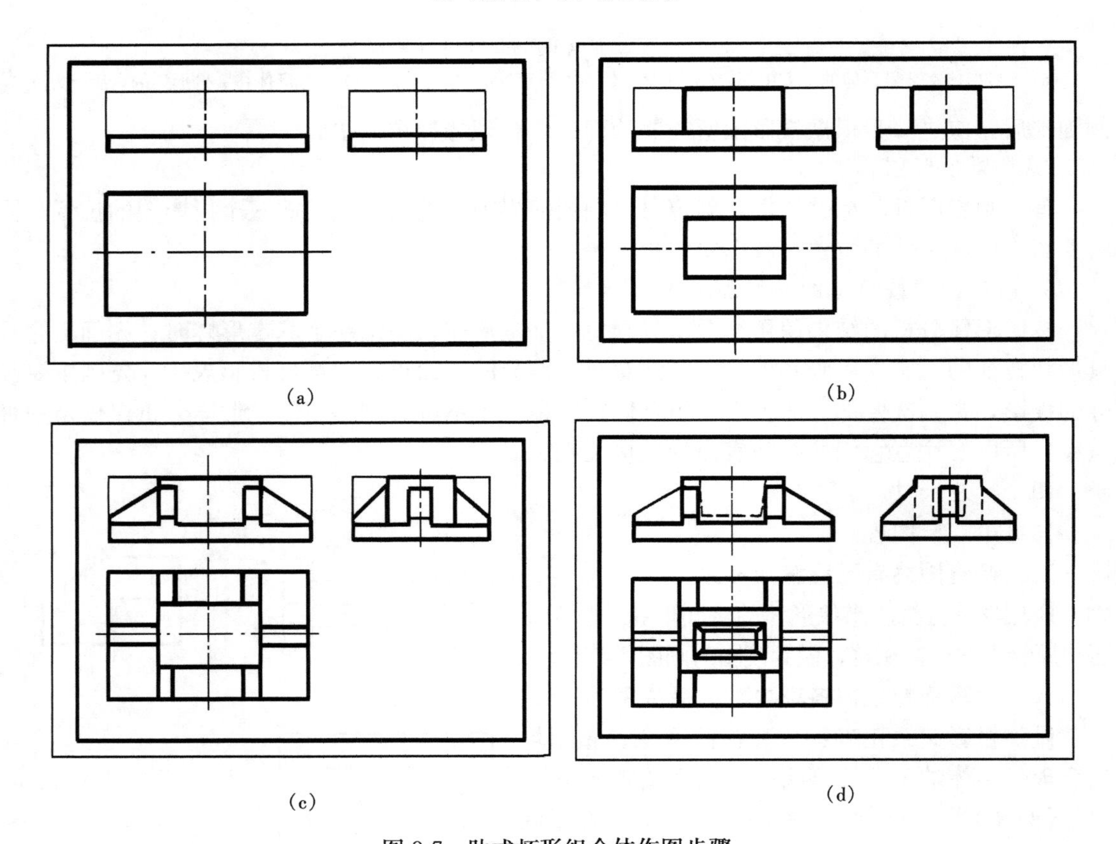

图 8-7 肋式杯形组合体作图步骤

(a) 布图、画底板；(b) 画中间四棱柱；

(c) 画六块梯形肋板；(d) 画楔形杯口，擦去底稿线，完成全图

第二节　组合体的尺寸标注

组合体投影图能够反映出物体的形状及各组成部分的相互连接关系，但同时还应标注出各基本体的大小，才能明确形体的实际大小和各部分的相对位置关系，所以要对组合体进行尺寸标注。

一、尺寸种类及尺寸基准

1. 尺寸种类

定形尺寸：用于确定组合体中基本体自身大小的尺寸，它通常由长、宽、高三项尺寸来反映。

定位尺寸：用于确定组合体中各基本体之间相对位置的尺寸。

总尺寸：用于确定组合体总长、总宽和总高的外包尺寸。

2. 尺寸基准

对于组合体，在标注定位尺寸时，须在长、宽、高三个方向分别选定尺寸基准，即要选择一个或几个标注尺寸的起点。通常选形体上某一明显位置的平面或形体的中心线为基准位置。长度方向一般可选择左侧面或右侧面为基准；宽度方向可选择前侧面或后侧面为基准；高度方向一般以底面或顶面为基准；若物体是对称的，还可选择对称线或轴线为基准。

二、尺寸的标注方法

以图 8-6 中的肋式杯形组合体为例，对它的投影图进行尺寸标注。如图 8-8 所示。

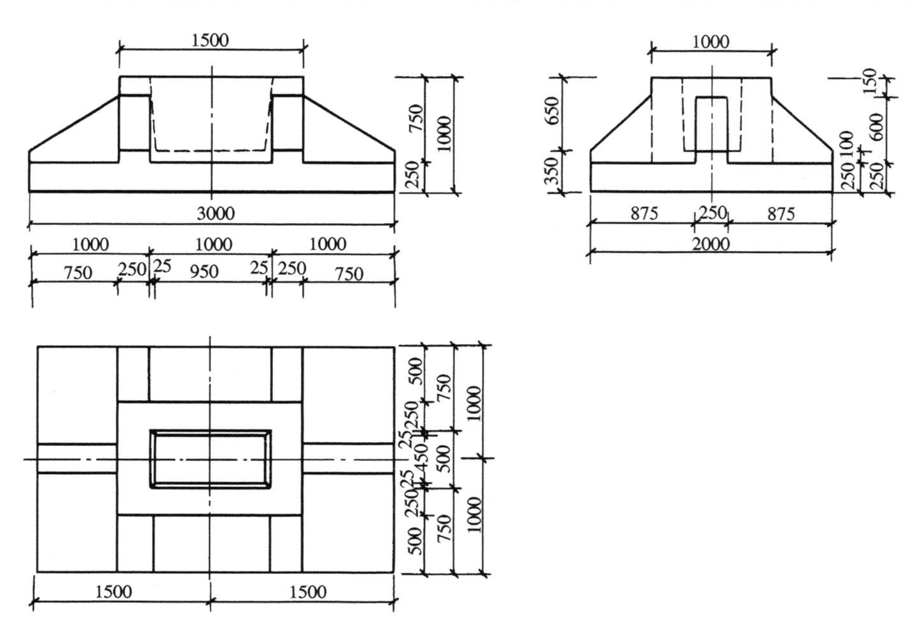

图 8-8　肋式杯形组合体的尺寸标注

(1) 进行形体分析，弄清反映在投影图上有哪些基本体。如图 8-6 (b) 所示，它是由一个四棱柱、另一个被挖去一个楔形块的四棱柱和六个梯形块组合而成的组合体。

(2) 标注定形尺寸，一般按从小到大的顺序进行标注，并把一个基本体的长、宽、高尺寸依次标注完之后，再标注其他形体的尺寸，以防遗漏。如图水平投影中四棱柱底板长3000，宽2000；四棱柱长1500，宽1000；前后肋板长均为250，宽均为500；左右肋板长均为750，宽均为250；楔形杯口上底长宽为1000×500，下底长宽为850×450；从正面投影图和侧面投影图中看到它们的高依次为250、750、600、100、600、100、650、250等。

(3) 标注定位尺寸，按常规选定基准。杯口距四棱柱的左右侧面的定位尺寸为250，距四棱柱前后侧面尺寸250；杯口底距四棱柱顶面650；左右肋板定位尺寸为875，高度方向定位尺寸250；同理，前后肋板的定位尺寸为750、250。

(4) 标注组合体的总尺寸。组合体的总长3000，总宽2000，总高1000。

(5) 检查全图，看尺寸标注是否标准、齐全、合理。有时组合体形状变化多，定形尺寸、定位尺寸和总尺寸有时可以相互兼代。

三、标注尺寸的注意事项

(1) 尺寸标注要完整、清晰、易读。

(2) 尺寸不要重复标注。

(3) 尽可能避免在虚线上标注尺寸。

(4) 尺寸应尽量注写在反映形体特征的投影图上。

(5) 尺寸排列要大尺寸在外，小尺寸在内。

(6) 尺寸最好注写在图形之外，并布置在两个投影图之间，某些局部尺寸允许注写在轮廓线内，但任何图线不得穿越尺寸数字。

第三节　组合体投影图的识读

读图即看图、识图，就是根据给定的物体投影图，运用投影规律、基本的方法，对投影图进行分析，想象出物体的空间形状，即从图到物的过程。

一、读图前应较熟练地掌握正投影基本原理和特性

(1) 掌握三面投影的投影规律，熟悉立体的长、宽、高三个尺度和上下、左右、前后六个方向在投影图上的对应位置。

(2) 掌握各种位置的点、直线、平面的投影特性，并进行分析，即从投影图上的点、线段、线框来确定线面的空间位置、形状和在形体上的对应位置。

(3) 掌握基本体的投影图，并熟悉其投影特性，如棱柱、棱锥、圆柱、圆锥、球体等，为形体分析打基础。

二、读图基本方法及识图步骤

（一）识读组合体投影图的方法

1. 形体分析法

就是在组合体的投影图上分析其组合方式，把组合体分解成若干部分，分析该组合体各组成部分的形状以及各表面连接关系、相对位置关系后，综合起来确定组合体的空间形状和结构的分析方法。

【例8-2】　根据三面投影图想象物体的形状，如图8-9所示。

(1) 了解投影图，看组合体是由哪几部分组成，按投影图分析出各个部分的形状。如图

8-9（a）所示将正立面图可看成 1′、2′、3′三个部分，按照投影的三等关系可知，四边形 1′在水平面与侧立面中对应的是 1、1″线框，就可确定该组合体的最后边是一个四棱柱Ⅰ。正立面中的半圆形 2′所对应的另两面投影是矩形 2 和 2″线框，由此可知组合体中间的组成部分是半圆柱Ⅱ。再看正立面中的 3′线框是三角形，在投影图中与它对应的另两面投影是矩形 3 和矩形 3″，由此可知它的空间形状是三棱柱Ⅲ。

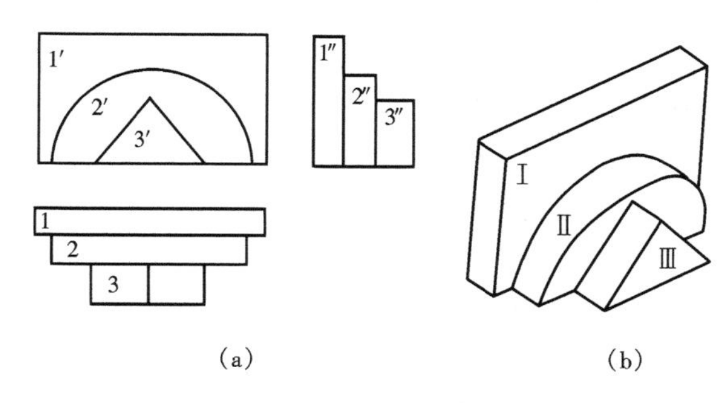

图 8-9　读组合体的投影图
（a）投影图；（b）直观图

（2）根据投影确定各组成部分在整个形体中的相对位置及表面连接关系。由投影知 *V* 面投影图反映组合体各组成部分上下、左右的位置关系，*H* 面投影图反映组合体各组成部分的前后、左右位置关系，*W* 面投影图反映组合体各组成部分上下、前后位置关系。于是从各投影图中可知，Ⅰ在最后面，Ⅱ在中间，Ⅲ在最前面，并且Ⅲ低于Ⅱ，Ⅱ低于Ⅰ。该组合体是左右对称的。

（3）综合以上分析，可以想象出整个组合体的形状和结构，如图 8-9（b）所示。

（4）想象出组合体后与投影图对照，检查看二者之间的关系是否吻合。

2. 线面分析法

线面分析法就是根据线、面投影特性，依据组合体投影图上的线段及线框，找出它们对应的投影，分析组合体各局部的空间形状，从而想象出组合体的局部及整体的形状的分析方法。

通常，投影图中每一封闭线框，都是组合体一个面的投影；而任一条线，可表示为有积聚性的一个面、两个面的交线或曲面的轮廓素线。

【例 8-3】　想象出图 8-10（a）所示物体的形状。

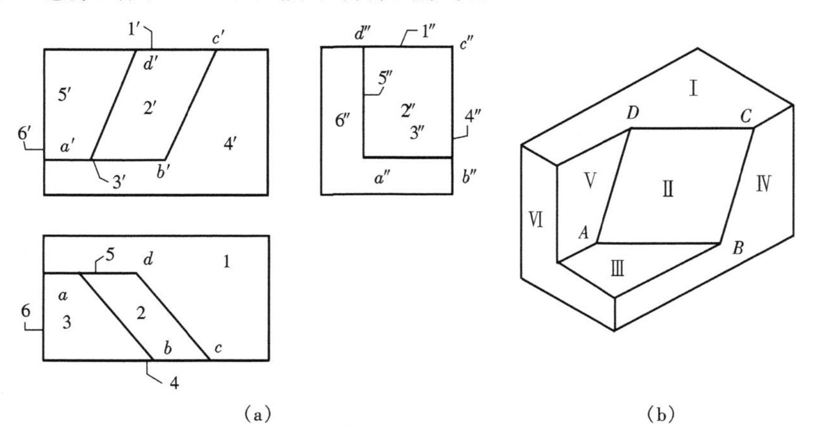

图 8-10　读组合体的投影图
（a）投影图；（b）直观图

（1）了解投影图 8-10（a）。投影图中均为直线、无曲线、有斜线，说明有平面、无曲面、有斜面，三个投影图的外形线框都是矩形，说明该组合体是长方体经过一定的切割而成的。内部的一些线条可视为若干面截割成的孔、洞、槽等。

(2) 线面分析。由于投影图比较复杂，为了防止混淆，我们标上一些符号。在水平面上标注线框 1，据投影规律，找见 1′、1″；可知Ⅰ是水平面；在水平面上标注线框 2，同理找见 2′、2″，三个投影三个线框说明是一般位置面；根据线框 3，可找见 3′、3″，可知也是水平面，在正立面上标注线框 4′，可找见 4、4″，可判断出Ⅳ是正平面；同理可得Ⅴ是正平面，Ⅵ是侧平面。

(3) 想象整体。先想出长方体，在它的上、前、左定出Ⅰ、Ⅳ、Ⅵ面，再定Ⅱ、Ⅲ、Ⅴ平面后，可知，该组合体原是一长方体被Ⅱ、Ⅲ、Ⅴ面截割一个上底为斜面的四棱柱体后剩下的部分。见图 8-10 (b)。

(4) 对照想象出组合体，检查与投影图是否吻合。

当然，形体分析法和线面分析法各有自己的特点，但这两种方法并不是截然分开的，它们相互关联，相互补充，在整个读图过程中会穿插进行。

3. 画轴测图法

画轴测图法就是利用画出正投影图所示物体的轴测图，来想象和确定组合体空间形状的方法。

(二) 识图要点及步骤

1. 识图要点

(1) 联系各个投影想象。要把已知条件中所给的几个投影图全部联系起来识读，不能只注意其中的一部分。

(2) 注意找出特征投影。特征投影就是能使某一形体区别于其他形体的投影。找出特征投影后，就能有助于形体分析和线面分析，进而想象出组合体的形状。

(3) 明确投影图中直线和线框的意义。在一组投影图中，每一条线，每一个线框都有它具体的意义。如一条直线表示一条棱线还是一个平面？一个线框表示一个曲面还是平面？这些问题在识读过程中是必须弄清的，是识图的主要内容，必须予以足够的重视。

2. 识读步骤

(1) 认识投影抓特征。大致浏览已知条件有几个投影图，并注意找出其中的特征投影。

(2) 形体分析对投影。注意特征投影后，就进行形体分析。首先注意组合体中各个基本体的组成、位置及表面连接关系。

(3) 综合起来想整体。经过上述两步的分析，即可想象出图中所给的立体形状了。

形体的投影图比较复杂，较难理解时，就需要进行线面分析。

(4) 线面分析攻难点。用线面分析法对难理解的线和线框，根据其投影特点进行分析，同时根据本节中线和线框的意义进行判断和选择，然后想出形体细部或整体的形状。

总体来说：读图时，先看大概，再作细致分析；先用形体分析法，后用线面分析法；从外部到内部，从局部到整体，最后想象出形体，将其与投影图相对照检查是否吻合。

三、组合体投影图的补图、补线

识读组合体投影图是识读专业施工图的基础。由三投影图联想空间形体是训练识图能力的一种有效的方法。但也可通过已给两面投影补画第三面投影；或给出不完整、有缺线的三面投影，通过补全图样中图线的方法来训练画图和识图能力。

这两种方法，前者称为补图，后者称为补线。二者所用的基本方法仍为：

形体分析法、线面分析法、画轴测图法。

【例 8-4】 已知形体的水平、正面投影图，补绘侧面投影图。如图 8-11（a)、(b）所示。

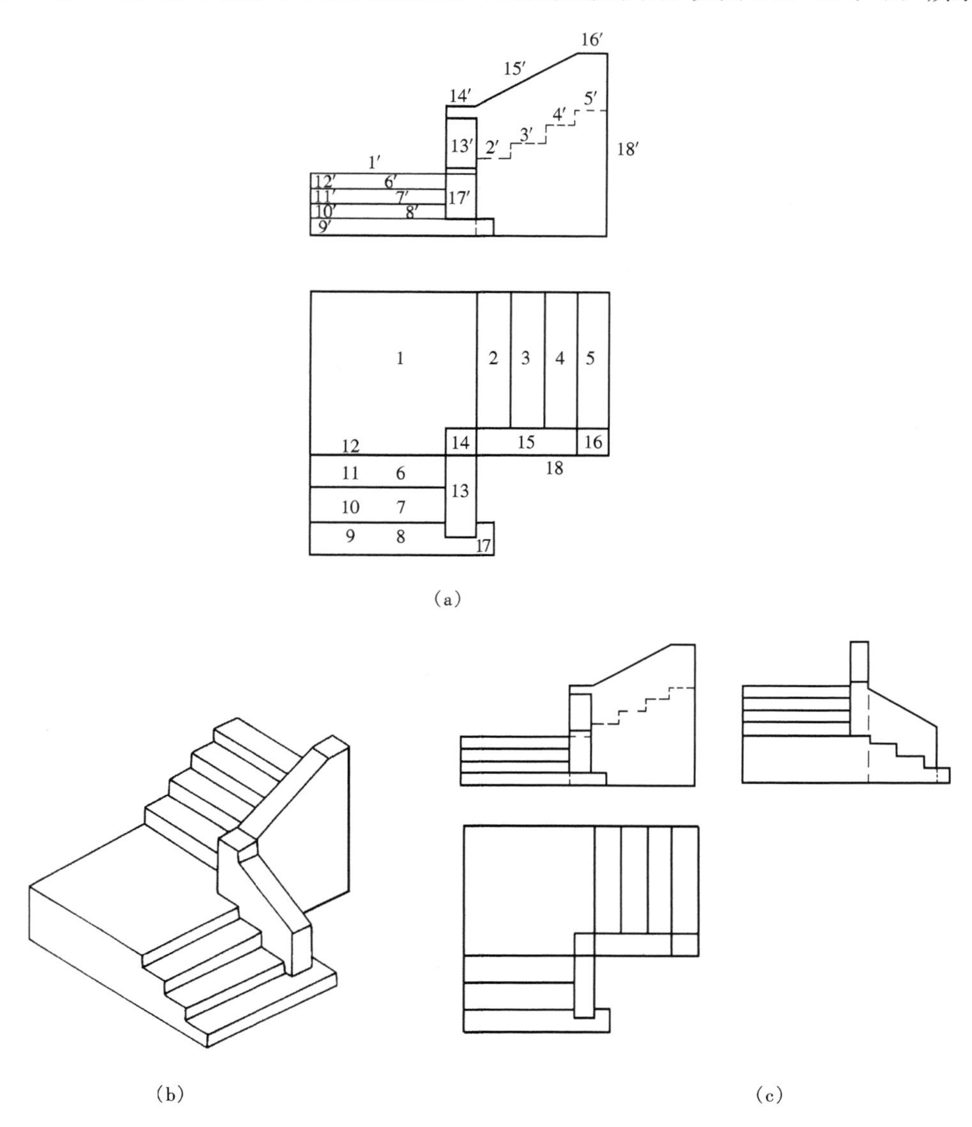

图 8-11 补画组合体的投影图

(a）已知；(b）直观图；(c）三面投影图

(1）了解投影图。由水平、正面投影图可看出，形体是一转角踏步，它是由几个四棱柱叠加或被截割后组成的。

(2）用形体分析法和线面分析法确定各组成部分的形状与位置，从而想出整体。从形体分析法可看出从前往后水平叠放了 4 个四棱柱，形成 4 个踏步，且最上平面成为休息平台，从左往右同样叠放了 4 个四棱柱；有两个栏板，应用线面分析法分析，为了不易混淆，给每个线框编号见图，如图框 13′、13，可以判断该面是个斜面，像上例依次进行分析，不难想象出形体的空间形状，如图 8-11（b）所示。

（3）补画侧面投影。读完图后就可了解形体空间形状，由已知，根据三等规律投影关系，可补出侧面投影，把图形与形体互相对照进行检查。最后加深图线，完成补图，如图 8-11（c）所示。

【例 8-5】 补出图 8-12（a）所示水平投影图上缺画的图线。

（1）了解投影图并进行分析。观察正面投影外轮廓可知，形体是带有正垂面（斜直线表示）的四棱柱体，再看侧面外轮廓可知，在四棱柱前，还有一个高度较小的长方体，中间横向有一条虚线。再对应正面上，可见该长方体中间上方切去一个小长方体，形成一个凹字形槽口，故侧面投影上有虚线。

由此可知，正面的斜直线是代表一个矩形的正垂平面，因为侧面上对应的投影是一个矩形线框，所以在水平投影面上也应对应地画出一个类似的矩形线框。前方长方体顶面的正面投影，为凹字形的折线，所以水平面对应位置一定是三个并排的矩形线框，呈“四”字形，立体图形如图 8-12（b）所示。

（2）补线。根据以上分析，先画后方四棱柱上正垂面的水平投影，它是一个矩形线框。后画出前方开槽长方体的水平投影，它是一个“四”字形线框的投影。最后检查、加深图线、完成补图，如图 8-12（c）所示。

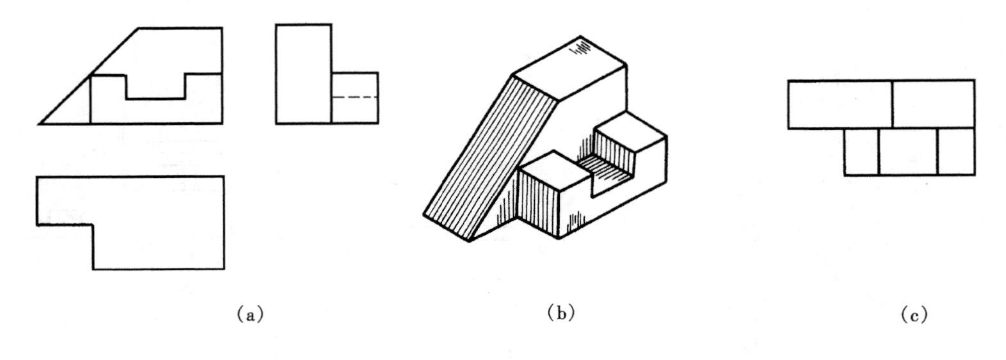

(a) (b) (c)

图 8-12 补出水平面缺画的图线

（a）已知；（b）直观图；（c）水平投影图

第九章 轴 测 投 影

第一节 轴测投影的基本知识

前面所学的正投影图是将物体放在三个互相垂直的投影面之间，分别作出它的 H 投影、V 投影和 W 投影，用三个图形共同表示一个物体的形状，如图 9-1（a）所示。

正投影图能够比较完整、准确地表达物体的形状和大小，并且作图也较为简便，是工程上普遍采用的图示方法。但这种图样缺乏立体感，要有一定的识图能力才能看懂。为了便于识图，在工程中经常采用一种富有立体感的投影图来表示物体，作为辅助图样，这种投影图称为轴测投影图，简称轴测图，如图 9-1（b）所示。

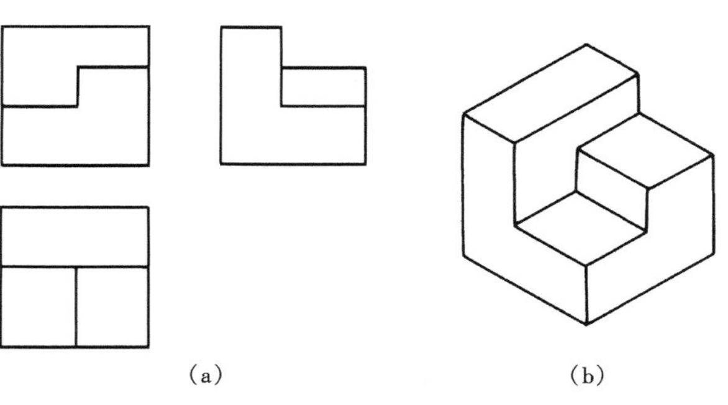

(a) (b)

图 9-1 物体的正投影图和轴测投影图

(a) 正投影图；(b) 轴测投影图

轴测图是用一个图形表示出物体的形状，具有较强的立体感，容易看懂。但也存在一定的缺点，它不能准确地反映物体各侧面的实形、大小及比例尺寸。因此，轴测投影图在应用上具有一定的局限性。在给排水、供暖、通风等专业中，常用轴测投影图表达各种管道系统。

一、轴测投影的形成

轴测投影属于平行投影，它是选取适当的投影方向，将物体连同确定物体长、宽、高三个尺度的直角坐标轴，用平行投影的方法投影到一个选定的投影面（轴测投影面）上而形成的，如图 9-2 所示。应用轴测投影的方法绘制的投影图，称为轴测投影图，简称轴测图，一般称为直观图或立体图。

二、轴测投影的种类及特点

（一）轴测投影的种类

按投影方向与轴测投影面的相对位置，轴测投影图分为正轴测图和斜轴测图两大类。当物体的三个直角坐标轴与轴测投影面倾斜，投影线垂直于投影面时，所得到的轴测投影图称为正轴测投影图，简称正轴测图，如图 9-3 所示；当物体两个坐标轴与轴测投影面平行，投影线倾斜于投影面时，所得到的轴测投影图称为斜轴测投影图，简称斜轴测图，如图 9-4 所示。

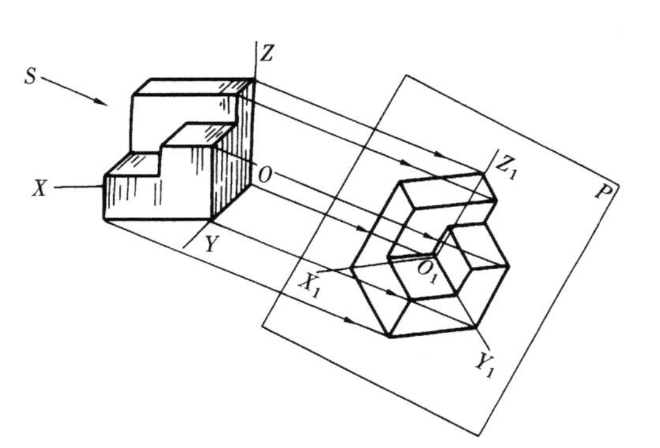

图 9-2 轴测投影的形成

（二）轴测投影的特点

轴测投影是按照平行投影原理作出的，所以它仍具有平行投影的投影特点：

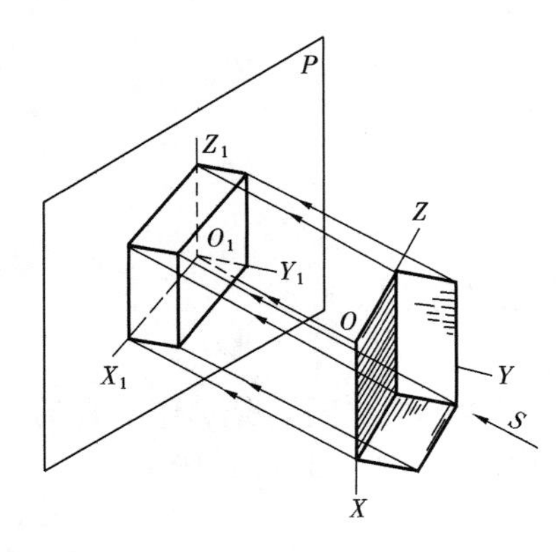

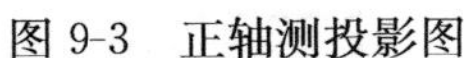
图 9-3　正轴测投影图

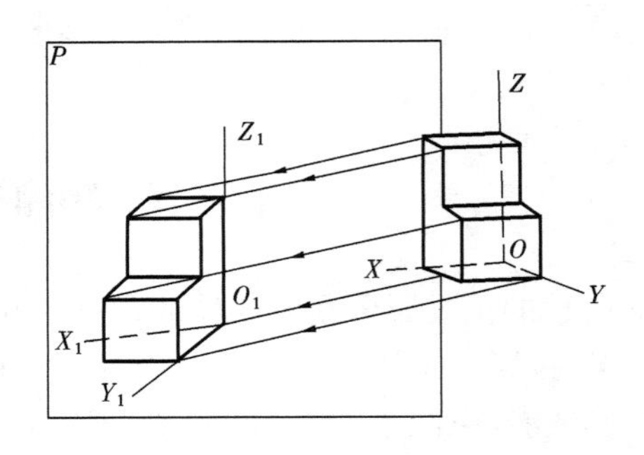

图 9-4　斜轴测投影图

（1）空间互相平行的直线，它们的轴测投影仍然互相平行。

（2）凡物体上与三个坐标轴平行的直线尺寸，在轴测图中均可沿轴的方向量取。

（3）与坐标轴不平行的直线，其投影可能变长或缩短，不能在图上直接量取尺寸，要先定出直线两端点的位置，再画出该直线的轴测投影。

（4）空间两平行直线线段之比，等于它们的轴测投影之比。

三、轴间角及轴向变形系数

在轴测投影中，确定物体长、宽、高三个尺度的直角坐标轴 OX、OY、OZ 在轴测投影面上的投影分别为 O_1X_1、O_1Y_1、O_1Z_1，称为轴测轴。相邻两轴测轴之间的夹角，即 $\angle X_1O_1Z_1$、$\angle Z_1O_1Y_1$、$\angle Y_1O_1X_1$，称为轴间角，且三个轴间角之和为 360°。

在轴测投影中，轴测轴上某段长度与其空间实际长度之比，称为轴向变形系数，分别用 p、q、r 来表示，即：

$$p=\frac{O_1X_1}{OX} \quad q=\frac{O_1Y_1}{OY} \quad r=\frac{O_1Z_1}{OZ}$$

轴间角和轴向变形系数是绘制轴测图的重要元素。由于物体各面或投影线对轴测投影面的倾斜角度不同，同一物体可以画出无数个不同的轴测投影图。在这里仅介绍最常用的三种轴测投影。

（一）正等测图

当确定物体空间位置的直角坐标轴 OX、OY 和 OZ 与轴测投影面的倾角相等时，所得到的轴测投影图称为正等测轴测图，简称正等测图，如图 9-5 所示。

正等测图的三个轴间角相等，即 $\angle X_1O_1Z_1$、$\angle Z_1O_1Y_1$、$\angle Y_1O_1X_1$ 都是 120°，并使 O_1Z_1 为铅垂线。三个轴测轴的变形系数 p、q、r 均为 0.82。为了作图方便，均取简化变形系数为 1，这样画出的轴测图，比实际投影所得到的轴测图，沿轴向的长度分别放大了约 1.22 倍。

（二）斜轴测图

1. 斜二测图

当确定物体空间位置的直角坐标轴 OX 和 OZ 与轴测投影面平行，即坐标面 XOZ 平行于轴测投影面，投影线方向与轴测投影面倾斜成一定的角度时，所得到的轴测投影图称为斜二测轴测图，简称斜二测图，如图 9-6 所示。

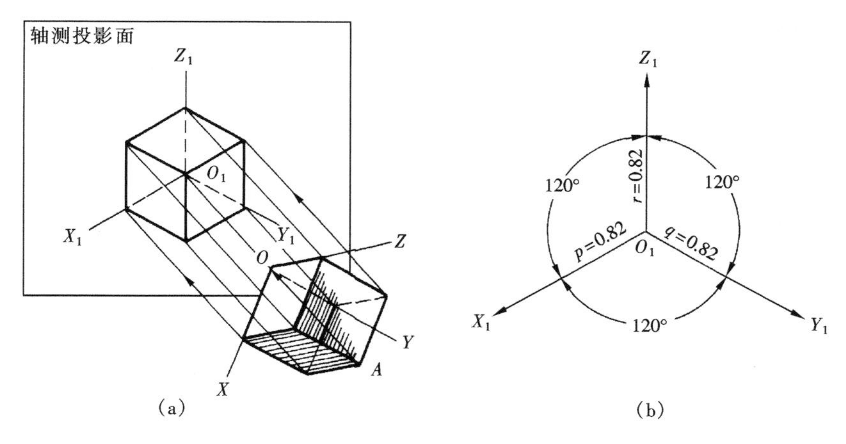

图 9-5　正等测轴测投影

(a) 正等测轴测投影的形成；(b) 轴间角和轴向变形系数

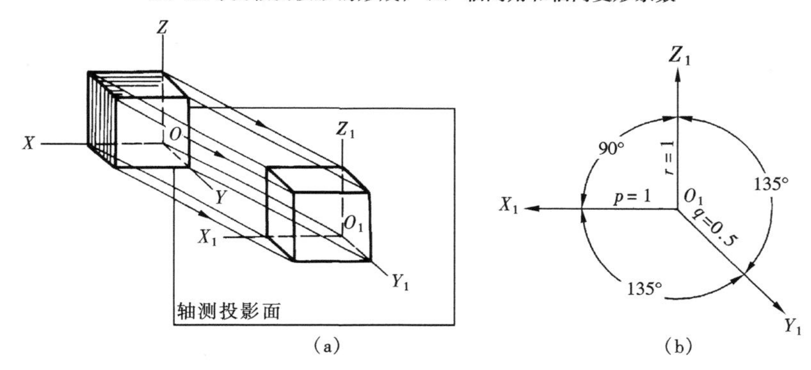

图 9-6　斜二测轴测投影

(a) 斜二测轴测投影的形成；(b) 轴间角和轴向变形系数

斜二测图的轴间角$\angle X_1O_1Z_1$为 90°，$\angle Y_1O_1X_1$与$\angle Z_1O_1Y_1$常取 135°，并使O_1Z_1轴为铅垂线。由于空间坐标面 XOZ 平行于轴测投影面，所以其轴测投影O_1X_1与O_1Z_1的长度不发生变化，即 $p=r=1$，q 取 0.5。

2. 斜等测图

斜等测图的形成与斜二测图的形成相同，仅 OY 轴的轴向变形系数不同，即 q 取 1。

第二节　轴测投影图的画法

画轴测投影图常用的方法有坐标法、切割法和叠加法等。坐标法是最基本的方法，切割法和叠加法是以坐标法为基础的。在作图时，往往是几种方法混合使用。

坐标法是根据物体表面上各点的坐标，画出各点的轴测图，然后依次连接各点，即得该物体的轴测图。

切割法是将切割型的组合体，看作一个完整的、简单的基本形体，作出它的轴测图，然后将多余的部分逐步地切割掉，最后得到组合体的轴测图。

叠加法是将叠加型的组合体，用形体分析的方法，分成几个基本形体，再依次按其相对位置逐个地作出轴测图，最后得到整个组合体的轴测图。

轴测图的可见轮廓线宜用中实线绘制，不可见轮廓线一般不绘出，必要时，可用细虚线绘出所需部分。

一、平面体轴测图的画法

（一）正等测图

画正等测图时，首先应画出正等测图的轴测轴。一般将 O_1Z_1 轴画成铅垂位置，再用丁字尺和三角板配合，作出 O_1X_1 轴、O_1Y_1 轴与水平线的夹角为 30°，如图 9-7 所示。

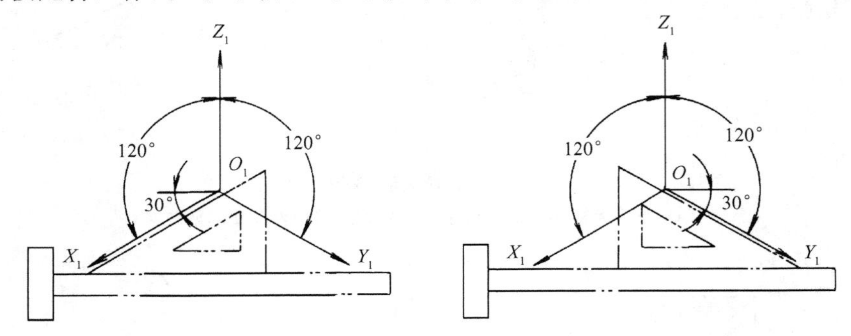

图 9-7 正等测图轴测轴画法

【例 9-1】 用坐标法作长方体的正等测图。

作图的方法和步骤如图 9-8 所示。

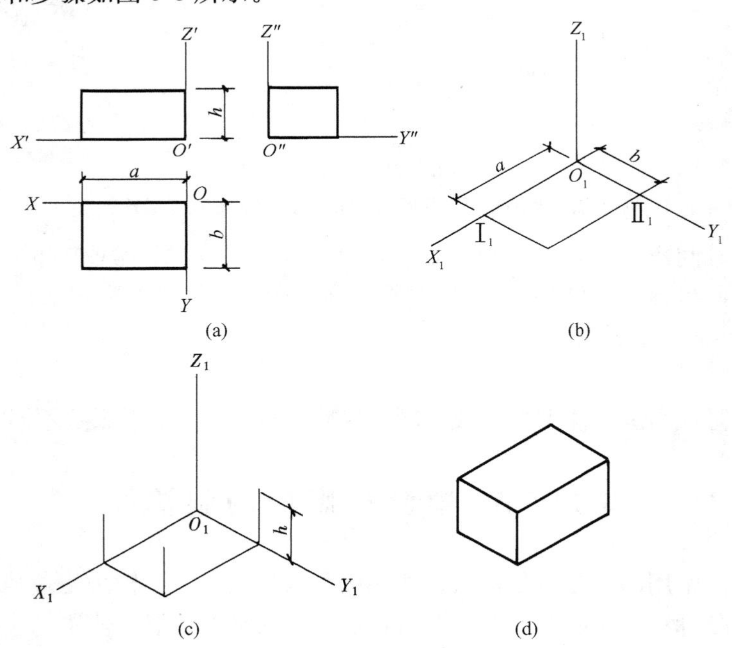

图 9-8 长方体的正等测图画法

（a）在正投影图上定出原点和坐标轴的位置；（b）画轴测轴，在 O_1X_1 和 O_1Y_1 上分别量取 a 和 b，过 $Ⅰ_1$、$Ⅱ_1$ 作 O_1X_1 和 O_1Y_1 的平行线，得长方体底面的轴测图；（c）过底面各角点作 O_1Z_1 轴的平行线，量取高度 h，得长方体顶面各角点；（d）连接各角点，擦去多余的线，并描深，即得长方体的正等测图，图中虚线可不必画出

【例 9-2】　用叠加法、切割法作组合体的正等测图。

作图的方法和步骤如图 9-9 所示。

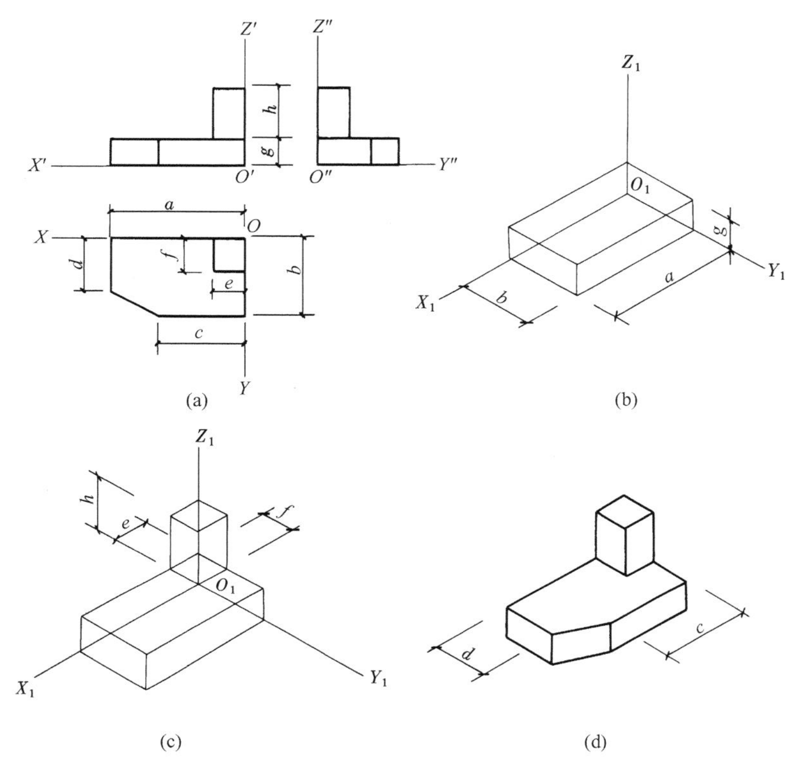

图 9-9　组合体的正等测图画法

(a) 在正投影图上定出原点和坐标轴的位置；(b) 画轴测轴并用坐标法根据尺寸 a、b、g 画出主要轮廓的正等测图；(c) 在长方体上沿 O_1X_1 轴方向量取 e，沿 O_1Y_1 轴方向量取 f，沿 O_1Z_1 轴方向量取 h，通过作图叠加右上角的长方体；(d) 在右下角沿 O_1X_1 轴方向量取 c，在左下角沿 O_1Y_1 轴方向量取 d，通过作图切去一块三棱柱，擦去多余线并描深，即得立体的正等测图

（二）斜轴测图

画斜轴测图时，一般仍将 O_1Z_1 轴画成铅垂位置，O_1X_1 轴画成水平位置，再用丁字尺和三角板配合，作出 O_1Y_1 轴与水平线成 45°，如图 9-10 所示。

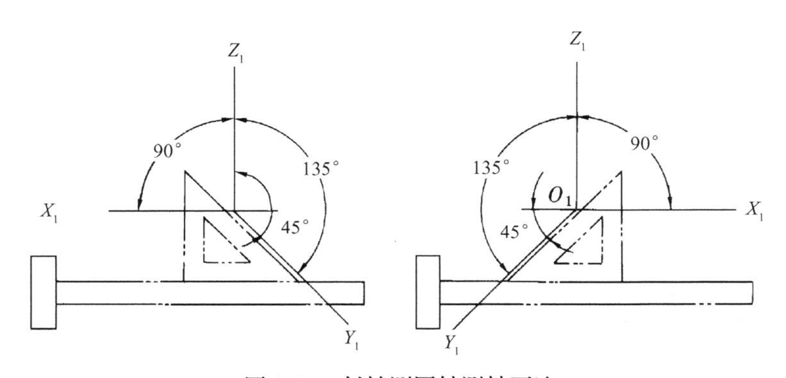

图 9-10　斜轴测图轴测轴画法

斜轴测图的画法和正等测图的画法基本相同，但应注意轴间角和轴向变形系数。画斜二测图时，$p=r=1$，$q=0.5$；画斜等测图时，$p=q=r=1$。

【例 9-3】 用坐标法作六棱锥体的斜二测图。

作图的方法和步骤如图 9-11 所示。

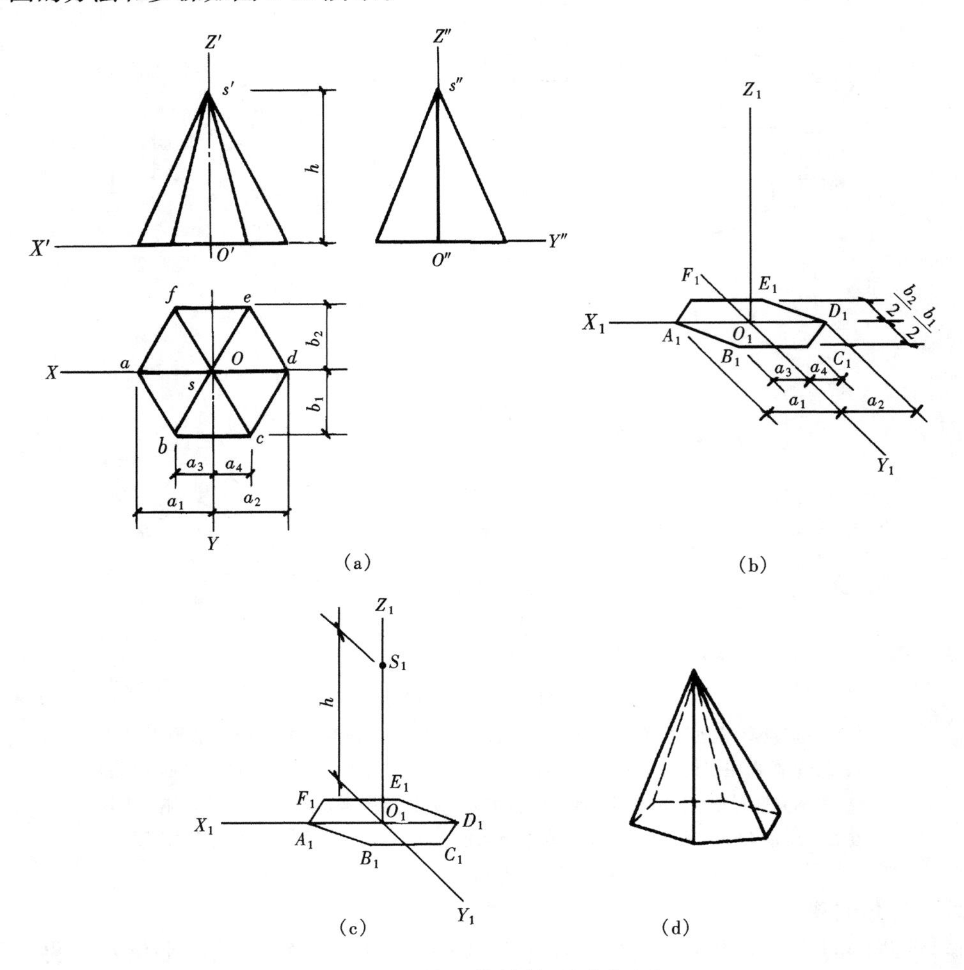

图 9-11 六棱锥体的斜二测图画法

(a) 在正投影图上定出原点和坐标轴的位置；(b) 作斜二测图的轴测轴，沿 O_1X_1 量取 a_1、a_2 得 A_1、D_1，沿 O_1X_1 量取 a_3、a_4，并作 O_1Y_1 轴平行线，沿此线量取 $b_1/2$、$b_2/2$ 得 B_1、C_1、E_1、F_1；(c) 在 O_1Z_1 轴上量取 h 得 S_1；(d) 依次连接各点，擦去多余的线条并加深，即得六棱锥体的斜二测图

【例 9-4】 作垫块的斜二测图。

作图的方法和步骤如图 9-12 所示。

二、曲面体轴测图的画法

在正投影中，当圆所在的平面平行于投影面时，其投影仍是圆。当圆所在的平面倾斜于投影面时，它的投影是椭圆。在轴测投影中，除斜轴测投影有一个面不发生变形外，一般情况下，圆的轴测投影是椭圆。

圆的轴测投影是椭圆时，其作图方法通常是作出圆的外切正方形作为辅助图形，先作圆外切正方形的轴测图。

当圆的外切正方形在轴测投影中成为菱形时，可用四心法作近似椭圆；当圆的外切正方形在轴测投影中成为一般平行四边形时，可用八点法作椭圆。

（一）正等测图

作平行于坐标面的圆的正等测图，一般采用近似的作图方法——“四心法”，如图9-13所示。

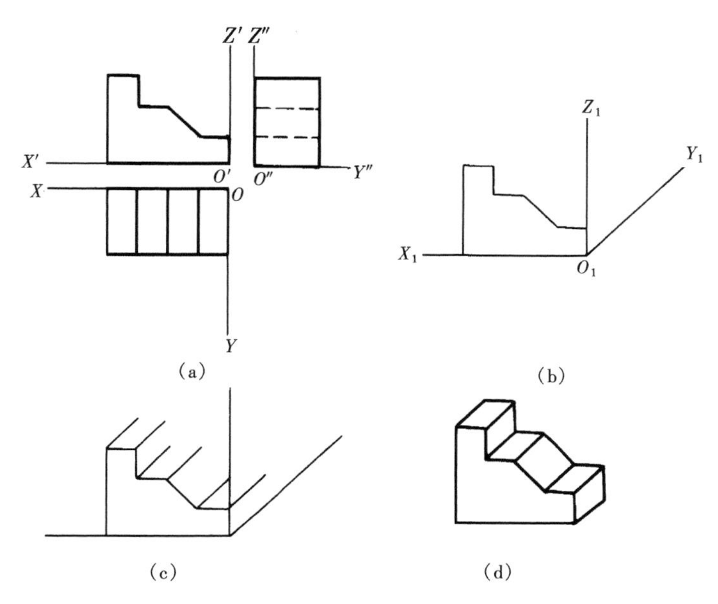

图 9-12 垫块的斜二测图画法

(a) 在正投影图上定出原点和坐标轴的位置；(b) 画出斜二测图的轴测轴，并在 X_1Z_1 坐标面上画出正面图；(c) 过各角点作 Y_1 轴平行线，长度等原宽度的一半；(d) 将平行线各角点连起来加深即得其斜二测图

【例 9-5】 作圆柱体的正等测图。

作图的方法和步骤如图 9-14 所示。

【例 9-6】 作圆台的正等测图。

作图的方法和步骤如图 9-15 所示。

圆角的正等测图也可按四心法原理近似求作，如图 9-16 所示。

【例 9-7】 作平板上圆角的正等测图。

作图的方法和步骤如图 9-17 所示。

（二）斜轴测图

平行于正立面的圆的斜轴测图仍然是圆。平行于水平面和侧立面的圆的斜轴测图都是椭圆。

作平行于水平面或侧立面的圆的斜二测图，可采用“八点法”作图，如图 9-18 所示。

用八点法作圆的斜二测图，也适用于各类轴测图中各种位置的圆的轴测图。

【例 9-8】 作圆锥的斜二测图。

作图的方法和步骤如图 9-19 所示。

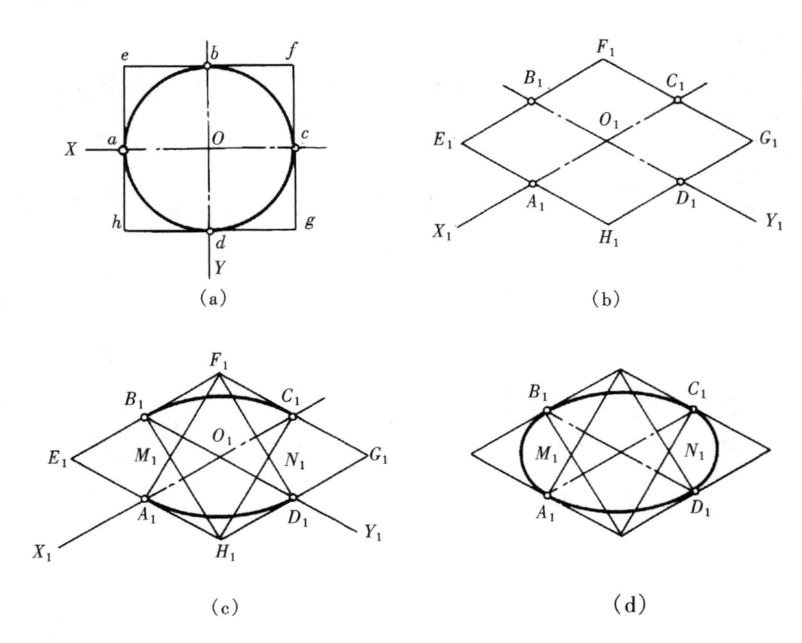

图 9-13 用四心法画圆的正等测图——椭圆

(a) 在正投影图上定出原点和坐标轴位置，并作圆的外切正方形 $efgh$；(b) 画轴测轴及圆的外切正方形的正等测图；(c) 连接 F_1A_1、F_1D_1、H_1B_1、H_1C_1 分别交于 M_1、N_1，以 F_1 和 H_1 为圆心 F_1A_1 或 H_1C_1 为半径作大圆弧 $\widehat{B_1C_1}$ 和 $\widehat{A_1D_1}$；(d) 以 M_1 和 N_1 为圆心，M_1A_1 或 N_1C_1 为半径作小圆弧 $\widehat{A_1B_1}$ 和 $\widehat{C_1D_1}$，即得平行于水平面的圆的正等测图

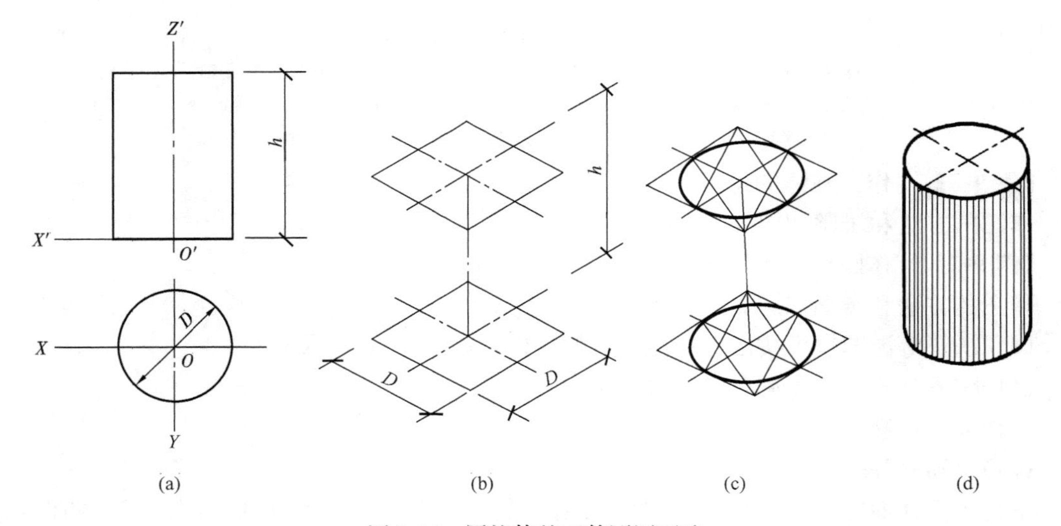

图 9-14 圆柱体的正等测图画法

(a) 在正投影图上定出原点和坐标轴位置；(b) 根据圆柱的直径 D 和高 h，作上下底圆外切正方形的轴测图；(c) 用四心法画上下底圆的轴测图；(d) 作两椭圆公切线，擦去多余线条并描深，即得圆柱体的正等测图

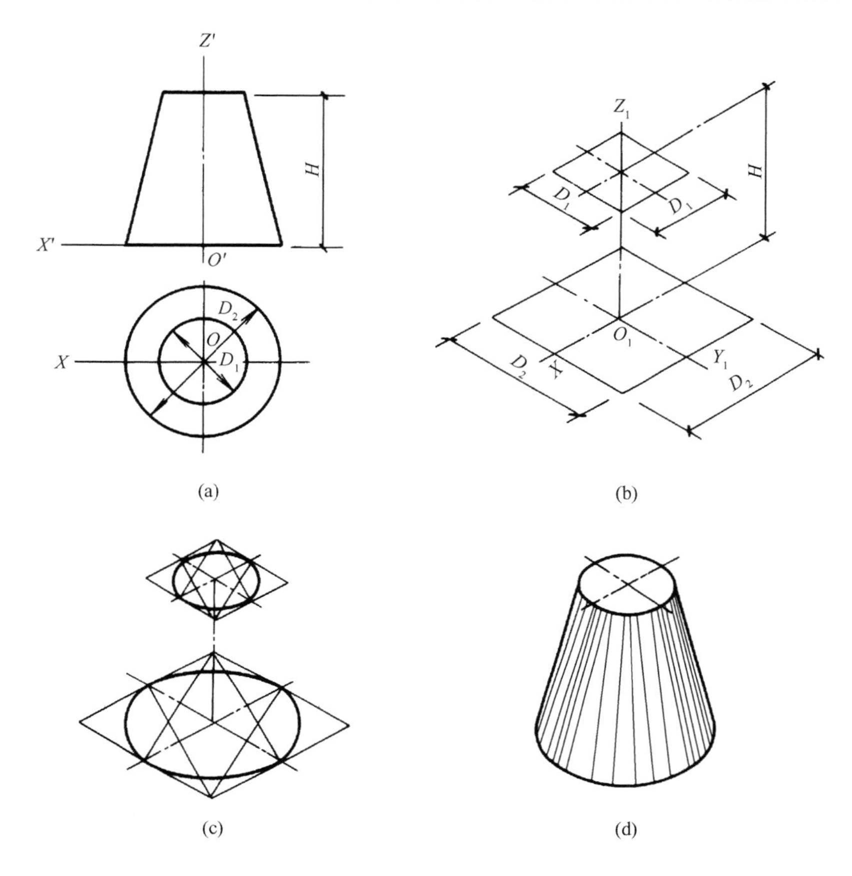

图 9-15 圆台的正等测图画法

(a) 在正投影图上定出原点和坐标轴的位置；(b) 根据上下底圆直径 D_1、D_2 和高 H 作圆的外切正方形的轴测图；(c) 用四心椭圆法作上下底圆的轴测图；(d) 作两椭圆的公切线，擦去多余线条，加深，即得圆台的正等测图

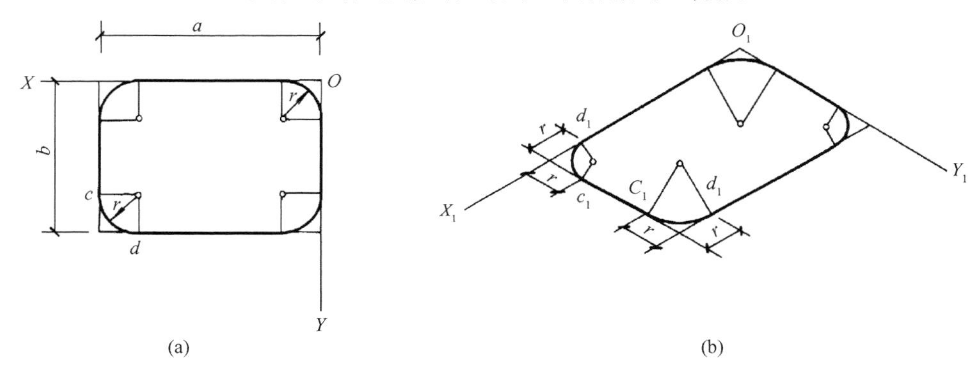

图 9-16 圆角的正等测图画法

(a) 在正投影图上定出原点和坐标轴的位置；(b) 根据 a、b 作四边形的轴测图。由角点沿两边量取圆角半径 r 的长度，得 c_1 及 d_1 两点，过 c_1、d_1 作所在边的垂线，两垂线的交点即为轴测圆角的圆心，再作圆弧与两边相切，即得圆角的正等测图

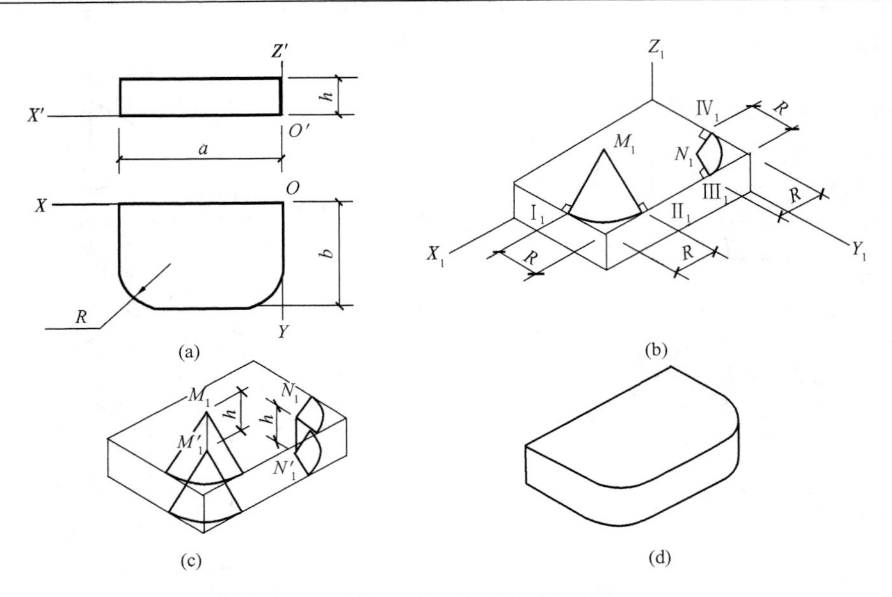

图 9-17　平板上圆角的正等测图画法

(a) 在正投影图中定出原点和坐标轴的位置；(b) 先根据尺寸 a、b、h 作平板的轴测图，由角点沿两边分别量取半径 R 得Ⅰ₁、Ⅱ₁、Ⅲ₁、Ⅳ₁ 点，过各点作直线垂直于圆角的两边，以交点 M_1、N_1 为圆心，M_1Ⅰ₁、N_1Ⅲ₁ 为半径作圆弧；(c) 过 M_1、N_1 沿 O_1Z_1 方向作直线量取 $M_1M'_1=N_1N'_1=h$，以 M'_1、N'_1 为圆心分别为 M_1Ⅰ₁、N_1Ⅲ₁ 为半径作弧得底面圆弧；(d) 作右边两圆弧切线，擦去多余线条并描深，即得有圆角平板的正等测图

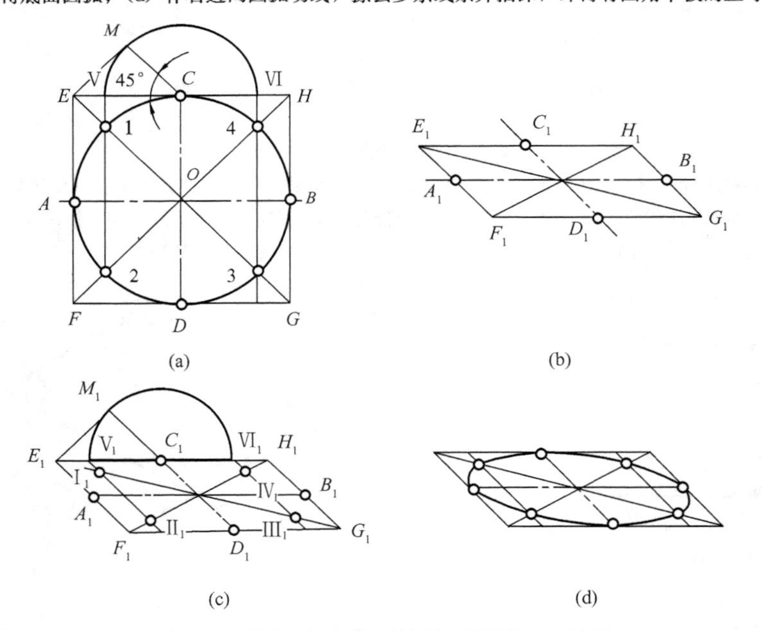

图 9-18　用八点法作圆的斜二测图——椭圆

(a) 作圆的外切正方形 $EFGH$，并连接对角线 EG、FH 交圆周于 1、2、3、4 点；(b) 作圆外切正方形的斜二测图，切点 A_1、B_1、C_1、D_1 即为椭圆上的四个点；(c) 以 E_1C_1 为斜边作等腰直角三角形，以 C_1 为圆心腰长 C_1M 为半径作弧，交 E_1H_1 于Ⅴ₁、Ⅵ₁，过Ⅴ₁、Ⅵ₁ 作 C_1D_1 的平行线与对角线交Ⅰ₁、Ⅱ₁、Ⅲ₁、Ⅳ₁ 四点；(d) 依次用曲线板连接 A_1、Ⅰ₁、C_1、Ⅳ₁、B_1、Ⅲ₁、D_1、Ⅱ₁ 各点即得平行于水平面的圆的斜二测图

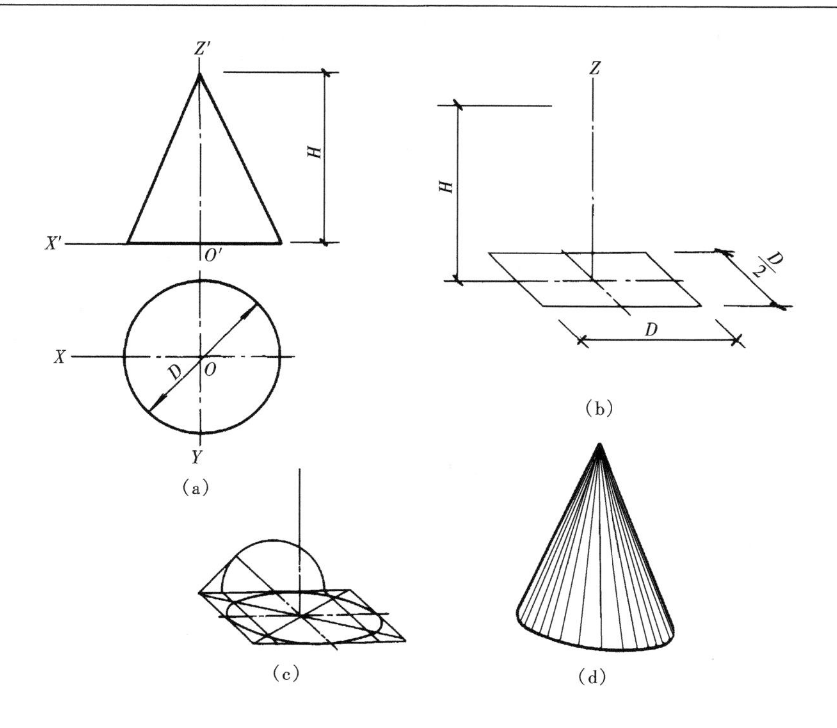

(a) (b) (c) (d)

图 9-19 圆锥的斜二测图画法

(a) 在正投影图上定出原点和坐标轴的位置；(b) 根据圆锥底圆直径 D 和圆锥的高 H，作底圆外切正方形的轴测图，并在中心定出高；(c) 用八点法作圆锥底图的轴测图；(d) 过顶点向椭圆作切线，最后检查整理，加深图线或描墨，即为所求

【例 9-9】 作带通孔圆台的斜二测图。

作图的方法和步骤如图 9-20 所示。

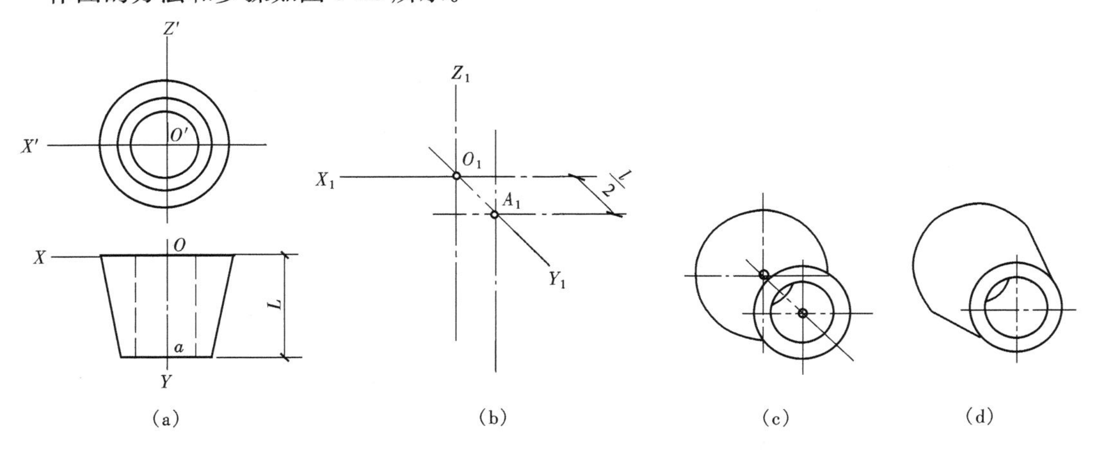

(a) (b) (c) (d)

图 9-20 带孔圆台的斜二测图画法

(a) 在正投影图中定出原点和坐标轴的位置；(b) 画轴测轴，在 O_1Y_1 轴上取 $O_1A_1=l/2$；(c) 分别以 O_1、A_1 为圆心，相应半径的实长作半径画两底圆及圆孔；(d) 作两底圆公切线，擦去多余线条并描深，即得带通孔圆台的斜二测图

第十章　剖面图和断面图

在三面正投影图中，物体上可见的轮廓线用粗实线表示，不可见的轮廓线用虚线表示。但当物体的内部构造较复杂时，必然形成图形中的虚实线重叠交错，混淆不清，无法表示清楚物体的内部构造，既不便于标注尺寸，又不易识图，必须设法减少和消除投影图中的虚线。在工程图中，常采用剖视的方法解决这一问题。

为了能清晰地表达物体的内部构造，假想用一个垂直于投影方向的平面（即剖切平面）将物体剖开，并移去剖切平面和观察者之间的部分，然后对剖切平面后面的部分进行投影，这种方法称为剖视，如图 10-1（a）所示。

用剖视方法画出的正投影图称为剖视图。剖视图按其表达的内容可分为剖面图和断面图，如图 10-1（b）、(c）所示。

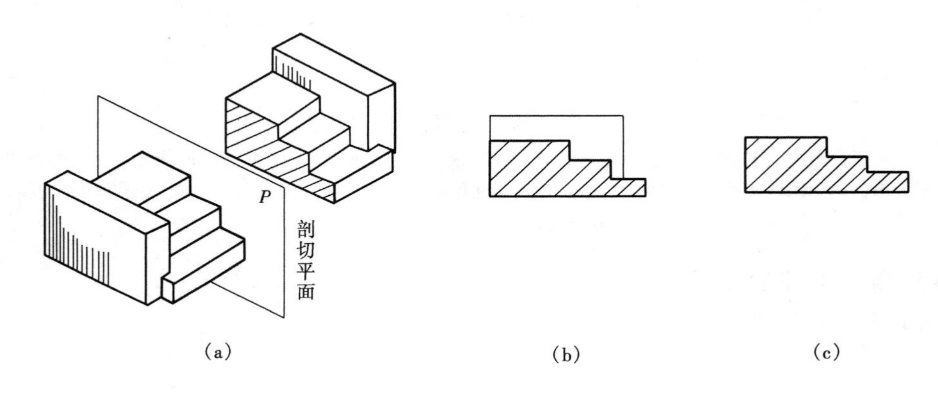

图 10-1　台阶的剖视及剖视图

(a) 剖视；(b) 剖面图；(c) 断面图

第一节　剖　面　图

采用剖视的方法作投影图时，若作出遗留部分的全部投影所得到的投影图，称为剖面图，如图 10-1（b）所示。

一、剖面图的画法

（一）确定剖切平面位置

画剖面图时应选择适当的剖切平面位置，使剖切后画出的图形能确切、全面地反映所要表达部分的真实形状。所以，选择的剖切平面应平行于投影面，并且一般应通过物体的对称平面或孔的轴线。

（二）画剖面图

剖面图是按剖切位置移去物体在剖切平面和观察者之间的部分，根据留下的部分画出的投影图。但因为剖切是假想的，因此画其他投影图时，仍应按剖切前的完整物体来画，不受剖切的影响。

剖面图除应画出剖切平面切到部分的图形外，还应画出沿投影方向看到的部分。被剖切平面切到部分的轮廓线用粗实线绘制；剖切平面没有切到，但沿投影方向可以看到的部分，用中实线绘制。

物体被剖切后，剖面图上仍可能有不可见部分的虚线存在，为了使图形清晰易读，应省略不必要的虚线。

（三）画材料图例

剖面图中被剖切到的部分，应画出它的组成材料的剖面图例，以区分剖切到和没有剖切到的部分，同时表明建筑物是用什么材料做成的。

材料图例按国家标准《房屋建筑制图统一标准》规定，在房屋建筑工程图中采用附录表A-1 规定的常用建筑材料图例。

在图上没有注明物体是何种材料时，应在相应位置画出同向、等间距的 45°倾斜细实线，即剖面线。

下列情况可不加图例，但应加文字说明：

（1）一张图纸内的图样只用一种图例时。

（2）图形较小无法画出建筑材料图例时。

（3）需画出的建筑材料图例面积过大时，可在断面轮廓线内作局部表示（图 10-2）。

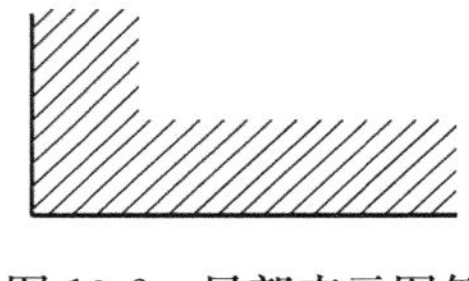

图 10-2　局部表示图例

当选用表 10-1 中未包括的建筑材料时，可自编图例，但不得与该表所列的图例重复。绘制时，应在适当位置画出该材料图例，并加以说明。

（四）剖面图的标注

1. 剖切符号

剖面图本身不能反映剖切平面的位置，在其他投影图上必须标注出剖切平面的位置及剖切形式。剖切平面的位置及投影方向用剖切符号表示。

剖视的剖切符号由剖切位置线及剖视方向线组成，这两种线均用粗实线绘制。

剖切位置线的长度宜为 6～10mm；剖视方向线应垂直于剖切位置线，长度应短于剖切位置线，宜为 4～6mm（图 10-3），也可采用国际统一和常用的剖视方法，如图 10-4 所示。绘制时，剖视剖切符号不应与其他图线相接触。

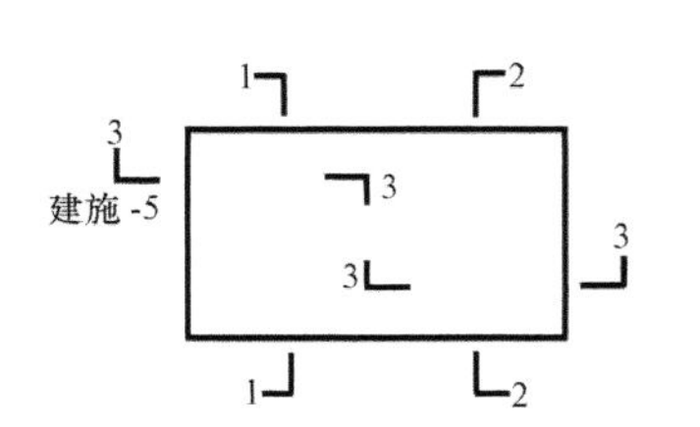

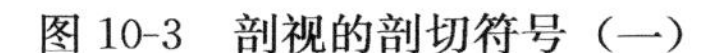

图 10-3　剖视的剖切符号（一）

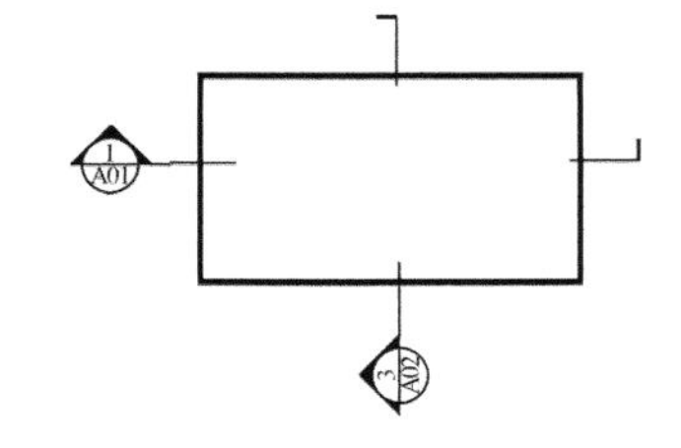

图 10-4　剖视的剖切符号（二）

剖视剖切符号的编号宜采用粗阿拉伯数字，按剖切顺序由左至右、由下向上连续编排，并应注写在剖视方向线的端部。

需要转折的剖切位置线，应在转角的外侧加注与该符号相同的编号。

2. 剖面图的图名注写

剖面图的图名是以剖面的编号来命名的，它应注写在剖面图的下方，如图 10-5（b）、（c）中的 1-1 剖面图，2-2 剖面图所示。

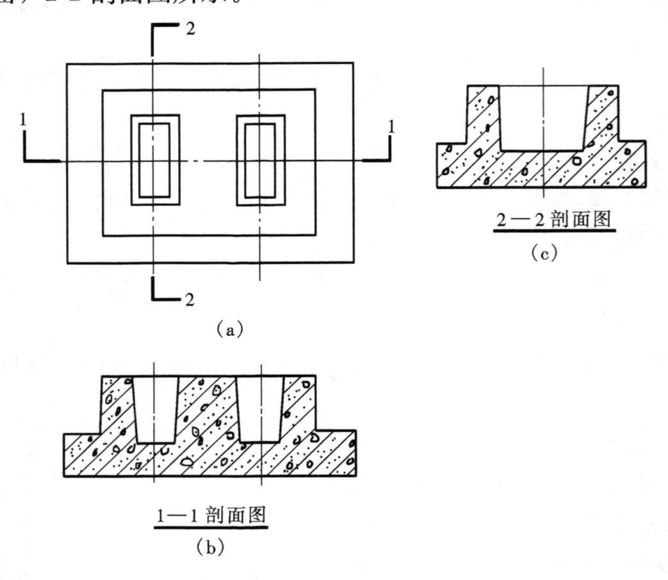

图 10-5　剖面图的标注

二、剖面图的种类

作剖面图时，剖切平面的设置、数量和剖切的方法等，应根据物体的内部和外部形状来选择。通常采用的剖面图有全剖面图、阶梯剖面图、展开剖面图、半剖面图、分层剖切剖面图和局部剖面图。

（一）全剖面图

用一个剖切平面将物体全部剖开后所得到的剖面图，称为全剖面图。

图 10-6 中所示的侧面投影为台阶的全剖面图。

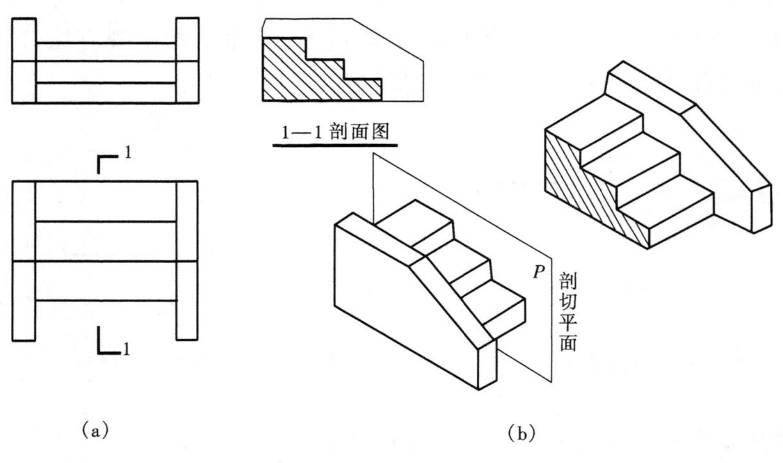

图 10-6　台阶的全剖面图

（a）投影图；（b）直观图

全剖面图常用于不对称的物体。有些物体虽对称，但外形比较简单，或在另一个投影中已将它的外形表达清楚时，也可采用全剖面图表示。

（二）阶梯剖面图

用两个或两个以上的平行剖切平面剖切物体所得到的剖面图，称为阶梯剖面图。

图 10-7 所示的正面投影为物体的阶梯剖面图。

阶梯剖面图中，剖切位置线的转折处应用两个端部垂直相交的粗实线画出。在转折处由

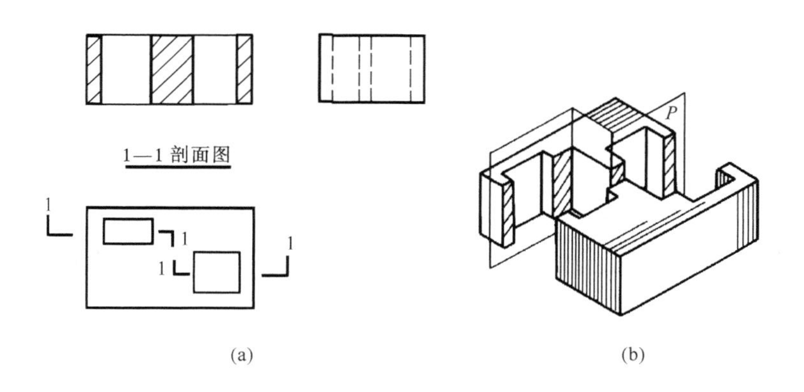

图 10-7　阶梯剖面图
（a）投影图；（b）直观图

于剖切所产生的物体轮廓线在剖面图中不应画出。

（三）展开剖面图

用两个相交的剖切平面剖切物体所得到的剖面图，称为展开剖面图。

图 10-8 所示为一个楼梯的展开剖面图。

展开剖面图的图名后应加注“展开”字样，剖切符号的画法如图 10-8 所示。

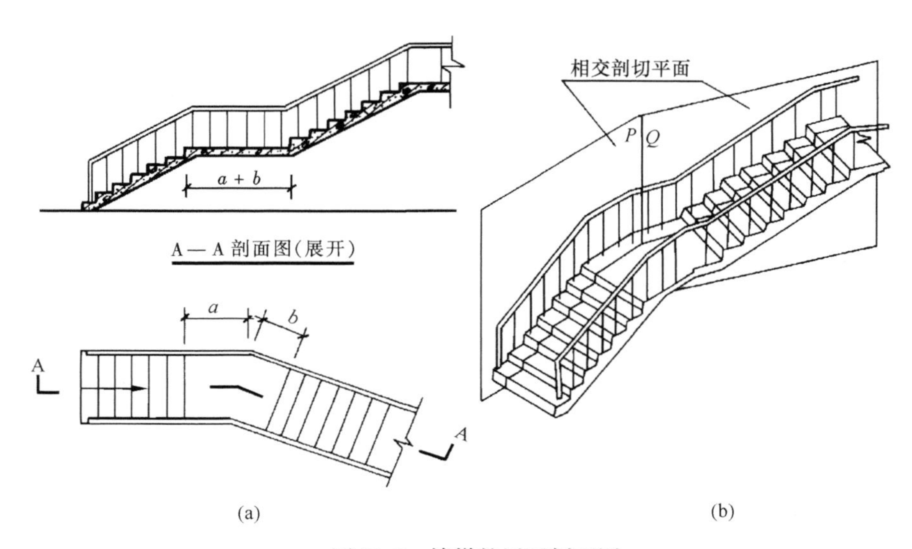

图 10-8　楼梯的展开剖面图
（a）投影图；（b）直观图

（四）半剖面图

如果被剖切的物体是对称的，画图时，可以对称符号为界，一半画外形图，一半画剖面图，用一个图同时表示物体的外形和内部构造，这种剖面图称为半剖面图。

图 10-9 所示为一个杯形基础的半剖面图。

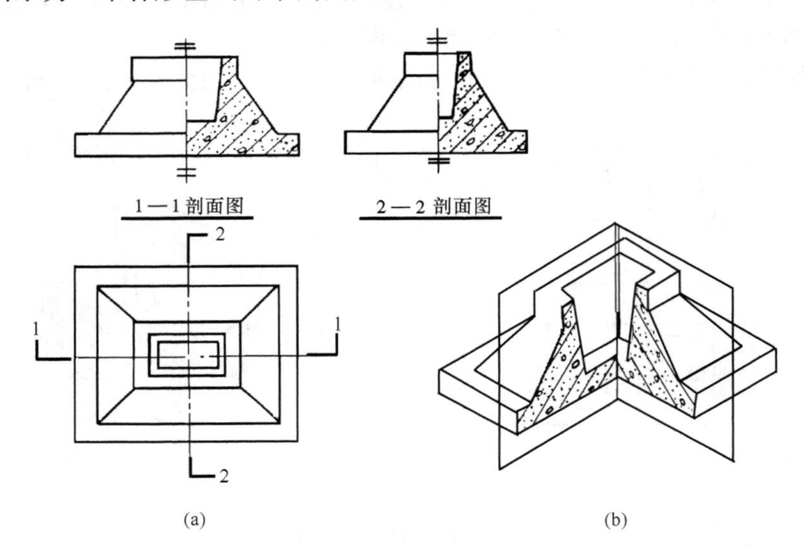

图 10-9　杯形基础的半剖面图

（a）投影图；（b）直观图

半剖面图应以对称线作为外形图与剖面图的分界线。当对称线为铅垂线时，剖面图画在对称线的右方；当对称线为水平线时，剖面图画在对称线的下方。

（五）分层剖切剖面图和局部剖面图

有些建筑物的构件，其构造层次较多或只有局部构造比较复杂，可用分层剖切或局部剖切的方法来表示其内部的构造，用这种剖切方法所得到的剖面图，称为分层剖切剖面图和局部剖面图。

图 10-10（a）所示为房屋墙面的分层剖切剖面图；图 10-10（b）所示为杯形基础的局部剖面图。

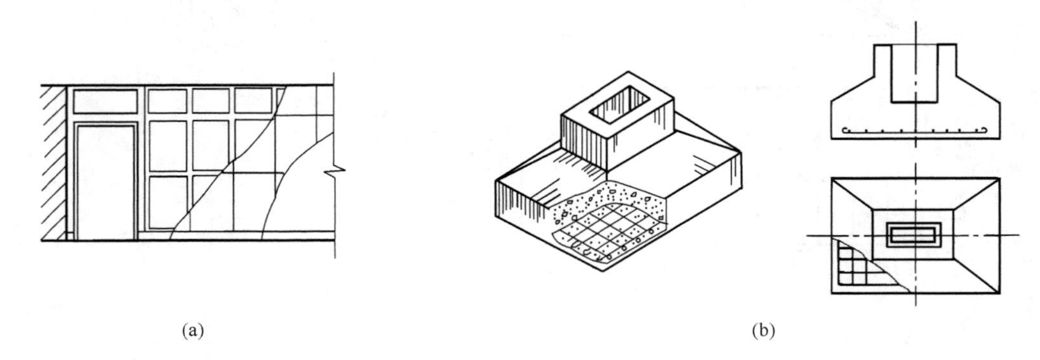

图 10-10　分层剖切及局部剖面图

（a）分层剖切剖面图；（b）局部剖面图

分层剖切剖面图，应按层次以波浪线将各层隔开；局部剖面图，应用波浪线作为投影图与剖面图的分界线。波浪线不应与任何图线重合。

第二节　断　面　图

采用剖视的方法作投影图时，若只作出剖切平面切到部分的图形，称为断面图，又称截面图，如图 10-1（c）所示。在断面图中也需画出材料图例。

一、断面图与剖面图的区别

断面图与剖面图的区别在于：

（1）断面图只需（用粗实线）画出物体被剖切后断面的图形；而剖面图除画出断面图形外，还应画出投影方向所能看到的部分，如图 10-11 所示。

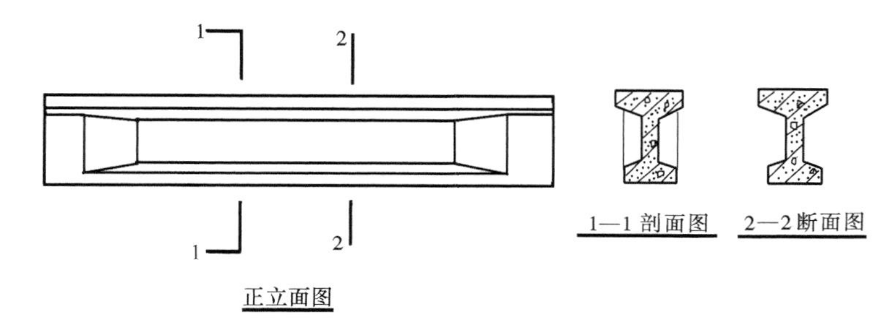

图 10-11　剖面图与断面图的区别

（2）断面图与剖面图的剖切符号不同，断面图的剖切符号只画剖切位置线，其长度为 6～10mm 的粗实线，不画剖视方向线，编号写在投影方向的一侧。

二、断面图的表示形式

断面图主要用于表达物体断面的形状，在实际应用中，根据断面图所配置的位置不同，通常采用的断面图有移出断面图、重合断面图和中断断面图。

1. 移出断面图

画在投影图以外的断面图称为移出断面图。

图 10-12 所示为构件的移出断面图。

移出断面图的轮廓线用粗实线绘制，移出断面图可绘制在靠近物体的一侧或端部处，并按顺序依次排列。在移出断面图下方应注写与剖切符号相应的编号，如 1—1、2—2，但不必写“断面图”字样。

2. 重合断面图

画在投影图内的断面图称为重合断面图。

图 10-13（a）所示为构件的重合断面图；图 10-13（b）所示为结构梁板的重合断面图，该断面图可画在结构布置图上。

重合断面图的轮廓线用粗实线绘制。但若遇到投影图中的轮廓线与断面图的轮廓线重叠时，则应按投影图的轮廓线完整地画出，不可间断。

3. 中断断面图

画在投影图中断处的断面图称为中断断面图。

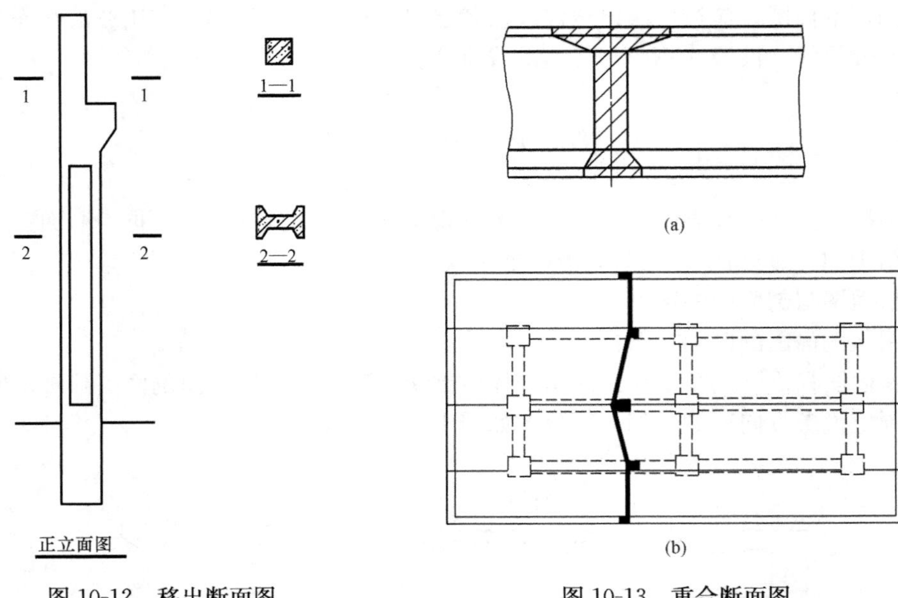

图 10-12 移出断面图

图 10-13 重合断面图

图 10-14 所示为构件的中断断面图。

中断断面图的轮廓线用粗实线绘制。投影图的中断处用波浪线或折断线绘制。中断断面图不必画剖切符号。

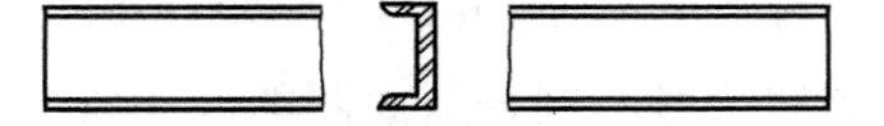

图 10-14 中断断面图

第十一章 建 筑 阴 影

第一节 阴影的基本知识和基本规律

一、概述

(一) 阴影的概念

当光线照射到物体上，物体表面就会有不直接受光的阴暗部分，这部分就称为阴，直接受光的明亮部分称为阳。由于物体遮断部分光线，而在自身或其他物体表面所形成的阴暗部分称为影。阴与影合称为阴影。如图 11-1 所示，一立方体置于 H 面上，由于受到光线照射，其表面形成受光的明亮部分（阳）和背光的阴暗部分（阴），此明暗两部分的分界线称为阴线。由于立方体不透光，而遮挡了部分光线，故在 H 面上形成了阴暗部分，称为落影，简称为影。此落影的外轮廓线称为影线，影子所在的面如 H 面，称为承影面。

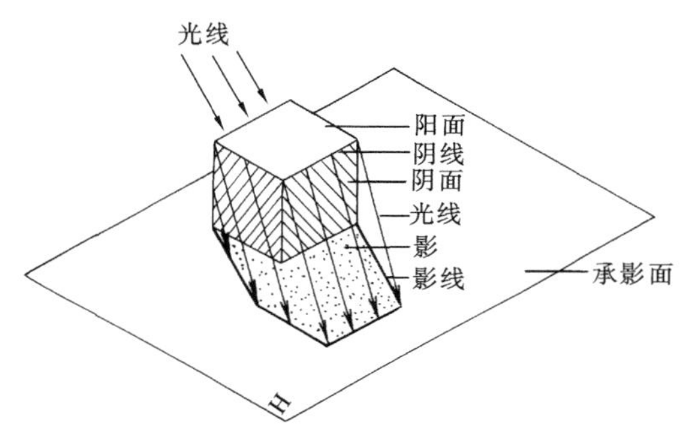

图 11-1 阴影的形成

求作物体的阴影，主要是确定阴线和影线。我们把由光线所组成的面称为光面，则物体表面的阴线，实际为光面与物体表面的切线，其影线为通过阴线的光面与承影面的交线。

(二) 阴影的作用

在建筑设计图上加画阴影，是为了更形象、更生动地表达所设计的对象，增加真实感。建筑物的正立面图（立面正投影）只表达了建筑物高度和长度两向度的尺寸，缺乏立体感。如果画出建筑物在一定光线照射下产生的阴影，那么，建筑设计图便同时表达了建筑物前后方向的深度，即明确了各部分间的前后关系，使建筑物具有三维立体感。从而使建筑物显得形象、生动、逼真，增强了艺术表现力。

建筑阴影主要用在建筑立面渲染或透视等建筑表现图中，增加其表现力，图 11-2 所示为一建筑阴影实例。

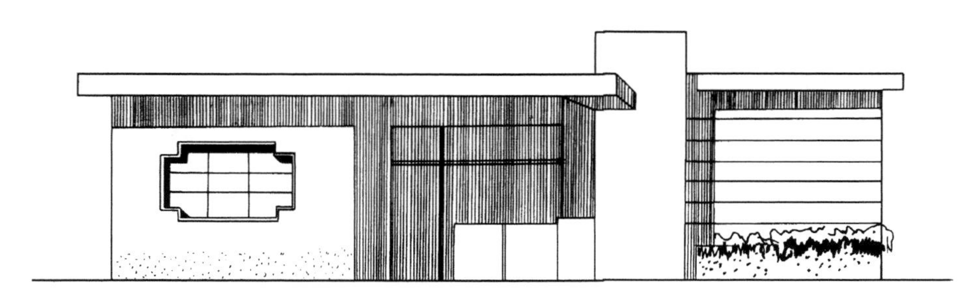

图 11-2 建筑立面阴影

（三）常用光线

产生建筑阴影的光线主要为阳光，因为太阳距地球非常遥远，其光线可视为平行光线。因此，在建筑物的投影图上作阴影，光源设定在无限远处，光线是相互平行的。为便于作图，对光线 L 的方向作如下规定：如图 11-3 所示，设一正方体置于三面投影体系中，其各侧面平行于相应投影面，光线 L 由该正方体的前方左上角沿斜对角线射至后方右下角，此种方向的平行光线，被称为常用光线。这样，常用光线 L 的三面正投影 l、l' 和 l'' 对相应投影轴的夹角都为 45°，并且常用光线 L 与三投影面的真实倾角 α 都相等，计算后得 $\alpha \approx 35°$。建筑物正投影中作阴影，一般都采用常用光线。

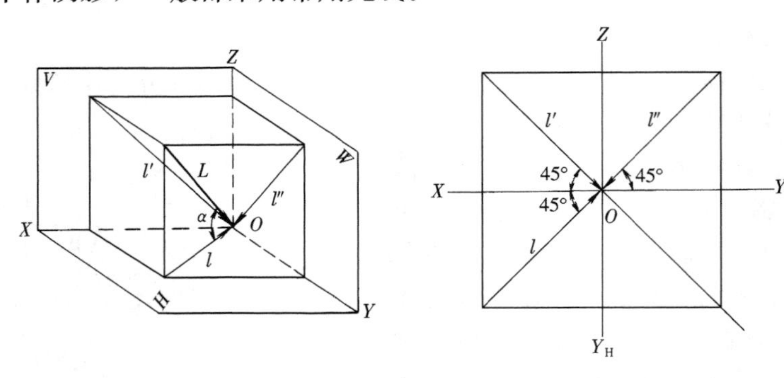

图 11-3 常用光线的方向

二、点的落影

空间点在某承影面上的落影，实际为过该点的光线与该承影面的交点。过空间点的光线可看作一条直线，而承影面可以是处于特殊位置或一般位置的平面或曲面。因此，求一空间点的落影，实质上就可归结为求过空间点的直线与平面或曲面相交的问题，其交点即为该空间点在承影面上的落影点。如图 11-4 所示，空间点 A 在承影面 H 上的落影为过 A 的光线 L 与 H 面的交点 A_H，l 为光线 L 在 H 面上的正投影，L 与 l 交于落影点 A_H。

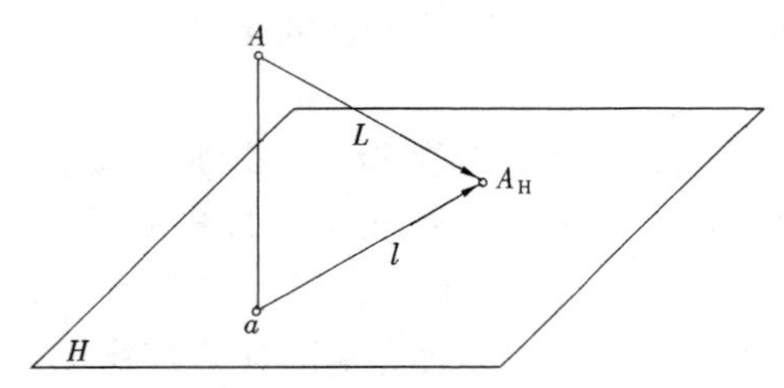

图 11-4 点的落影实质

若以投影面为承影面，则点在投影面上的落影，即为过该点的光线与投影面的交点。具体作法如下：过空间点的两面投影分别作光线的投影 45°斜线，哪条 45°斜线首先与相应投影轴相交，则空间点就落影于相应的积聚性投影面上。如果此光线继续延伸，则与另一投影面相交，得另一交点。此交点不是落影，称为假影。

如图 11-5 所示，过 A 的光线首先与 V 面相交得正面迹点（直线与投影面的交点）A_V，此即为 A 点在 V 面上的落影点，用 A_V 表示，即 A 点落影于承影面 V 上，后亦同。如将此过 A 的光线继续向前延伸，则与 H 面相交，得水平迹点 A_H，此点为假影。作图步骤如下：

过 A 的投影 a 和 a'，分别作 45°斜线。过 a 的 45°斜线首先与 OX 轴相交，表明 A 点落影于 V 面。由此交点向上作垂线，与过 a' 的 45°斜线交于落影点 a'_V。

如求 A 点在 H 面上的假影，可将过 a 的 45°斜线向前延长，与由 a'_V 引出的水平线交于 a_H 点，a_H 点即为 A 点在 H 面上的假影。后面求直线落影时，要用到假影。如果空间点落影于 H 面，情况亦然。

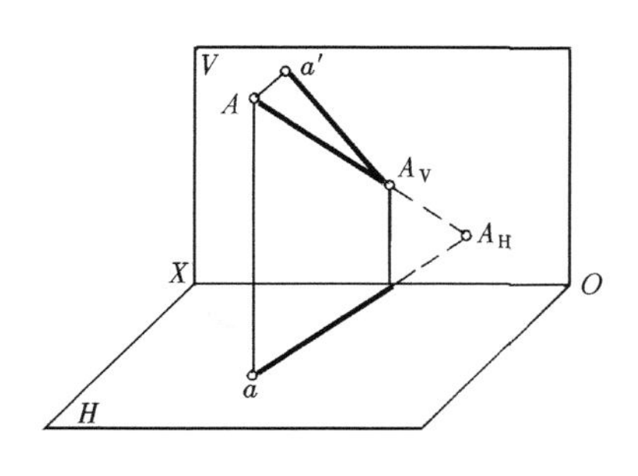

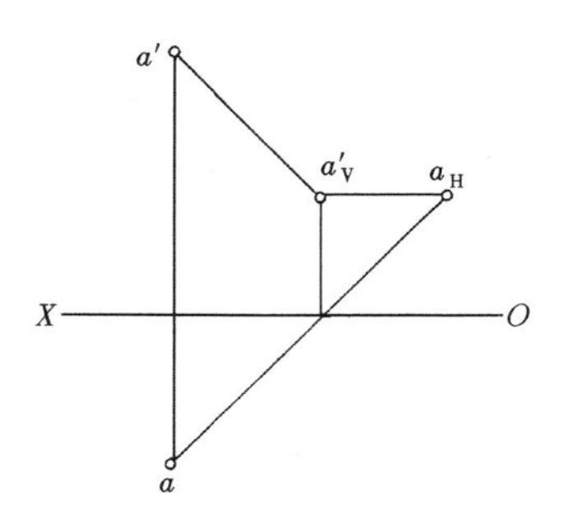

图 11-5　空间点在投影面上的落影

【例 11-1】　如图 11-6 所示，作出空间点 A 在一般位置平面 P 上的落影。

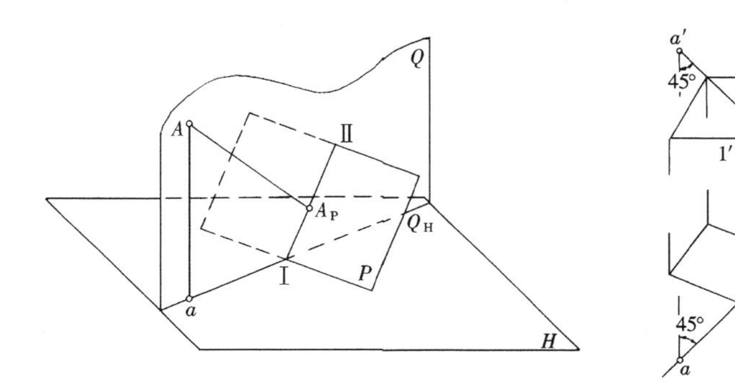

图 11-6　空间点在一般位置承影面上的落影

(1) 分析。

可看作一般位置直线与一般位置平面相交问题。

(2) 作图。

1) 过 A 点的两面投影 a 和 a' 分别作 45°斜线。

2) 包含过 a 的光线投影作一辅助铅垂光平面 Q_H，即过 a 作 45°斜线 Q_H，再利用 Q_H 的积聚性，求得 P 与 Q 间交线的正面投影 $1'2'$。

3) 由 a' 作 45°斜线与 $1'2'$ 相交，得落影 A_P 的正面投影 a'_P。过 a'_p 向下引垂线与 Q_H 相交，得落影 A_P 的水平投影 a_P。

三、直线的落影

（一）直线落影的一般规律

空间直线在某承影面上的落影，可以看作过空间直线的所有光线组成的光平面与承影面的交线。这样，求空间直线在承影面上的落影，可归结为面与面间相交问题，如图 11-7 所示。承影面为平面时，空间直线的落影仍为直线。空间直线落影于两相交平面时，其落影在交线处发生转折。

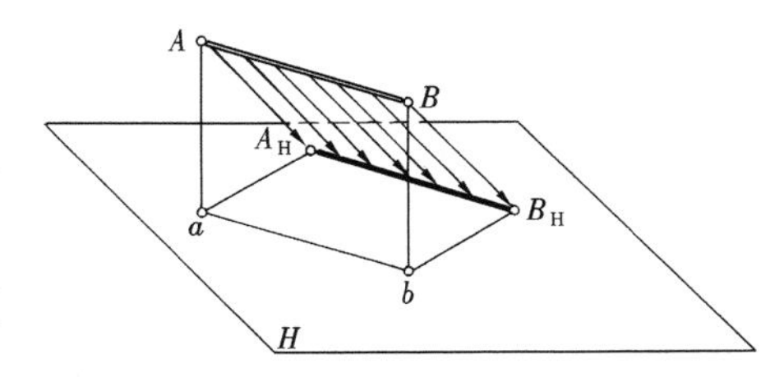

图 11-7　直线的落影

求空间直线在承影平面上的落影，可先作出该直线上任意两点在同一承影平面上的落影（一般取直线段两端点），然后将两落影点相连即可。

【例 11-2】 如图 11-8 所示，空间直线 AB 同时落影于 V 面和 H 面，作出其落影。

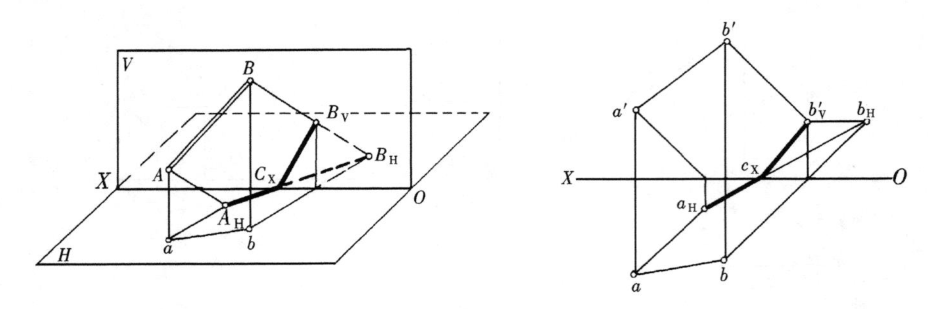

图 11-8 直线在两投影面上落影

(1) 分析。

我们假设把直线 AB 全部落影于同一投影面上（V 面或 H 面），其落影与 OX 轴的交点即为直线落影的转折点。

(2) 作图。

1) 求出直线段两端点 A 和 B 在 H 面和 V 面上的落影 a_H 和 b'_V。

2) 将过 b 的 45°斜线向前延长，与过 b'_V 的水平线向右交于 b_H，b_H 即为 B 点在 H 面上的假影。

3) 连接 a_Hb_H，交 OX 轴于 c_X 点。

4) 连接 $c_Xb'_V$，则折线 $a_Hc_Xb'_V$ 即为直线 AB 在两投影面上的落影，c_X 为转折点。

（二）直线的落影特性

1. 直线与承影平面平行

如图 11-9 所示，空间直线 AB 平行于铅垂面 P（则 ab 必平行于 P_H），用积聚法求出 AB 的落影 A_PB_P。因直线 AB 平行于平面 P，则 AB 就平行于过 AB 的光平面 ABB_PA_P 与 P 面的交线 A_PB_P，而 A_PB_P 即为 AB 在 P 面上的落影。由此得出结论：

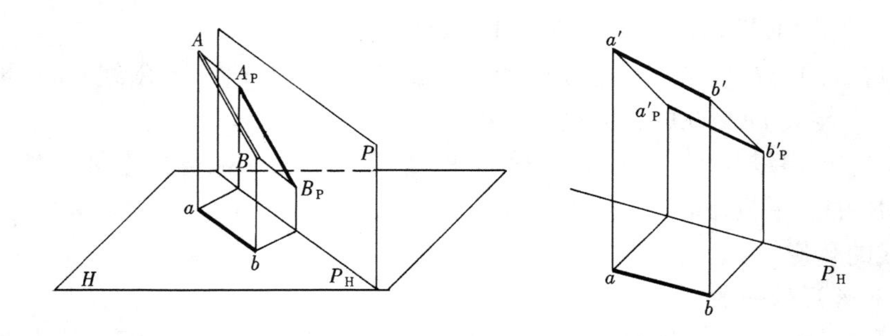

图 11-9 直线落影于与之平行的承影平面

如果一条空间直线平行于承影平面，那么它在此承影平面上的落影必平行于此空间直线本身。

如果承影平面为投影面，则平行于某投影面的空间直线在此投影面上的投影，必平行于空间直线在同一投影面上的落影。

不难证明，一空间直线在一组相互平行的承影平面上的各落影必相互平行。

2. 直线与承影平面相交

如图 11-10 所示，直线 AB 与铅垂面 P 交于 A 点。如求直线 AB 在 P 面上的落影，可先分别作出直线两端点 A 和 B 的落影。B 点的落影为点 B_P，因 A 点重合于承影平面 P，则 A 点在 P 面上的落影即为 A 点本身，则直线 AB 的落影为 AB_P，由此得出结论如下：

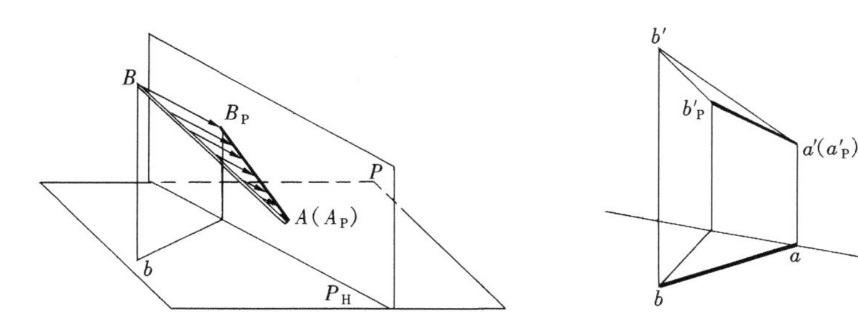

图 11-10 直线落影于与之相交的承影平面

如果一空间直线与承影平面相交于一点，则该直线在此承影平面上的落影必通过该交点。此结论也可由光平面的观点导出：如图 11-10 所示，落影 AB_P 即为过 AB 的光平面与 P 面的交线，此交线必过其交点 A。

【例 11-3】 如图 11-11 所示，作出直线 AB 在正垂折面 P、Q、R 上的落影。

(1) 分析。

由图可知，直线 AB 平行于 P 面，相交于 Q、R 面。

(2) 作图。

作出 A 点在 P 面上的落影 a_P，过 a_P 作 ab 的平行线，交 P 和 Q 面的交线于 c 点。因 AB 与 Q 面相交，故在正面投影中延长 Q_V 与 $a'b'$ 交于 d' 点，此点为 AB 与 Q 面交点的正面投影。由 d' 向下引垂线，交 ab 于 d，则 d 为交点的水平投影。因 AB 线在 Q 面上的落影必通过 D 点，所以，连 dc 并向右延长与 Q、R 两面的交线交于 e 点，则直线段 ce 即为 AB 在 Q 面上落影的水平投影。再求出 B 点在 R 面上落影的水平投影 b_r，则折线 a_Pceb_r 即为直线 AB 在折平面 P、Q、R 上的落影。

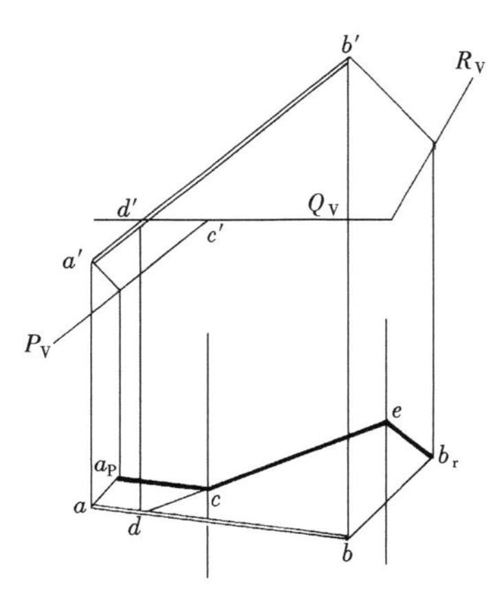

图 11-11 直线落影于折面

（三）直线与投影面垂直

如图 11-12 所示，AB 为铅垂线。因为经过 AB 线的光平面为一铅垂面，并与 V 面成 45°倾角，所以此光平面与 H 面的交线（落影）为 45°斜线。也就是说，铅垂线 AB 在 H 面上的落影与过 AB 的光线的 H 面投影相重合，为 45°斜线。又因 AB 平行于 V 面，故 AB 在 V 面上的落影平行于 AB 的 V 面投影 $a'b'$。如直线垂直于 V 面，如图 11-12（c）所示，则其在 V 面上的落影也为 45°斜线，在 H 面上的落影平行于直线的同名投影。如为侧垂线，情况亦然。由此得出如下结论：

若一直线垂直于投影面，则直线在此投影面上的落影必与光线的投影重合，为 45°斜线。在另一投影面上的落影必平行于该直线的同名投影，也平行于直线本身。并且铅垂线不论落影于何种承影面，落影的水平投影总是一条 45°斜线。此规律可推广至正垂线和侧垂线

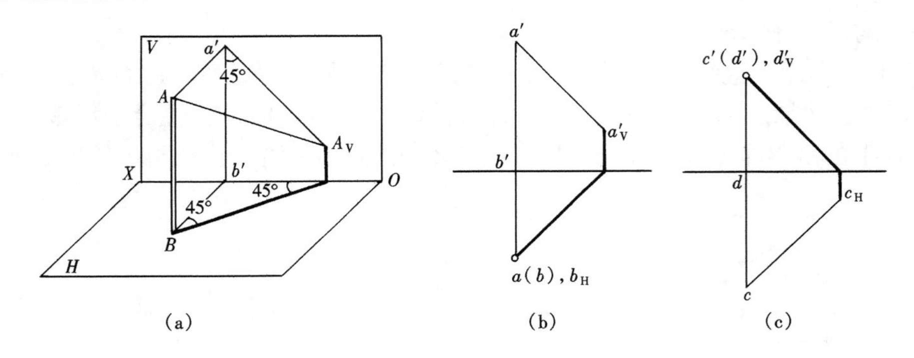

图 11-12 铅垂线在投影面上落影

的情况。

四、平面的落影

（一）求平面落影的方法

平面多边形较常见，如三角形、四边形、五边形等。这类平面多边形在投影面或其他承影平面上的落影，实际上就是求其轮廓线的落影，此落影可通过求出平面多边形各顶点的落影，依次相连而得。

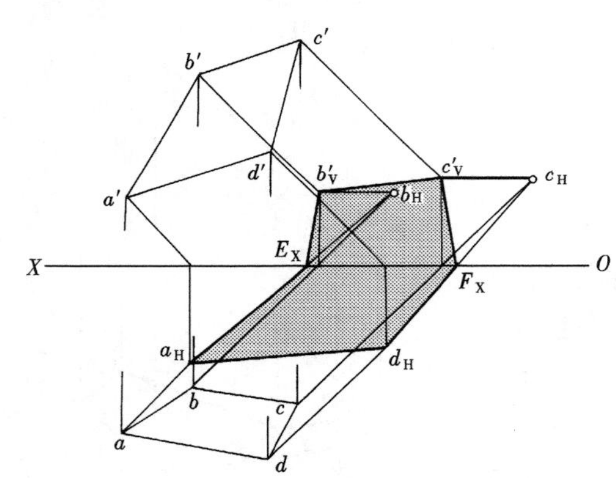

图 11-13 平面形落影于投影面

【例 11-4】 如图 11-13 所示，作出梯形 $ABCD$ 在投影面上的落影。

(1) 分析。

依题意可分别求出梯形四顶点 A、B、C、D 的落影，依次相连即可。

注意：AB 和 CD 在两投影面上的落影发生转折，可利用假影求转折点。

(2) 作图。

1) 先求出梯形四顶点 A、B、C、D 在 H 和 V 面上的落影 b'_V、c'_V、a_H、d_H，连接 b'_V 和 c'_V 及 a_H 和 d_H。

2) 求出 B 点和 C 点在 H 面上的假影 b_H 和 c_H，连接 a_Hb_H 和 d_Hc_H，得两转折点 E_X 和 F_X，连接 $a_HE_Xb'_V$ 和 $d_HF_Xc'_V$，则六边形 $a_HE_Xb'_Vc'_V F_Xd_H$ 即为落影区。

我们规定，用灰色表示阴区和影区范围。

（二）平面与投影面平行

如果平面与投影面平行，则此平面在该投影面上的落影反映平面实形。

【例 11-5】 如图 11-14 所示，作出一水平圆在 H 面上的落影。

(1) 分析。

此圆与承影面 H 平行，其在 H 面上的落影反映实形，为一同等大小的圆。

(2) 作图。

可先求出圆心 O 在 H 面上的落影 O_H，然后以 O_H 为圆心，已知水平圆的半径为半径作一圆，此圆即为水平圆在 H 面上的落影。

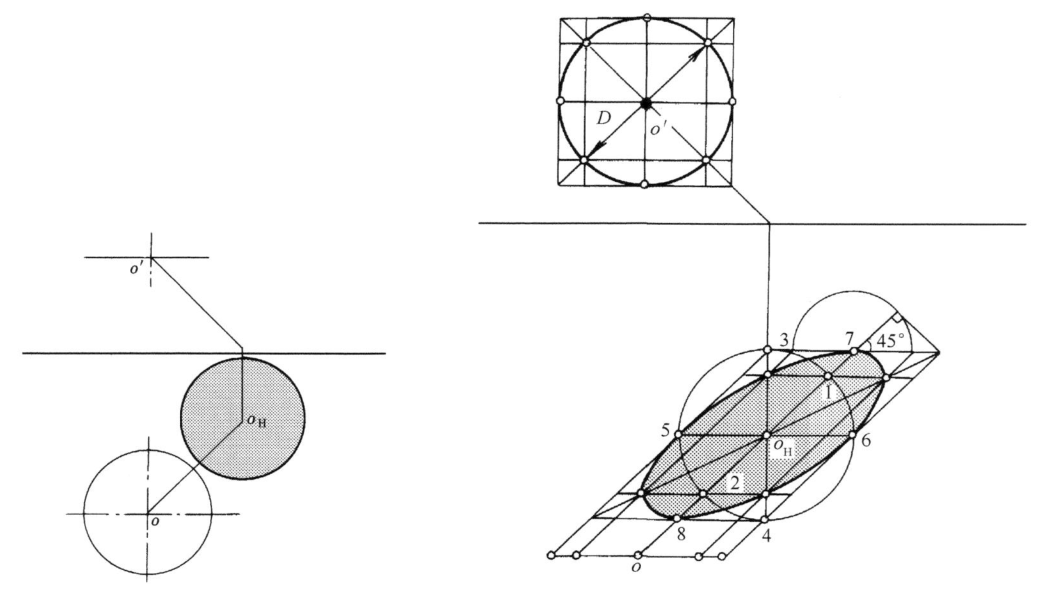

图 11-14　水平圆在 H 面上落影　　图 11-15　正平圆在 H 面上落影

（三）平面与投影面垂直

此种情况下，平面在其垂直的投影面上沿光线投射方向（即 45°方向）落影。

【例 11-6】　如图 11-15 所示，作出一正平圆在 H 面上的落影。

（1）分析。

此正平圆与 H 面垂直，且不与光线平行，故其在 H 面上的落影为一椭圆。

（2）作图。

先作此圆 V 面投影圆的外切正方形，并使其一边平行于 OX 轴。然后求出此外切正方形在 H 面上的落影（为一平行四边形），再利用“八点法”求出落影椭圆即可，此椭圆内切于平行四边形。

图 11-15 同时也表示了求椭圆上八个点的另一种方法：即先求得圆心 O 的 H 面落影 O_H，再以 O_H 为圆心，以已知圆的半径为半径作圆，此圆与过 O_H 的 45°斜线交于 1、2 两点。过此圆竖直直径的上、下两端点 3 和 4 分别作水平线，与过圆的水平直径的左、右两端点 5 和 6 所作的 45°斜线相交成一平行四边形，作此平行四边形的对角线，与过 1、2 两点的水平线交于四个点，再加上 5、6、7、8 四点，共八个点，即可画出落影椭圆。

五、用反回光线法求落影

如图 11-16 所示，一空间直线 DE 和三角形 ABC 同时向 H 面落影，其中直线 DE 除了向 H 面落影外，一部分还落影于三角形 ABC 上，即直线 DE 同时落影于两个承影面。对于此种情况，我们可用下述方法求其落影：先作出三角形 ABC 和直线 DE 在同一承影面 H 面上的落影三角形 $A_HB_HC_H$ 和直线 D_HE_H，两者相交得交点 F_H 和 G_H。由 F_H 和 G_H 引反回光线（即反方向引光线）与三角形 ABC 交于 F_1 和 G_1 两点，此两点称为过渡点，即直线 DE 在三角形 ABC 上的落影由此两点离开三角形 ABC 而向 H 面落影，此两点亦是直线 DE 在三角形 ABC 和 H 面两承影面上落影的衔接点，如由 F_1 和 G_1 两点继续引反回光线，则在直

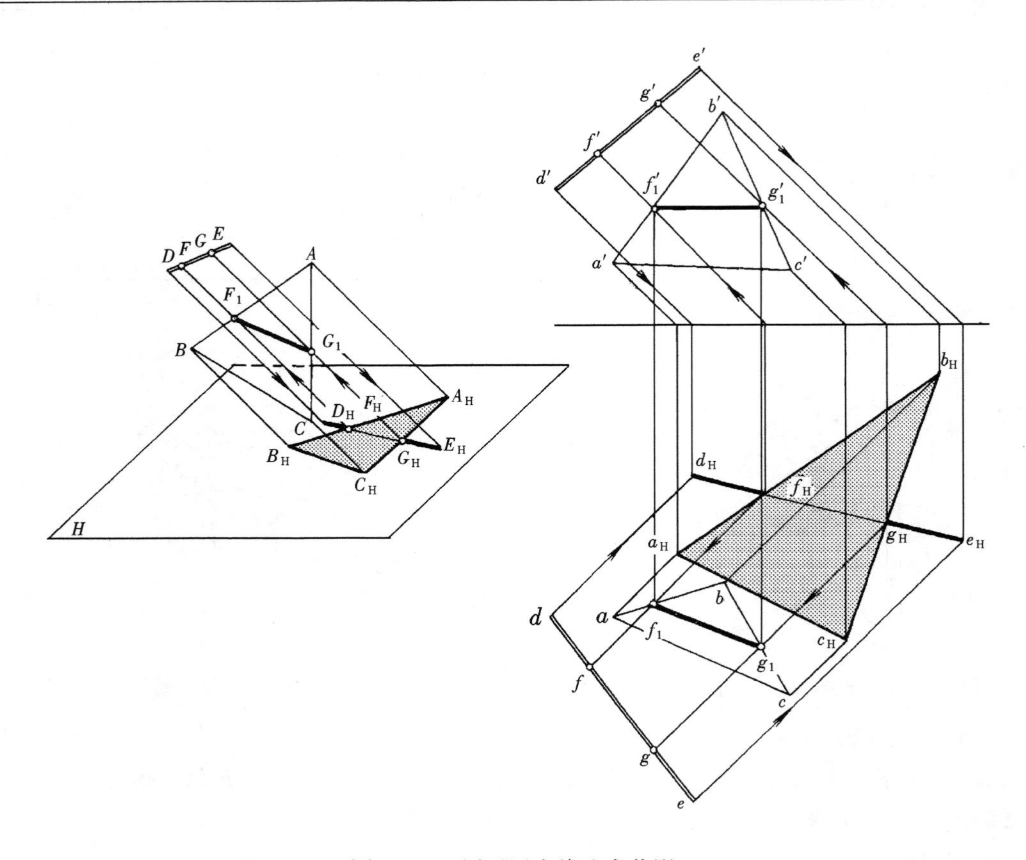

图 11-16 用反回光线法求落影

线 DE 上得到点 F 和点 G 本身。作图步骤如下：

(1) 作三角形 ABC 和直线 DE 在 H 面上的落影 $a_Hb_Hc_H$ 和 d_He_H，两者交于 f_H 和 g_H 两点。

(2) 由 f_H 和 g_H 作反回光线与 abc 交于 f_1 和 g_1，连接 f_1 和 g_1，即得 DE 在三角形 ABC 上落影的 H 面投影 f_1g_1。

(3) 由 f_1 和 g_1 向上引垂线，与 $a'b'c'$ 的相应边相交，得 FG 落影的 V 面投影 $f_1'g_1'$。

第二节 平面立体的阴影

一、基本规律

求作平面立体的阴影，一般分为两个步骤：

(一) 确定平面立体表面阴线的位置

平面立体在常用光线下，其受光部分为阳面，背光部分为阴面，阳面与阴面相交成的凸棱线，即为立体表面的阴线。

对于平面立体积聚性表面，可通过作光线 45°投影线的方法来判定其阴阳面。如图11-17所示，对六棱柱各积聚性表面作 45°斜线，由此判定 H 面投影中，侧面 b、a、f 为阳面，c、d、e面为阴面。V 面投影中，g'为阳面，h'为阴面。从而确定平面立体的阴线。

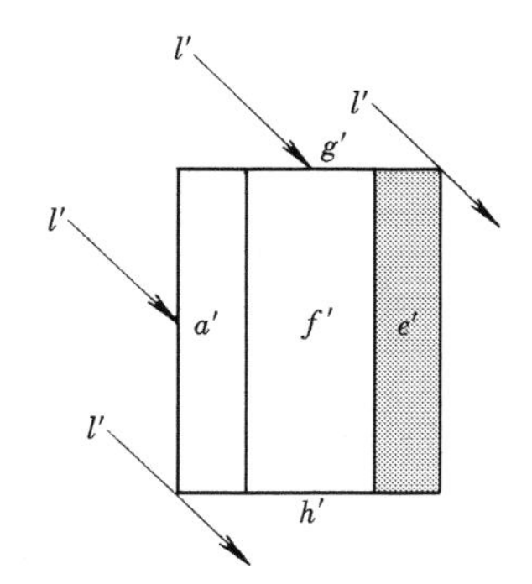

（二）作出平面立体的阴线在承影面上的落影

此落影所围成的面积，即为平面立体的影区范围。如果立体局部阴线起止较难确定，可先把此局部所有可能成为阴线的落影全部作出，所有影线相交而成的外轮廓线即为立体局部阴线的落影，影线所围成的面积为影区范围。

二、平面立体的阴影

（一）棱锥

【例 11-7】　如图 11-18 所示，求作一底面重合于 H 面的正四棱锥在 H 面上的落影。

（1）分析。

三角形 SAD 和 SAB 为阳面，三角形 SDC 和 SBC 为阴面，故阴线为 SD 和 SB，问题可转化为求两相交阴线的 H 面的落影。

（2）作图。

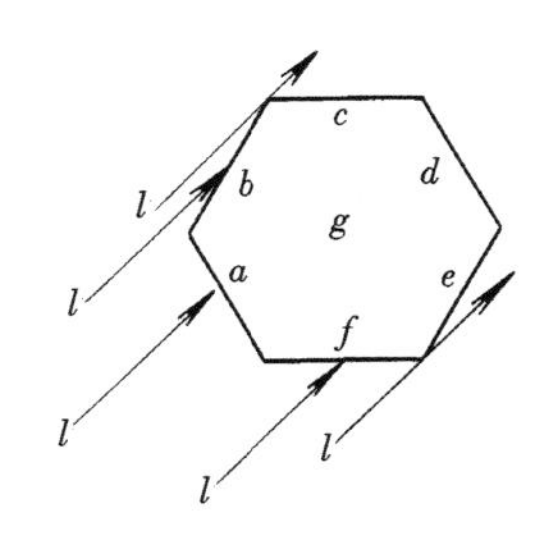

图 11-17　判定平面立体阴阳面

求出锥顶 S 在 H 面上的落影 S_H，因阴线 SD 和 SB 均与 H 面相交，交点为 D 和 B，由直线与承影平面相交规律可知，其在 H 面上的落影必分别通过 D 和 B 两点。因此，在 H 面投影中连 S_Hd 和 s_Hb，即为两阴线在 H 面上的落影，四边形 s_Hdcb 为影区范围。H 面中，三角形 bcd 为阴区。V 面中，阴影或积聚为直线，或被遮挡，故不表出。

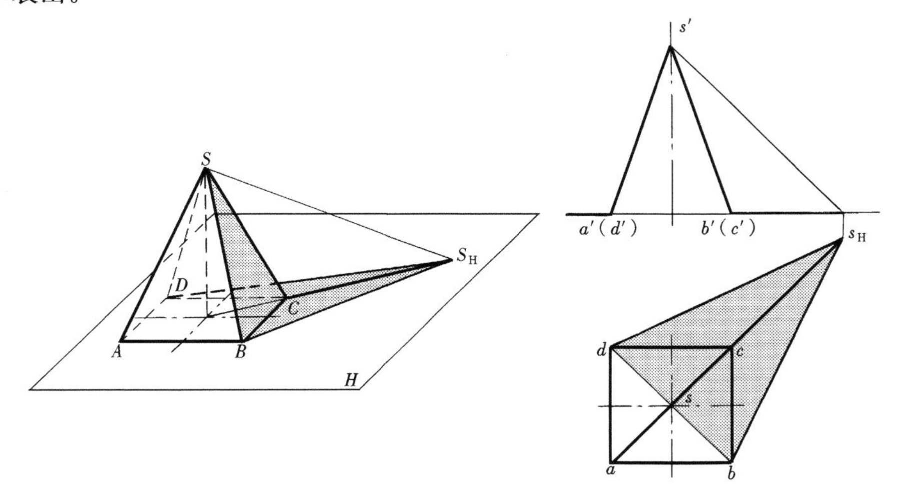

图 11-18　正四棱锥在 H 面上落影

（二）棱柱

【例 11-8】　如图 11-19 所示，在 H 面上有一四棱柱，作出其在两投影面上的落影。

（1）分析。

由图中分析可知，四棱柱表面的阴线为 $ABCDE$。

（2）作图。

先求阴线 DE 的落影。因 DE 为铅垂线，故其落影分两段，H 面上的落影为一段 45°斜

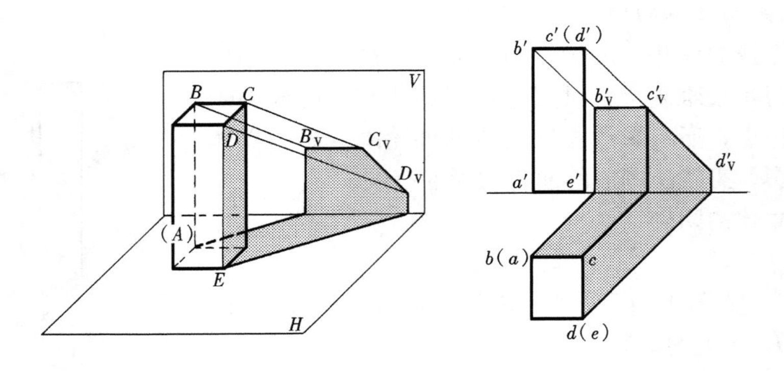

图 11-19　四棱柱在两投影面上的落影

线，转到 V 面为一段 DE 的平行线。阴线 CD 为正垂线，其在 V 面上的落影为 45°斜线。BC 为侧垂线，落影为一段水平线。阴线 AB 为铅垂线，其在两投影面上的落影与 DE 的落影相似。至此，四棱柱的落影全部求出。

第三节　曲面立体的阴影

一、基本规律

曲面立体一般由曲面和平面或全部由曲面所组成，曲面体表面曲面的阴线，为与曲面相切的光平面在曲面上形成的切线，其落影为此光平面与承影面的交线。

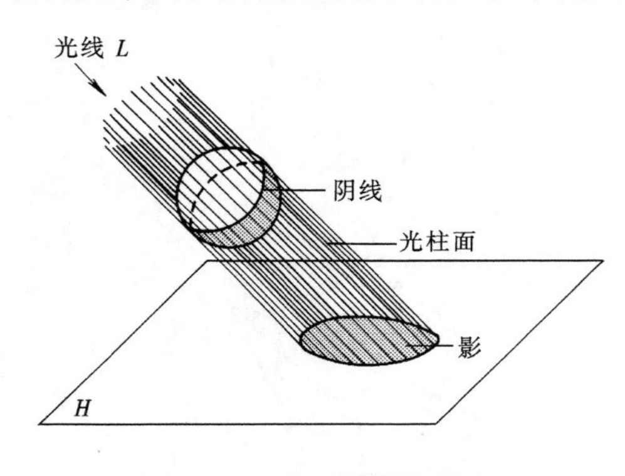

图 11-20　曲面阴影的形成

如图 11-20 所示，空间有一球体，其表面阴线为与此球体相切的光柱面与球面的切线（为一大圆），其在 H 面的落影为此光柱面与 H 面的交线（为一椭圆）。

下面以常见的曲面体圆柱、圆锥为例，来说明曲面立体的阴影作图。

二、曲面立体的阴影

（一）圆柱

【例 11-9】　如图 11-21 所示，一圆柱悬空并垂直于 H 面，求其在两面投影体系中的阴影。

(1) 分析。

圆柱体表面的阴线由四段组成，AB 和 CD 为光平面为圆柱面的切线，是铅垂直线段，BFD 和 AEC 为两水平半圆，前者在 H 面落影为一半圆，后者在 V 面落影为半个椭圆，四段阴线在空间是闭合的。

(2) 作图。

1) 在圆柱的 H 面积聚投影圆上作直径 ac 垂直于光线投影，则 a (b) 和 c (d) 即为阴线，亦是光平面与圆柱面的切线，由此可作出阴线的 V 面投影 $a'b'$ 和 $c'(d')$。

2) 作阴线水平半圆 BFD 在 H 面上的落影半圆 $b_H f_H d_H$，此落影半圆因平行关系反映实形。

3) 作阴线 AB 和 CD 的落影 $b_H 2_x a'_V$ 和 $d_H 1_x c'_V$。

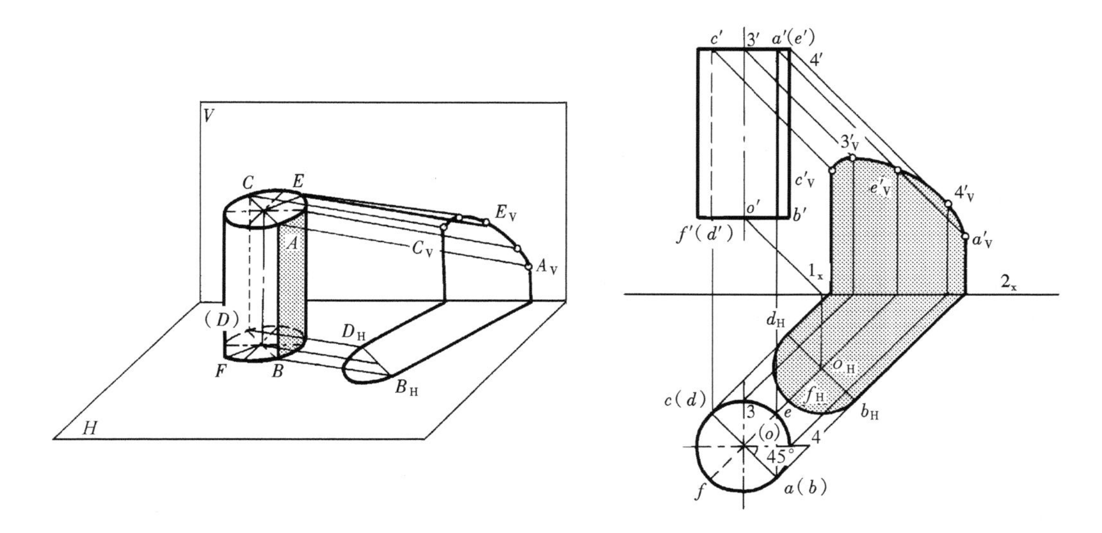

图 11-21　圆柱在两面投影体系中的阴影

4）因阴线水平半圆 AEC 在 V 面上的落影为半个椭圆，因此，在阴线半圆上取三个点 3、4 和 e，作出此三点的落影 $3'_V$、e'_V和 $4'_V$，加上 A、C 两点的落影 a'_V和 c'_V，共五个落影点，依次圆滑地将此五个点连成半个落影椭圆即可。

（二）圆锥

【例 11-10】　如图 11-22 所示，作出位于 H 面上正圆锥的阴影。

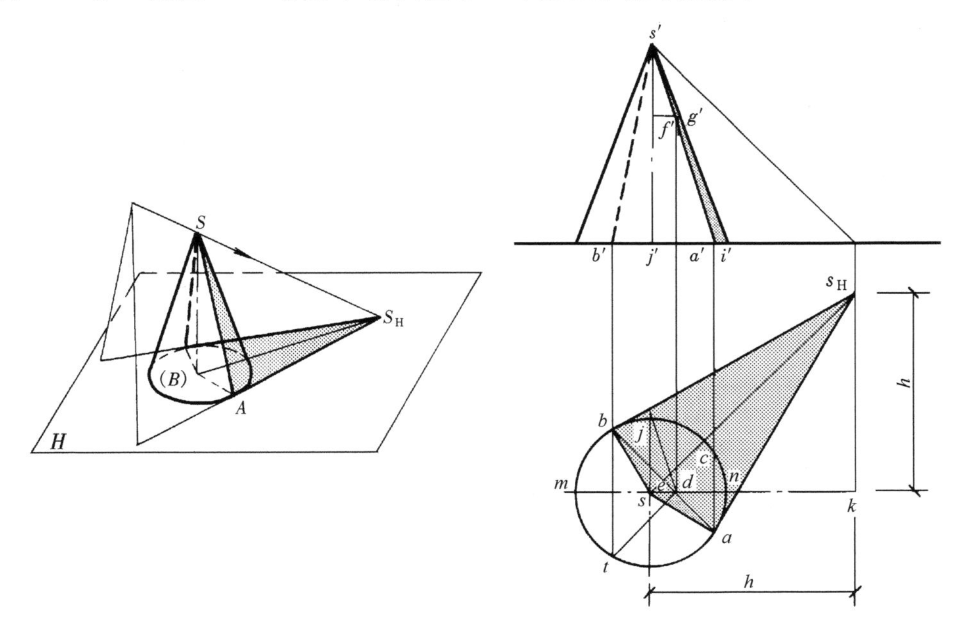

图 11-22　正圆锥在 H 面上的落影

（1）分析。

此圆锥表面的阴线，实际上就是过圆锥表面的光平面与圆锥面的两条切线，两阴线与 H 面的交点为 A 和 B，因此作出锥顶 S 在 H 面上的落影 S_H 后，由 S_H 分别向 A 和 B 连线，

就得两阴线 SA 和 SB 在 H 面上的落影。

（2）作图。

1）作出锥顶 S 在 H 面上的落影 S_H。

2）由 S_H 向圆锥 H 面投影底圆作两切线，得切点 A 和 B 的两面投影 a、b 和 a'、b'，连接 sa 和 sb，为圆锥阴线的 H 面投影，连接 $s'a'$ 和 $s'b'$，为阴线的 V 面投影，其中 $s'b'$ 不可见，阴区如图 11-22 所示。

3）连接 s_Ha 和 s_Hb，即为阴线 SA 和 SB 在 H 面上的落影，整个落影区域由直线 s_Ha 和 s_Hb 及圆弧 acb 围成。

第四节　建筑细部阴影举例

一、门窗雨篷

求建筑细部的阴影一般使用下列两种方法。

1. 将阴线分段，连续求其阴影

【例 11-11】　如图 11-23 所示，作出带有挑檐板门洞的正面阴影。

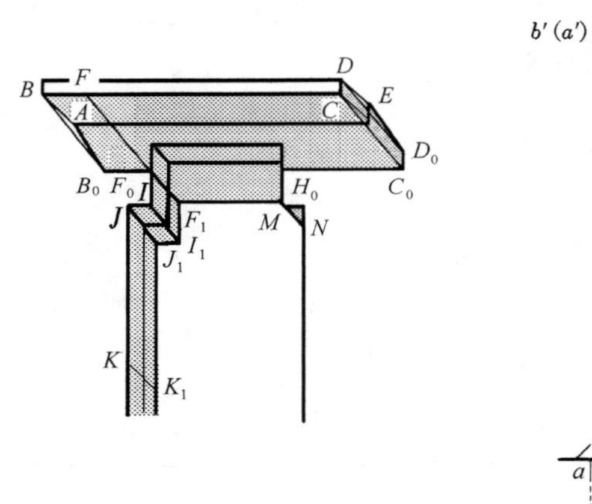

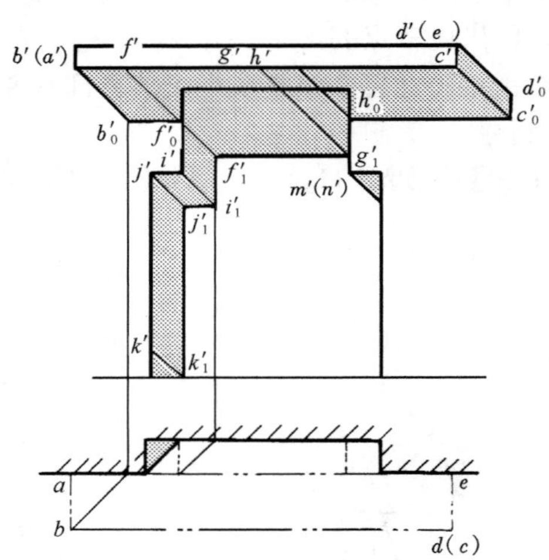

图 11-23　门洞的正面阴影

分两步作图：

（1）先求挑檐的阴影。挑檐的阴线由折线 $ABCDE$ 组成，按顺序求其阴影。阴线 AB 为正垂线，其落影（a'）b'_0 为 45°斜线。阴线 BC 在正墙面上的落影平行于 $b'c'$，由 b'_0 向右作 $b'c'$ 的平行线 $b'_0f'_0$，f'_0 为过渡点，作 f'_0 在门面上的落影 f'_1，因阴线 BC 也平行于门面，故由 f'_1 向右作 $b'c'$ 的平行线 $f'_1g'_1$ 即为其落影。作 $b'_0f'_0$ 在门右侧墙面上的延长线 $h'_0c'_0$，即为阴线 BC 在墙面上的另一段落影。分别由 f'_1、g'_1、h'_0 作反回光线交 $b'c'$ 于 f'、g'、h' 三点，可知阴线 BC 分四段落影：第一段 $b'f'$ 落影为 $b'_0f'_0$，第二段 $f'g'$ 落影为 $f'_1g'_1$，第三段 $g'h'$ 落影于门的右侧墙面，其 V 面投影为 $h'_0g'_1$，最后一段 $h'c'$ 落影为 $h'_0c'_0$，以后可用此法分析阴线落影情况。铅垂阴线 CD 的落影 $c'_0d'_0$ 平行于 $c'd'$，正垂阴线 DE 的落影 d'_0（e'）为 45°斜线。

（2）再求门的阴影。门的左侧阴线为折线 F_0IJK，由于此折线与门面平行，其落影

$f'_1\ i'_1\ j'_1\ k'_1$与$f'_0\ i'\ j'\ k'$平行。门右侧只有正垂阴线MN在门面上落影，为45°斜线。

2. 将各立体阴线（包括可能存在的阴线）的落影全部作出，所有影线的最外轮廓线围成的面积即表示落影区范围

如图11-24所示，图中遮阳板和窗洞两组落影线相互重叠在一起，其外轮廓影线所包围

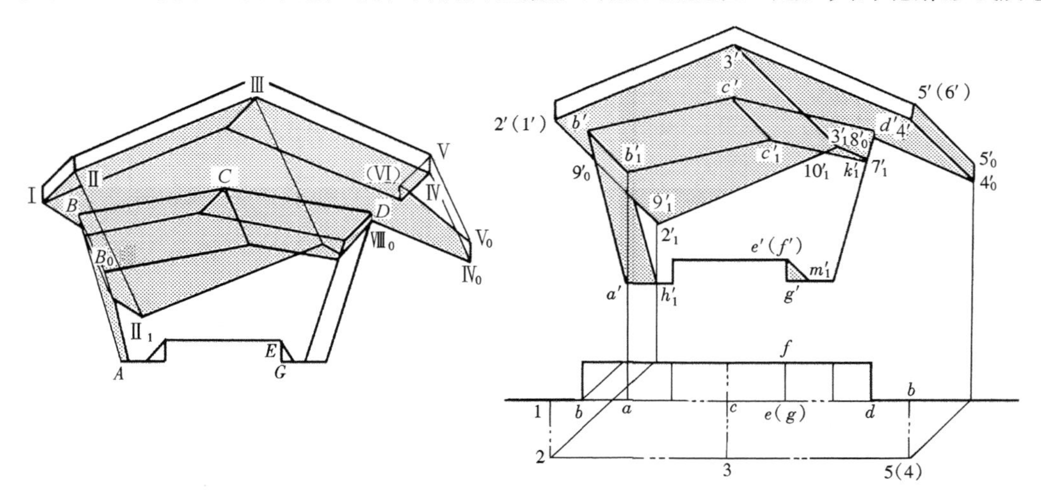

图11-24 窗洞的正面阴影

的面积，即为影区。墙面上的落影较易确定，为（1′）$9'_0$和$8'_0\ 4'_0\ 5'_0$（6′）两部分，在窗面上的影线为$h'_1\ 9'_1\ 2'_1\ 10'_1\ k'_1$和下面的（$f'$）$m'_1$。

二、台阶花池

【例11-12】 如图11-25所示，作出台阶的阴影。

（1）分析。

此种情况下，所有阴线都处于特殊位置——铅垂线和正垂线。

（2）作图。

1）先求出右侧台阶栏板在地面和墙面上的落影。

2）左侧栏板阴线ABC在台阶上落影，为确定其交点B落影于台阶上何处，可过阴线BA作一铅垂光平面P_H，求得P_H与台阶截交线的V面投影，此投影截交线与过b'所作45°光线投影交于落影点b'_0，再作出b'_0的H面投影b_0。

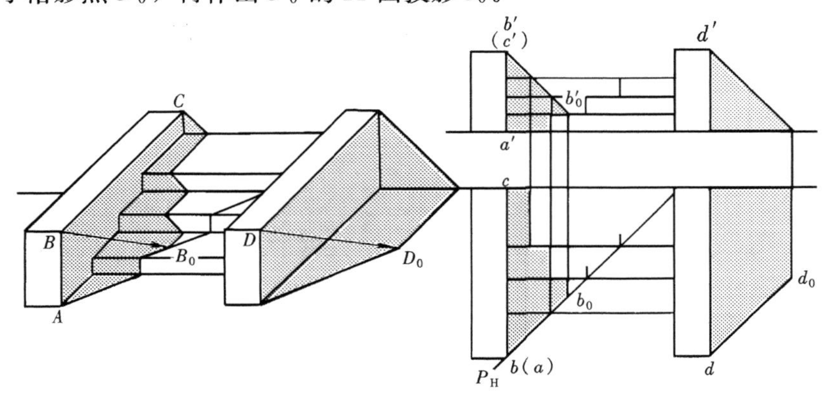

图11-25 台阶的阴影

正垂阴线 BC 按下面规律落影：在台阶水平面上的落影平行于 bc，在台阶正平面上的落影为45°斜线。

铅垂阴线 AB 按如下规律落影：在台阶正平面上的落影平行于 $a'b'$，在台阶水平面上的落影为45°斜线，落影线在台阶棱线处发生转折。

如图11-26所示，求作一立体花池的阴影。

作法如图11-26所示，其中 A 点为由右侧花池表面落向地面 H 的过渡点。

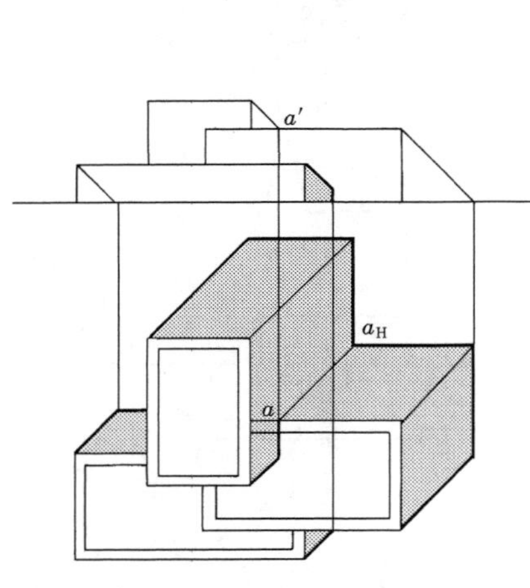

图11-26　花池的阴影

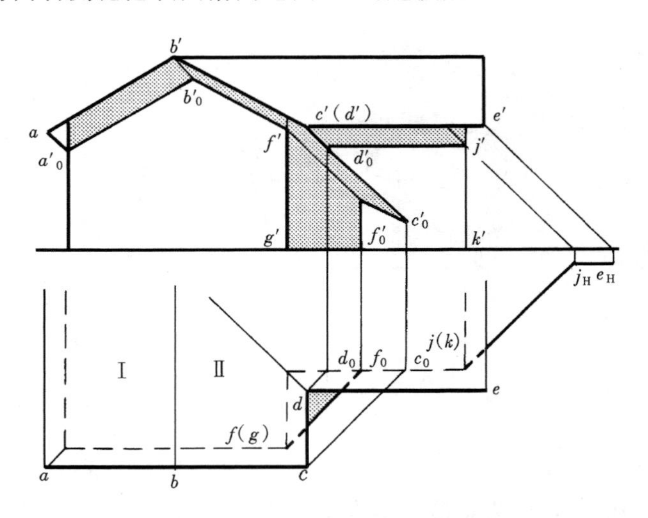

图11-27　倾角小于45°时两坡屋面的阴影

三、两坡屋顶

分以下两种情况：（此处只讨论同坡屋面）

（1）如图11-27所示，两坡屋面对地面 H 的倾角均小于45°，故两坡面Ⅰ和Ⅱ均受光，屋顶阴线为 $ABCDE$，屋身阴线为 FG 和 JK。阴线 AB 在前墙面上的落影 $a'_0b'_0$ 平行于 $a'b'$，由 b'_0 作 $b'c'$ 的平行线，得阴线 BC 在前墙面上的落影 b'_0f'，f' 为过渡点。作 f' 在后墙面上的落影 f'_0，过 f'_0 作 $b'c'$ 的平行线交过 c' 的45°斜线于 c'_0 点，$f'_0c'_0$ 即为阴线 BC 在后墙面上的落影。因 f' 点在阴线 FG 上，故由 f'_0 向下作 $f'g'$ 的平行线，即为屋身阴线 FG 在后墙面上的落影。求出 D 点在后墙面上的落影 d'_0，则45°斜线 $c'_0d'_0$ 即为正垂阴线 CD 在后墙面上的落影。由 d'_0 向右作 $(d')\ e'$ 的平行线 d'_0j'，即为屋檐阴线 DE 在后墙面上的落影，H 面上的落影如图所示。

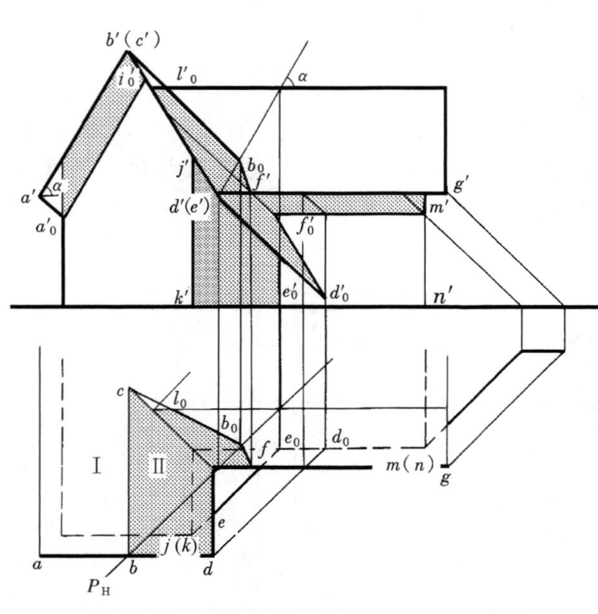

图11-28　倾角大于45°时两坡屋面的阴影

（2）如图11-28所示，两坡屋面对

地面 H 的倾角均大于 45°，这时Ⅰ面受光，Ⅱ面背光，阴线为 AB、BC、BD、DE、FG 及 JK 和 MN。B 点在后坡屋面上落影用截面法（P_H）作出，落影情况如图 11-28 所示。

四、入口

【例 11-13】 图 11-29 所示为一大门，墙上有窗洞和花池，作出立面阴影。

雨篷左角点 A 落影于左侧墙面，因左右两墙面前后距离不同，故雨篷影线在两墙面上的高低位置也不同。求雨篷阴线在右侧墙面上的落影，可在雨篷阴线上取一点 B，求出其在右侧墙面上的落影 b'_1，再作雨篷阴线的平行线即可，此影线有两段过渡到窗面上。花池的阴线都为特殊位置线，其在墙面上的落影较易求得，如图所示。过 A 点的正垂线在左侧墙面上的落影为 45°斜线。

图 11-30 所示为一门洞的两面投影，作出其阴影。

其阴影由雨篷、柱和门洞的阴影综合而成。雨篷阴线 AB 的正面落影分三部分，两段落影于墙面，两段落影于两柱面，一段落影于门面。对每一根柱子而言，与光平面相切的两铅垂棱线为其阴线，其在墙面或门面上的落影平行于相应的阴线投影，左侧柱子落影于门面上，右侧柱子落影于墙面上。

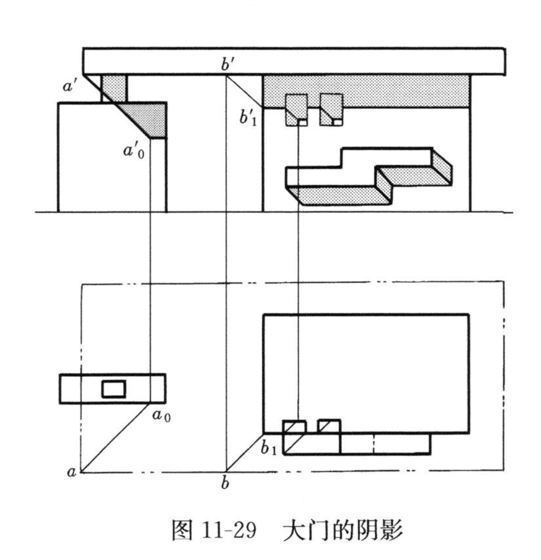

图 11-29 大门的阴影

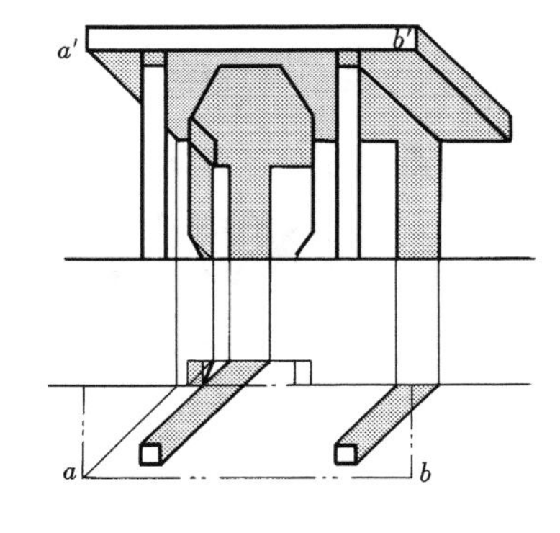

图 11-30 门洞的阴影

第十二章　透　视　投　影

第一节　透视的基本知识

一、透视图的概念

透视图和轴测图一样，都是一种单面投影。不同之处在于轴测图是用平行投影法画出的图形，虽具有较强的立体感，但不够真实，不太符合人们的视觉印象。而透视图是以人的眼睛为投影中心的中心投影，即人们透过一个平面来观察物体时，由观看者的视线与该面相交而成的图形。此时，投影中心叫做视点，投影线叫做视线，投影面叫做画面。如图 12-1 所示。

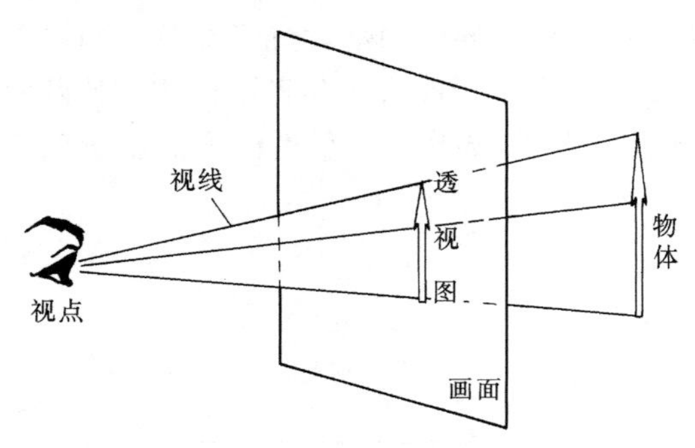

图 12-1　透视的概念

由于透视图符合人们的视觉印象，具有明显的空间感和真实的立体感，所以在建筑设计中，它常作为表现图供评判和审定设计之用。

二、透视图的特点

图 12-2 所示为一建筑物的透视图，从图中可以看到以下特点：

(1) 近大远小，建筑物上等体量的构件，距我们近的透视投影大，远的透视投影小。

图 12-2　透视图的特点

(2) 近高远低，建筑物上等高的柱子，在透视图中，距我们近的高，远的低。

(3) 近疏远密，建筑物上等距离的柱子，在透视图中，距我们近的柱距疏，远的密。

(4) 水平线交于一点，建筑物上平行的水平线，在透视图中，延长后交于一点。

三、透视图的分类

我们在绘制建筑物的透视图时，它的长、宽、高三组主要轮廓线与画面的相对位置可能平行，也可能不平行。与画面不平行的轮廓线，在透视图中就会有灭点（称主向灭点），而与画面平行的轮廓线，其透视与本身平行，就没有灭点。因此，透视图一般按照画面主向灭点的多少，分为以下三种：

1. 一点透视

如果建筑物有两组主向轮廓线平行于画面，这两组轮廓线的透视就没有灭点，而第三组轮廓线就必然垂直于画面，其灭点就是主点，如图 12-3 所示。这样画出的透视图称为一点透视图，又叫平行透视。图 12-4 所示为一点透视的实例。

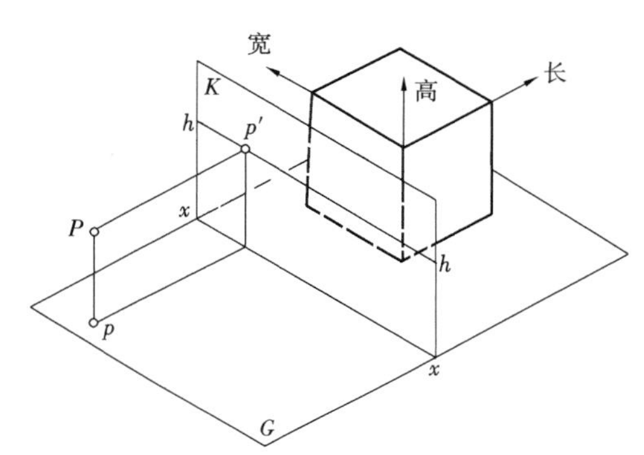

图 12-3 一点透视的形成

图 12-4 一点透视实例

2. 两点透视

若建筑物仅有铅垂轮廓线（高度方向）与画面平行，而另外两组水平主向轮廓线（长与宽）均与画面相交，于是，在画面上形成了两个主向灭点 F_x 和 F_y，这两个灭点均应在视平线 h-h 上，如图 12-5 所示。这样画出的透视图称为两点透视图。在此情况下，建筑物的两个主要方向均与画面成倾斜角度，故又称为成角透视。图 12-2 所示为两点透视实例。

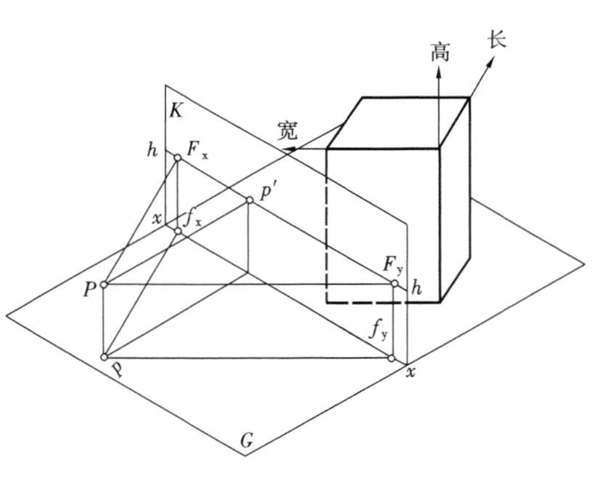

图 12-5 两点透视的形成

3. 三点透视

如果画面倾斜于基面，即建筑物的三个主向轮廓线均与画面相交，于是，在画面上就会形成三个主向灭点，这样画出的透视图称为三点透视。

在这三种透视图中，两点透视应用最多，三点透视因作图复杂而很少采用。本章只介绍一点透视和两点透视作图的基本知识。

第二节 透视图的基本画法

一、基本术语

透视作图中有些常用的术语与符号，如图 12-6 所示。

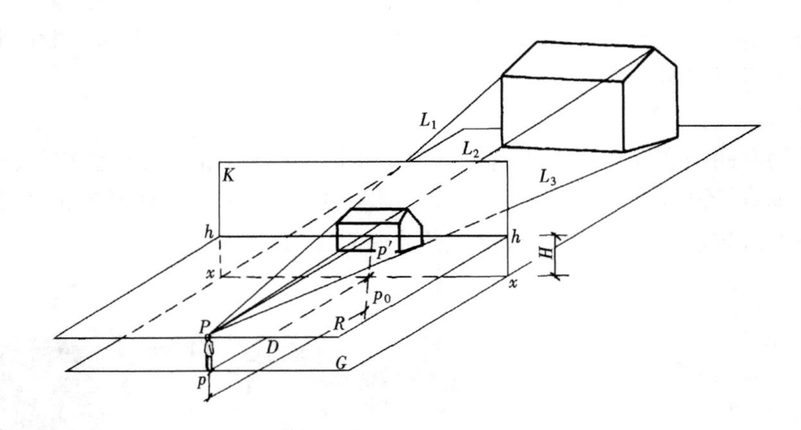

图 12-6　常用术语与符号

G——基面，放置物体的水平面，当绘制建筑物时，即为地面。

K——画面，透视图所在的平面，一般以垂直于基面的铅垂面为画面。

x-x——地平线，也称基线，是地面和画面的交线。

P——视点，即人眼所在的位置。

R——视平面，是过视点的平面，一般为水平面。

h-h——视平线，是视平面与画面的交线。

H——视高，是视点到地面的垂直距离。

D——视距，是视点到画面的垂直距离。

L——视线，是视点和物体上各点的连线。

p'——主点，视点 P 在画面 K 上的正投影。

p——站点，视点 P 在基面 G 上的正投影。

从图 12-6 可以看出：房屋上某一点的透视，即为通过该点的视线与画面的交点（迹点）；某一直线的透视，即为通过该直线的视平面与画面的交线（迹线）。在画面上，若把房屋可见的顶点和棱线的透视依次连接起来，即得到它的透视图。

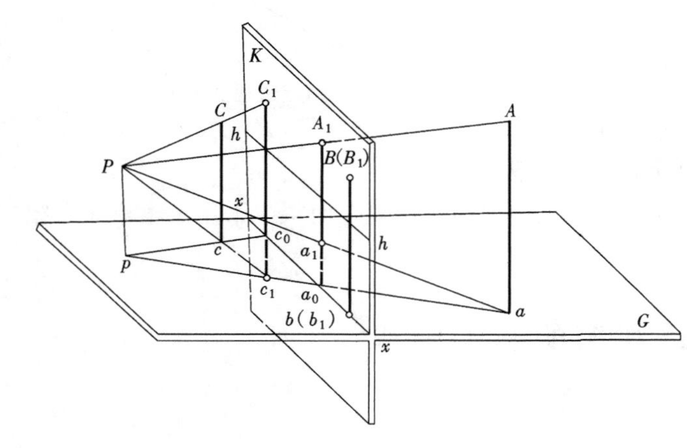

图 12-7　点的透视

二、点的透视

（一）点透视特点

点的透视即为通过该点的视线与画面的交点。因此求作点的透视，可分两步：

（1）由视点引出一条通过已知点的视线。

（2）求此视线与画面的交点（迹点）。此法称为视线迹点法。

如图 12-7 所示，视线 PA 与画面 K 的交点 A_1，即为空间点 A 的透视，但只有透视点 A_1 并不能确定 A 点的空间位置，因为所有位于视线 PA 上的点，其透视均为 A_1，为确定 A 点的空间位置，图中又做出了 A 点的基透视，即 A 点在地面 H 上的正投影 a 的透视 a_1，由图 12-7 还可得出结论，点的透视与其基透视位于同一条铅垂线上。

（二）点透视作图方法

在投影图中，应用视线迹点法求作空间点 A 的透视，首要问题是如何表达已知条件——点 A、视点 P、画面 K 和地面 G。如图 12-8（a）所示，我们仍采用两面投影法，设画面 K 重合于正立投影面 V，则水平投影面相当于地面 G。此时画面上的主点 p' 相当于视点的正面投影；地面上的站点 p 相当于视点的水平投影。画面与地面的交线 x-x 在画面上仍叫地平线，它必平行于视平线 h-h，在地面上则改叫画面迹线，以表示画面的位置。过主点 p' 向地平线 x-x 作垂线 $p'p_0$，则 $p'p_0$ 等于视高，过站点 p 向 x-x 作垂线 pp_0，则 pp_0 等于视距。为表达 A 点，可把 Aa 正投影到画面上，得 $A'a'$，Aa 在地面上的投影积聚为一点，即点 a，这样，我们便可做图，如图 12-8（b）所示。

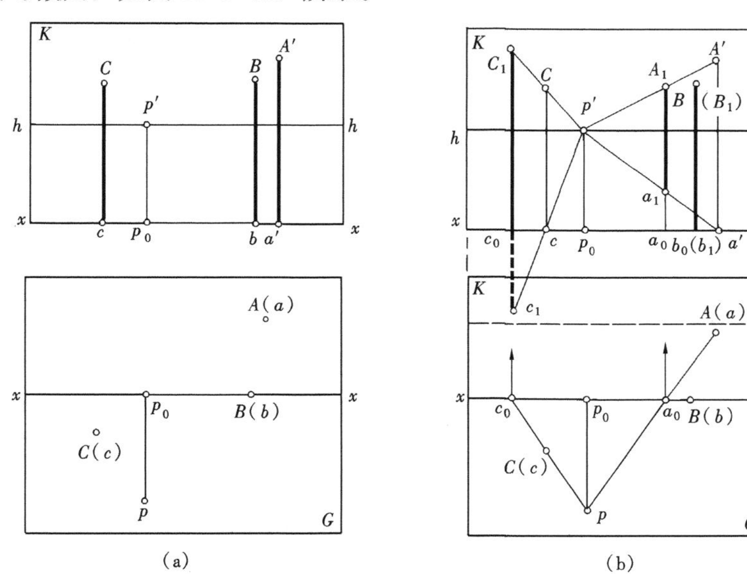

图 12-8 用视线法求 A 点及其基点的透视

（1）在地面 G 上，连接点 p 和 a，得视线 PA 和 Pa 的水平投影。

（2）在画面 K 上，连接 A' 和 p' 及 a' 和 p'，得视线 PA 和 Pa 的正面投影。

（3）由 pa 和画面迹线 x-x 的交点 a_0 向上引垂线与 $p'A'$ 相交，得 A 点的透视 A_1，与 $p'a'$ 相交得 A 点的基透视 a_1。

同样，B 点和 C 点及其基点的透视也可以作出，注意 B 点及其基点就在画面上，故透视为其本身。

三、直线的透视

直线的透视即为通过该直线的视平面与画面的交线。求做直线的透视，实质上就是求直线上任意两点的透视。图 12-9 所示即为求作地面上的直线 AB 的透视作法。

（1）用视线迹点法作直线 AB 两端点的透视 A_1 和 B_1。

（2）用直线连接 A_1、B_1 即得直线 AB 的透视。

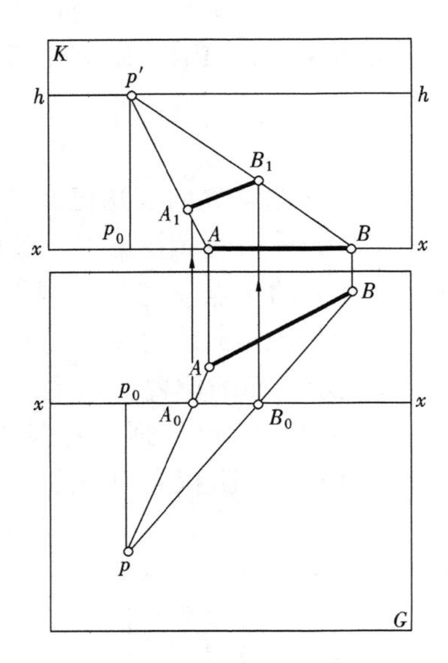

图 12-9　用视线迹点法作直线的透视

（一）直线透视的特性

1. 直线的透视

直线的透视，一般情况下仍为直线，但当直线通过视点时，其透视仅为一点，当直线在画面上时，其透视即为本身，如图 12-10 所示。

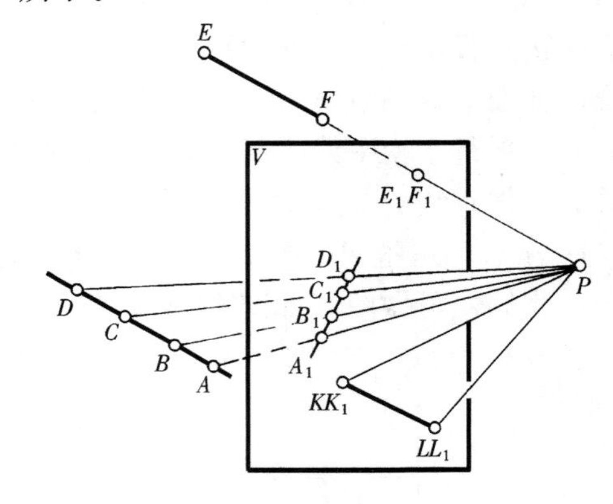

图 12-10　直线的透视

2. 直线上点的透视

直线上点的透视，必在直线的透视上；该点的基透视，必在直线的基透视上。

3. 直线的迹点和灭点

（1）画面迹点。画面相交线（或其延长线）与画面的交点，称为画面交点或画面迹点，由于画面迹点属于画面，故其透视是它本身，所以画面相交线的透视，必通过画面迹点，如图 12-11 所示。

（2）灭点。画面相交线上无限远点的透视，称为灭点。

如图 12-11 所示，AB 为画面相交线，过 B 点作视线 PB 交画面于 B_1，则 AB_1 即为 AB 的透视，若把直线 AB 无限延长，得直线上无限远点 F_∞，连接 PF_∞ 与画面相交于 F，AF 即为 AF_∞ 的透视，此时 PF_∞ 一定平行于 AF_∞，因为两条相互平行的直线在无限远处交为一点，我们把直线上离画面无限远点的透视称为直线的灭点。直线的灭点是平行于该直线的视线与画面的交点，画面相交线（或延长线）的透视必通过该直线的灭点。

4. 相互平行的画面相交线的透视

从图 12-11 中相互平行的直线 AB 和 CD 的透视可得出结论：空间相互平行的直线有共同的灭点。

5. 画面平行线的透视

画面平行线的透视与直线本身平行，互相平行的画面平行线，其透视仍互相平行。如图 12-12 所示。

6. 铅垂线的透视仍为铅垂线

（二）各种位置直线的透视作图

1. 垂直于画面的直线的透视作图

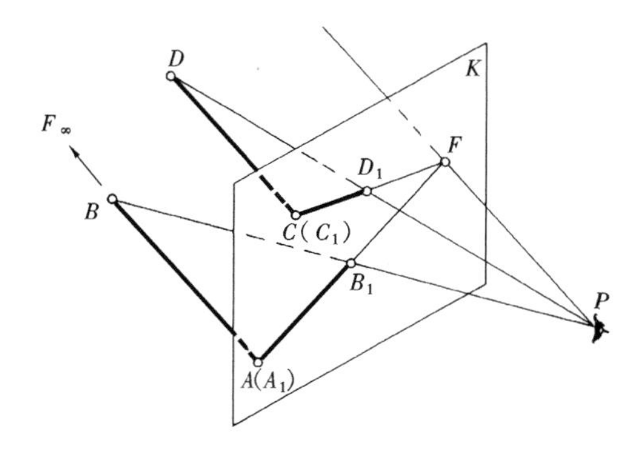

图 12-11 直线的迹点与灭点

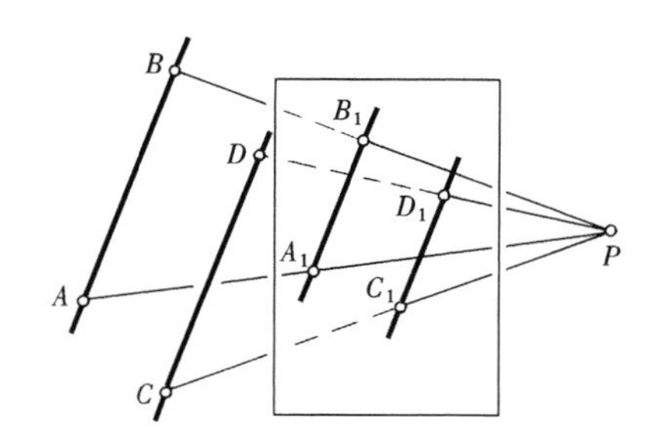

图 12-12 平行的画面平行线的透视

如图 12-13 所示，直线 AB 垂直于画面 K，AB 的灭点是过 P 作 AB 的平行线与画面 K 的交点，即为主点 p'，求 AB 的透视，A 点是画面迹点，其透视为它本身，Ap'为 AB 的透视方向，用视线迹点法可作出直线 AB 的透视 AB_1，像这种利用直线灭点和过某点的视线在画面上的迹点来求作透视的方法，称视线法（也称建筑师法）。

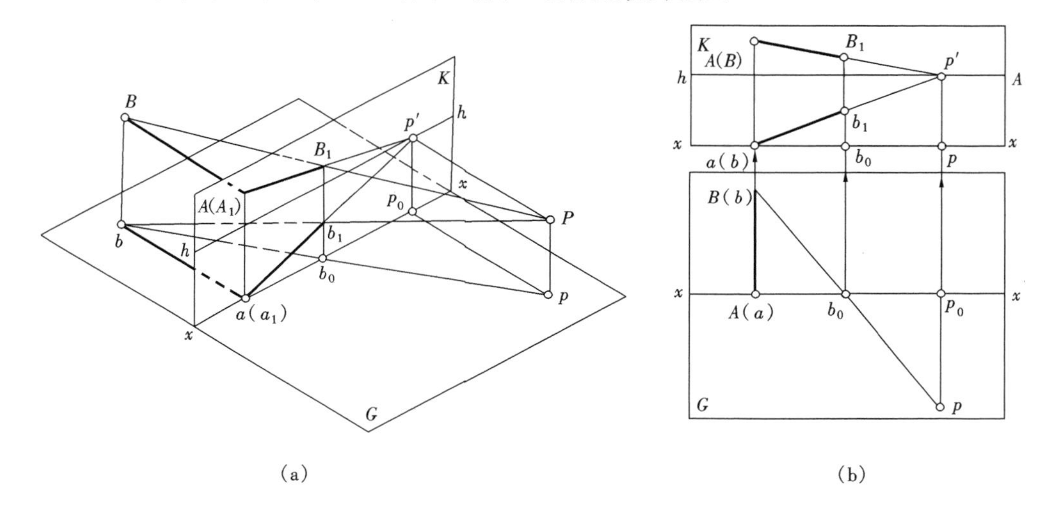

(a)

(b)

图 12-13 垂直于画面直线的透视

(a) 直观图；(b) 透视图

2. 平行于基面的画面相交线的透视作图（水平线）

此类直线的灭点在视平线 h-h 上，如图 12-14（a）所示，AB 为一条水平线，A 点位于画面K 上，求 AB 的透视。过视点 P 引一条平行于 AB 的视线，它与画面的交点就是所求的灭点，因为 PF 也是一条水平线，所以它与画面的交点 F 必位于 h-h 上，又 $pf_0 /\!/ ab$，f_0 必在 x-x 上，并且 $f_0F \perp xx$，于是在图 12-14（b）中，过 p 作 $pf_0 /\!/ ab$，与 xx 交于 f_0 点，由 f_0 点引垂线与 h-h 相交得灭点 F，A 点的透视 A_1 与 A 重合。A_1F 即为直线 AB 的透视方向，连接 Bp 交 x-x 于 B_0 点，引铅直线与 A_1F 交于 B_1 即得直线 AB 的透视 A_1B_1。

3. 基面垂直线的透视作图（铅垂线）

此类直线平行于画面，所以无灭点，我们知道，铅垂线的透视仍是一条铅垂线，只是由于透视的原因，长度一般不等于原长度。如图 12-13 所示，Bb 即为一条铅垂线，B_1b_1 为其

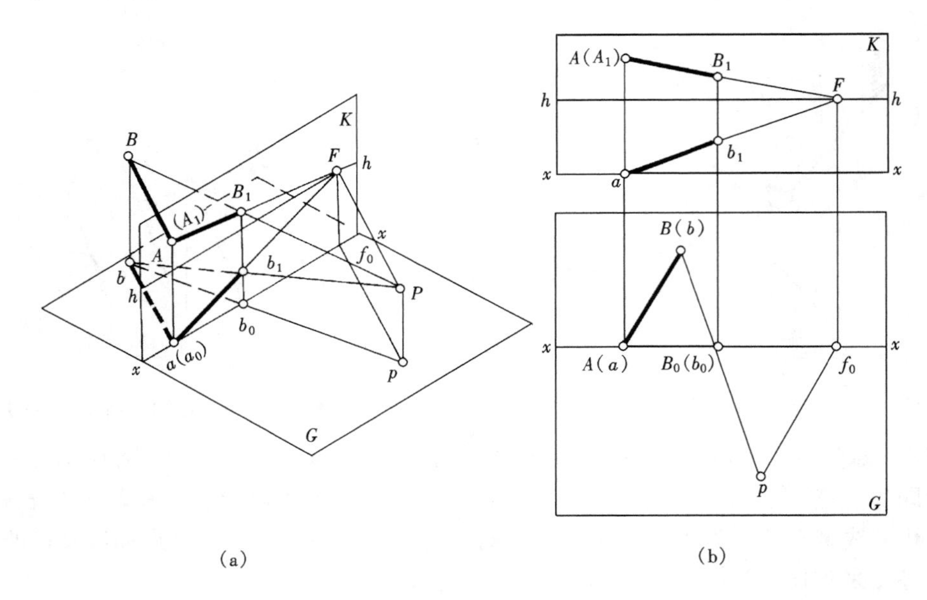

(a) (b)

图 12-14 水平线的透视

透视，当铅垂线在画面上时，它的透视就是本身，反映直线的真高，称真高线，可利用它来解决透视高度的确定问题。

【例 12-1】 自 a 作一实高为 H 的铅垂线的透视。

方法一：如图 12-15（a）所示，首先在视平线上适当位置选一点 F，连 Fa，并延长交基线 xx 于 t，再自 t 作高度为 H 的铅垂线 Tt，连 TF，与过 a 处的铅垂线交于 A，则 Aa 就是过 a 而真高为 H 铅垂线的透视。

方法二：如图 12-15(b)所示，先在基线上确定一点 t，使 $tT=H$，然后按箭头所示求得 aA。

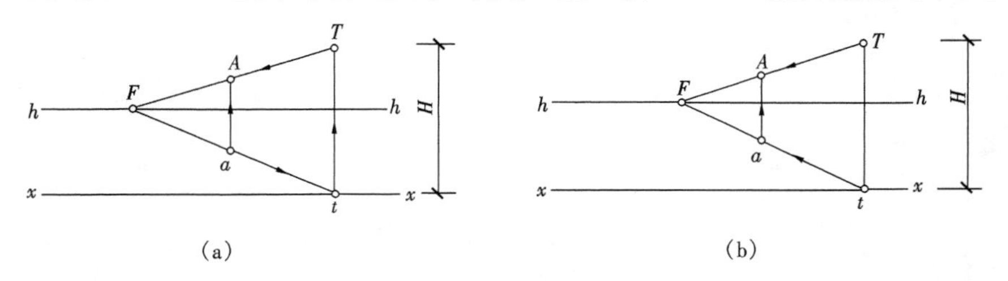

(a) (b)

图 12-15 求透视高度的方法

四、平面的透视

（一）平面多边形的透视

求作一平面多边形的透视，即为作出此平面各边的透视，如图 12-16，地面 G 上给出一个多边形 12345，其透视作法如下：

（1）分别求出各直线的灭点 F_{12}、F_{15}、F_{34}、F_{45}。

（2）利用角点 1 和 $F_{15}F_{12}$ 分别作出 12、15 的透视 12_1 和 15_1。

（3）再利用 2 点和 F_{15}，过 3 点的视线迹点 3_0 作出 23 的透视 2_13_1。

（4）自 3_1 和 5_1 点分别利用 F_{34}、F_{45} 两灭点作透视线，交点即为 4_1，即得平面多边形 12345 的透视 $1 2_1 3_1 4_1 5_1$。

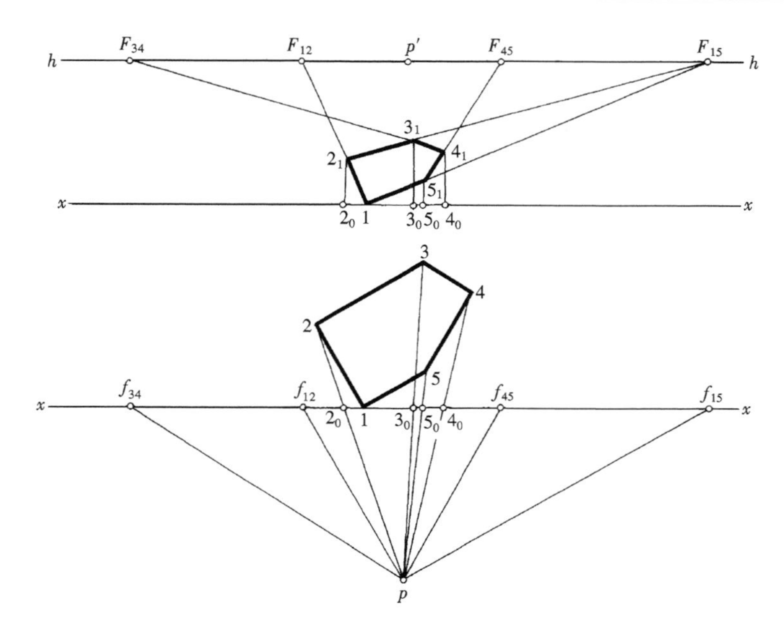

图 12-16 平面多边形的透视作图

（二）圆的透视

（1）当圆所在平面平行于画面时，则其透视仍为圆。图 12-17 所示是一个圆管的透视，圆管的前口位于画面上，其透视就是它本身。后口圆周在画面后，并与画面平行，故其透视仍为圆周，但半径缩小。为此，先求出后口圆心 O 的透视 o_1，然后求出后口两同心圆的水平半径的透视 o_1a_1 和 o_1b_1，以此为半径分别画圆，就得到后口内外圆周的透视。最后，作出圆管外壁的轮廓素线，就完成了圆管的透视图。

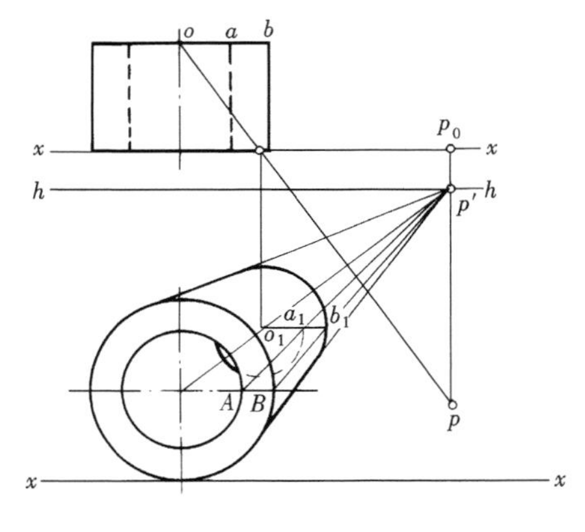

图 12-17 圆管的透视

（2）当圆所在平面不平行于画面时，圆的透视一般是椭圆。作图时，则应先作出圆的外切四边形的透视，然后找出圆上的八个点，再用曲线板连接成椭圆。如图 12-18 所示，作水平位置圆的透视，具体步骤如下：

1）在平面图上，画出外切四边形。

2）作外切四边形的透视，然后画对角线和中线，得圆上四个切点的透视 a_1、b_1、c_1、d_1。

3）求对角线上四个点的透视。当作两点透视时，如图 12-18（a）所示，在平面图上将 1、2 延长至 5，然后求出 5_1，连 5_1F_y，在此线上求出 1_1、2_1，3_1、4_1 点的求法相同。当作一点透视时，如图 12-18（b）所示，直接将 5、6 两点移下来，求出 1_1、2_1、3_1、4_1 四个点。

4）用曲线板连八个点，得椭圆，即为所求。

五、一点透视的画法

【例 12-2】 用视线法作建筑形体的一点透视。

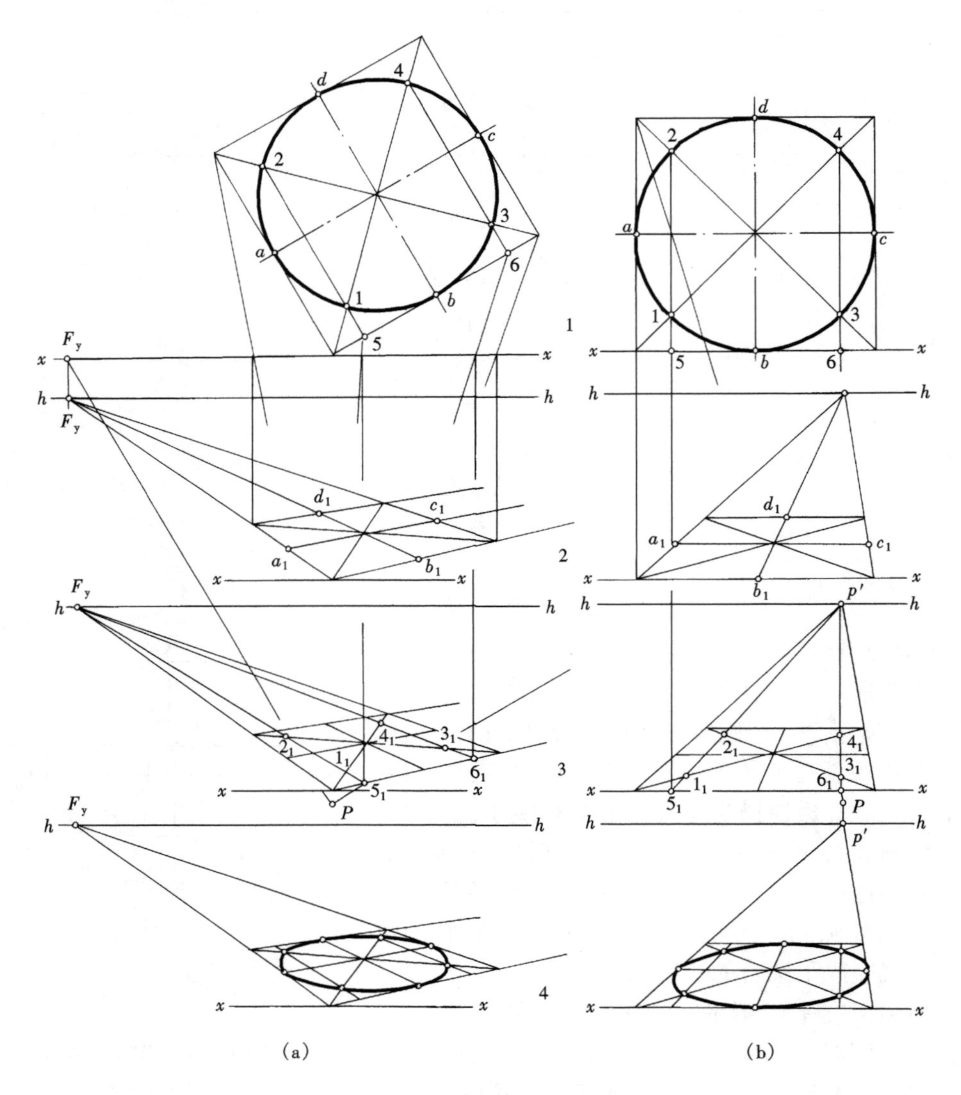

图 12-18　水平圆的透视画法

如图 12-19 所示，其作图步骤如下：

(1) 选择合适的画面迹线 x-x、站点 p 和视平线 h-h，使画面平行于正面，视角可以稍大些。站点可稍偏于一侧，以免构图太呆板。画好基线与视平线，求宽度方向的灭点，由于宽度方向垂直于画面，所以只要过站点 p 引铅垂线与视平线 h-h 相交，即得灭点 p'。

(2) 由站点 p 向该形体平面图各角点引视线，在画面迹线 x-x 上截得 1_0、2_0、3_0、4_0、5_0、6_0 各点。

(3) 凡垂直于画面的直线均消失于主点 p'，最后根据截得的 1_0、2_0、3_0、4_0、5_0、6_0 各点，配合真高线 1_1，1_2，完成透视图。

从上例可以看出：凡平行于画面的面，其形状与原形相似，一般大小不等于原形；凡垂直于画面的面均有消失特性。

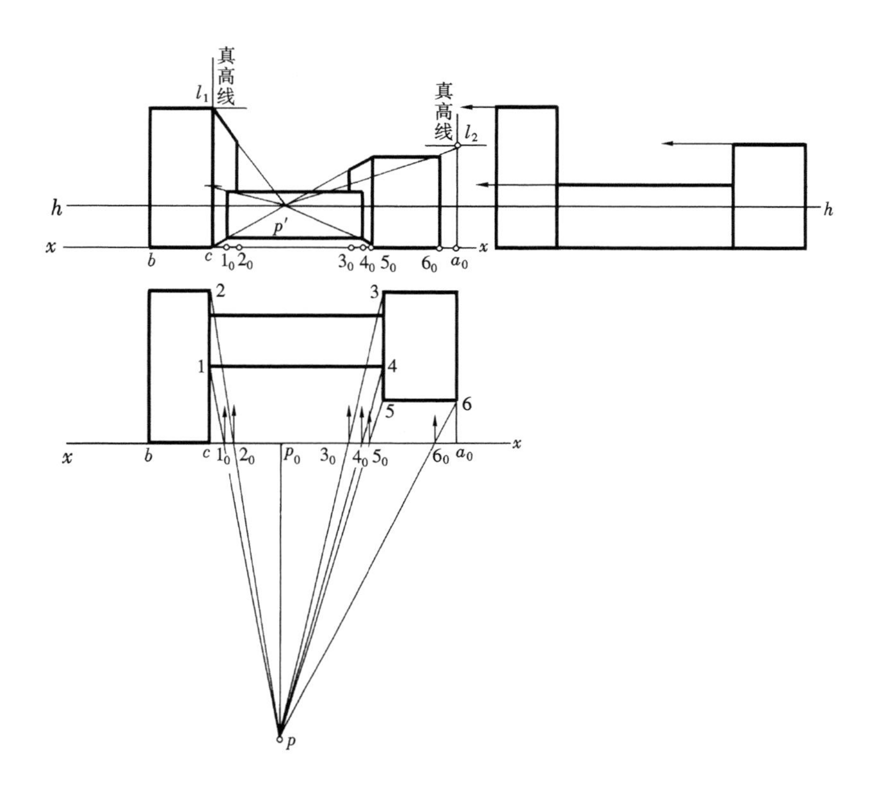

图 12-19 用视线法作建筑形体的一点透视

六、两点透视的画法

【例 12-3】 求建筑形体的两点透视。

如图 12-20 所示，其作图步骤如下：

(1) 选择合适的画面迹线 x-x、站点 p 和视平线位置，使画面与右边部分的墙角接触，画出基线，再画出视平线 h-h，求出灭点 F_x 和 F_y，然后作出右边部分平面图的透视。

(2) 作左边部分平面图的透视。在 F_yc_1 的延长线上，用视线交点法求出点 d 的透视 d_1，连 d_1F_x，再在其上求出 e_1。因为后面的点将被挡住，所以不必作出。

(3) 竖右面部分的高度。墙角线的透视 A_1a_1 等于实长。

(4) 竖左面部分的高度。由于它的墙角线与画面不重合，因而在平面图上先延长 je，交 xx 于 m 点，再过 m 点作铅垂线交 V 面 xx 于 m'，mm'为真高线，量 M_1m'等于高度实长，即求出 EJ 线的画面交点 M_1，连接 M_1F_y 与过 e_1 的铅垂线交于 E_1 点，然后完成左边部分的透视。

(5) 竖中间部分的高度。连接 F_xl_1 并延长，求出 g_1，同理求出真高线 N_1n'，连 N_1F_x 与过 g_1 的铅垂线交于 G_1 点，再用视线交点法求出 Q_1、K_1，即完成透视图。

【例 12-4】 求室内的两点透视

如图 12-21 所示，其作图步骤如下：

(1) 选择合适的画面迹线、站点 p 和视平线 h-h，如图 12-21 (a) 所示。在给出的平面图上，过墙角 a 作画面线 x-x，与墙脚线 ab 成 30°夹角，过 a 点作主视线的投影 ap，视角可

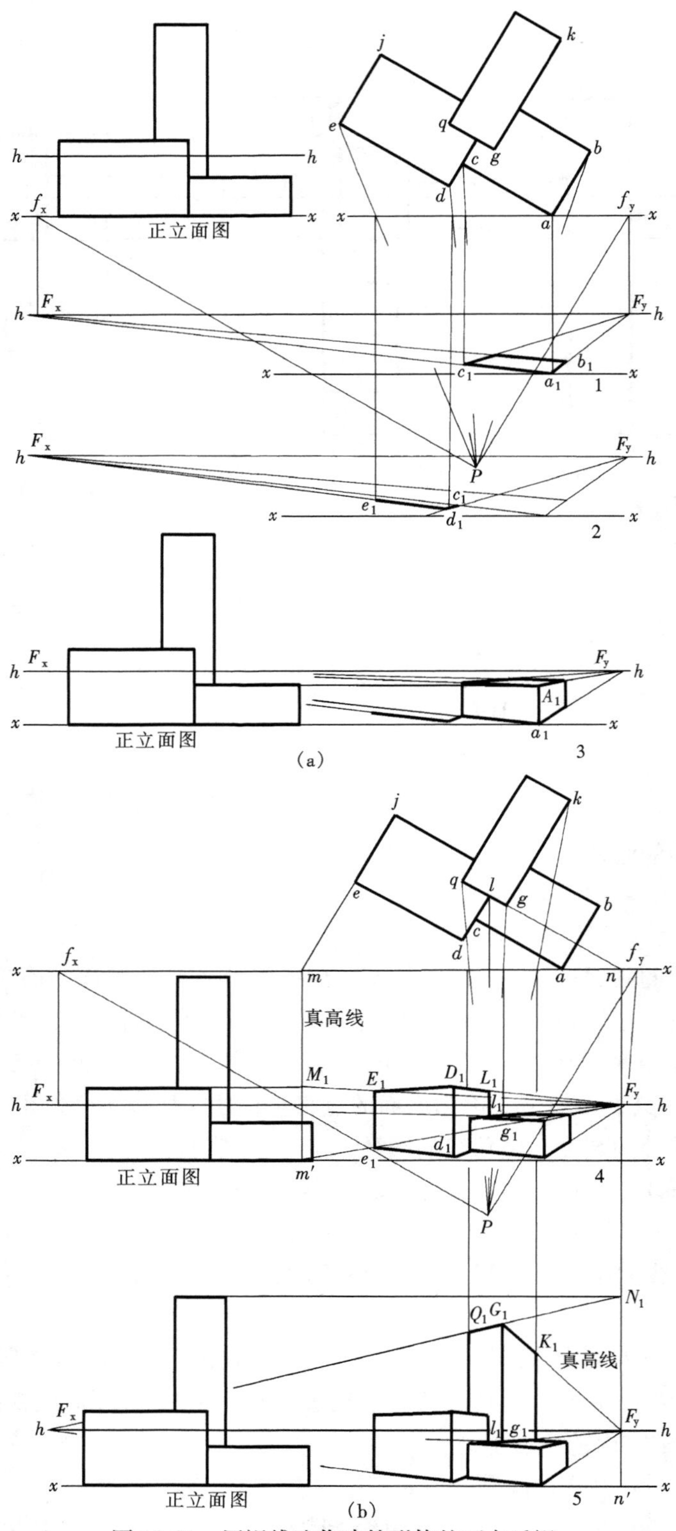

图 12-20 用视线法作建筑形体的两点透视

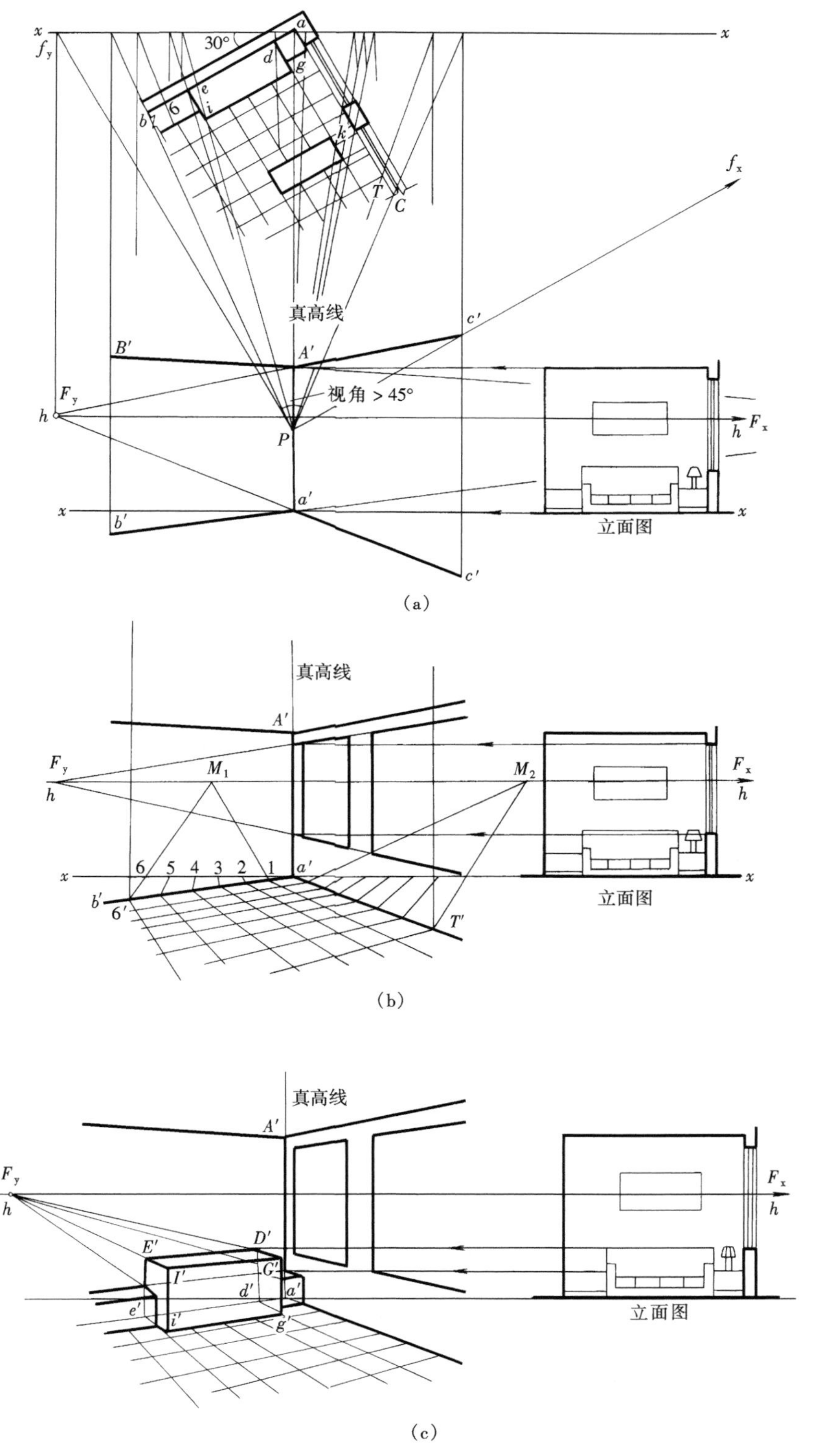

图 12-21 室内两点透视（一）

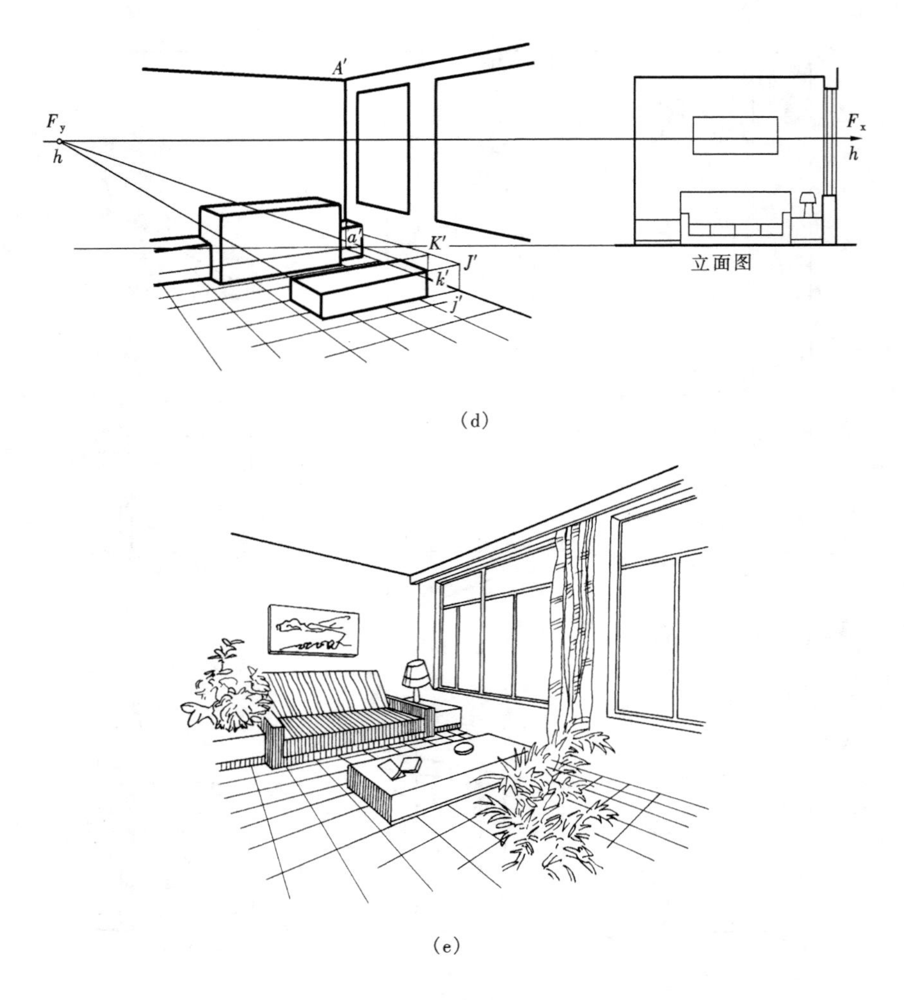

(d)

(e)

图 12-21　室内两点透视（二）

稍大，定下站点 p。再画出地面线 $x\text{-}x$，求出灭点 F_x、F_y。

（2）作墙角线的透视，如图 12-21（a）所示。过平面图上 a 点作铅垂线，交基线 $x\text{-}x$ 于 a'，量取 $A'a'$等于室内高度，再过 A'、a'分别连 F_x、F_y 并延长，即得四条墙角线的透视。

（3）作地面分格线，如图 12-21（b）所示。在 $a'b'$墙角线上求出 $6'$点，然后在基线 $x\text{-}x$ 上自 a'点向左标出地面分格等分点 1、2、…、6 点，连 $6'6$ 延长交视平线于 M_1 点，再过各点连 M_1 得各等分点在 $a'b'$线上的位置，再分别向 F_y 连线，得出宽度方向地面分格线的透视。用同样的方法作出长度方向地面分格线的透视。

（4）作窗的透视，如图 12-21（b）所示。在真高线 $A'a'$上量取窗的真高，然后连 F_y 并延长，求得窗的位置的透视。

（5）作沙发及矮柜的透视，如图 12-21（c）所示。在真高线 $A'a'$上量取沙发的真高，然后连 F_x 并延长，求得沙发在墙面上的透视点 E'、e'、D'、d'。再过这四点连 F_y 并延长，求出 G'、g'、I'、i'四点，完成沙发轮廓线的透视。矮柜求法相同。

（6）作茶几的透视，如图 12-21（d）所示。假想把茶几向右侧延伸至与墙面相接，得

$j'k'$两点。在真高线$A'a'$上量取茶几的真高，然后连F_y并延长。在此线上求出K'、J'点，再画出茶几的轮廓线。

(7) 画出细部，完成透视图，如图 12-21 (e) 所示。

第三节 透视图的简捷作图法

一、透视图中的分割

在实际绘制建筑透视图时，当有了建筑物主要轮廓的透视后，我们经常用分割直线或平面等简捷的作图方法来完成建筑细部的透视。

(一) 直线的分割

根据消失规律，透视图中的直线段可分为平行于画面的（无灭点）和不平行于画面的（有灭点）两类。前者线段上各分点之间的比例关系保持不变，后者则改变。在具体求分割点时，无论变或不变，都要应用平面几何中的平行线分割角边成比例的定理。

图 12-22 表示求作平行于画面的线段A_1B_1的分割点。

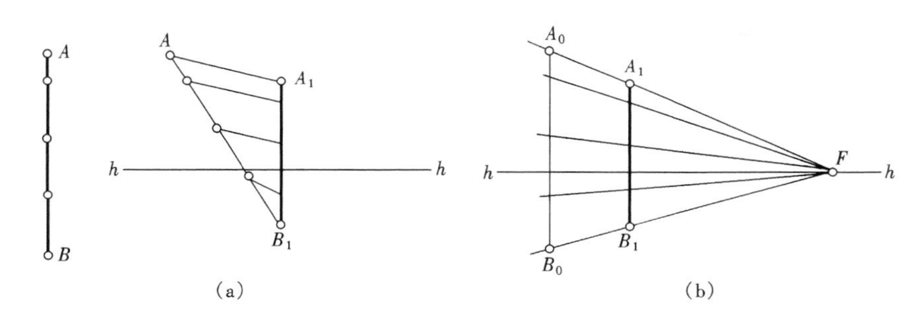

图 12-22 平行于画面的直线段的分割

方法一如图 12-22 (a) 所示。方法二如图 12-22 (b) 所示，作法如下：先在视平线 h-h 上任选一灭点F，再作透视线FA_1和FB_1，并把实长AB平移到所作透视线之间得A_0B_0，然后过A_0B_0上的分割点作透视线消失于灭点F，从而求出A_1B_1上的各分割点。

图 12-23 表示把一任意方向的水平线段A_1B_1进行三等分。作法如下：过A_1作辅助线平行于视平线 h-h，在其上自A_1任取 3 个单位长，得等分点 1、2、3；连点 3 和B_1，得透视线，交视平线 h-h 于辅助灭点F_0；再过其他等分点作透视线消失与辅助灭点F_0，与A_1B_1相交得交点，就可把A_1B_1分成三等分。

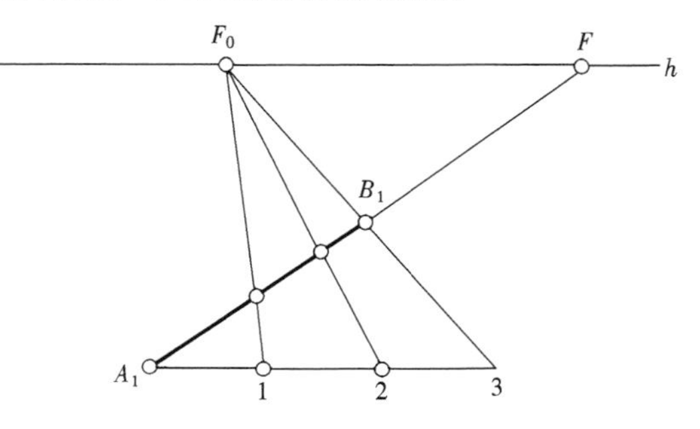

图 12-23 分水平线A_1B_1成三等分

(二) 平面的分割

透视图中平面的分割是通过转化成直线的分割来完成的。下面分两种情况来讨论：

1. 分割透视立面

给出立面$ABCD$的透视$A_1B_1C_1D_1$，如图 12-24 所示，并使$A_1B_1=AB$，要求按实际尺

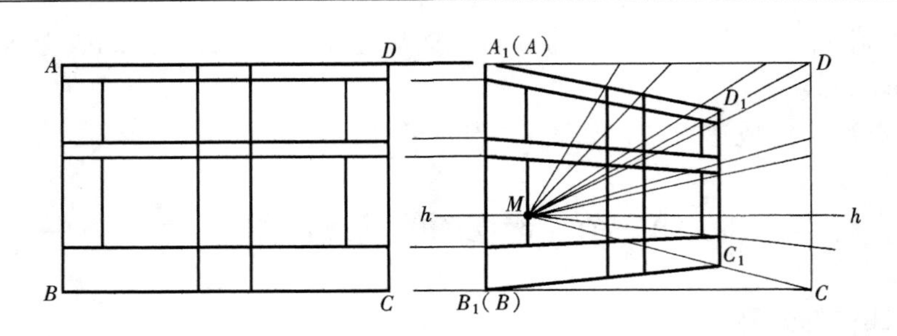

图 12-24 作立面的垂直和水平划分

寸将立面作垂直和水平分割。

此题的作法实际上是上述两类直线分割的应用。首先过 A_1 点作水平线，并把立面上 AD 的垂直分割点不改变的移到此水平线上（使 A 重合于 A_1），连点 D 和 D_1 交视平线于灭点 M，连 MC_1 交过 B（B_1）点的水平线于 C，显然 DC 垂直于 h-h；再把立面的水平分割点不改变的移到 DC 上，利用辅助灭点 M，就可将透视立面 $A_1B_1C_1D_1$ 进行垂直和水平分割。

2. 等分透视立面

图 12-25 所示，表明对透视立面进行任意等分。先要把立面作水平分格，通过对角线与这些水平分格线的交点，再作垂直分割（图中把透视立面作了三等分，继而九等分）。

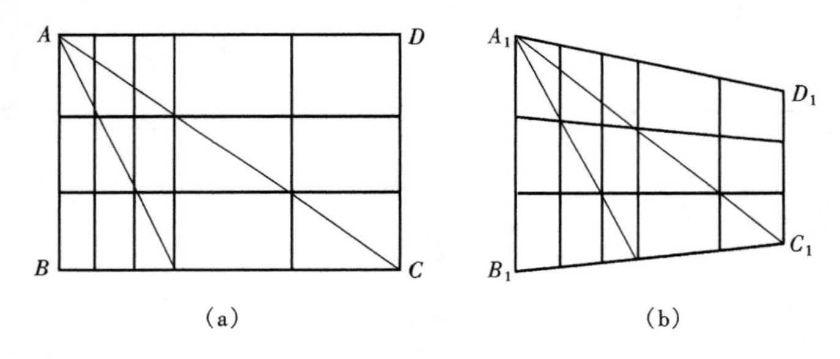

图 12-25 对透视立面作任意等分

若要对透视立面进行对分，可以利用对角线的交点，即矩形中心点。图 12-26 所示，表明对透视立面的对分。作法是：作对角线 A_1C_1 和 B_1D_1 得交点 M_1；过 M_1 作直线平行于 A_1D_1，此直线即为二等分线。这样可对某立面进行垂直或水平的对分。

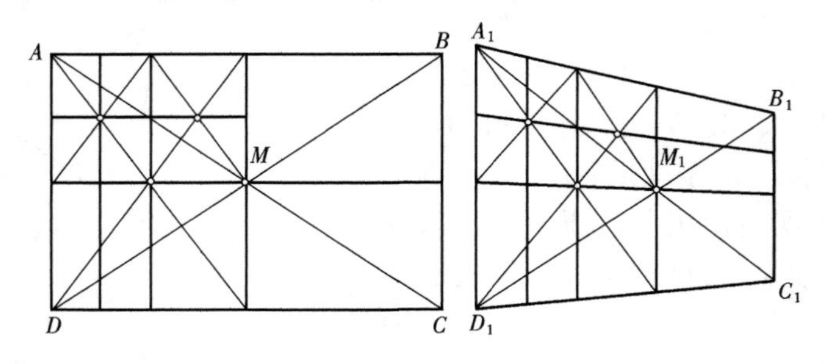

图 12-26 对透视立面作对分

二、辅助灭点法

绘制建筑透视图时，灭点常常过远，甚至会超出图幅，在这种情况下，就需要采用辅助灭点法。

如图 12-27 所示，主向 ab 的灭点 F_x 落在图板之外，主向 cb 的灭点 F_y 在图板内，为求作墙身 ab 的透视，我们过墙角点 a 作一条辅助线。

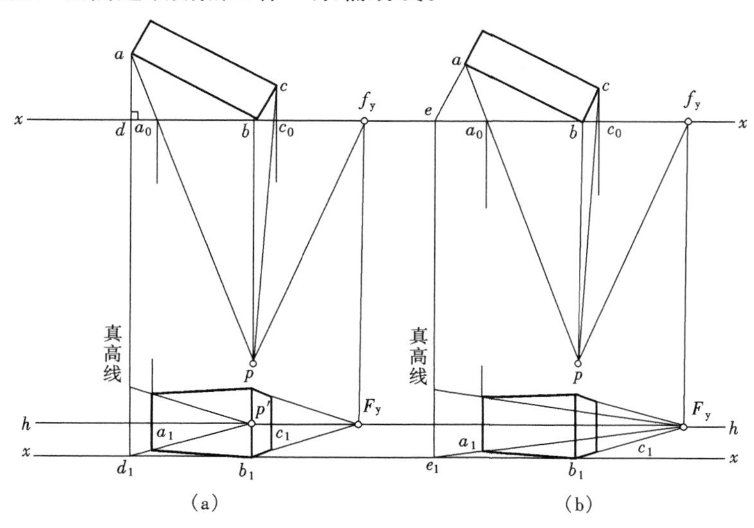

图 12-27 辅助灭点法的基本作图

方法一：利用主点作图，作辅助线 ad 垂直于画面，如图 12-27（a）所示，那么 ad 的透视 a_1d_1 就应消失于主点 p'。

方法二：利用已知灭点 F_y 作图，作辅助线 ae 平行于 bc，如图 12-27（b）所示，那么 ae 的透视 a_1e_1 也应消失于这个主向灭点 F_y。有了所作辅助线的透视后，再利用视线法，就可定出 a 点的透视 a_1。至于 a 处墙高的透视，显然不能利用原来的真高线，而要在点 d_1（或 e_1）处另立真高线，再配合主点（或灭点 F_y）求得。

三、网格法

网格法常用于绘制某一区域建筑群的鸟瞰图或者平面上具有复杂曲线的建筑单体透视图。其方法是：先在建筑平面上画出间距适宜的方格网，然后作出方格网的透视，再定出平面图的透视位置，最后根据真高线作出各部分的透视而完成透视图。图 12-28 所示为用方格网法绘制的建筑群的一点透视，作图步骤如下：

（1）在总平面图上，如图 12-28（a）所示，选定位置适当的画面，作出画面线 x-x，再作出间隔适宜的方格网，使其中一组线平行于画面，另一组垂直于画面。

（2）在画面上，如图 12-28（b）所示，按选定的视高，画出基线 x-x 和视平线 h-h，在 h-h 上确定灭点 p'，在 x-x 上按格线间的宽度定出垂直画面的格线的交点 1、2、…。这些点与 p' 点的连线就是垂直画面的一组格线的透视。再作出方格网对角线的透视 $0a'_1$，它与 $1p'$、$2p'$、…纵向格线相交，由这些交点作 x-x 的平行线，就是平行画面的另一组格线的透视。从而得到方格网的一点透视。

（3）根据总平面中，建筑物和道路在方格网中的位置，定出它们在透视网格中的位置，如图 12-28（b）所示，画出整个建筑群的透视平面图。

（4）定出建筑物的高度。过 0 点作一条铅垂线，即真高线。在真高线上取 Z_1 高，并连 p'，延长建筑透视平面的水平线与网格边缘相交后，再作铅垂线，即得建筑物的透视高度，如图 12-28（b）所示。其他各个墙角线的透视高度均按此法求取。

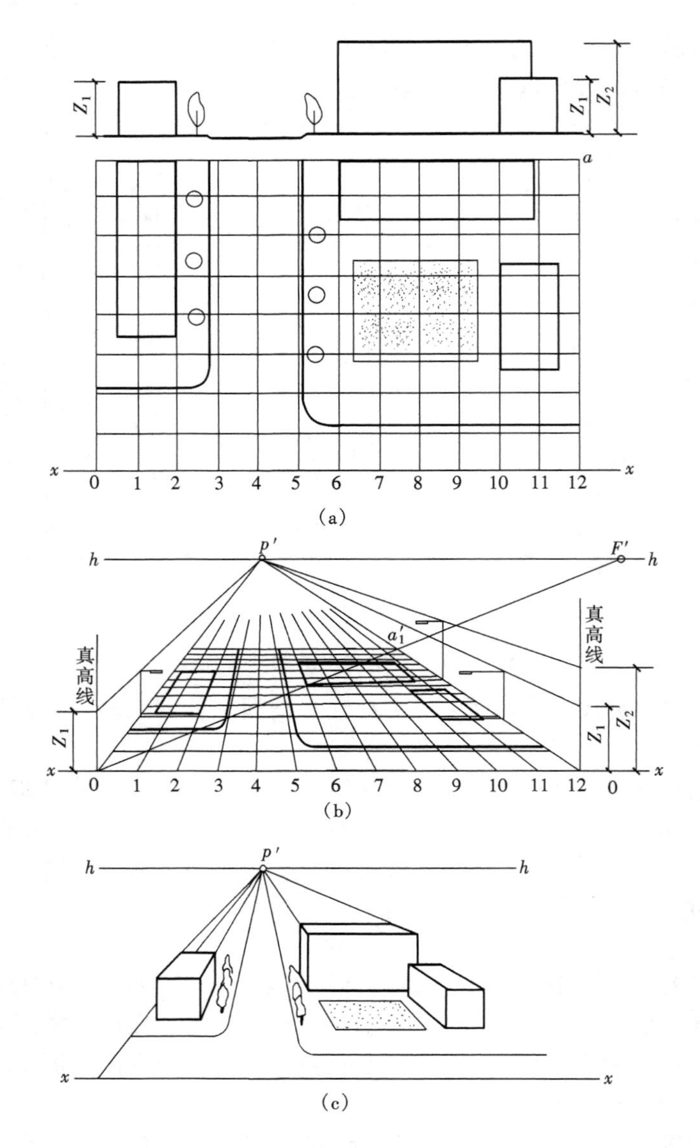

图 12-28　用方格网法绘制的某建筑群的一点透视

（5）最后完成建筑物的轮廓线。

第四节　透视图中的阴影与虚像

一、透视阴影

（一）光线的方向及其确定

绘制透视阴影，一般采用平行光线。太阳光线可看作平行光线。建筑物在平行光线照射下的阴影与光线的方向有关。因此，求做透视阴影，首先需要给出光线的方向。

光线对画面的方向可分为两种情况：

一种是平行于画面。平行于画面的光线，如同平行于画面的直线一样，在画面上没有灭点，称为无灭光线。如图 12-29 所示，这种光线的透视仍旧互相平行，并且光线投影的透视必平行于视平线。另外，光线本身的透视与其投影的透视之间的夹角 α，必等于光线在空间与地面的倾角 α。

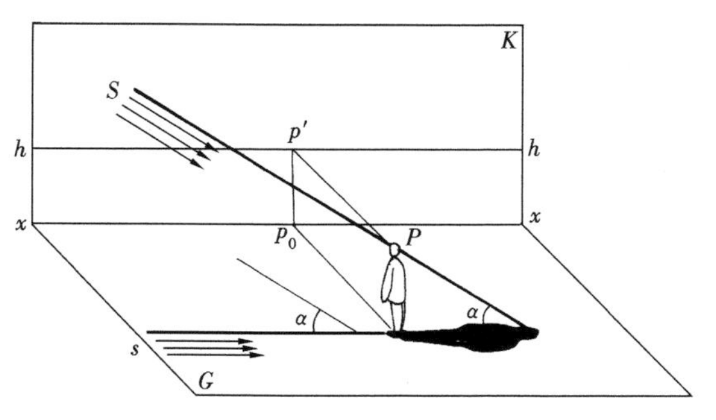

图 12-29 无灭光线的方向及确定

另一种是相交于画面。相交于画面的光线，如同相交于画面的直线一样，在画面上就有它的灭点，称为有灭光线。如图 12-30 所示为求光线的灭点，应从视点作视线平行于光线，这条视线与画面 K 的交点用大写字母 S 表示，即为光线的灭点，在透视阴影的作图中称为光点，它相当于在无限远处的光源的透视。空间光线在地面 G 上有其投影，为求光线投影的灭点，应从视点作水平视线平行于光线投影，这条水平视线与画面的交点（必位于视平线 h-h 上），用小写字母 s 表示，即为光线投影的灭点，称为足点，它相当于在无限远处光源的投影的透视。

从图 12-30 中还可以看出：

（1）如果光线从观者的左前方射来，如图 12-30（a）所示，其光点 S 应位于视平线的左上方；

（2）如果光线从观者的右后方射来，如图 12-30（b）所示，其光点 S 应位于视平线的左下方；

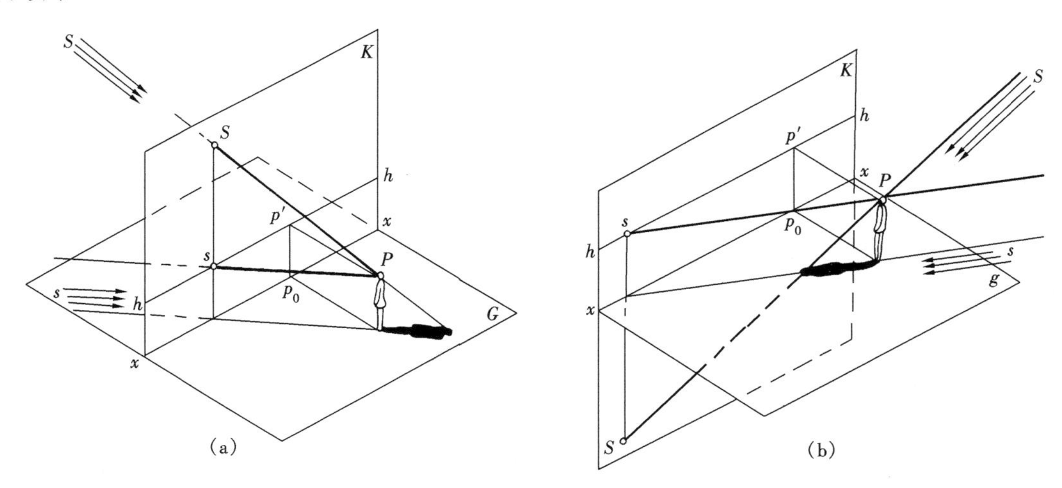

图 12-30 有灭光线的方向及确定

（3）至于光线投影的灭点（即足点 s）无论光线从什么方向射来，始终要位于视平线上，并且 $Ss \perp hh$。

由此可知：无灭光线的方向由光线和它的投影之间的夹角 α 给定；有灭光线的方向由光点 S 和足点 s 给定。至于有灭光线的光点 S 选择在视平线的上方还是下方，无灭光线的 α 角选择多大角度，这要根据建筑物的特点和画面的表达需要来考虑。

（二）透视阴影的基本作图

我们在前面学过的建筑阴影的做法在透视阴影作图中依然适用。直线落影的一些基本特性，比如直线和承影平面平行，它的落影必平行于直线本身；直线和承影面相交，它的落影必通过两者的交点；铅垂线在水平面上的落影，必与光线在水平面上的落影相重合等，在透视阴影中也同样保持。只是用上述基本方法和基本性质作图时要注意遵循透视阴影的消失规律。

【例 12-5】　求作雨篷、门洞和台阶的透视阴影。

如图 12-31 所示，有灭光线的光点和足点为已知。我们可把此题目分解成几个简单的题目而一一求出。其作图步骤如下：

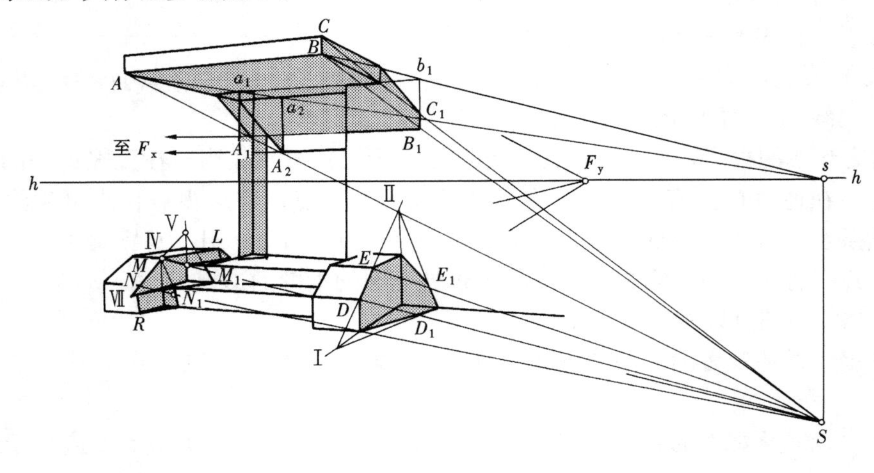

图 12-31　雨篷、门洞和台阶在有灭光线下的透视阴影

(1) 雨篷的阴影。雨篷左角阴点 A 在门洞面上的影点 A_2 可用光线迹点法求出：过 A 向足点 s 作光线的投影（以雨篷底面为水平投影面），在门洞面与雨篷底面的交线上得交点 a_2，再由 a_2 向下作垂线与过 A 点向光点 S 所作的光线相交，得影点 A_2。同样可以作出雨篷其他阴点在门洞面或墙面上的影点，注意有关的水平面和铅垂面的交线要找正确。

(2) 台阶的阴影。右侧栏板在地面和墙面上的落影，可用光线迹点法、扩大平面延长棱线法求出。左侧栏板的阴线 $LMNR$ 在台阶踏步上的落影，可用扩大平面延长棱线法作出。

(3) 洞口本身的阴影很容易作出。

二、虚像

我们在做室内透视时，如果房间里挂着大镜子，就需要作出室内家具在镜子里面的虚像，其形成原理就是物理学上镜面成像原理，物体在平面镜里的像和物体大小相等，互相对称，对称图形的特点是：

(1) 对称点的连线垂直于对称面；

(2) 对称点到对称面的距离相等。

镜中虚像的作图，要根据镜面与画面的各种相对位置而采用不同的方法。下面介绍两种方法。

1. 镜面既垂直于画面又垂直于地面

如图 12-32 所示，为求铅垂线 Aa 在镜面 R 中的虚像 A_1a_1，先过 a 点作平行于视平线的直线，在镜面 R 与地面的交线 23 上得点 a_0，并过 a_0 画对称轴平行于 12；再在所作的直线上截取 $a_1a_0=a_0a$；又过 a_1 向上作铅垂线，使 $A_1a_1=Aa$。

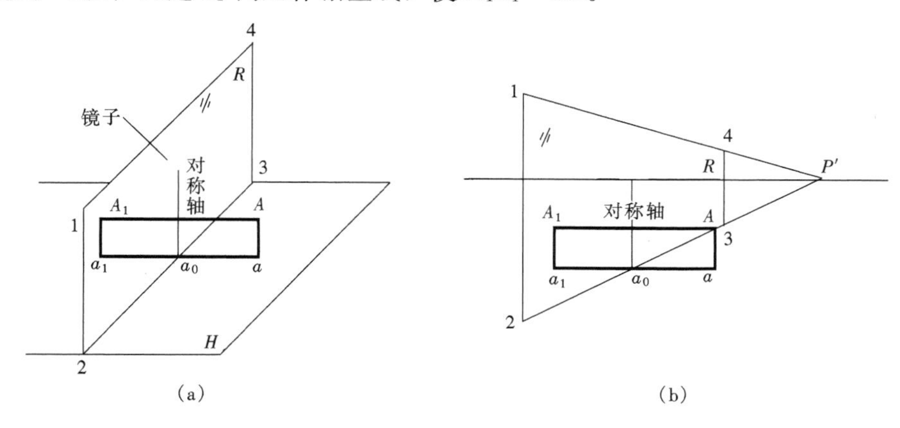

图 12-32 镜面既垂直于画面又垂直于地面

图 12-33 所示为在室内一点透视中，作出门窗及桌子在墙面镜子里的虚像实例。

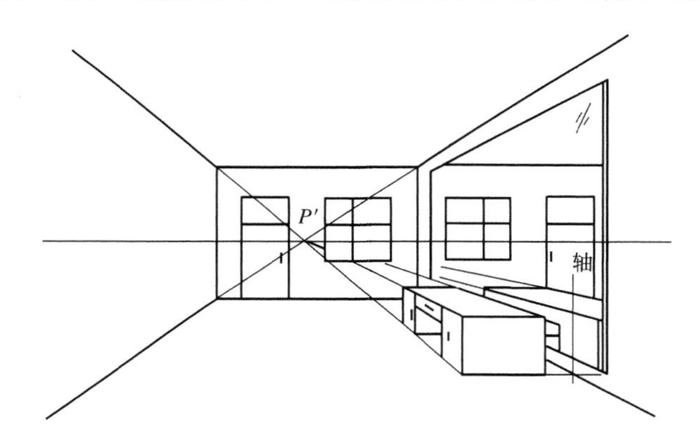

图 12-33 作室内一点透视中的镜面虚像

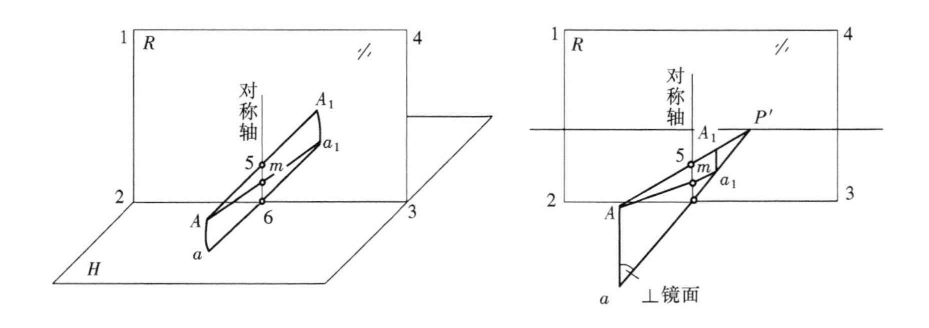

图 12-34 镜面平行画面

2. 镜面平行于画面

如图 12-34 所示，为求铅垂线 Aa 的虚像 A_1a_1，应先分别过 A 点和 a 点，作透视线向心点 S_0 消失，在画面上得对称轴 56；连点 A 和 56 的中点 m 作为对角线 Am，与 aS_0 相交，

得 a_1 点；又过 a_1 向上作铅垂线与 AS_0 相交，得 A_1 点；线段 A_1a_1 即为所求。

图 12-35 所示为在室内的两点透视中，作出门窗及桌子在正墙面镜子里的虚像作图实例。

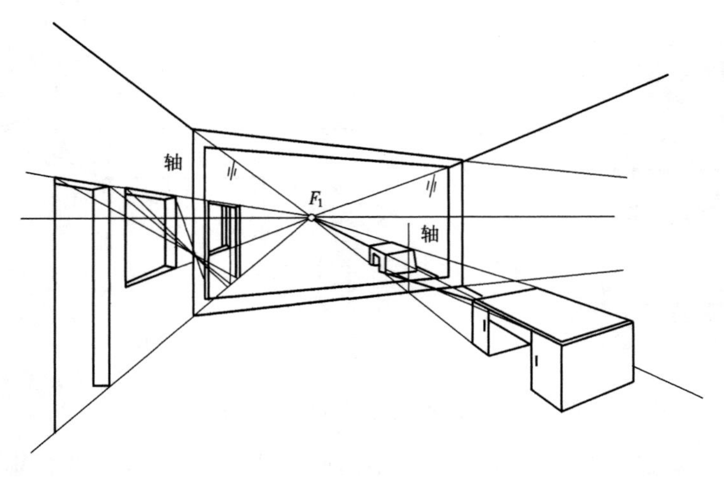

图 12-35 作室内两点透视中的镜面虚像

第三篇 专 业 制 图

第十三章 建 筑 施 工 图

第一节 概 述

一、房屋的组成及其作用

房屋是供人们日常生产、生活和工作的主要场所，是人类生存和发展的物质基础。

一幢房屋是由基础、墙或柱、楼（地）面、楼梯、屋面、门窗等组成，下面以图 13-1 为例，将房屋的各个组成部分及其作用简介如下：

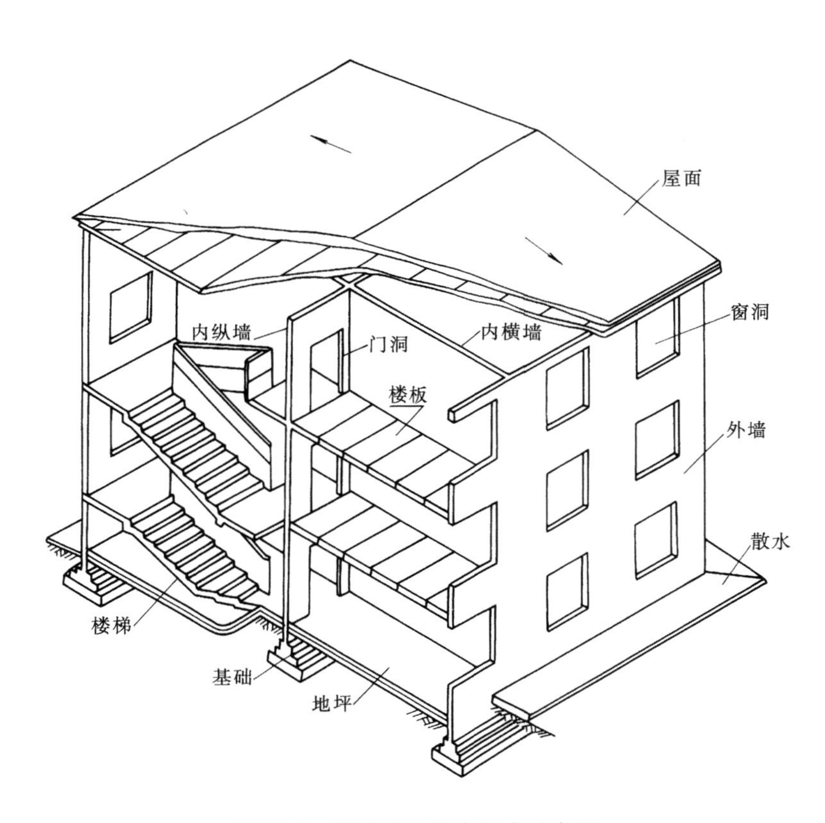

图 13-1 某房屋的基本组成示意图

1. 基础

基础是房屋埋在地面以下的最下方的结构体。它承受着房屋的全部荷载，并把这些荷载传给地基。

2. 墙或柱

墙或柱是房屋的垂直承重构件，它承受屋顶、楼层传来的各种荷载，并传给基础。外墙同时也是房屋的围护构件，抵御风雪及寒暑对室内的影响，内墙同时起分隔房间的作用。

3. 楼（地）面

楼（地）面是水平的承重和分隔构件，它将楼层的荷载通过楼板传给柱或墙。地面是指首层室内地坪，它承受第一层房间的荷载。

4. 楼梯

楼梯是楼房中联系上下层的垂直交通设施，也是火灾等灾害发生时的紧急疏散要道。

5. 屋面

屋面是房屋顶部的围护和承重构件，用以防御自然界的风、雨、雪、日晒、高温、低温和噪声，同时承受自重及外部荷载。

6. 门窗

门是具有出入、疏散、采光、通风、防火等多种功能的设施，窗具有日照、采光、通风、传递、观察、眺望的作用。

7. 其他

此外房屋还有通道、烟道、电梯、阳台、壁橱、勒脚、雨篷、台阶、天沟、雨水管等配件和设施，它们在房屋中根据使用要求，发挥着各自的作用。

二、房屋建筑工程图的内容

房屋建筑工程图是将建筑物的平面布置、外形轮廓、装修、尺寸大小、结构构造和材料做法等内容，按照“国标”的规定，用正投影方法，详细准确地画出的图样。它是用以组织、指导建筑施工、进行经济核算、工程监理、完成房屋建造的一套图纸，所以又称为房屋施工图。

（一）房屋的设计程序

设计一般分为初步设计和施工图设计两个阶段。

1. 初步设计阶段

初步设计是根据有关设计基础资料，拟定工程建设实施的初步方案，阐明工程在拟定的时间、地点以及投资数额内在技术上的可能性和经济上的合理性，并编制项目的总概算。

2. 施工图设计阶段

施工图设计是根据批准的初步设计文件，对于工程建设方案进一步具体化、明确化，通过详细的计算和安排，绘制出正确、完整的用于指导施工的图纸，并编制施工图预算。

（二）房屋施工图的内容

一套完整的房屋施工图，根据其专业内容或作用的不同，一般分为：

1. 建筑施工图（简称建施）

建筑施工图主要表明建筑物的总体布局、外部造型、内部布置、细部构造、内外装饰等情况。它包括首页图（设计说明）、建筑总平面图、平面图、立面图、剖面图和详图等。

2. 结构施工图（简称结施）

结构施工图主要表明建筑物各承重构件的布置和构造等情况。它包括首页图（结构设计说明）、基础平面图及基础详图、结构平面布置图及节点构造详图、钢筋混凝土构件详图等。

3．设备施工图（简称设施）

设备施工图是表明建筑物各专业管道和设备的布置及安装要求的图样。它包括给水排水施工图（简称水施）、暖通空调施工图（简称暖施）、电气施工图（简称电施）等。它们一般都是由首页图、平面图、系统图、详图等组成。

一幢房屋全套施工图的编排一般应为：图纸目录、建筑施工图、结构施工图、给水排水施工图、暖通空调施工图、电气施工图等。

各专业的图纸，应按图纸内容的主次关系、逻辑关系进行分类排序。

三、房屋建筑工程图的有关规定

房屋建筑工程图应按《房屋建筑制图统一标准》（GB/T 50001—2010）的有关规定绘制。

（一）定位轴线

定位轴线是确定建筑物或构筑物主要承重构件平面位置的重要依据。在施工图中，凡是承重的墙、柱子、大梁、屋架等主要承重构件，都要画出定位轴线来确定其位置。对于非承重的隔墙、次要构件等，有时用附加定位轴线（分轴线），来确定其位置，也可由注明其与附近定位轴线的有关尺寸来确定。具体规定如下：

（1）定位轴线应用细单点长画线绘制。

（2）定位轴线一般应编号，编号应注写在轴线端部的圆内。圆应用细实线绘制，直径为 8～10mm，定位轴线圆的圆心，应在定位轴线的延长线上或延长线的折线上。

（3）平面图上定位轴线的编号，宜标注在图样的下方或左侧，横向编号应用阿拉伯数字，从左至右顺序编写；竖向编号应用大写拉丁字母，从下至上顺序编写，拉丁字母的 *I*、*O*、*Z* 不得用做轴线编号，如图 13-2 所示。当字母数量不够使用，可增用双字母或单字母加数字注脚。

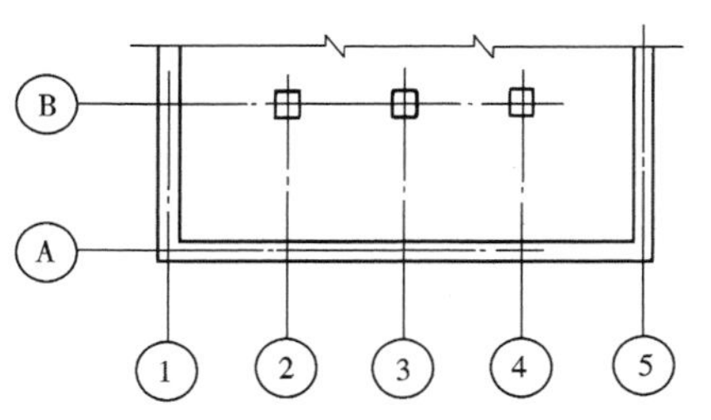

图 13-2　定位轴线的编号顺序

（4）组合较复杂的平面图中定位轴线也可采用分区编号，如图 13-3 所示。

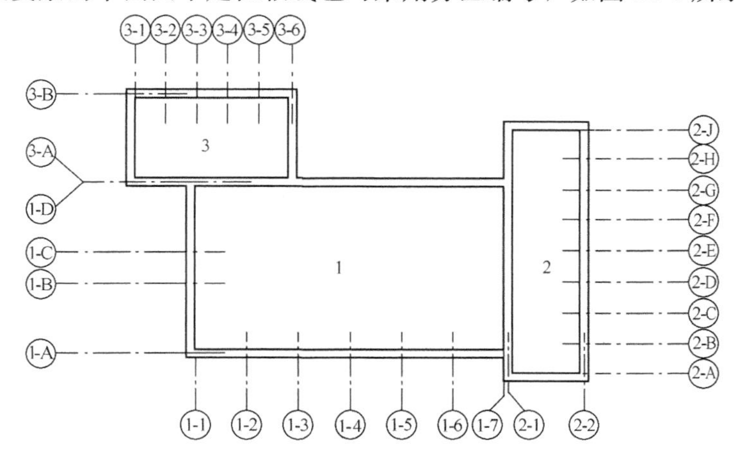

图 13-3　定位轴线的分区编号

编号的注写形式应为“分区号—该分区编号”。“分区号—该分区编号”采用阿拉伯数字或大写拉丁字母表示。

（5）附加定位轴线的编号，应以分数形式表示。两根轴线间的附加轴线，应以分母表示前一轴线的编号，分子表示附加轴线的编号，编号宜用阿拉伯数字顺序编号，如：

1/2 表示 2 号轴线之后附加的第一根轴线；

3/C 表示 C 号轴线之后附加的第三根轴线。

1 号轴线或 A 号轴线之前的附加轴线的分母应以 01 或 0A 表示，如：

1/01 表示 1 号轴线之前附加的第一根轴线；

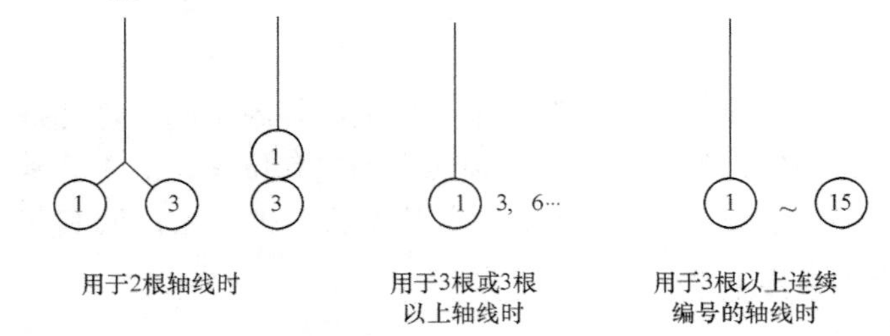

图 13-4　详图的轴线编号

3/0A 表示 A 号轴线之前附加的第三根轴线。

（6）对于详图上的轴线编号，若该详图适用于几根轴线时，应同时标注有关轴线的编号，如图 13-4 所示；通用详图中的定位轴线，一端只画圆，不注写轴线编号。

（7）圆形与弧形平面图中的定位轴线，其径向轴线应以角度进行定位，其编号宜用阿拉伯数字表示，从左下角或－90°（若径向轴线很密，角度间隔很小）开始，按逆时针顺序编写；其环向轴线宜用大写阿拉伯字母表示，从外向内顺序编写，如图 13-5（a）、（b）所示。

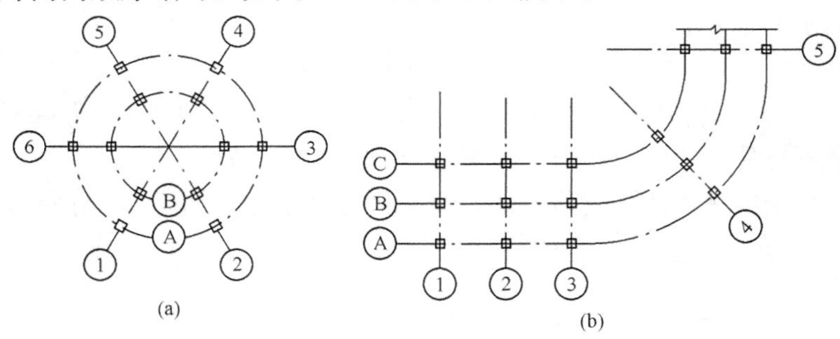

图 13-5　平面定位轴线的编号

（a）圆形平面定位轴线的编号；（b）弧形平面定位轴线的编号

（8）折线形平面图中定位轴线的编号可按图 13-6 所示形式编写。

（二）索引符号、详图符号及引出线

施工图中的部分图形或某一构件，由于比例较小或细部构造较复杂，而无法表示清楚时，通常要将这些图形和构件用较大的比例放大画出，这种放大后的图就称为详图。

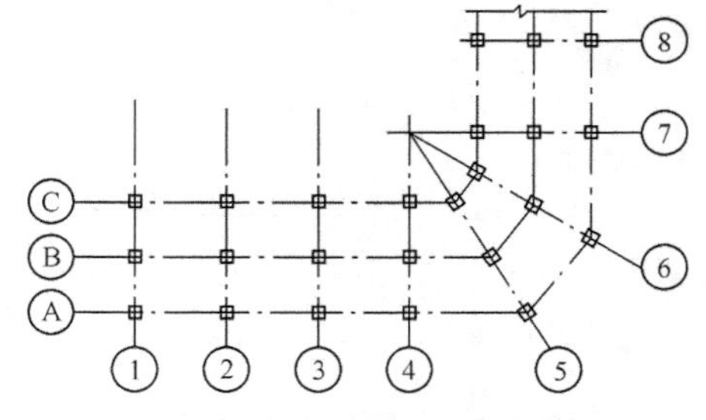

图 13-6　折线形平面定位轴线的编号

1. 索引符号

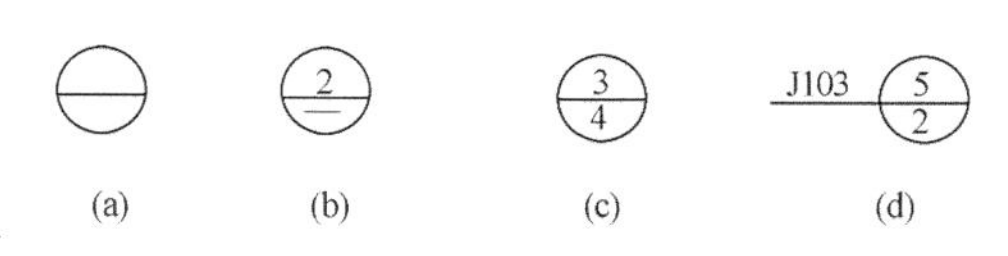

图 13-7 索引符号

图样中的某一局部或构件，如需另见详图，应以索引符号索引，如图 13-7（a）所示。索引符号是由直径为 8～10mm 的圆和水平直径组成，圆及水平直径应以细实线绘制。索引符号应按下列规定编写：

（1）索引出的详图，如与被索引的详图同在一张图纸内，应在索引符号的上半圆中用阿拉伯数字注明该详图的编号，并在下半圆中间画一段水平细实线，如图 13-7（b）所示。

（2）索引出的详图，如与被索引的详图不在同一张图纸内，应在索引符号的上半圆中用阿拉伯数字注明该详图的编号，在索引符号的下半圆中用阿拉伯数字注明该详图所在图纸的编号，如图 13-7（c）所示。数字较多时，可加文字标注。

（3）索引出的详图，如采用标准图，应在索引符号水平直径的延长线上加注该标准图集的编号，如图 13-7（d）所示。需要标注比例时，文字在索引符号右侧或延长线下方，与符号下对齐。

（4）当索引符号用于索引剖视详图，应在被剖切的部位绘制剖切位置线，并以引出线引出索引符号，引出线所在的一侧应为剖视方向，如图 13-8 所示。

（5）零件、钢筋、杆件、设备等的编号宜以直径为 5～6mm 的细实线圆表示，同一图样应保持一致，其编号应用阿拉伯数字按顺序编写，如图 13-9 所示。消火栓、配电箱、管井等的索引符号，直径宜为 4～6mm。

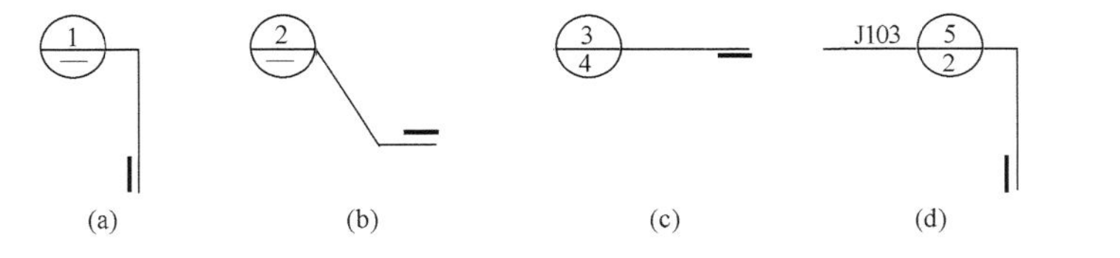

图 13-8 用于索引剖面详图的索引符号

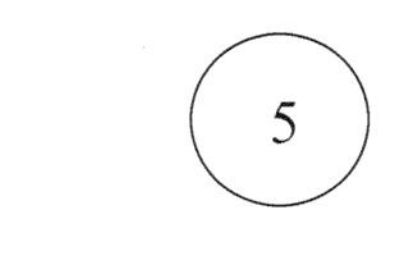

图 13-9 零件、钢筋等的编号

2. 详图符号

详图的位置和编号应以详图符号表示。详图符号的圆应以直径为 14mm 的粗实线绘制。详图应按下列规定编写：

（1）详图与被索引的图样同在一张图纸内时，应在详图符号内用阿拉伯数字注明详图的编号，如图 13-10 所示。

（2）详图与被索引图样不在同一张图纸内，应用细实线在详图符号内画一水平直径，在上半圆中注明详图编号，在下半圆中注明被索引的图纸编号，如图 13-11 所示。

图 13-10 与被索引图样同在一张图纸内的详图符号　图 13-11 与被索引图样不在一张图纸内的详图符号

3. 引出线

引出线是对图样上某些部位引出文字说明、符号编号和尺寸标注等用的，其画法规定如下：

（1）引出线应以细实线绘制，宜采用水平方向的直线、与水平方向成 30°、45°、60°、90°的直线，或经上述角度再折为水平线。文字说明宜注写在水平线的上方，如图 13-12（a）所示，也可注写在水平线的端部，如图 13-12（b）所示。索引详图的引出线应与水平直径线相连接，如图 13-12（c）所示。

（2）同时引出几个相同部分的引出线，宜互相平行，如图 13-13（a）所示，也可画成集中于一点的放射线，如图 13-13（b）所示。

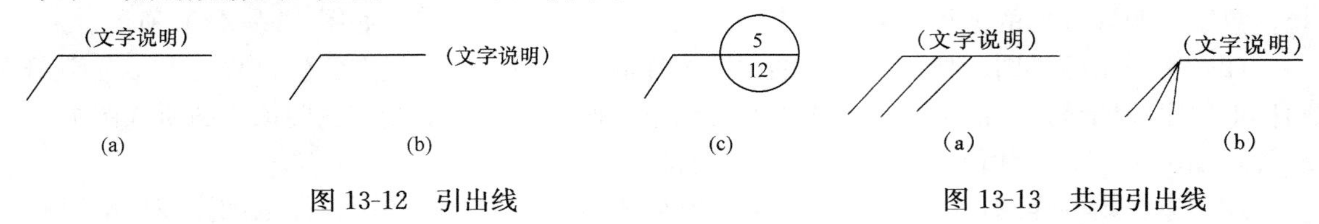

图 13-12　引出线　　　图 13-13　共用引出线

（3）多层构造或多层管道共用引出线，应通过被引出的各层，并用圆点示意对应各层次。文字说明宜注写在水平线的上方，或注写在水平线的端部，说明的顺序应由上至下，并应与被说明的层次对应一致；如层次为横向排序，则由上至下的说明顺序应与由左至右的层次对应一致，如图 13-14 所示。

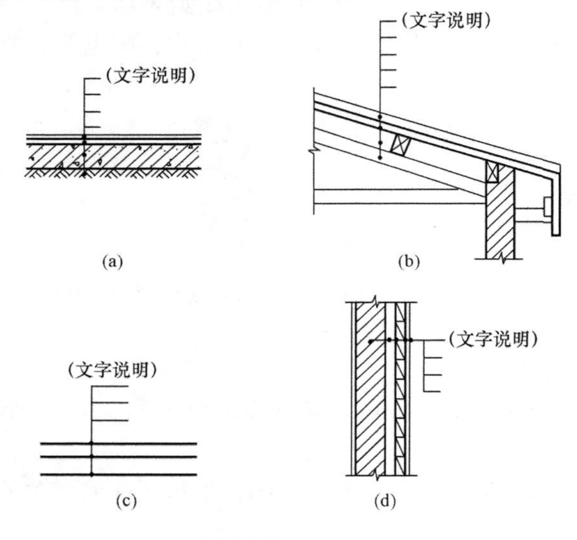

图 13-14　多层共用引出线

（三）标高

标高是以某一水平面作为基准面，并作零点（水准原点）起算地面（楼面）至基准面的垂直高度。建筑物各部分或各个位置的高度主要用标高来表示。《房屋建筑制图统一标准》中，规定了它的标注方法。

（1）标高符号应以直角等腰三角形表示，按图 13-15（a）所示形式用细实线绘制。当标注位置不够，也可按图 13-15（b）所示形式绘制。标高符号的具体画法如图 13-15（c）、（d）所示。

（2）总平面图室外地坪标高符号，宜用涂黑的三角形表示，具体画法如图 13-16 所示。

（3）标高符号的尖端应指至被注高度的位置。尖端一般宜向下，也可向上。标高数字应注写在标高符号的上侧或下侧，如图 13-17 所示。

（4）标高数字应以米为单位，注写到小数点以后第三位。在总平面图中，可注写到小数点以后第二位。

（5）零点标高应注写成±0.000，正数标高不注“+”，负数标高应注“－”，例如 3.000、－0.600。

（6）在图样的同一位置需表示几个不同标高时，标高数字可按图 13-18 所示的形式注写。

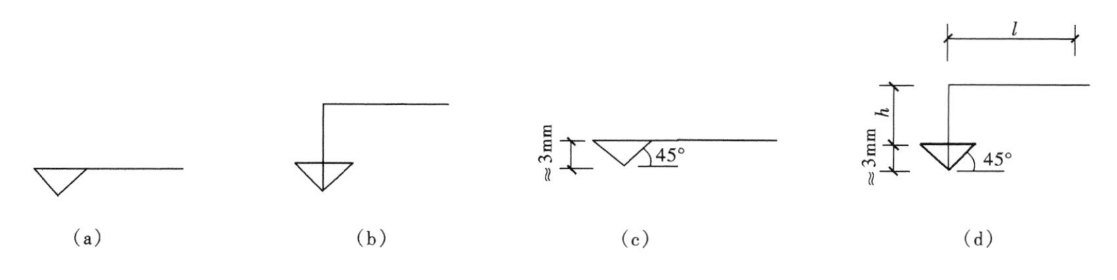

图 13-15　标高符号

l—取适当长度注写标高数字；h—根据需要取适当高度

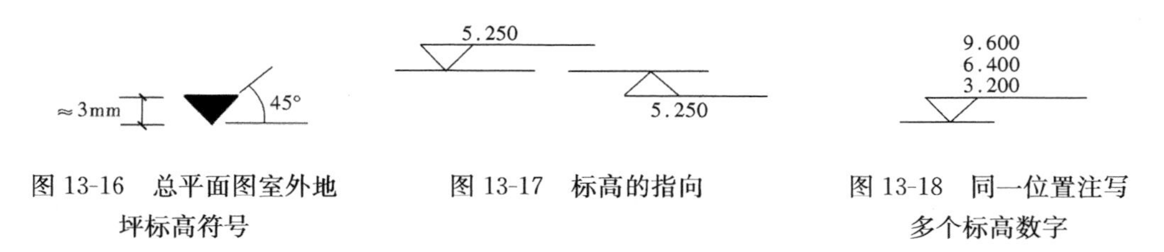

图 13-16　总平面图室外地坪标高符号

图 13-17　标高的指向

图 13-18　同一位置注写多个标高数字

标高有绝对标高和相对标高之分：

绝对标高：我国是以青岛附近的黄海平均海平面为零点，以此为基准而设置的标高。

相对标高：标高的基准面（即±0.000 水平面）是根据工程需要而选定的，这类标高称为相对标高。在一般建筑中，通常取底层室内主要地面作为相对标高的基准面。

（四）其他符号

1. 对称符号

当建筑物或构配件的图形对称时，可在图形的对称中心处画上对称符号，另一半图形可省略不画。对称符号用对称线和两端的两对平行线组成。对称线用细单点长画线绘制；平行线用细实线绘制，其长度宜为 6～10mm，每对间距宜为 2～3mm；对称线垂直平分于两对平行线，两端超出平行线宜为 2～3mm，如图 13-19（a）所示。

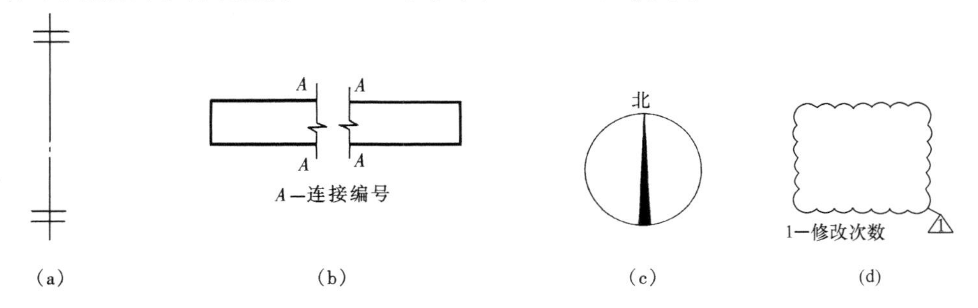

图 13-19　其他符号

（a）对称符号；（b）连接符号；（c）指北针；（d）变更云线

2. 连接符号

连接符号是用来表示构件图形的一部分与另一部分相接关系的。连接符号应以折断线表示需连接的部位。两部位相距过远时，折断线两端靠图样一侧应标注大写拉丁字母表示连接编号。两个被连接的图样应用相同的字母编号，如图 13-19（b）所示。

3. 指北针

指北针是用来指明建筑物朝向的符号。其形状如图 13-19（c）所示，圆的直径宜为24mm，用细实线绘制；指针尾部的宽度宜为 3mm，指针头部应注“北”或“N”字。需用较大直径绘制指北针时，指针尾部宽度宜为直径的 1/8。

4. 云线

对图纸中局部变更部分宜采用云线，并宜注明修改版次，如图 13-19（d）所示。

四、计算机制图

（一）计算机制图文件

计算机制图文件可分为工程图库文件和工程图纸文件。工程图库文件可在一个以上的工程中重复使用；工程图纸文件只能在一个工程中使用。

建立合理的文件目录结构，可对计算机制图文件进行有效的管理和利用。

1. 工程图纸编号

工程图纸编号应符合下列规定：

(1) 工程图纸根据不同的子项（区段）、专业、阶段等进行编排，宜按照设计总说明、总平面图、平面图、立面图、剖面图、详图、清单、简图等的顺序编号。

(2) 工程图纸编号应使用汉字、数字和连字符“—”的组合。

(3) 在同一工程中，应使用统一的工程图纸编号格式，工程图纸编号应自始至终保持不变。

工程图纸编号格式应符合下列规定：

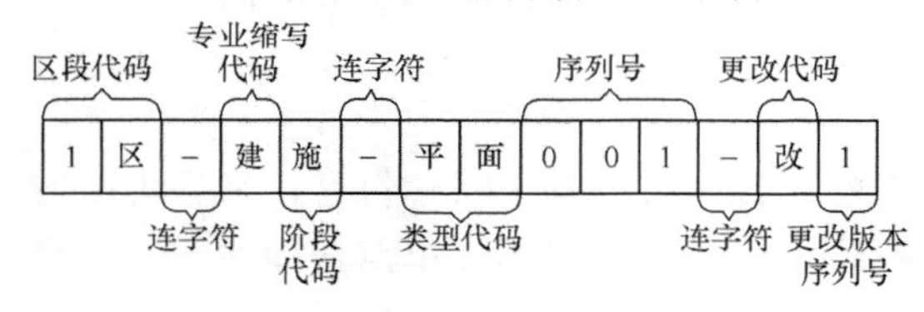

图 13-20 工程图纸编号格式

(1) 工程图纸编号可由区段代码、专业缩写代码、阶段代码、类型代码、序列号、更改代码和更改版本序列号等组成，如图 13-20 所示。其中区段代码、类型代码、更改代码和更改版本序列号可根据需要设置。区段代码与专业缩写代码、阶段代码与类型代码、序列号与更改代码之间用连字符“—”分隔开。

(2) 区段代码用于工程规模较大、需要划分子项或分区段时，区别不同的子项或分区，由 2～4 个汉字和数字组成。

(3) 专业缩写代码用于说明专业类别，由 1 个汉字组成；宜选用表 13-1 所列出的常用专业缩写代码。

表 13-1 常用专业代码列表

专 业	专业代码名称	英文专业代码名称	备 注
总图	总	G	含总图、景观、测量/地图、土建
建筑	建	A	含建筑、室内设计
结构	结	S	含结构
给水排水	水	P	含给水、排水、管道、消防
暖通空调	暖	M	含采暖、通风、空调、机械
电气	电	E	含电气（强电）、通信（弱电）、消防

（4）阶段代码用于区别不同的设计阶段，由 1 个汉字组成；宜选用表 13-2 所列出的常用阶段代码。

表 13-2　　常用阶段代码列表

设计阶段	阶段代码名称	英文阶段代码名称	备　注
可行性研究	可	S	含预可行性研究阶段
方案设计	方	C	—
初步设计	初	P	含扩大初步设计阶段
施工图设计	施	W	—

（5）类型代码用于说明工程图纸的类型，由 2 个字符组成；宜选用表 13-3 所列出的常用类型代码。

表 13-3　　常用类型代码列表

工程图纸文件类型	类型代码名称	英文类型代码名称
图纸目录	目录	CL
设计总说明	说明	NT
楼层平面图	平面	FP
场区平面图	场区	SP
拆除平面图	拆除	DP
设备平面图	设备	QP
现有平面图	现有	XP
立面图	立面	EL
剖面图	剖面	SC
大样图（大比例视图）	大样	LS
详图	详图	DT
三维视图	三维	3D
清单	清单	SH
简图	简图	DG

（6）序列号用于标识同一类图纸的顺序，由 001～999 之间的任意 3 位数字组成。

（7）更改代码用于标识某张图纸的变更图，用汉字“改”表示。

（8）更改版本序列号用于标识变更图的版次，由 1～9 之间的任意 1 位数字组成。

2. 计算机制图文件命名

工程图纸文件命名应符合下列规定：

（1）工程图纸文件可根据不同的工程、子项或分区、专业、图纸类型等进行组织，命名规则应具有一定的逻辑关系，便于识别、记忆、操作和检索。

（2）工程图纸文件名称应使用拉丁字母、数字、连字符“—”和井字符“#”的组合。

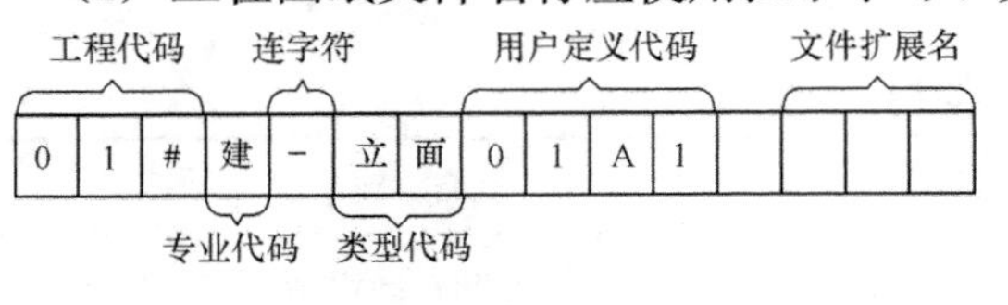

图 13-21 工程图纸文件命名格式

（3）在同一工程中，应使用统一的工程图纸文件名称格式，工程图纸文件名称应自始至终保持不变。

工程图纸文件命名格式应符合下列规定：

（1）工程图纸文件名称可由工程代码、专业代码、类型代码、用户定义代码和文件扩展名组成，如图 13-21 所示，其中工程代码和用户定义代码可根据需要设置。专业代码与类型代码之间用连字符“—”分隔开；用户定义代码与文件扩展名之间用小数点“.”分隔开。

（2）工程代码用于说明工程、子项或区段，可由 2～5 个字符和数字组成。

（3）专业代码用于说明专业类别，由 1 个字符组成；宜选用表 13-1 所列出的常用专业代码。

（4）类型代码用于说明工程图纸文件的类型，由 2 个字符组成；宜选用表 13-3 所列出的常用类型代码。

（5）用户定义代码用于说明工程图纸文件的类型，宜由 2～5 个字符和数字组成，其中前两个字符为标识同一类图纸文件的序列号，后两位字符表示工程图纸文件变更的范围与版次，如图 13-22 所示。

第1版次部分变更

0	1	#	建	-	立	面	0	1	R	1				

第1版次全部变更

0	1	#	建	-	立	面	0	1	X	1				

第A版次第1次变更

0	1	#	建	-	立	面	0	1	A	1				

图 13-22 工程图纸文件变更范围与版次表示

（6）小数点后的文件扩展名由创建工程图纸文件的计算机制图软件定义，由 3 个字符组成。

工程图库文件命名应符合下列规定：

（1）工程图库文件应根据建筑体系、组装需要或用法等进行分类，并应便于识别、记忆、操作和检索。

（2）工程图库文件名称应使用拉丁字母和数字的组合。

（3）在特定工程中使用工程图库文件，应将该工程图库文件复制到特定工程的文件夹中，并应更名为与特定工程相适合的工程图纸文件名。

3. 计算机制图文件夹

（1）计算机制图文件夹宜根据工程、设计阶段、专业、使用人和文件类型等进行组织。计算机制图文件夹的名称可由用户或计算机制图软件定义，并应在工程上具有明确的逻辑关系，便于识别、记忆、管理和检索。

（2）计算机制图文件夹名称可使用汉字、拉丁字母、数字和连字符“—”的组合，但汉字与拉丁字母不得混用。

（3）在同一工程中，应使用统一的计算机制图文件夹命名格式，计算机制图文件夹名称应自始至终保持不变，且不得同时使用中文和英文的命名格式。

（4）为满足协同设计的需要，可分别创建工程、专业内部的共享与交换文件夹。

4. 计算机制图文件的使用与管理

（1）工程图纸文件应与工程图纸一一对应，以保证存档时工程图纸与计算机制图文件的一致性。

（2）计算机制图文件宜使用标准化的工程图库文件。

（3）计算机制图文件应及时备份，避免文件及数据的意外损坏、丢失等；计算机制图文件备份的时间和份数可根据具体情况自行确定，宜每日或每周备份一次。

（4）应采取定期备份、预防计算机病毒、在安全的设备中保存文件的副本、设置相应的文件访问与操作权限、文件加密及使用不间断电源（UPS）等保护措施，对计算机制图文件进行有效保护。

（5）计算机制图文件应及时归档。

（6）不同系统间图形文件交换应符合现行国家标准 GB/T 16656《工业自动化系统与集成产品数据表达与交换》的规定。

5. 协同设计与计算机制图文件

协同设计的计算机制图文件组织应符合下列规定：

（1）采用协同设计方式，应根据工程的性质、规模、复杂程度和专业需要，合理、有序地组织计算机制图文件，并应据此确定设计团队成员的任务分工。

（2）采用协同设计方式组织计算机制图文件，应以减少或避免设计内容的重复创建和编辑为原则，条件许可时，宜使用计算机制图文件参照方式。

（3）为满足专业之间协同设计的需要，可将计算机制图文件划分为各专业共用的公共图纸文件、向其他专业提供的资料文件和仅供本专业使用的图纸文件。

（4）为满足专业内部协同设计的需要，可将本专业的一个计算机制图文件分解为若干零件图文件，并建立零件图文件与组装图文件之间的联系。

协同设计的计算机制图文件参照应符合下列规定：

（1）在主体计算机制图文件中，可引用具有多级引用关系的参照文件，并允许对引用的参照文件进行编辑、剪裁、拆离、覆盖、更新、永久合并的操作。

（2）为避免参照文件的修改引起主体计算机制图文件的变动，主体计算机制图文件归档时，应将被引用的参照文件与主体计算机制图文件永久合并（绑定）。

（二）计算机制图文件图层

（1）图层命名应符合下列规定：

1）图层可根据不同用途、设计阶段、属性和使用对象等进行组织，在工程上应具有明确的逻辑关系，便于识别、记忆、软件操作和检索。

2）图层名称可使用汉字、拉丁字母、数字和连字符“－”的组合，但汉字与拉丁字母不得混用。

3）在同一工程中，应使用统一的图层命名格式，图层名称应自始至终保持不变，且不得同时使用中文和英文的命名格式。

（2）图层命名格式应符合下列规定：

1）图层命名应采用分级形式，每个图层名称由 2～5 个数据字段（代码）组成，第一级为专业代码，第二级为主代码，第三、四级分别为次代码 1 和次代码 2，第五级为状态代码；其中第三～五级可根据需要设置；每个相邻的数据字段用连字符“－”分隔开。

2）专业代码用于说明专业类别，宜选用表13-1所列出的常用专业代码。

3）主代码用于详细说明专业特征，主代码可以和任意的专业代码组合。

4）次代码1和次代码2用于进一步区分主代码的数据特征，次代码可以和任意的主代码组合。

5）状态代码用于区分图层中所包含的工程性质或阶段；状态代码不能同时表示工程状态和阶段，宜选用表13-4所列出的常用状态代码。

表13-4 常用状态代码列表

工程性质或阶段	状态代码名称	英文状态代码名称	备注
新建	新建	N	—
保留	保留	E	—
拆除	拆除	D	—
拟建	拟建	F	—
临时	临时	T	—
搬迁	搬迁	M	—
改建	改建	R	—
合同外	合同外	X	—
阶段编号	—	1～9	—
可行性研究	可研	S	阶段名称
方案设计	方案	C	阶段名称
初步设计	初设	P	阶段名称
施工图设计	施工图	W	阶段名称

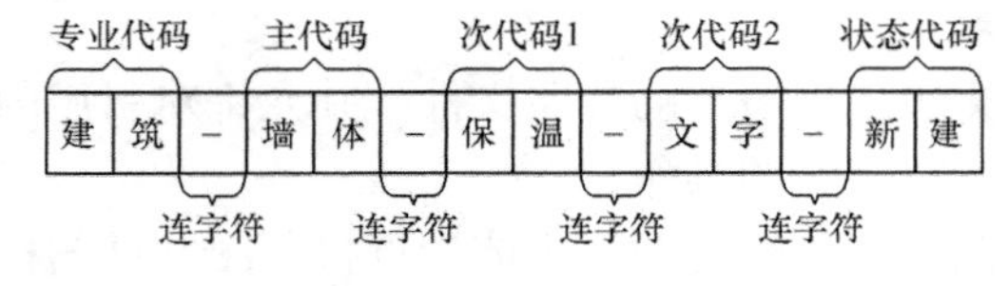

图13-23 中文图层命名格式

6）中文图层名称宜采用图13-23所示格式，每个图层名称由2～5个数据字段组成，每个数据字段为1～3个汉字，每个相邻的数据字段用连字符“—”分隔开。

7）英文图层名称宜采用图13-24所示格式，每个图层名称由2～5个数据字段组成，每个数据字段为1～4个字符，每个相邻的数据字段用连字符“—”分隔开；其中专业代码为1个字符，主代码、次代码1和次代码2为4个字符，状态代码为1个字符。

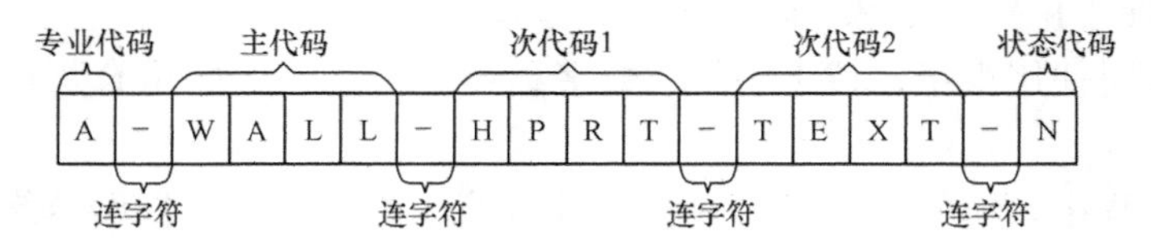

图13-24 英文图层命名格式

（三）计算机制图规则

（1）计算机制图的方向与指北针应符合下列规定：

1）平面图与总平面图的方向宜保持一致。

2）绘制正交平面图时，宜使定位轴线与图框边线平行，如图 13-25 所示。

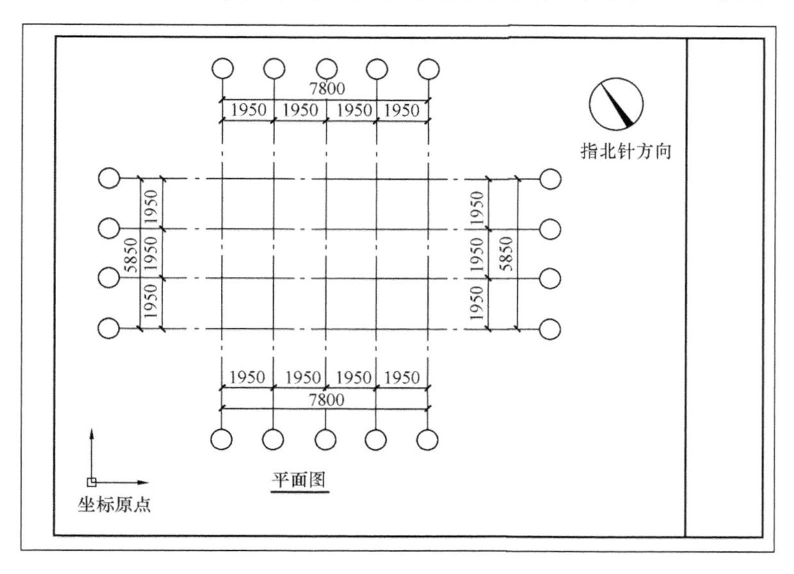

图 13-25　正交平面图制图方向与指北针方向示意

3）绘制由几个局部正交区域组成且各区域相互斜交的平面图时，可选择其中任意一个正交区域的定位轴线与图框边线平行，如图 13-26 所示。

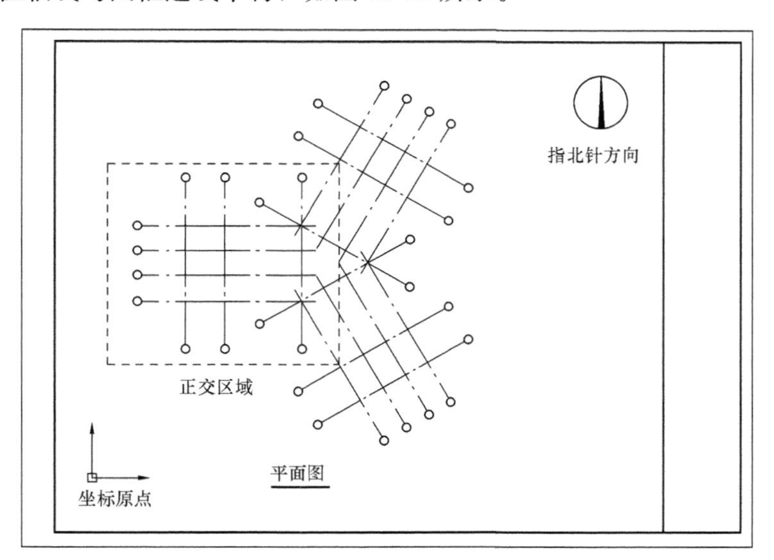

图 13-26　正交区域相互斜交的平面图制图方向与指北针方向示意

4）指北针应指向绘图区的顶部（图 13-25），并在整套图纸中保持一致。

（2）计算机制图的坐标系与原点应符合下列规定：

1）计算机制图时，可选择世界坐标系或用户定义坐标系。

2）绘制总平面图工程中有特殊要求的图样时，也可使用大地坐标系。

3）坐标原点的选择，宜使绘制的图样位于横向坐标轴的上方和纵向坐标轴的右侧并紧邻坐标原点（图 13-25、图 13-26）。

4）在同一工程中，各专业应采用相同的坐标系与坐标原点。

（3）计算机制图的布局应符合下列规定：

1）计算机制图时，宜按照自下而上、自左至右的顺序排列图样；宜布置主要图样，再布置次要图样。

2）表格、图纸说明宜布置在绘图区的右侧。

（4）计算机制图的比例应符合下列规定：

1）计算机制图时，采用 1∶1 的比例绘制图样时，应按照图中标注的比例打印成图；采用图中标注的比例绘制图样，应按照 1∶1 的比例打印成图。

2）计算机制图时，可采用适当的比例书写图样及说明中的文字，但打印成图时应符合《制图统一标准》中字体的有关规定。

五、房屋建筑工程图识读的方法和步骤

（一）准备工作

施工图的绘制是前述各章投影理论、图示方法和有关专业知识的综合应用。因此，要看懂施工图纸的内容，必须做好下面一些准备工作：

（1）应掌握正投影原理，熟悉房屋建筑的组成和基本构造。

（2）掌握各专业施工图的用途、图示内容和表达方法。

（3）熟识施工图中常用的图例、符号、线型、尺寸和比例的意义。

（4）学会查阅建筑构、配件标准图的方法。

（二）识读方法和步骤

一套房屋施工图纸，少则几张，多则几十张甚至几百张。因此，在识读施工图时，必须掌握正确的识读方法和步骤。

在识读整套图纸时，应按照“总体了解、顺序识读、前后对照、重点细读”的读图方法进行识读。

（1）总体了解。一般是先看目录、总平面图和设计总说明，大致了解工程的概况，如工程设计单位、建设单位、新建房屋的位置、周围环境、施工技术要求等。对照目录检查图纸是否齐全，采用了哪些标准图并准备齐这些标准图。然后看建筑平、立、剖面图，大体上想象一下建筑物的立体形状及内部布置。

（2）顺序识读。在总体了解建筑物的情况后，根据施工的先后顺序，从基础、墙体（或柱）、结构平面布置、建筑构造及装修仔细阅读有关图纸。

（3）前后对照。读图时，要注意平面图和剖面图对照着读；建筑施工图和结构施工图对照着读；土建施工图与设备施工图对照着读。做到对整个工程施工情况及技术要求心中有数。

（4）重点细读。根据工种的不同，将有关专业施工图再有重点地仔细读一遍，并将遇到的问题记录下来，及时向设计部门反映。

识读一张图纸时，应按由外向里看、由大到小看、由粗至细看、图样与说明交替看、有关图纸对照看的方法。重点看轴线及各种尺寸关系。

第二节　首页图和建筑总平面图

一、首页图

首页图是建筑施工图的第一页，它的内容一般包括：设计说明、工程做法、门窗表以及简单的总平面图等，如附图中“建施 1”所示。

二、建筑总平面图

建筑总平面图简称总平面图。

（一）总平面图的形成

用水平投影的方法和相应的图例，画出新建建筑物在基地范围内的总体布置图，称为总平面图（或称总平面布置图）。

（二）总平面图的用途

总平面图反映新建建筑物的平面形状、层数、位置、标高、朝向及其周围的总体情况。它是新建建筑物定位、施工放线、土方施工及作施工总平面设计的重要依据。

（三）总平面图的图示内容

（1）地形和地物。

（2）测量坐标网、坐标值（或施工坐标网、坐标值）。

（3）场地四界的测量坐标和施工坐标（或注尺寸）。

（4）建筑物定位的施工坐标或相互关系尺寸、名称或编号、室内设计标高及层数。

（5）道路、铁道和排水沟等的施工坐标或相互关系尺寸，路面宽度及平曲线要素。

（6）指北针或风向频率玫瑰图。

（7）建筑物使用编号时，需开列“建筑物名称编号表”。

（8）绿化规划、管道布置。

（9）说明栏内容：施工图的设计依据、尺寸单位、比例、补充图例等。

上面所列内容，既不是完美无缺，也不是任何工程设计都缺一不可，而应根据工程的特点和实际情况而定。对一些简单的工程，可不画等高线、坐标网或绿化规划和管道的布置等。

（四）总平面图的图示方法

（1）图线的宽度 b 应根据图样的复杂程度和比例，按《制图统一标准》中图线的有关规定选用。

（2）总平面图制图应根据图纸功能，按表 13-5 规定的线型选用。

表 13-5　　**图　线**

名称		线型	线宽	用途
实线	粗	————	b	1. 新建建筑物±0.00 高度可见轮廓线； 2. 新建铁路、管线
	中	————	$0.7b$ $0.5b$	1. 新建构筑物、道路、桥涵、边坡、围墙、运输设施的可见轮廓线； 2. 原有标准轨距铁路
	细	————	$0.25b$	1. 新建建筑物±0.00 高度以上的可见建筑物、构筑物轮廓线； 2. 原有建筑物、构筑物、原有窄轨、铁路、道路、桥涵、围墙的可见轮廓线； 3. 新建人行道、排水沟、坐标线、尺寸线、等高线

续表

名 称		线 型	线 宽	用 途
虚线	粗		b	新建建筑物、构筑物地下轮廓线
	中		0.5b	计划预留扩建的建筑物、构筑物、铁路、道路、运输设施、管线、建筑红线及预留用地各线
	细		0.25b	原有建筑物、构筑物、管线的地下轮廓线
单点长画线	粗		b	露天矿开采界限
	中		0.5b	土方填挖区的零点线
	细		0.25b	分水线、中心线、对称线、定位轴线
双点长画线			b	用地红线
			0.7b	地下开采区塌落界限
			0.5b	建筑红线
折断线			0.5b	断线
不规则曲线			0.5b	新建人工水体轮廓线

注 根据各类图纸所表示的不同重点确定使用不同粗细线型。

(3) 总平面图制图采用的比例宜为1∶300、1∶500、1∶1000、1∶2000。

(4) 一个图样宜选用一种比例。

(5) 总平面图中的坐标、标高、距离以米为单位。坐标以小数点标注三位，不足以“0”补齐；标高、距离以小数点后两位数标注，不足以“0”补齐。

(6) 建筑物、构筑物、铁路、道路方位角（或方向角）和铁路、道路转向角的度数，宜注写到“秒”，特殊情况应另加说明。

(7) 总平面图应按上北下南方向绘制。根据场地形状或布局，可向左或右偏转，但不宜超过45°。

(8) 总平面图中应绘制指北针或风玫瑰图，如图13-27所示。

(9) 坐标网格应以细实线表示。测量坐标网应画成交叉十字线，坐标代号宜用“X、Y”表示；建筑坐标网应画成网格通线，自设坐标代号宜用“A、B”表示（图13-27）。坐标值为负数时，应注“—”号，为正数时，“+”号可以省略。

(10) 总平面图上有测量和建筑两种坐标系统时，应在附注中注明两种坐标系统的换算公式。

(11) 表示建筑物、构筑物位置的坐标应根据不同设计阶段要求标注，当建筑物与构筑

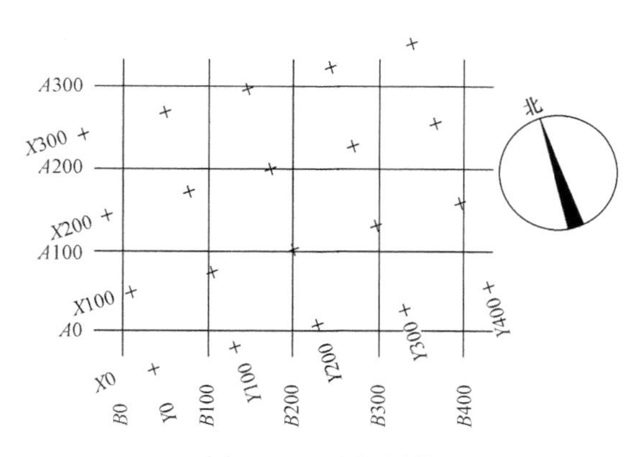

图 13-27　坐标网格

注：图中 X 为南北方向轴线，X 的增量在 X 轴线上；Y 为东西方向轴线，Y 的增量在 Y 轴线上。A 轴相当于测量坐标网中的 X 轴，B 轴相当于测量坐标网中的 Y 轴。

物与坐标轴线平行时，可注其对角坐标。与坐标轴线成角度或建筑平面复杂时，宜标注三个以上坐标，坐标宜标注在图纸上。根据工程具体情况，建筑物、构筑物也可用相对尺寸定位。

(12) 在一张图上，主要建筑物、构筑物用坐标定位时，根据工程具体情况也可用相对尺寸定位。

(13) 建筑物、构筑物、铁路、道路、管线等应标注下列部位的坐标或定位尺寸：建筑物、构筑物的外墙轴线交点；圆形建筑物、构筑物的中心；皮带走廊的中线或其交点；铁路道岔的理论中心，铁路、道路的中线交叉点和转折点；管线（包括管沟、管架或管桥）的中线交叉点和转折点；挡土墙起始点、转折点墙顶外侧边缘（结构面）。

(14) 建筑物应以接近地面处的±0.00 标高平面作为总平面。字符平行于建筑长边书写。

(15) 总平面图中标注的标高应为绝对标高，当标注相对标高，则应注明相对标高与绝对标高的换算关系。

(16) 总平面图上的建筑物、构筑物应注写名称，名称宜直接标注在图上。当图样比例小或图面无足够位置时，也可编号列表标注在图内。当图形过小时，可标注在图形外侧附近处。

(17) 总平面图上的铁路线路、铁路道岔、铁路及道路曲线转折点等，应进行编号。

（五）总平面图的识读

现以某学院学生公寓中的总平面图为例，如图 13-28 所示，说明总平面图的识读方法。

1. 了解图名、比例、图例及有关的文字说明

从图 13-28 可以看出，这是某学院学生公寓总平面图，比例为 1∶500。总平面图由于所绘区域范围较大，所以一般绘制时，采用较小的比例，如 1∶500、1∶1000、1∶2000 等，总平面图上标注的尺寸，一律以米为单位。图中使用的图例应采用附录表 A-2 中所规定的图例。

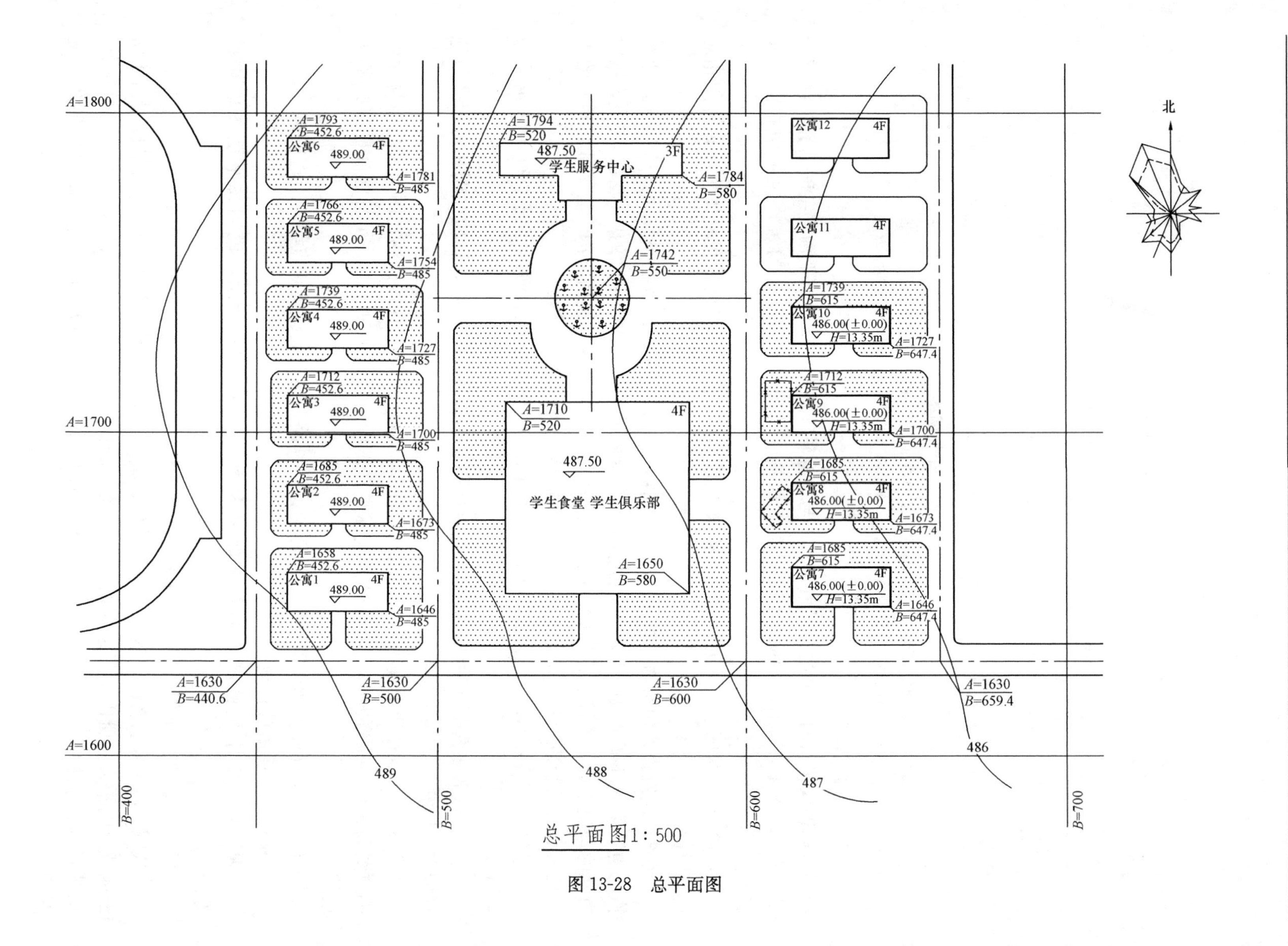

总平面图1:500

图 13-28 总平面图

2. 了解工程性质、地形地貌和周围环境等情况

从图 13-28 中可知新建工程是某学院内四幢相同的学生公寓，每幢层数为四层，绝对标高为 486.00 米。它的北向有二幢计划修建的学生公寓；西向有学生服务中心、学生食堂、学生俱乐部以及六幢已建的学生公寓；此外，周围还有待拆房屋及道路等。

3. 了解地势高低情况

从图 13-28 中所注的底层地面和等高线的标高，可知该地势西向高、东向低，自西向东倾斜，从而可了解雨水的排流方向，并可计算填挖土方的数量。总平面图中所注标高均为绝对标高，以米为单位，一般注至小数点后两位。

4. 了解新建房屋的位置

新建房屋的位置在总平面图上的标定方法有两种，对小型项目，一般根据邻近原有永久性建筑物的位置为依据，引出相对位置；对大中型项目，可用坐标来定位。用坐标确定位置时，宜注出房屋三个角的坐标。如房屋与坐标轴平行时，可只注出其对角坐标，如图 13-28 中房屋注出了对角的两个坐标。

5. 了解新建房屋的朝向和主导风向

总平面图上一般均画有指北针或风向频率玫瑰图，以指明房屋的朝向和该地区的常年风向频率。风向频率玫瑰图是根据当地风向资料，将全年中不同风向的天数用同一比例画在一个十六方位线上，然后用实线连接成多边形（虚线表示夏季的风向频率），其箭头表示北向，最大数值为主导风向。如图 13-28 中右上角所示，该地区全年最大的主导风向为西北风。

6. 了解新建房屋四周的道路、绿化规划及管线布置等情况

第三节 建筑平面图

一、建筑平面图的形成

用一个假想的水平剖切平面沿房屋略高于窗台的部位剖切，移去上面部分，向下作剩余部分的正投影而得到的水平投影图，称为建筑平面图，简称平面图。

建筑平面图实质上是房屋各层的水平剖面图。一般地说，房屋有几层，就应画出几个平面图，并在图形的下方注出相应的图名、比例等。沿房屋底层窗洞口剖切所得到的平面图称为底层平面图（或首层平面图），最上面一层的平面图称为顶层平面图，若中间各层平面布置相同，可只画一个平面图表示，称为标准层平面图。

此外还有屋面平面图，它是在房屋的上方，向下作屋顶外形的水平投影而得到的投影图。一般可适当缩小比例绘制。

二、建筑平面图的用途

建筑平面图主要反映房屋的平面形状、大小和房间的布置，墙（或柱）的位置、厚度和材料，门窗的类型和位置等情况。它是施工放线、砌墙、门窗安装和室内装修及编制预算的重要依据。

三、建筑平面图的图示内容

（1）承重和非承重墙、柱（壁柱），轴线和轴线编号；内外门窗位置和编号；门的开启方向，注明房间名称或编号。

(2) 柱距（开间）、跨度（进深）尺寸、墙身厚度、柱（壁柱）宽、深和与轴线关系尺寸。

(3) 轴线间尺寸、门窗洞口尺寸、分段尺寸、外包总尺寸。

(4) 变形缝位置尺寸。

(5) 卫生器具、水池、台、橱、柜、隔断等位置。

(6) 电梯（并注明规格）、楼梯位置和楼梯上下方向示意及主要尺寸。

(7) 地下室、地沟、地坑、必要的机座、各种平台、夹层、人孔、墙上预留洞、重要设备位置尺寸与标高等。

(8) 阳台、雨篷、台阶、坡道、散水、明沟、通风道、垃圾道、消防梯等位置及尺寸。

(9) 室内外地面标高、楼层标高（底层地面为±0.000）。

(10) 剖切线及编号（一般只注在底层平面）。

(11) 有关平面节点详图或详图索引号。

(12) 指北针（画在底层平面）。

(13) 平面图尺寸和轴线，如系对称平面可省略重复部分的分尺寸；楼层平面除开间、跨度等主要尺寸及轴线编号外，与底层相同的尺寸可省略；楼层标准层可共用一平面，但需注明层次范围及标高。

(14) 根据工程性质及复杂程度，应绘制复杂部分的局部放大平面图。

(15) 建筑平面较长、较大时，可分区绘制，但须在各分区底层平面上绘出组合示意图，并明显表示出分区编号。

(16) 屋面平面图一般内容有：墙、檐口、天沟、坡度、坡向、雨水口、屋脊（分水线）、变形缝、水箱间、屋面上人孔、消防梯及其他构筑物；详图索引号等。

以上所列内容，可根据具体工程项目的实际情况进行取舍。

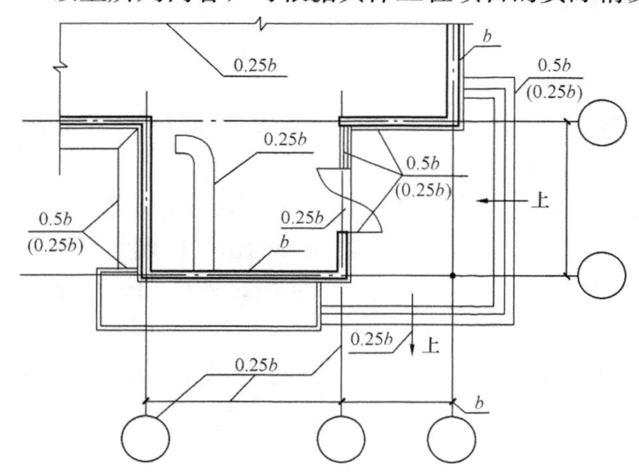

图 13-29 平面图图线宽度选用示例

四、建筑平面图的图示方法

(1) 图线的宽度 b，应根据图样的复杂程度和比例，并按《制图统一标准》的有关规定选用，如图 13-29 所示。凡是被剖切到的墙或柱断面轮廓线用粗实线表示；没有剖到的可见轮廓线，如墙身、窗台、梯段等用中实线（或细实线）表示；尺寸线、尺寸界线、引出线等用细实线表示；轴线用细单点长画线表示。绘制较简单的图样时，可采用两种线宽的线宽组，其线宽比宜为 b∶0.25b。

(2) 平面图的绘制比例常采用 1∶50、1∶100、1∶150、1∶200。若比例大于 1∶50 时，应画出抹灰层的面层线，并宜画出材料图例；若比例等于 1∶50 时，抹灰层的面层线应根据需要确定；若比例为 1∶100～1∶200 时，抹灰层面层线可不画，而断面材料图例可用简化画法（如砌体墙涂红，钢筋混凝土涂黑等）；若比例小于 1∶200 可不画材料图例。

(3) 平面图的方向宜与总平面图方向一致。平面图的长边宜与横式幅面图纸的长边一致。

(4) 在同一张图纸上绘制多于一层的平面图时，各层平面图宜按层数由低向高的顺序从左至右或从下至上布置。

(5) 顶棚平面图宜用镜像投影法绘制；各种平面图应按正投影法绘制。

(6) 建筑物平面图应注写房间的名称或编号。编号应注写在直径为6mm的细实线绘制的圆圈内，并应在同张图纸上列出房间名称表。

(7) 平面较大的建筑物，可分区绘制平面图，但每张平面图均应绘制组合示意图。各区应分别用大写拉丁字母编号。在组合示意图中需提示的分区，应采用阴影线或填充的方式表示。

(8) 室内立面图的内视符号，如图13-30所示，应注明在平面图上的视点位置、方向及立面编号（图13-31、图13-32）。符号中的圆圈应用细实线绘制，可根据图面比例圆圈直径选择8～12mm。立面编号宜用拉丁字母或阿拉伯数字。

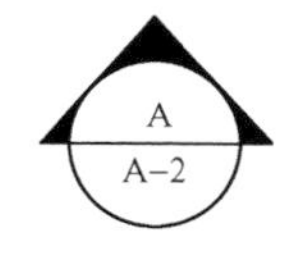

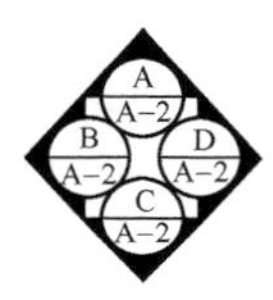

单面内视符号　　双面内视符号　　四面内视符号　　带索引的单面内视符号　　带索引的四面内视符号

图 13-30　内视符号

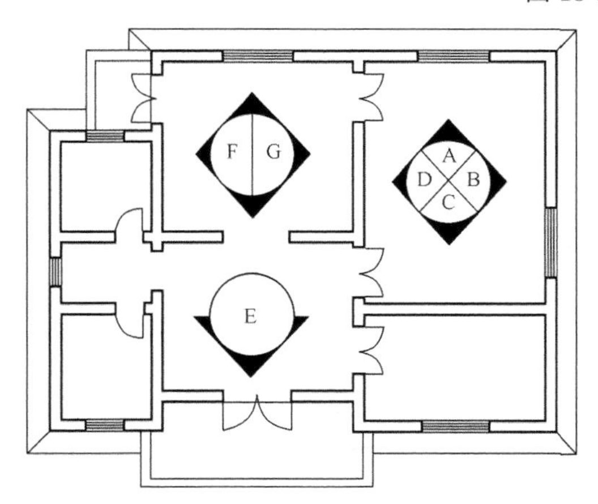

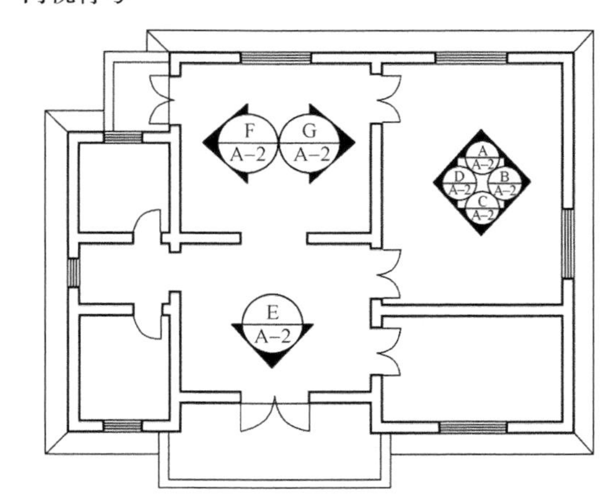

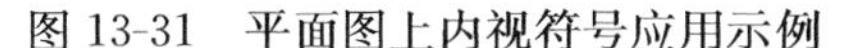

图 13-31　平面图上内视符号应用示例　　图 13-32　平面图上内视符号（带索引）应用示例

五、建筑平面图的识读

现以某学院学生公寓中的底层平面图为例，如图13-33所示，说明平面图的识读方法。

1. 了解图名、比例及有关文字说明

由图13-33可知，该图为某学生公寓底层平面图，比例为1∶100。

2. 了解平面图的形状与外墙总长、总宽尺寸

该公寓楼平面基本形状为一字形，外墙总长32 900mm、总宽15 500mm，由此可计算出房屋的用地面积。

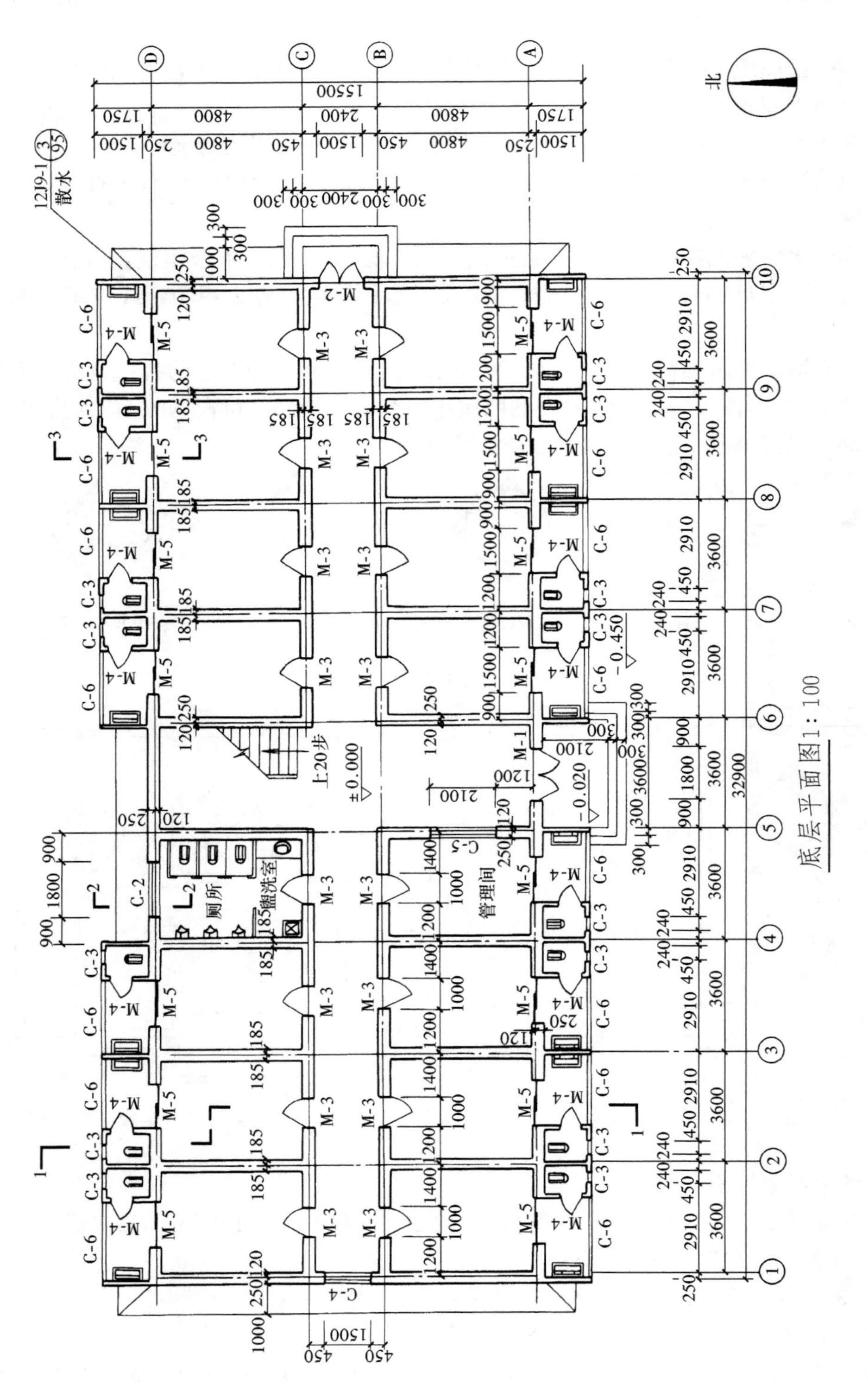

图 13-33 建筑平面图

3. 了解定位轴线的编号及其间距

图 13-33 中墙体的定位轴线，内墙轴线在墙的中心（楼梯间及门厅除外）；外墙轴线距离室内 120mm，距离室外 250mm。

定位轴线之间的距离，横向的称为开间，竖向的称为进深。

图 13-33 中横向轴线从①到⑩共计九个开间，每个开间均为 3600mm；竖向轴线从Ⓐ到Ⓓ四根轴线，其中Ⓐ～Ⓑ和Ⓒ～Ⓓ为房间的进深，尺寸为 4800mm，Ⓑ～Ⓒ为内走廊的轴线距离，宽度为 2400mm。

4. 了解房屋内部各房间的位置、用途及其相互关系

该公寓楼为内廊式建筑，房间布置在走廊两侧，大小相同，房间内设有阳台，中间是楼梯间和主要入口，走廊东侧设有一个次要入口，楼梯间西侧为盥洗室和厕所。

5. 了解平面各部分的尺寸

平面图尺寸以毫米为单位，但标高以米为单位。平面图的尺寸标注有外部尺寸和内部尺寸两部分。

（1）外部尺寸。为便于识图及施工，建筑平面图的下方及侧向一般标注三道尺寸。

第一道尺寸是细部尺寸，它表示门、窗洞口宽度尺寸和门窗间墙体以及各细小部分的构造尺寸（从轴线标注）。

第二道尺寸是轴线间的尺寸，它表示房间的开间和进深的尺寸。

第三道尺寸是外包尺寸，它表示房屋外轮廓的总尺寸，即从一端的外墙边到另一端的外墙边总长和总宽的尺寸。

另外，台阶（或坡道）、花池及散水等细部的尺寸，可单独标注。

三道尺寸线间的距离一般为 7～10mm，第一道尺寸线应离图形最外轮廓线 10mm 以上。如果房屋平面图前后或左右不对称时，则平面图的上下左右四边都应注写三道尺寸。如有部分相同，另一些不相同，可只注写不同部分。

（2）内部尺寸。内部尺寸应注明室内门窗洞、孔洞、墙厚和设备的大小与位置。

此外，建筑物平面图，宜标注室内外地坪、楼地面等处的标高，该标高为完成面标高；其余部分应注写毛面尺寸。平面图中的标高，通常都采用相对标高，并将底层室内主要房间地面定为±0.000。在本例底层平面图中，室内地面标高为±0.000，门厅外平台处标高为－0.020，室外地坪标高为－0.450。

6. 了解房屋的构造及配件类型、数量及其位置

在平面图中常采用图例表示房屋的构造及配件，“国标”规定了各种常用构造及配件图例，见附录表 A-3。

在平面图中，门窗采用专门的代号标注，其中门的代号为 M，窗的代号为 C，代号后面用数字表示它们的编号，如 M-1、M-2…，C-1，C-2…。一般每个工程的门窗编号、名称、尺寸、数量及其所选标准图集的编号等内容，在首页图上的门窗表中列出，如附图“建施1”所示。

7. 了解其他细部（如楼梯、墙洞和各种卫生器具等）的配置和位置情况

该公寓楼有一部楼梯，设有盥洗室及厕所，盥洗室内有拖布池及洗手盆，厕所有蹲坑及小便斗，阳台上设有洗手盆及卫生间。

8. 了解房屋外部的设施

房屋外部设有散水、台阶，具体尺寸见图中所注。

9. 了解房屋的朝向及剖面图的剖切位置、索引符号等

建筑物±0.000标高的平面图上应绘制指北针，并应放在明显位置，所指的方向应与总平面图一致，以表明房屋的朝向。通过右下角指北针，可以看出该房屋坐北朝南。在底层平面图中，还应画上剖面图的剖切位置，如1-1等，以便与剖面图对照查阅。

各层平面图的主要区别是：从内部看，首先各层楼梯图例不同，其次各层标高也不同。从外部看，底层平面图上还应画出室外的台阶、散水、指北针等，而楼层平面图只表示下一层的雨篷、遮阳板等。

六、建筑平面图的绘制

现以某学院学生公寓中的底层平面图为例，如图13-33所示，说明平面图的绘制步骤，如图13-34所示。

(1) 画定位轴线、墙、柱轮廓线，如图13-34（a）所示。

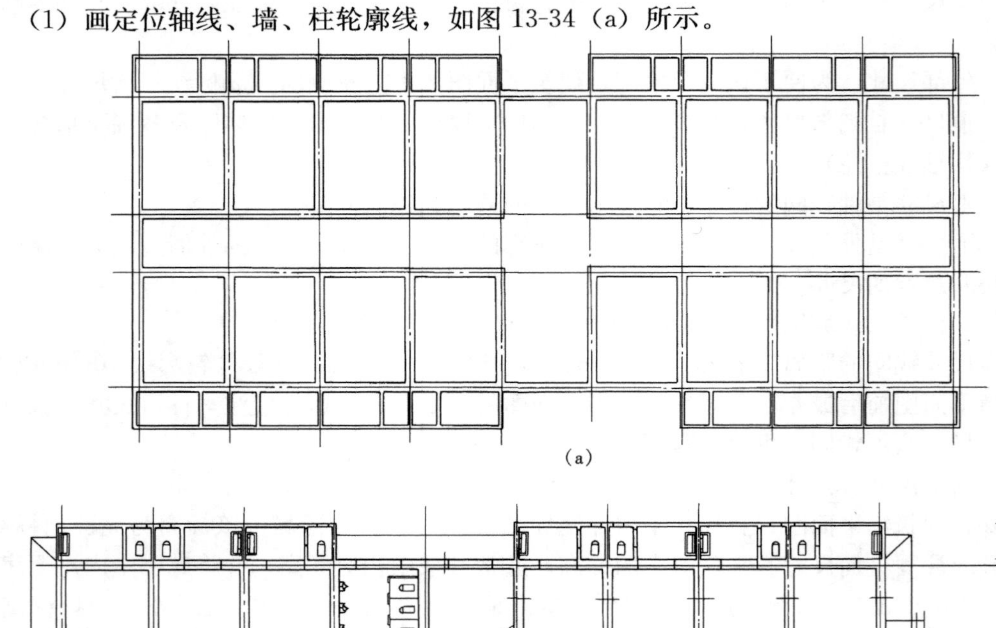

(a)

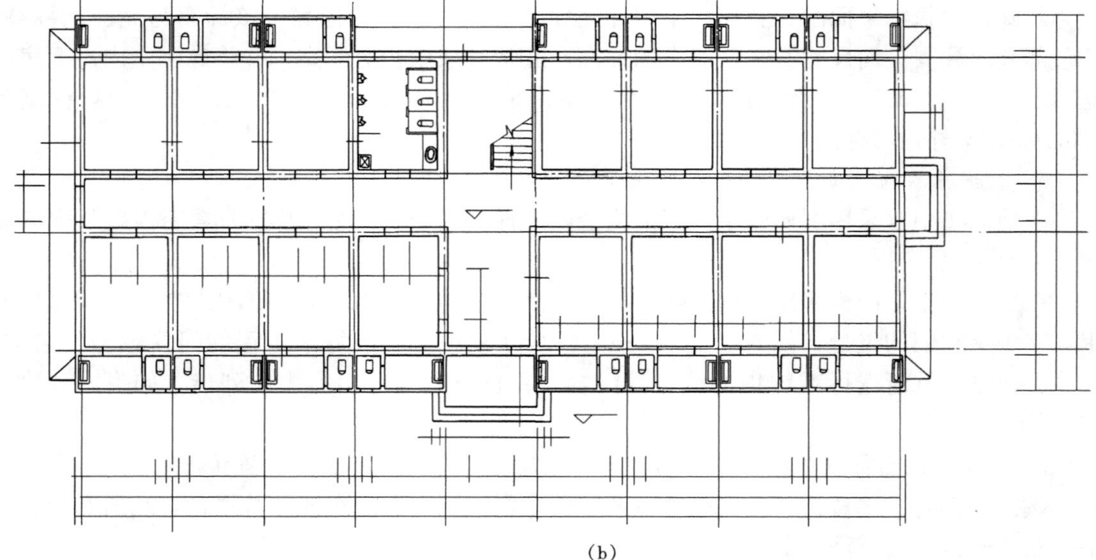

(b)

图13-34 平面图的绘制步骤

（2）定门窗洞的位置，画细部，如楼梯、台阶、盥洗室、厕所、散水、花池等，如图13-34（b）所示。

（3）经检查无误后，擦去多余的图线，按规定线型加深。标注轴线编号、标高尺寸、内外部尺寸、门窗编号、索引符号以及书写其他文字说明。在底层平面图中，应画剖切位置线以及在图外适当的位置画上指北针图例，以表明方位。

最后，在平面图下方写出图名及比例等。完成后的平面图见图13-33。

第四节　建筑立面图

一、建筑立面图的形成

在与房屋立面平行的投影面上所作出的房屋正投影图，称为建筑立面图，简称立面图。

立面图有三种命名方式：

（1）按房屋的朝向来命名，如南立面图、北立面图、东立面图、西立面图。

（2）按立面图中首尾轴线编号来命名，如①～⑩立面图、⑩～①立面图、Ⓐ～Ⓑ立面图、Ⓐ～Ⓑ立面图。

（3）按房屋立面的主次来命名，如正立面图、背立面图、左侧立面图、右侧立面图。

二、建筑立面图的用途

建筑立面图主要反映了房屋的外貌、各部分配件的形状、相互关系以及立面装修做法等，它是施工的重要图样。

三、建筑立面图的图示内容

（1）建筑物两端轴线编号。

（2）女儿墙墙顶、檐口、柱、变形缝、室外楼梯和消防梯、阳台、栏杆、台阶、坡道、花台、雨篷、线条、烟囱、勒脚、门窗、洞口、雨水管、其他装饰构件和粉刷分格线示意等，外墙的留洞应注尺寸与标高（宽×高×深及关系尺寸）。

（3）平面图上表示不出的窗编号，在立面图上标注。平、剖面未能表示出来的屋顶、檐口、女儿墙、窗台等处的标高或高度，应在立面图上分别注明。

（4）各部分构造、装饰节点详图索引。用文字说明外墙各部位所用面材及色彩。

以上所列内容，可根据具体工程项目的实际情况进行取舍。

四、建筑立面图的图示方法

（1）图线的宽度b，应根据图样的复杂程度和比例，并按《制图统一标准》的有关规定选用。立面图在绘制时，采用多种线型。一般立面图的屋脊线和外墙最外轮廓线用粗实线表示；门窗洞口、檐口、雨篷、阳台、台阶、花池等用中实线表示；门窗扇、栏杆、花格、雨水管、墙面分格线等均用细实线表示；室外地坪线用加粗实线表示。

（2）立面图的绘制比例同平面图一样，常采用1∶50、1∶100、1∶150、1∶200。

（3）各种立面图应按正投影法绘制。

（4）建筑立面图应包括投影方向可见的建筑外轮廓线和墙面线脚、构配件、墙面做法及必要的尺寸和标高等。

（5）室内立面图应包括投影方向可见的室内轮廓线和装修构造、门窗、构配件、墙面做法、固定家具、灯具、必要的尺寸和标高及需要表达的非固定家具、灯具、装饰物件等。室内立面图的顶棚轮廓线，可根据具体情况只表达吊平顶或同时表达吊平顶及结构顶棚。

(6) 平面形状曲折的建筑物，可绘制展开立面图、展开室内立面图。圆形或多边形平面的建筑物，可分段展开绘制立面图、室内立面图，但均应在图名后加注“展开”二字。

(7) 较简单的对称式建筑物或对称的构配件等，在不影响构造处理和施工的情况下，立面图可绘制一半，并应在对称轴线处画对称符号。

(8) 在建筑物立面图上，相同的门窗、阳台、外檐装修、构造做法等可在局部重点表示，并应绘出其完整图形，其余部分可只画轮廓线。

(9) 在建筑物立面图上，外墙表面分格线应表示清楚。应用文字说明各部位所用面材及色彩。

(10) 有定位轴线的建筑物，宜根据两端定位轴线号编注立面图名称。无定位轴线的建筑物可按平面图各面的朝向确定名称。

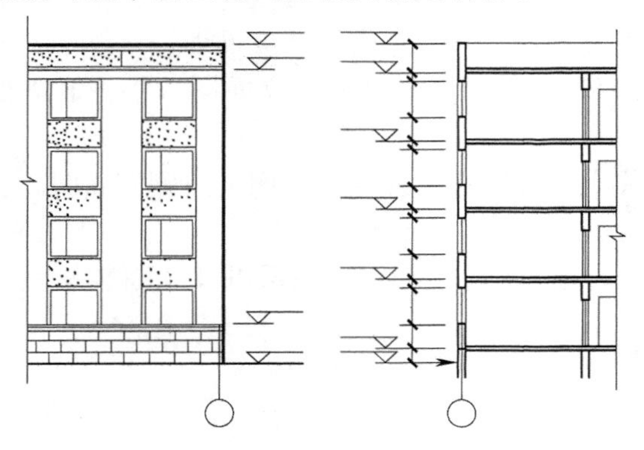

图 13-35　相邻立面图、剖面图的位置关系

(11) 建筑物室内立面图的名称，应根据平面图中内视符号的编号或字母确定。

相邻的立面图或剖面图，宜绘制在同一水平线上，图内相互有关的尺寸及标高，宜标注在同一竖线上，如图 13-35 所示。

五、建筑立面图的识读

现以某学院学生公寓中的①～⑩立面图为例，如图 13-36 所示，说明立面图的识读方法。

1. 了解图名及比例

从图名或轴线的编号可知，该图是表示房屋南向的立面图(或①～⑩立面图)，比例 1∶100。

2. 了解立面图与平面图的对应关系

对照平面图上的指北针或定位轴线编号，可知南立面图的左端轴线编号为①，右端轴线编号为⑩，与建筑平面图相对应。

3. 了解房屋的整个外貌形状

从图 13-36 中可以看到，该房屋主要入口在建筑物中部，东端底层有台阶，故知必有一个出入口，并设有雨篷。墙表面处安装雨水管。

4. 了解尺寸标注

立面图中的尺寸，主要以标高的形式注出。一般标注室内外地坪、檐口、女儿墙、雨篷、门窗、台阶等处的标高，该标高应注写完成面标高。其标注方法，如图 13-36 所示。

5. 了解房屋外墙面的装修做法

从图中文字说明可知，外墙面为枣红色仿瓷涂料。

六、建筑立面图的绘制

现以某学院学生公寓中的①～⑩立面图为例，如图 13-36 所示，说明立面图的绘制步骤，如图 13-37 所示。

(1) 画室外地坪线，外墙轮廓线，屋面线，如图 13-37 (a) 所示。

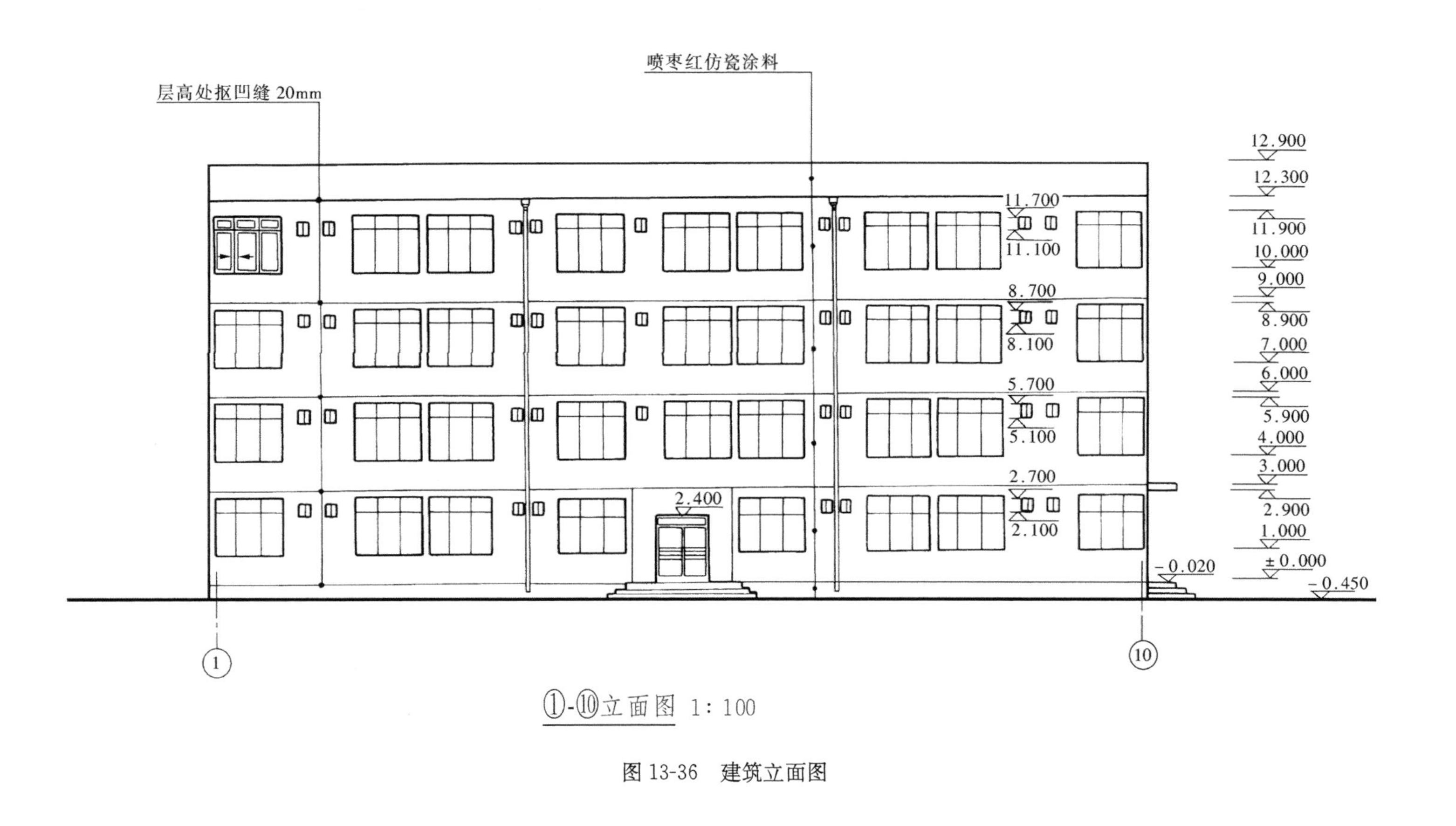
层高处抠凹缝 20mm
喷枣红仿瓷涂料
12.900
12.300
11.900
10.000
9.000
8.900
7.000
6.000
5.900
4.000
3.000
2.900
1.000
±0.000
-0.450
11.700
11.100
8.700
8.100
5.700
5.100
2.700
2.100
2.400
-0.020
1
10
①-⑩立面图 1：100

图 13-36 建筑立面图

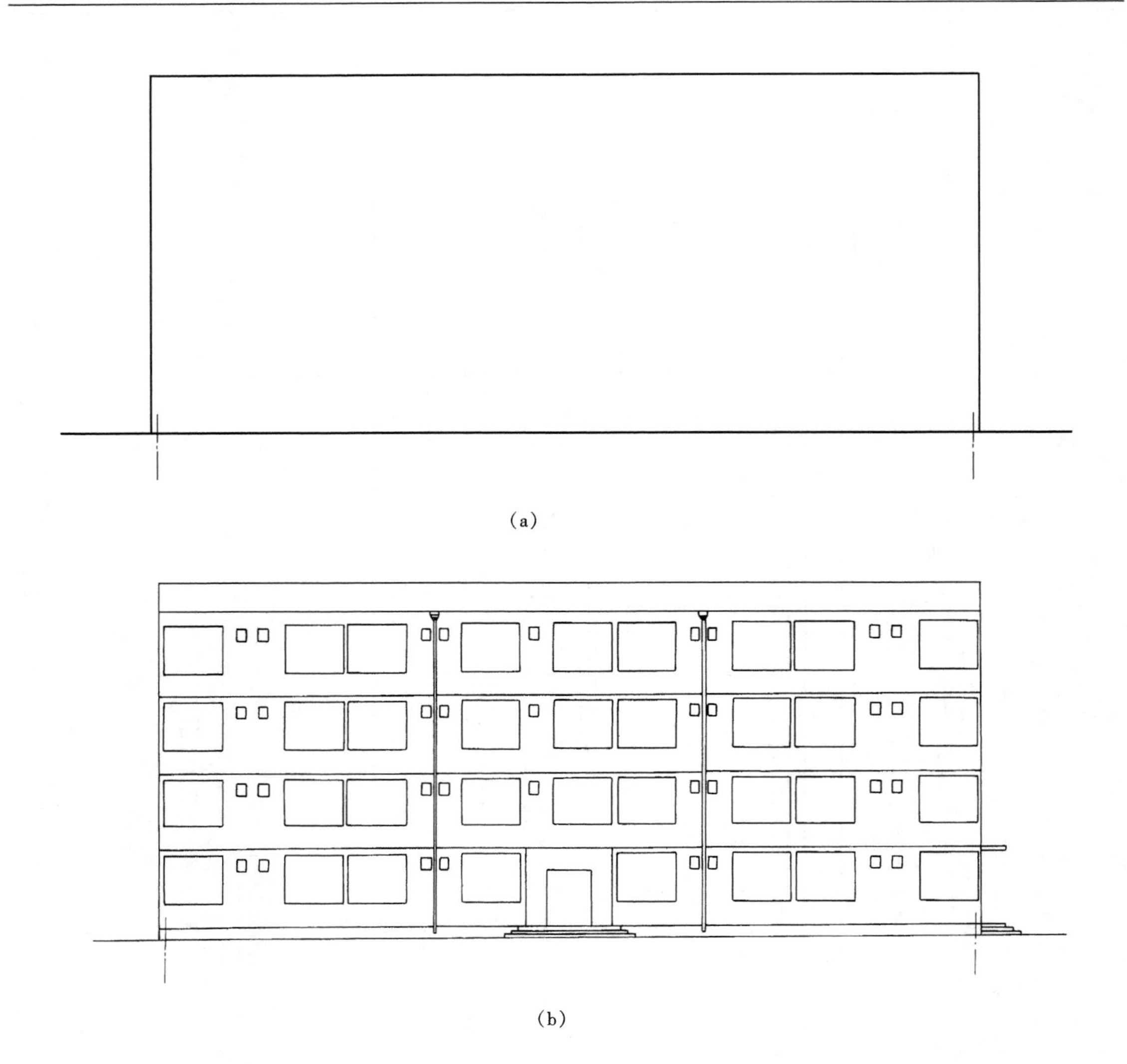

(a)

(b)

图 13-37 立面图的绘制步骤

(2) 根据层高、各部分标高和平面图门窗洞口尺寸，画出立面图中门窗洞、檐口、雨篷、雨水管等细部的外形轮廓，如图 13-37 (b) 所示。

(3) 画出门窗扇、墙面分格线，并按规定线型加深图线。两端画上首尾轴线及编号，并注写标高、图名、比例及有关文字说明。

完成后的立面图如图 13-36 所示。

第五节 建筑剖面图

一、建筑剖面图的形成

假想用一个或一个以上的垂直于外墙轴线的铅垂剖切平面将房屋剖开，移去靠近观察者的部分，对剩余部分所作的正投影图，称为建筑剖面图，简称剖面图。

建筑剖面图有横剖面图和纵剖面图。

横剖面图：沿房屋宽度方向垂直剖切所得到的剖面图。

纵剖面图：沿房屋长度方向垂直剖切所得到的剖面图。

二、建筑剖面图的用途

建筑剖面图主要反映房屋内部垂直方向的高度、分层情况、楼地面和屋顶的构造以及各构配件在垂直方向的相互关系等。它与平面图、立面图相配合，是建筑施工图的重要图样，是施工中的主要依据之一。

三、建筑剖面图的图示内容

(1) 墙、柱、轴线、轴线编号。

(2) 室外地面、底层地（楼）面、地坑、地沟、各层楼板、吊顶、屋面、檐口、女儿墙、门窗、台阶、坡道、散水、阳台、雨篷、洞口、墙裙及其他装修等可见的内容。

(3) 高度尺寸。门窗、洞口高度、层间高度及总高度（室外地面至檐口或女儿墙顶）。有时，后两部分尺寸可不标注。

(4) 标高。底层地面标高（±0.000）；以上各层楼面、楼梯、平台标高；门窗洞口标高；屋面板、屋面檐口、女儿墙顶、高出屋面的水箱间、楼梯间、机房顶部标高；室外地面标高；底层以下的地下各层标高。

(5) 节点构造详图索引符号。

以上所列内容，可根据具体工程项目的实际情况进行取舍。

四、建筑剖面图的图示方法

(1) 图线的宽度 b，应根据图样的复杂程度和比例，并按《制图统一标准》的有关规定选用，如图 13-38 所示。剖面图中，剖切到的墙身、楼板、屋面板、楼梯段、楼梯平台等轮廓线用粗实线表示；未剖切到的可见轮廓线如门窗洞、楼梯段、楼梯扶手和内外墙轮廓线用中实线（或细实线）表示；门窗扇及分格线等用细实线表示；室外地坪线用加粗实线表示。绘制较简单的图样时，可采用两种线宽的线宽组，其线宽比宜为b∶0.25b。

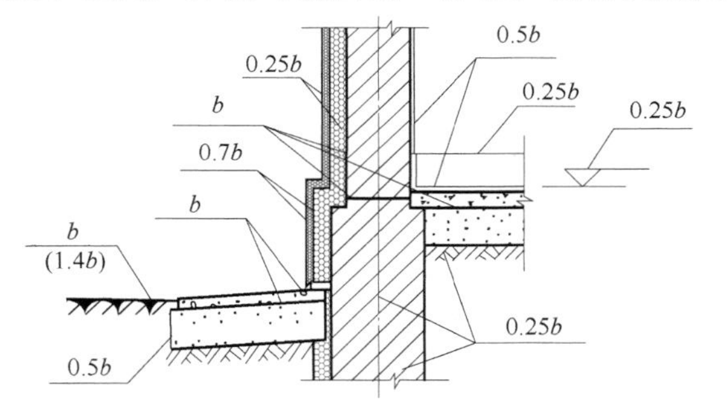

图 13-38　墙身剖面图图线宽度选用示例

(2) 剖面图的绘制比例与平面图、立面图相同，常采用 1∶50、1∶100、1∶150、1∶200。若比例大于 1∶50 时，应画出抹灰层、保温隔热层等与楼地面、屋面的面层线，并宜画出材料图例；若比例等于 1∶50 时，剖面图宜画出楼地面、屋面的面层线，宜绘出保温隔热层，抹灰层的面层线应根据需要确定；若比例小于 1∶50 时，可不画出抹灰层，宜画出楼地面、屋面的面层线；若比例为 1∶100～1∶200 时，宜画出楼地面、屋面的面层线，而断面可画简化的材料图例；若比例小于 1∶200 时，楼地面、屋面的面层线可不画出，可不画材料图例。

(3) 剖面图的剖切部位，应根据图纸的用途或设计深度，在平面图上选择能反映全貌、构造特征以及有代表性的部位剖切。

(4) 各种剖面图应按正投影法绘制。

(5) 建筑剖面图内应包括剖切面和投影方向可见的建筑构造、构配件及必要的尺寸、标

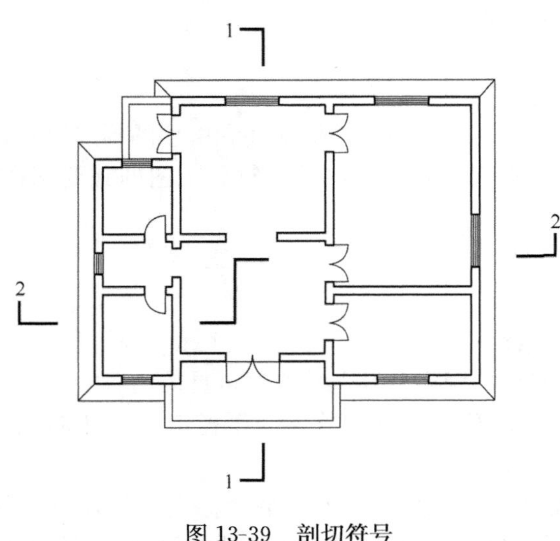

图 13-39 剖切符号

高等。剖切符号可用阿拉伯数字、罗马数字或拉丁字母编号，如图 13-39 所示。

（6）画室内立面时，相应部位的墙体、楼地面的剖切面宜绘出。必要时，占空间较大的设备管线、灯具等的剖切面，也应在图纸上绘出。

五、建筑剖面图的识读

现以某学院学生公寓中的 1-1 剖面图为例，如图 13-40 所示，说明剖面图的识读方法。

1. 了解图名及比例

由图 13-40 可知，该图为 1-1 剖面图，比例为 1∶100，与平面图、立面图相同。

2. 了解剖面图与平面图的对应关系

由图名和轴线编号与平面图上的剖切位置和轴线编号相对照，可知 1-1 剖面图是横剖面图，剖切位置在②～③轴之间的门窗洞处，剖切后向左投影。

3. 了解房屋的结构形式和内部构造

由图 13-40 可知，此房屋的垂直方向承重构件是用砖砌成的，而水平方向承重构件是用钢筋混凝土构成的，所以它属于混合结构形式。从图中可以看出墙体及门窗洞、梁板与墙体

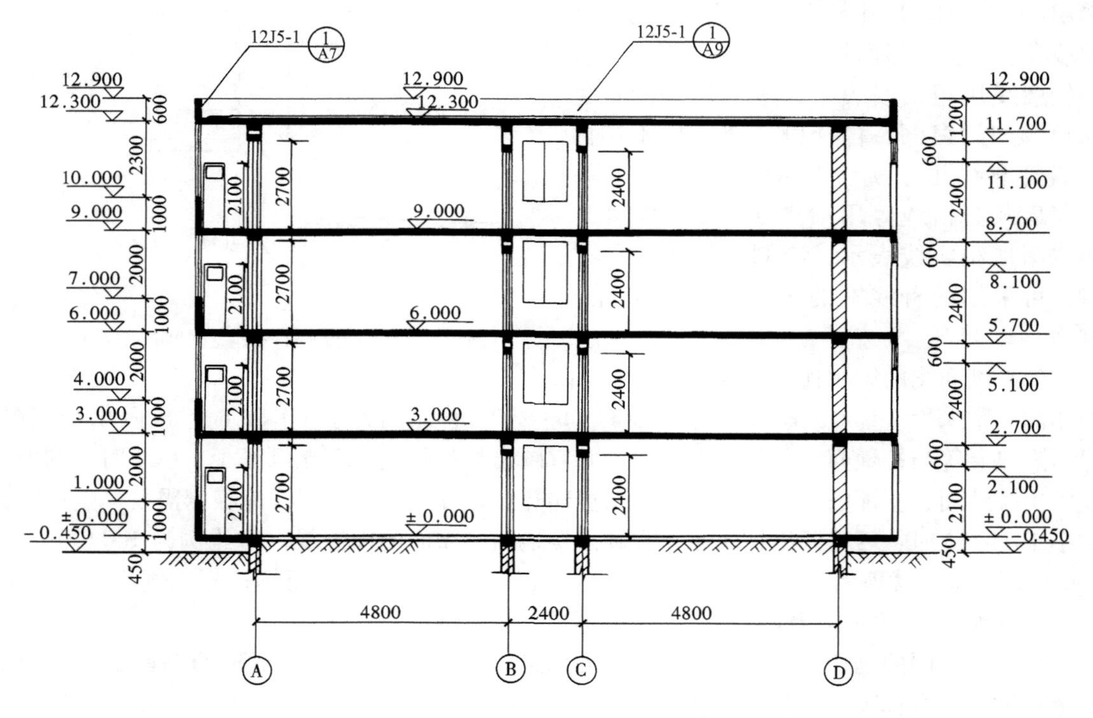

1—1剖面图1：100

图 13-40 建筑剖面图

的连接等情况。

4. 了解房屋各部位的尺寸和标高情况

在剖面图中画出了主要承重墙的轴线、编号以及轴线的间距尺寸。在外侧竖向注出了房屋主要部位，即室内外地坪、楼地面、阳台、檐口或女儿墙顶面等处的标高及高度方向的尺寸，该标高应注写完成面标高，其余部分应注写毛面尺寸及标高。

5. 了解索引详图所在的位置及编号

剖面图中，挑檐及女儿墙另见详图，详图选用标准图集 05J5-1。

六、建筑剖面图的绘制

现以某学院学生公寓中的 1-1 剖面图为例，如图 13-40 所示，说明剖面图的绘制步骤，如图 13-41 所示。

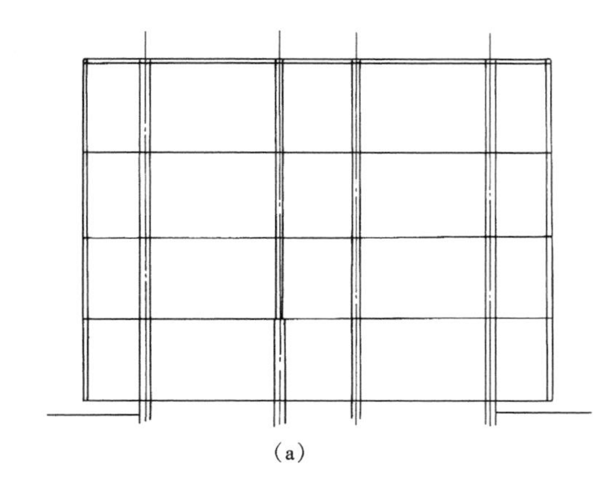
(a)

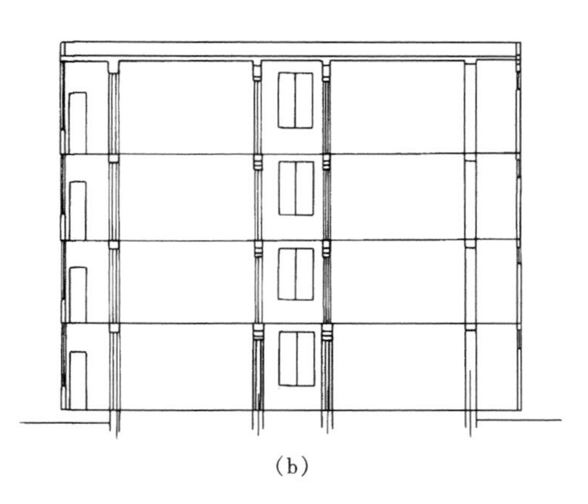
(b)

图 13-41 剖面图的绘制步骤

(1) 画定位轴线、室内外地坪线、各层楼地面线和屋面线，并画出墙身，如图 13-41 (a) 所示。

(2) 确定门窗位置及细部，如梁、板、檐口等，如图 13-41 (b) 所示。

(3) 经检查无误后，擦去多余线条。按规定线型加深图线，标注标高尺寸和其他尺寸，并书写图名、比例及有关文字说明。

完成后的剖面图如图 13-40 所示。

第六节 建 筑 详 图

由于建筑平、立、剖面图通常采用较小的比例绘制，这样房屋的许多细部构造做法就无法在平、立、剖面图中表达清楚。为了满足施工需要，房屋的局部构造应当采用较大的比例详细地画出，这些图样称为建筑详图，简称详图。

详图是对建筑平、立、剖面图等基本图样的深化和补充，是建筑工程细部施工、建筑构配件的制作及编制预算的依据。

详图图线的宽度 b，应根据图样的复杂程度和比例，并按《制图统一标准》的有关规定选用，如图 13-42 所示。绘制较简单的图样时，可采用两种线宽的线宽组，其线宽比宜为 b ∶ 0.25b。

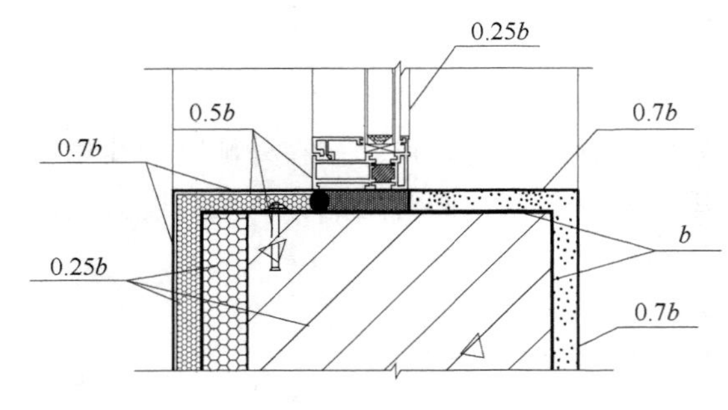

图 13-42 详图图线宽度选用示例

绘制详图的比例，一般采用 1∶10、1∶20、1∶25、1∶30、1∶50 等。详图的图示方法，应视该部位构造的复杂程度而定。有的只需一个剖面详图就能表达清楚（如墙身详图）；有的则需另加平面详图（如楼梯间、厕所等）或立面详图（如阳台详图）；有时还要在详图中补充比例更大的详图。

对于套用标准图或通用图的建筑构配件和节点，只需注明所套用图集的名称、型号或页次，可不必另画详图（如木门窗）。

详图具有比例较大、图示详尽清楚、尺寸标注齐全的特点。

一般房屋的详图主要有外墙身详图，楼梯详图，厨房、阳台、花格、建筑装饰、雨篷、台阶等详图。

下面介绍一般房屋建筑施工图中常见的详图。

一、外墙身详图

（一）外墙身详图的形成

外墙身详图又称外墙身大样图（或外墙身剖面图），它实际上是建筑剖面图中外墙身部分的局部放大图。

（二）外墙身详图的用途

外墙身详图是房屋砌墙、室内外装修、门窗安装、编制施工预算以及材料估算的重要依据。

（三）外墙身详图的图示内容

外墙身详图主要表达房屋墙体与屋面（檐口）、楼面、地面的连接，门窗过梁、窗台、勒脚、散水、明沟、雨篷等处的构造。

（四）外墙身详图的图示方法

（1）详图一般采用 1∶20 等较大比例绘制。

（2）通常采用折断画法。若多层房屋中，楼层各节点相同，可只画底层、顶层或加一个中间层来表示。画图时往往在窗洞中间处断开，成为几个节点详图的组合。

（3）详图的线型与剖面图一样，但由于比例较大，所有内外墙应用细实线画出粉刷线并应标注材料图例。

（4）详图上所注尺寸与建筑剖面图基本相同。

（五）外墙身详图的识读

现以某学院学生公寓中的外墙剖面详图 2-2 剖面为例，如图 13-43 所示，说明外墙身详图的识读方法。

1. 了解图名、比例

根据剖面详图的编号，对照图 13-33 所示平面上相应的剖切符号，可知该剖面详图的剖切位置和投影方向。该剖面详图比例为 1∶20。

2. 了解墙体厚度

该详图为Ⓓ轴线上④～⑤轴墙身剖面，砖墙的厚度为 370mm（偏轴）。

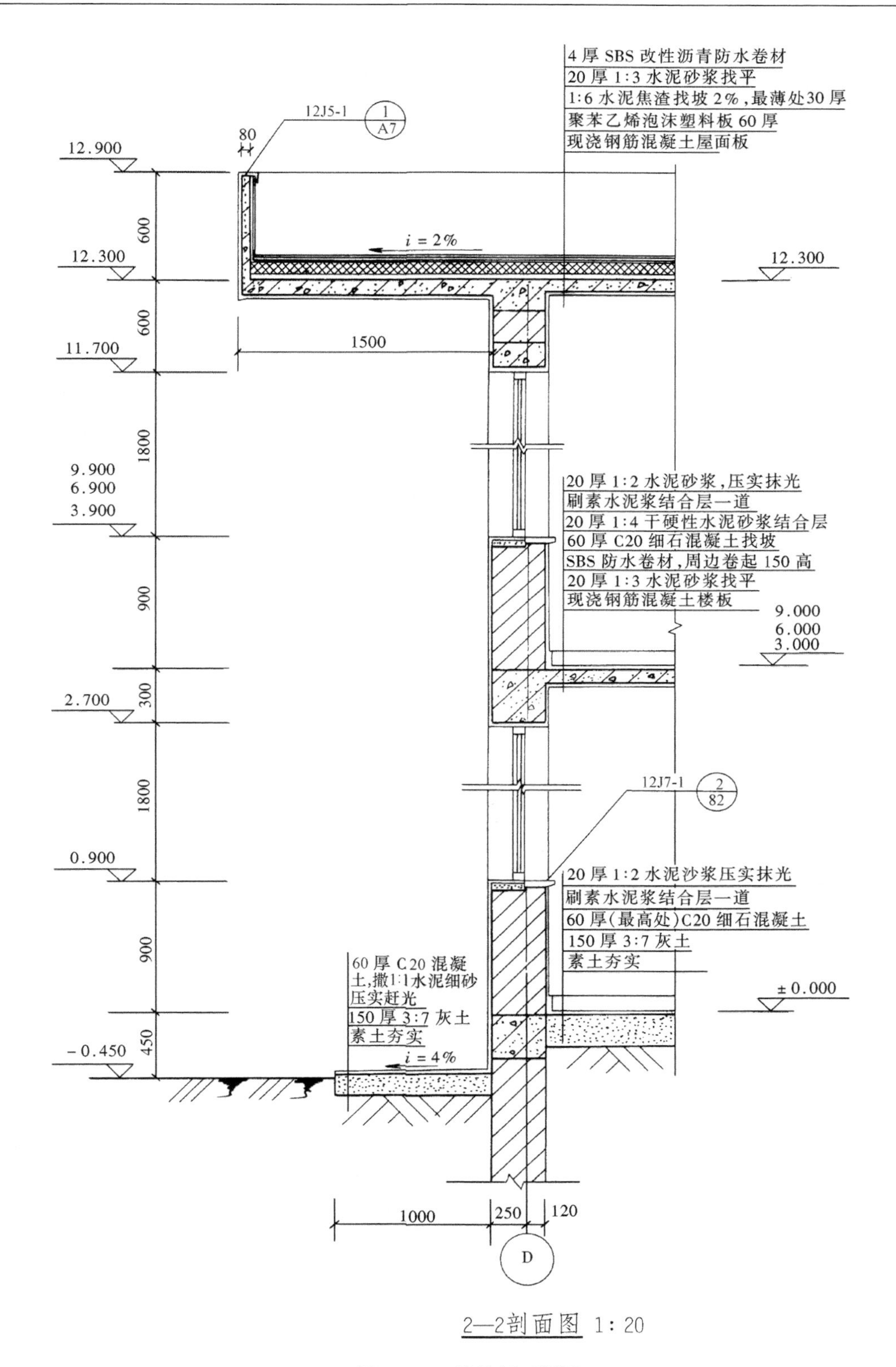

图 13-43　外墙剖面详图

3. 了解屋面、楼面和地面的构造

详图中，凡构造层次较多的地方，如屋面、楼面、地面等处，应用分层构造说明的方法表示。

4. 了解窗台、窗过梁（或圈梁）、板的位置及其与墙身的关系

由详图可知，底层及标准层窗过梁由圈梁代替，顶层窗过梁单独设置，楼板为现浇板，窗框位置设于定位轴线处。

5. 了解散水的做法及屋面排水情况

散水应标注排水坡度、宽度及做法。本例中散水坡度4%、宽度尺寸1000mm，做法见图中所示。屋面排水坡度2%。

6. 了解各部位的标高、高度方向的尺寸和墙身细部尺寸

详图应标注室内外地面、各层楼面、屋面、窗台、圈梁或过梁以及檐口等处的标高，该标高应注写完成面标高。同时，还应标注窗台、檐口等部位的高度尺寸及细部尺寸。

二、楼梯详图

楼梯是楼房上下层之间的主要交通构件，一般有楼梯段、休息平台和栏板（栏杆）等组成。

楼梯详图主要反映楼梯的类型、结构形式、各部位的尺寸及踏步、栏板等装修做法，是楼梯施工放样的主要依据。

楼梯详图一般包括楼梯平面图、剖面图和节点详图。

（一）楼梯平面图

1. 楼梯平面图的形成

用一个假想的水平剖切平面，通过每层向上的第一个梯段的中部（休息平台下）剖切后，向下作正投影所得到的投影图，称为楼梯平面图。

楼梯平面图实际上是房屋各层建筑平面图中楼梯间的局部放大图。

一般每一层都要画一楼梯平面图。三层以上的房屋，若中间各层的楼梯位置及其梯段数、踏步数和大小都相同时，通常只画出底层、中间层（标准层）和顶层三个平面图。

2. 楼梯平面图的图示内容

（1）在楼梯平面图中，要注出楼梯间的开间、进深尺寸、楼地面和平台面处的标高以及各细部的详细尺寸。通常，把梯段的水平投影长度尺寸与踏步数、踏步宽的尺寸合并写在一起。

（2）各层平面图中应注出该楼梯间的定位轴线；底层平面图中还应注明楼梯剖面图的剖切位置。

3. 楼梯平面图的图示方法

（1）楼梯平面图一般采用1∶50的比例绘制。

（2）按“国标”规定，各层被剖切到的梯段，均在平面图中以45°细折断线表示。在每一梯段处画有带箭头的指示线，在指示线尾部注写“上”或“下”字样及踏步数，表示从该层楼地面到达上（或下）一层楼地面的方向和步级数。

（3）楼梯平面图的线型与建筑平面图一样。

（4）通常，楼梯平面图画在同一张图纸内，并互相对齐。这样，既便于识读又可省略标注一些重复尺寸。

4. 楼梯平面图的识读

现以某学院学生公寓中的楼梯平面图为例，如图 13-44 所示，说明楼梯平面图的识读方法。

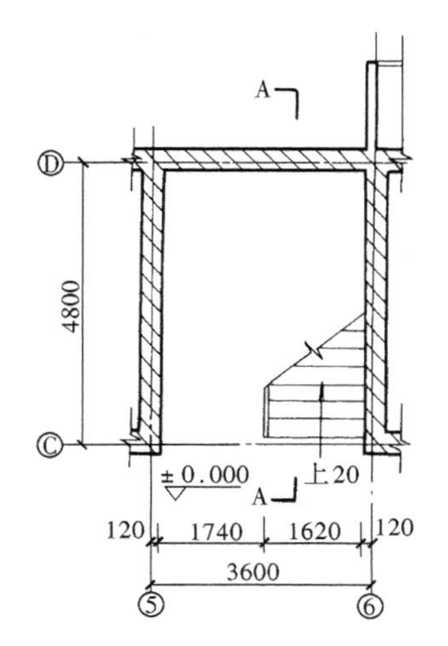

底层楼梯平面图 1∶50

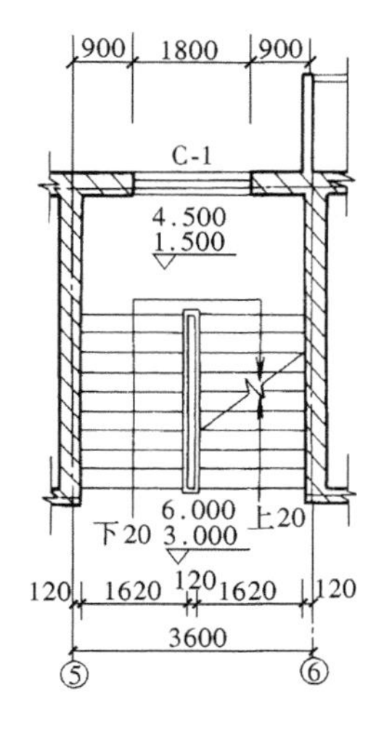

标准层楼梯平面图 1∶50

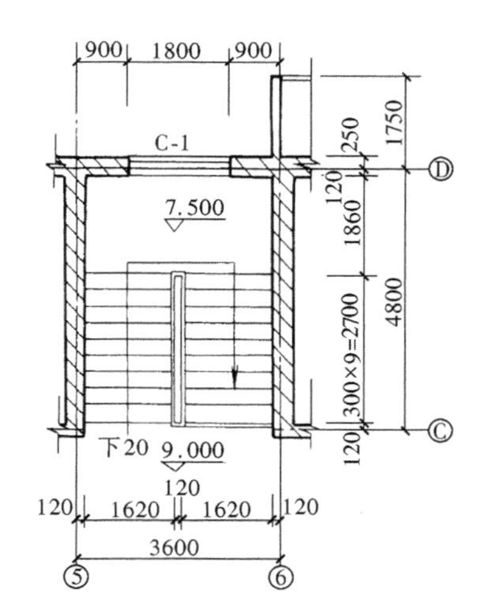

顶层楼梯平面图 1∶50

图 13-44　楼梯平面图

(1) 了解楼梯在建筑平面图中的位置、开间、进深及墙体的厚度。

对照底层平面图可知，此楼梯位于横向⑤～⑥、纵向Ⓒ～Ⓓ之间。开间 3600mm、进深 4800mm，墙的厚度为 370mm。

(2) 了解楼梯段及梯井的宽度。

该图中，楼梯段的宽度为 1620mm、梯井的宽度为 120mm。

(3) 了解楼梯的走向及起步位置。

由各层平面图上的指示线，可以看出楼梯的走向。第一个梯段踏步的起步位置分别距Ⓒ轴 120mm。

(4) 了解休息平台的宽度、楼梯段长度、踏面宽和数量。

该图中，休息平台的宽度为 1860mm。楼梯段长度尺寸为 300×9＝2700mm，表示该梯段有 9 个踏面，每一踏面宽为 300mm，有 9 个踏面。

(5) 了解各部位的标高。

各部位的标高在图中均已标出。

(6) 了解楼梯剖面图的剖切位置及编号。

在底层楼梯平面图中，应标注剖切位置及编号，如 *A-A*。

5. 楼梯平面图的绘制

现以图 13-44 中所示的标准层楼梯平面图为例，说明楼梯平面图的绘制步骤，如图13-45 所示。

(1) 首先画出楼梯间的定位轴线和墙厚、门窗洞位置，确定平台宽度、梯段宽度和长度，如图 13-45 (a) 所示。

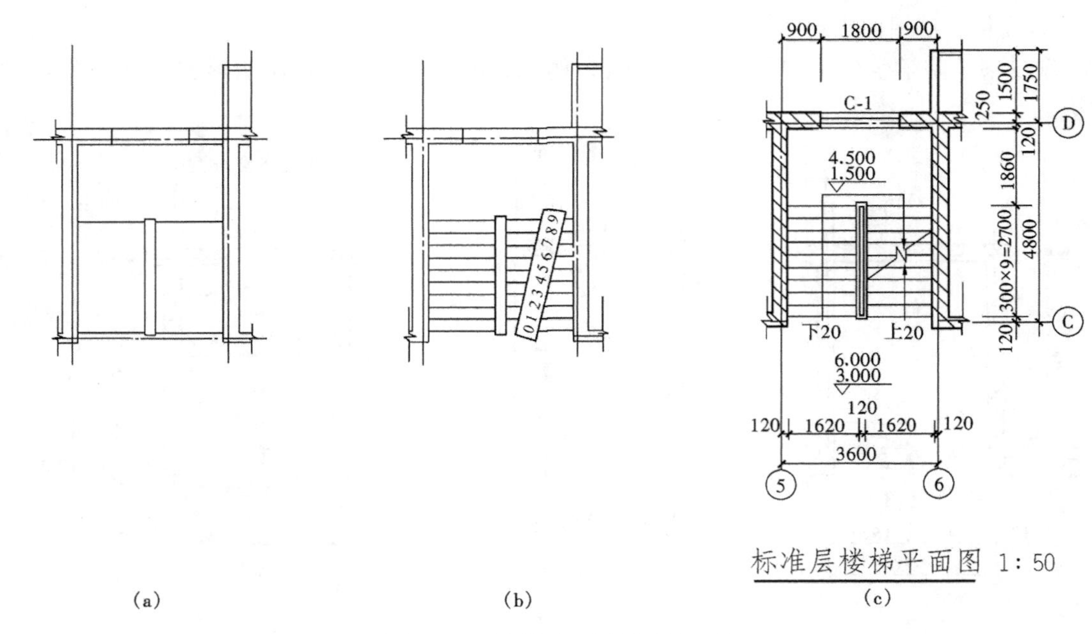

图 13-45 楼梯平面图的绘制步骤

(2) 采用两平行线间距任意等分的方法划分踏步，如图 13-45（b）所示。

(3) 画栏板（或栏杆），上下行箭头，检查无误后加深图线，注写标高、尺寸、剖切符号、图名、比例及有关文字说明等。

完成后的楼梯平面图如图 13-45（c）所示。

(二) 楼梯剖面图

1. 楼梯剖面图的形成

用一个假想的铅垂剖切平面，通过各层的一个梯段和门窗洞将楼梯剖开后，向另一未剖到的梯段方向作投影所得到的投影图，称为楼梯剖面图。

2. 楼梯剖面图的图示内容

(1) 在楼梯剖面图中，要注明地面、楼面、平台面等处的标高以及梯段、栏板（或栏杆)、窗洞等的高度尺寸。

(2) 表示出房屋的层数、楼梯的段数、踏步数、类型及其结构形式。

(3) 表示出各梯段、平台、栏板（栏杆）等的构造及它们的相互关系等情况。

3. 楼梯剖面图的图示方法

(1) 楼梯剖面图一般采用 1∶50、1∶30 等比例绘制。

(2) 楼梯剖面图一般和其平面图画在同一张图纸上。若楼梯间屋面没有特殊之处，可省略不画。

(3) 楼梯剖面图的线型与建筑剖面图一样。

(4) 在多层房屋中，若中间各层楼梯构造相同时，通常采用折断画法（与外墙身剖面详图处理方法相同)。

4. 楼梯剖面图的识读

现以某学院学生公寓中的楼梯剖面图为例，如图 13-46 所示，说明楼梯剖面图的识读方法。

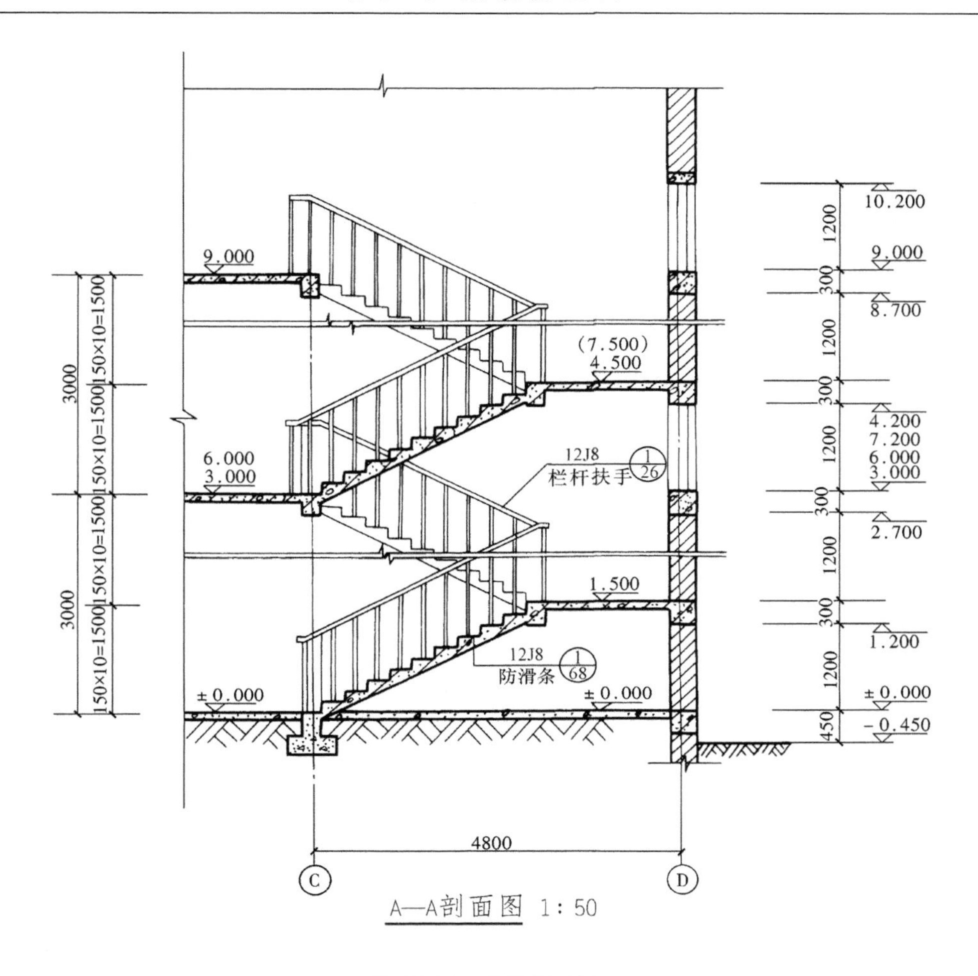

图 13-46　楼梯剖面图

(1) 与楼梯平面图对照，搞清楚剖切位置及投影方向。

由 *A-A* 剖面图，可在底层楼梯平面图中找到相应的剖切位置，该剖面图是从右往左作投影而形成的。

(2) 了解轴线编号及尺寸。

该剖面图墙体轴线编号为Ⓒ和Ⓓ，其轴线尺寸为 4800mm。

(3) 了解房屋的层数、楼梯梯段数、踏步数。

该公寓楼有四层，每层的梯段数和踏步数详见图中所示。

(4) 了解楼梯的竖向尺寸和各处标高。

A-A 剖面图的左侧注有每个梯段高，如 150×10＝1500mm，其中，150mm 表示踏步高，10 表示踏步数。

(5) 了解扶手、栏板（或栏杆）、踏步等的详图索引符号。

从图中的索引符号知，扶手、栏板（或栏杆）采用标准图集 05J8。

5. 楼梯剖面图的绘制

现以某学院学生公寓中的楼梯剖面图为例，如图 13-46 所示，说明楼梯剖面图的绘制步骤，如图 13-47 所示。

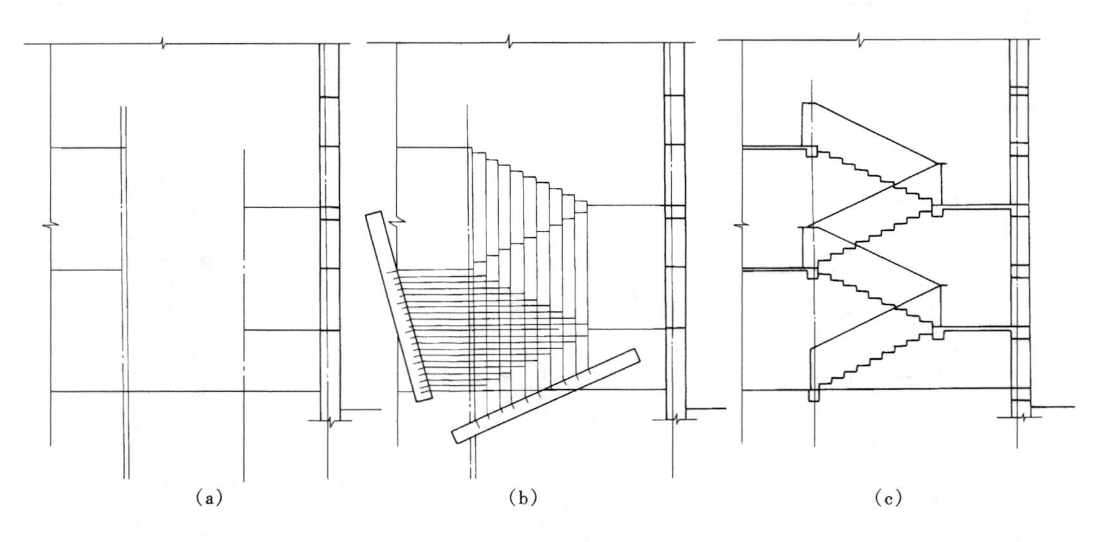

图 13-47 楼梯剖面图的绘制步骤

(1) 画轴线，定室内外地面、楼面、平台位置及墙身、楼（地）面厚度，如图 13-47 (a) 所示。

(2) 用等分两平行线间距离的方法划分踏步的宽度、步数和高度级数，如图 13-47 (b) 所示。

(3) 画楼梯段、门窗、平台梁及栏杆等细部，如图 13-47 (c) 所示。

(4) 检查无误后加深图线，在剖切到的轮廓范围内画上材料图例，注写标高和高度尺寸，最后在图下方写上图名及比例等。

完成后的楼梯剖面图如图 13-46 所示。

(三) 楼梯节点详图

楼梯平、剖面图只表达了楼梯的基本形状和主要尺寸，还需要详图表达各节点的构造和细部尺寸。

楼梯节点详图主要包括楼梯踏步、扶手、栏板（或栏杆）等详图。通常选用建筑构造通用图集，以表明它们的断面形式、细部尺寸、用料、构造连接及面层装修做法等。

第十四章　结 构 施 工 图

第一节　概　　述

一、结构施工图的形成

在房屋设计中，除了进行建筑设计，画出建筑施工图外，还要进行结构设计，画出结构施工图。

结构设计就是根据建筑各方面的要求，通过结构选型、材料选用、构件布置和力学计算等几个步骤，最后确定房屋各承重构件，如基础、承重墙、梁、板、柱等的布置、大小、形状、材料以及连接情况。将设计结果绘成图样，用以指导施工，这种图样称为结构施工图，简称结施。

二、结构施工图的用途

结构施工图是施工放线、挖基坑、支模板、绑扎钢筋、设置预埋件、浇捣混凝土、安装梁板等预制构件、编制预算和施工组织计划的重要依据。

三、结构施工图的内容

结构施工图通常由首页图（结构设计说明）、基础平面图及基础详图、结构平面图及节点构造详图、钢筋混凝土构件详图等组成。

四、结构施工图的基本规定

（1）图线宽度 b 应按《制图统一标准》中的有关规定选用。

（2）每个图样应根据复杂程度与比例大小，先选用适当基本线宽度 b，再选用相应的线宽。根据表达内容的层次，基本线宽 b 和线宽比可适当地增加或减少。

（3）建筑结构专业制图应选用如表 14-1 所示图线。

表 14-1　　图　线

名称		线型	线宽	一般用途
实线	粗	━━━━━━━	b	螺栓、钢筋线、结构平面图中的单线结构构件线，钢木支撑及系杆线，图名下横线、剖切线
	中粗	━━━━━━━	$0.7b$	结构平面图及详图中剖到或可见的墙身轮廓线，基础轮廓线，钢、木结构轮廓线，钢筋线
	中	───────	$0.5b$	结构平面图及详图中剖到或可见的墙身轮廓线，基础轮廓线，可见的钢筋混凝土构件轮廓线，钢筋线
	细	───────	$0.25b$	标注引出线、标高符号线、索引符号线、尺寸线
虚线	粗	━ ━ ━ ━ ━	b	不可见的钢筋线、螺栓线、结构平面图中不可见的单线结构构件线及钢、木支撑线
	中粗	━ ━ ━ ━ ━	$0.7b$	结构平面图中的不可见构件，墙身轮廓线及不可见钢、木结构构件线，不可见的钢筋线
	中	─ ─ ─ ─ ─	$0.5b$	结构平面图中的不可见构件，墙身轮廓线及不可见钢、木结构构件线，不可见的钢筋线
	细	─ ─ ─ ─ ─	$0.25b$	基础平面图中的管沟轮廓线、不可见的钢筋混凝土构件轮廓线

续表

名称		线型	线宽	一般用途
单点长画线	粗	—·—·—	b	柱间支撑、垂直支撑、设备基础轴线图中的中心线
	细	—·—·—	$0.25b$	定位轴线、对称线、中心线、重心线
双点长画线	粗	—··—··—	b	预应力钢筋线
	细	—··—··—	$0.25b$	原有结构轮廓线
折断线		—\/—	$0.25b$	断开界线
波浪线		～～～	$0.25b$	断开界线

(4) 在同一张图纸中，相同比例的各图样，应选用相同的线宽组。

(5) 绘图时根据图样的用途，被绘物体的复杂程度，应选用表14-2中的常用比例，特殊情况下也可选用可用比例。

表14-2　　比　例

图名	常用比例	可用比例
结构平面图 基础平面图	1∶50，1∶100，1∶150	1∶60，1∶200
圈梁平面图，总图中管沟、地下设施等	1∶200，1∶500	1∶300
详图	1∶10，1∶20，1∶50	1∶5，1∶25，1∶30

(6) 当构件的纵、横向断面尺寸相差悬殊时，可在同一详图中的纵、横向选用不同的比例绘制。轴线尺寸与构件尺寸也可选用不同的比例绘制。

(7) 构件的名称可用代号来表示，代号后应用阿拉伯数字标注该构件的型号或编号，也可为构件的顺序号。构件的顺序号采用不带角标的阿拉伯数字连续编排。常用的构件代号应符合表14-3的规定。

表14-3　　常用构件代号

序号	名称	代号	序号	名称	代号	序号	名称	代号
1	板	B	11	墙板	QB	21	连系梁	LL
2	屋面板	WB	12	天沟板	TGB	22	基础梁	JL
3	空心板	KB	13	梁	L	23	楼梯梁	TL
4	槽形板	CB	14	屋面梁	WL	24	框架梁	KL
5	折板	ZB	15	吊车梁	DL	25	框支梁	KZL
6	密肋板	MB	16	单轨吊车梁	DDL	26	屋面框架梁	WKL
7	楼梯板	TB	17	轨道连接	DGL	27	檩条	LT
8	盖板或沟盖板	GB	18	车挡	CD	28	屋架	WJ
9	挡雨板或檐口板	YB	19	圈梁	QL	29	托架	TJ
10	吊车安全走道板	DB	20	过梁	GL	30	天窗架	CJ

续表

序号	名　称	代号	序号	名　称	代号	序号	名　称	代号
31	框架	KJ	39	桩	ZH	47	阳台	YT
32	刚架	GJ	40	挡土墙	DQ	48	梁垫	LD
33	支架	ZJ	41	地沟	DG	49	预埋件	M—
34	柱	Z	42	柱间支撑	ZC	50	天窗端壁	TD
35	框架柱	KZ	43	垂直支撑	CC	51	钢筋网	W
36	构造柱	GZ	44	水平支撑	SC	52	钢筋骨架	G
37	承台	CT	45	梯	T	53	基础	J
38	设备基础	SJ	46	雨篷	YP	54	暗柱	AZ

注 1. 预制混凝土构件、现浇混凝土构件、钢构件和木构件，一般可以采用本表中的构件代号。在绘图中，除混凝土构件可以不注明材料代号外，其他材料的构件可在构件代号前加注材料代号，并在图纸中加以说明。
2. 预应力混凝土构件的代号，应在构件代号前加注“Y”，如 Y-DL 表示预应力混凝土吊车梁。

(8) 当采用标准、通用图集中的构件时，应用该图集中的规定代号或型号注写。

(9) 结构平面图应按图 14-1、图 14-2 所示采用正投影法绘制，特殊情况下也可采用仰视投影绘制。

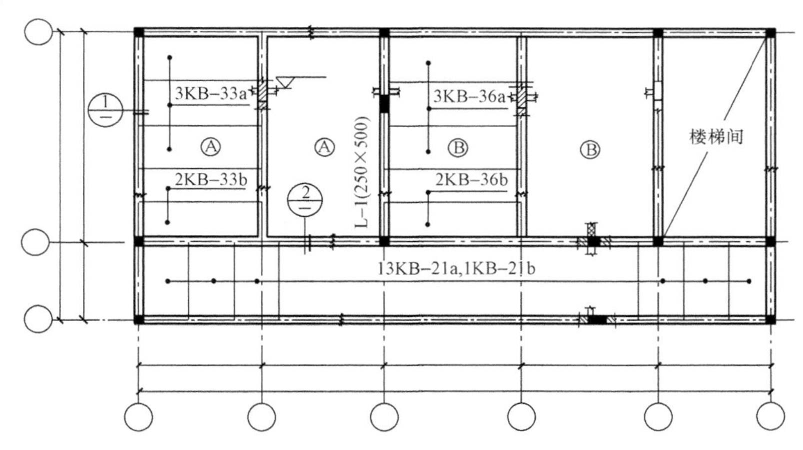

图 14-1　用正投影法绘制预制楼板结构平面图

(10) 在结构平面图中，构件应采用轮廓线表示，当能用单线表示清楚时，也可用单线表示。定位轴线应与建筑平面图或总平面图一致，并标注结构标高。

(11) 在结构平面图中，当若干部分相同时，可只绘制一部分，并用大写的拉丁字母（A，B，C，…）外加细实线圆圈表示相同部分的分类符号。分类符号圆圈直径为 8mm 或 10mm。其他相同部分仅标注分类符号。

(12) 桁架式结构的几何尺寸图可用单线图表示。杆件的轴线长度尺寸应标注在构件的上方，如图 14-3 所示。

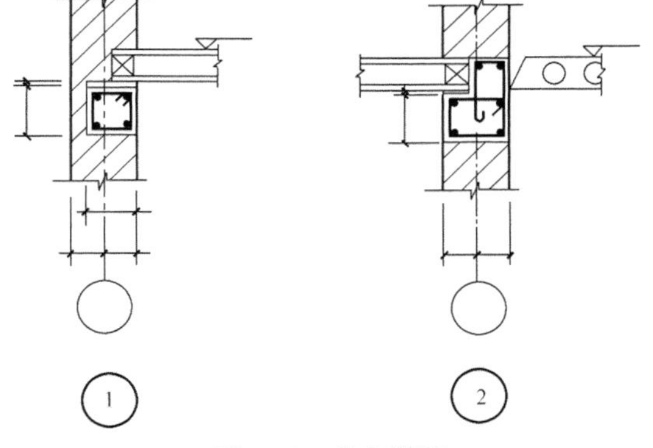

图 14-2　节点详图

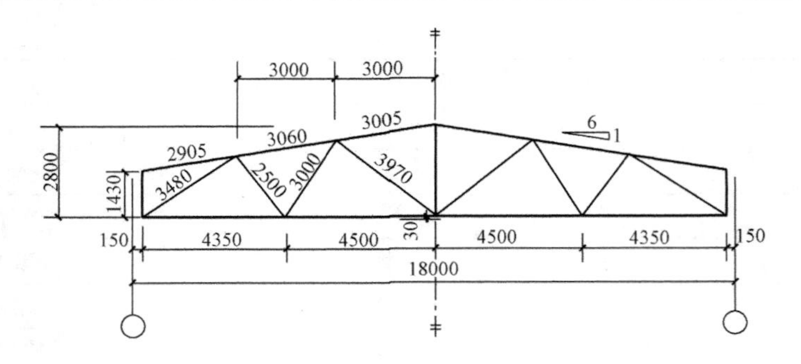

图 14-3 对称桁架几何尺寸标注方法

(13) 在杆件布置和受力均对称的桁架单线图中，若需要时可在桁架的左半部分标注杆件的几何轴线尺寸，右半部分标注杆件的内力值和反力值；非对称的桁架单线图，可在上方标注杆件的几何轴线尺寸，下方标注杆件的内力值和反力值。竖杆的几何轴线尺寸可标注在左侧，内力值标注在右侧。

(14) 在结构平面图中索引的剖视详图、断面详图应采用索引符号表示，其编号顺序宜按图 14-4 所示进行编排，并符合下列规定：外墙按顺时针方向从左下角开始编号；内横墙从左至右，从上至下编号；内纵墙从上至下，从左至右编号。

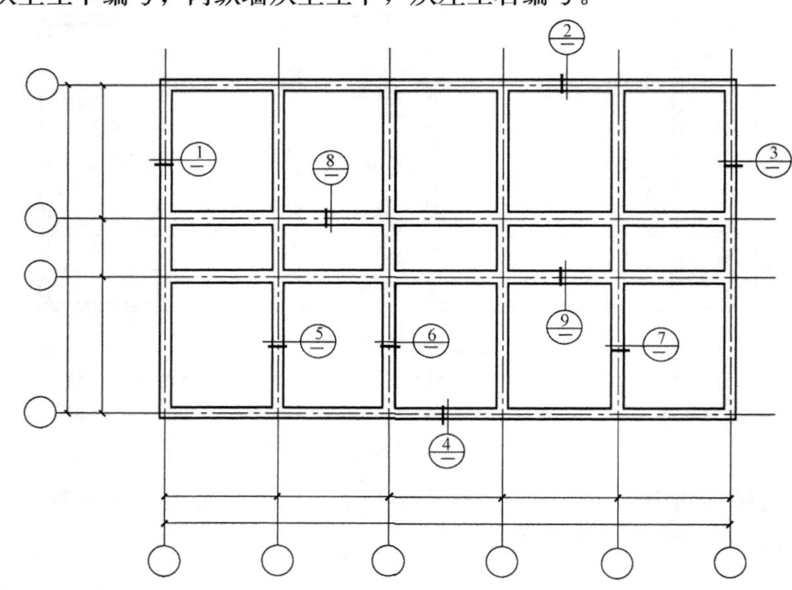

图 14-4 结构平面图中索引剖视详图、断面详图编号顺序表示方法

(15) 在结构平面图中的索引位置处，粗实线表示剖切位置，引出线所在一侧应为投射方向。

(16) 索引符号应由细实线绘制的直径为 8～10mm 的圆和水平直径线组成。

(17) 被索引出的详图应以详图符号表示，详图符号的圆应以直径为 14mm 的粗实线绘制。圆内的直径线为细实线。

(18) 被索引的图样与索引位置在同一张图纸内时，应按图 14-5 所示进行编排。

(19) 详图与被索引的图样不在同一张图纸内时，应按图 14-6 所示进行编排，索引符号和详图符号内的上半圆中注明详图编号，在下半圆中注明被索引的图纸编号。

图 14-5　被索引图样在同一张图纸内的表示方法

图 14-6　详图和被索引图样不在同一张图纸内的表示方法

(20) 构件详图的纵向较长，重复较多时，可用折断线断开，适当省略重复部分。

(21) 图样的图名和标题栏内的图名应能准确表达图样、图纸构成的内容，做到简练、明确。

(22) 图纸上所有的文字、数字和符号等，应字体端正、排列整齐、清楚正确，避免重叠。

(23) 图样及说明中的汉字宜采用长仿宋体，图样下的文字高度不宜小于 5mm，说明中的文字高度不宜小于 3mm。

(24) 拉丁字母、阿拉伯数字、罗马数字的高度，不应小于 2.5mm。

五、钢筋混凝土基本知识

混凝土是由水泥、石子、砂子和水按一定比例搅拌浇灌成形，经养护后即可达到设计强度的人造石材。混凝土的抗压强度较高，但抗拉强度较低，容易受拉而断裂。为了解决这一矛盾，充分发挥混凝土的受压能力，常在混凝土受拉区内或相应部位加入一定数量的钢筋，使两种材料黏结成一个整体，共同承受外力。这种配有钢筋的混凝土，称为钢筋混凝土。

用钢筋混凝土制成的构件，称为钢筋混凝土构件。它们有工地现浇的，也有工厂预制的，分别称为现浇钢筋混凝土构件和预制钢筋混凝土构件。

（一）钢筋的作用和分类

配置在钢筋混凝土结构中的钢筋，按其受力和作用分为下列几种，如图 14-7 所示。

(1) 受力筋——承受拉、压等应力的钢筋。

(2) 箍筋——用以固定受力钢筋位置，并承受一部分斜拉应力，一般用于梁和柱中。

(3) 架立筋——用以固定箍筋的位置，构成构件内钢筋骨架。

(4) 分布筋——用以固定受力钢筋位置，使整体均匀受力，一般用于板中。

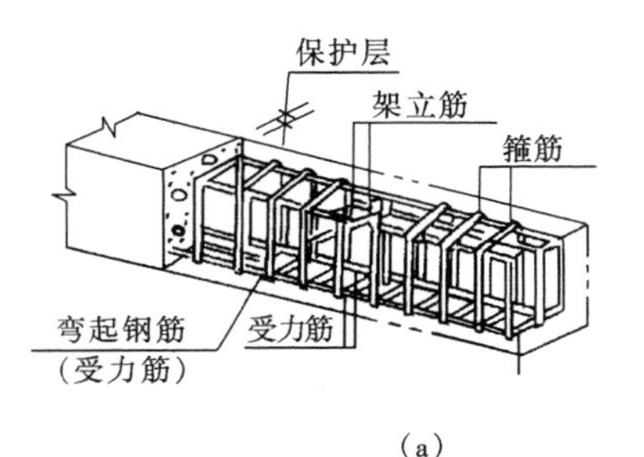

(a)

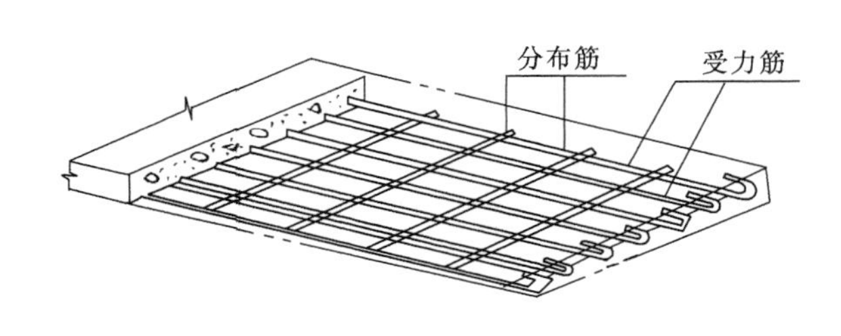

(b)

图 14-7　钢筋混凝土构件配筋示意
(a) 梁；(b) 板

(5) 其他——因构件的构造要求和施工安装需要配置的钢筋，如腰筋、吊环等。

(二) 钢筋的弯钩及保护层

为了增强钢筋与混凝土的黏结力，防止钢筋在受力时滑动，一般把光圆钢筋的端部做成弯钩，其形式如图 14-8 所示。

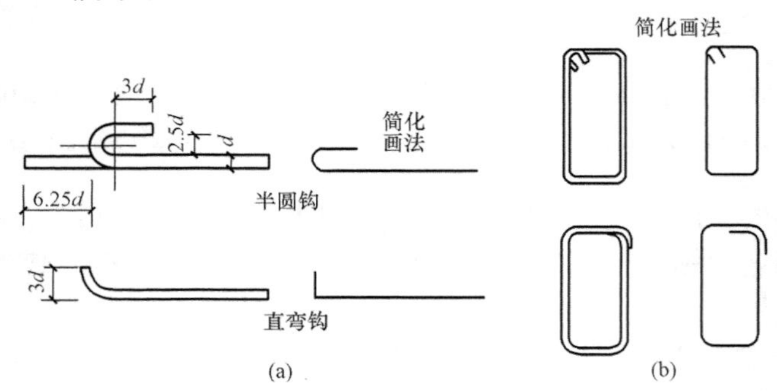

图 14-8 钢筋和箍筋的弯钩

(a) 钢筋的弯钩；(b) 箍筋的弯钩

对于表面有月牙纹的变形钢筋，因其表面较粗糙，能与混凝土产生很好的黏结力，故它们的端部一般不设弯钩。

为了保证钢筋与混凝土的黏结力，防止钢筋锈蚀，在钢筋混凝土构件中，从钢筋的外边缘到构件表面应有一定厚度的混凝土，该混凝土层称为保护层。一般梁与柱的保护层厚度不小于 25mm，板与墙的保护层厚度不小于 15mm。

(三) 钢筋的一般表示方法

(1) 普通钢筋的一般表示方法应符合表 14-4 的规定。预应力钢筋的表示方法应符合表 14-5 的规定。钢筋网片的表示方法应符合表 14-6 的规定。

表 14-4 普 通 钢 筋

序号	名 称	图 例	说 明
1	钢筋横断面	•	
2	无弯钩的钢筋端部		下图表示长、短钢筋投影重叠时，短钢筋的端部用 45°斜画线表示
3	带半圆形弯钩的钢筋端部		
4	带直钩的钢筋端部		
5	带丝扣的钢筋端部		
6	无弯钩的钢筋搭接		
7	带半圆形弯钩的钢筋搭接		
8	带直钩的钢筋搭接		
9	花篮螺丝钢筋接头		
10	机械连接的钢筋接头		用文字说明机械连接的方式（如冷挤压或直螺纹等）

表 14-5　　预 应 力 钢 筋

序号	名　　称	图　　例
1	预应力钢筋或钢绞线	
2	后张法预应力钢筋断面 无黏结预应力钢筋断面	
3	预应力钢筋断面	+
4	张拉端锚具	
5	固定端锚具	
6	锚具的端视图	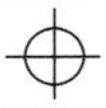
7	可动连接件	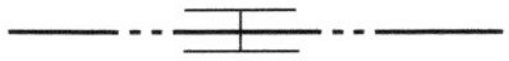
8	固定连接件	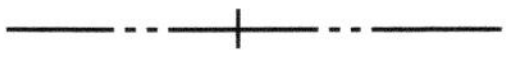

表 14-6　　钢 筋 网 片

序号	名　　称	图　　例
1	一片钢筋网平面图	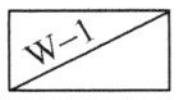 W-1
2	一行相同的钢筋网平面图	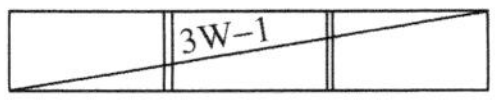 3W-1

注　用文字注明焊接网或绑扎网片。

(2) 钢筋的画法应符合表 14-7 的规定。

表 14-7　　钢 筋 画 法

序号	说　　明	图　　例
1	在结构楼板中配置双层钢筋时，底层钢筋的弯钩应向上或向左，顶层钢筋的弯钩则向下或向右	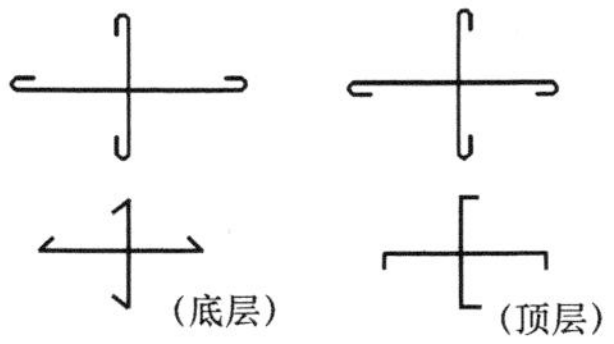 (底层)　(顶层)
2	钢筋混凝土墙体配双层钢筋时，在配筋立面图中，远面钢筋的弯钩应向上或向左而近面钢筋的弯钩向下或向右（JM 近面，YM 远面）	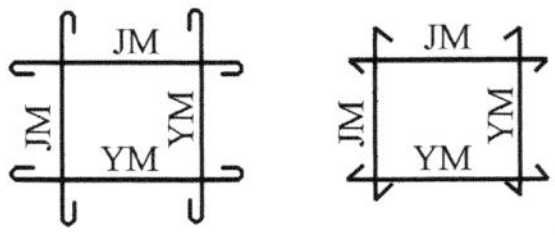 JM　YM
3	若在断面图中不能表述清楚的钢筋布置，应在断面图外增加钢筋大样图（如钢筋混凝土墙，楼梯等）	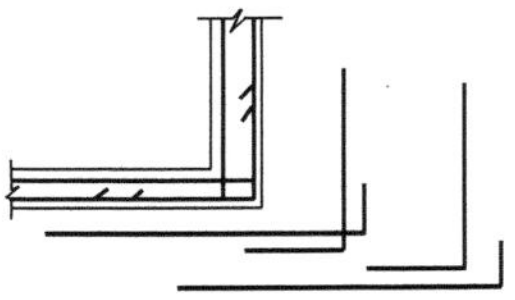

续表

序号	说　　明	图　　例
4	图中所表示的箍筋、环筋等若布置复杂时，可加画钢筋大样及说明	
5	每组相同的钢筋、箍筋或环筋，可用一根粗实线表示，同时用一两端带斜短画线的横穿细线，表示其钢筋及起止范围	

(3) 钢筋、钢丝束的说明应给出钢筋的代号、直径、数量、间距、编号及所在位置，其说明应沿钢筋的长度标注或标注在相关钢筋的引出线上。钢筋标注形式及含义如图 14-9 所示。

(4) 钢筋网片的编号应标注在对角线上。网片的数量应与网片的编号标注在一起。

(5) 钢筋、杆件等编号的直径宜采用 5～6mm 的细实线圆表示，其编号应采用阿拉伯数字按顺序编写（简单的构件、钢筋种类较少可不编号）。

(6) 钢筋在平面图中的配置应按图 14-10 所示的方法表示。当钢筋标注的位置不够时，可采用引出线标注。引出线标注钢筋的斜短画线应为中实线或细实线。

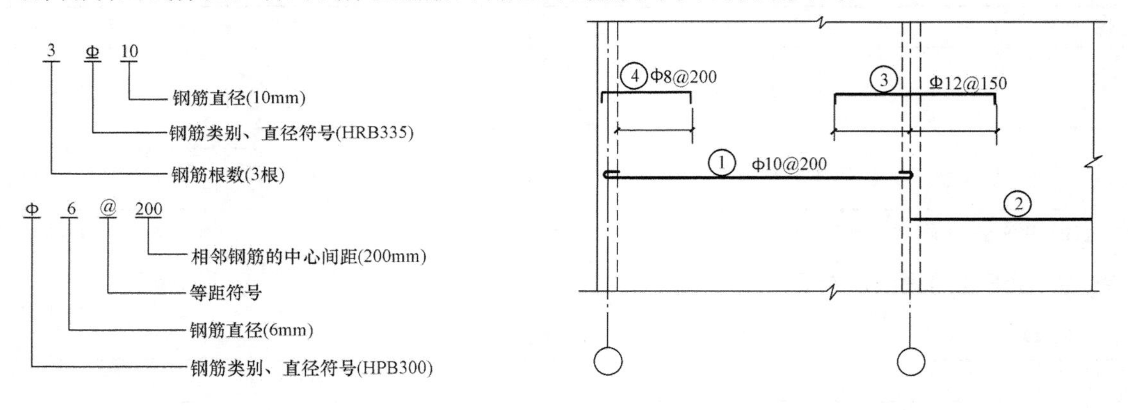

图 14-9 钢筋标注　　　图 14-10 钢筋在楼板配筋图中的表示方法

(7) 当构件布置较简单时，结构平面布置图可与板配筋平面图合并绘制。

(8) 平面图中的钢筋配置较复杂时，可按表 14-7 及图 14-11 所示方法绘制。

(9) 钢筋在梁纵、横断面图中的配置，应按图 14-12 所示的方法表示。

(10) 构件配筋图中箍筋的长度尺寸，应指箍筋的里皮尺寸。弯起钢筋的高度尺寸应指钢筋的外皮尺寸，如图 14-13 所示。

（四）钢筋的简化表示方法

(1) 当构件对称时，采用详图绘制构件中的钢筋网片可按图 14-14 所示的方法用一半或 1/4 表示。

(2) 钢筋混凝土构件配筋较简单时，宜按下列规定绘制配筋平面图：独立基础宜按图 14-15 (a) 所示在平面模板图左下角，绘出波浪线，绘出钢筋并标注钢筋的直径、间距等；其他构件宜按图 14-15 (b) 所示在某一部位绘出波浪线，绘出钢筋并标注钢筋的直径、间

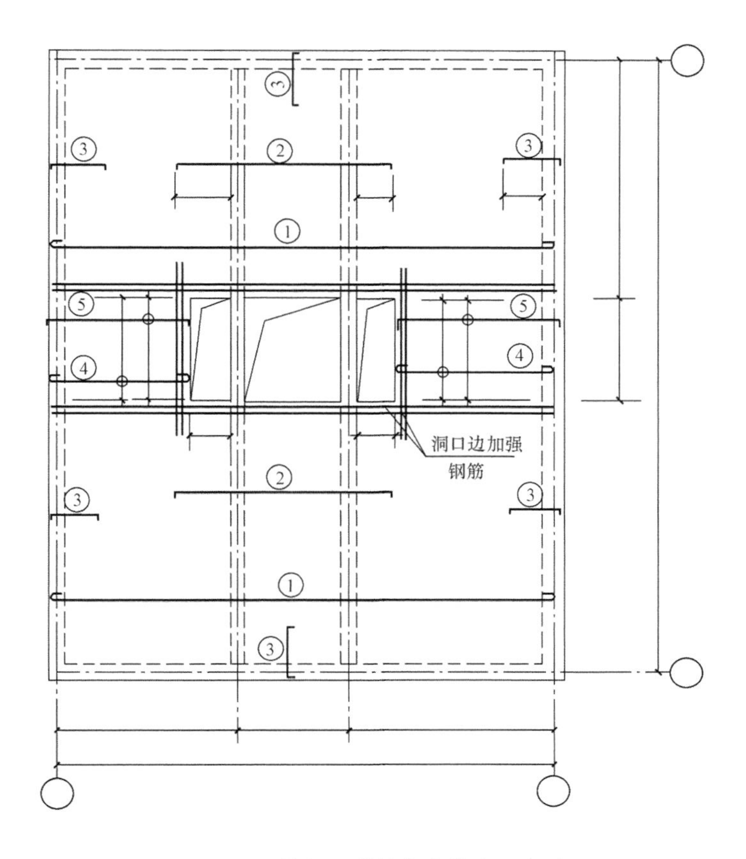

图 14-11　楼板配筋较复杂的表示方法

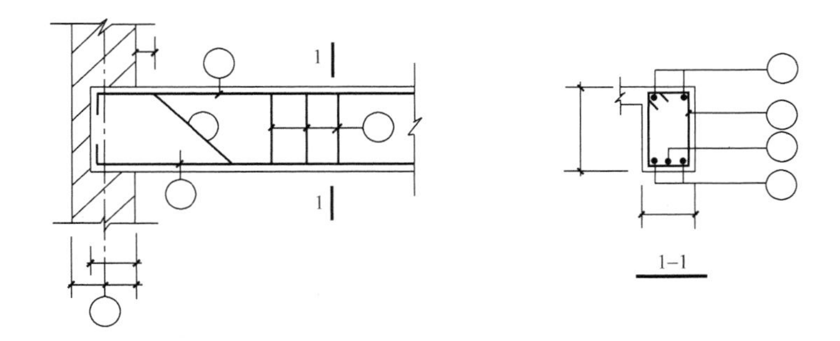

图 14-12　梁纵、横断面图中钢筋表示方法

距等。

(3) 对称的混凝土构件，宜按图 14-16 所示在同一图样中一半表示模板，另一半表示配筋。

（五）文字注写构件的表示方法

(1) 在现浇混凝土结构中，构件的截面和配筋等数值可采用文字注写方式表达。

(2) 按结构层绘制的平面布置图中，直接用文字表达各类构件的编号（编号中含有构件的类型代号和顺序号）、断面尺寸、配筋及有关数值。

(3) 混凝土柱可采用列表注写和在平面布置图中截面注写方式，并应符合下列规定：列

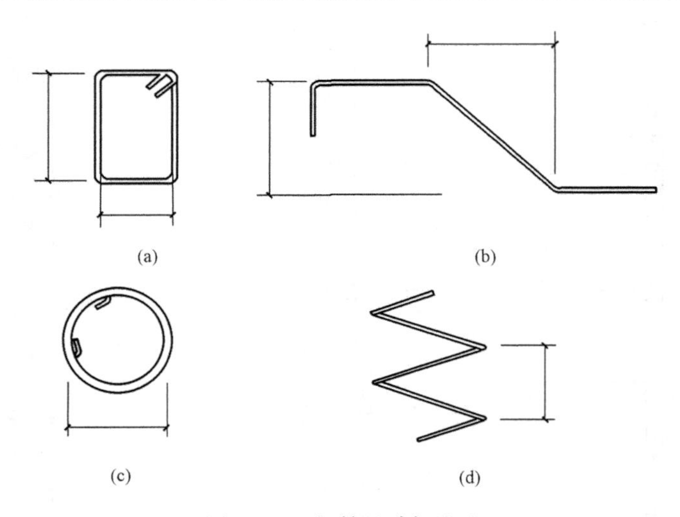

图 14-13　钢箍尺寸标注法
(a) 箍筋尺寸标注图；(b) 弯起钢筋尺寸标注图；(c) 环形钢筋尺寸标注图；(d) 螺旋钢筋尺寸标注图

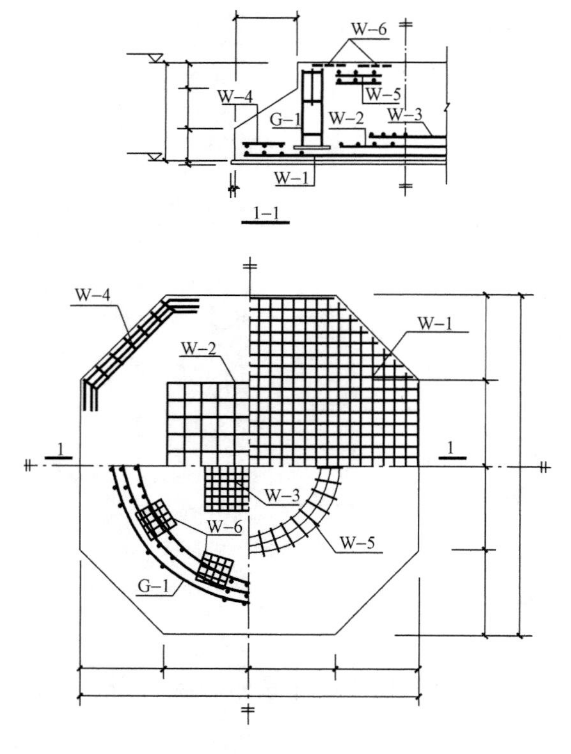

图 14-14　构件中钢筋简化表示方法

表注写应包括柱的编号、各段的起止标高、断面尺寸、配筋、断面形状和箍筋的类型等有关内容；截面注写可在平面布置图中，选择同一编号的柱截面，直接在截面中引出断面尺寸、配筋的具体数值等，并应绘制柱的起止高度表。

（4）混凝土剪力墙可采用列表和截面注写方式，并应符合下列规定：列表注写分别在剪力墙柱表、剪力墙身表及剪力墙梁表中，按编号绘制截面配筋图并注写断面尺寸和配筋等；截面注写可在平面布置图中按编号，直接在墙柱、墙身和墙梁上注写断面尺寸、配筋等具体数值的内容。

（5）混凝土梁可采用在平面布置图中的平面注写和截面注写方式，并应符合下列规定：平面注写可在梁平面布置图中，分别在不同编号的梁中选择一个，直接注写编号、断面尺寸、跨数、配筋的具体数值和相对高差（无高差可不注写）等内容；截面注写可在平面布置图中，分别在不同编号的梁中选择一个，用剖面号引出截面图形并在其上注写断面尺寸、配筋的具体数值等。

（6）重要构件或较复杂的构件，不宜采用文字注写方式表达构件的截面尺寸和配筋等有关数值，宜采用绘制构件详图的表示方法。

（7）基础、楼梯、地下室结构等其他构件，当采用文字注写方式绘制图纸时，可采用在

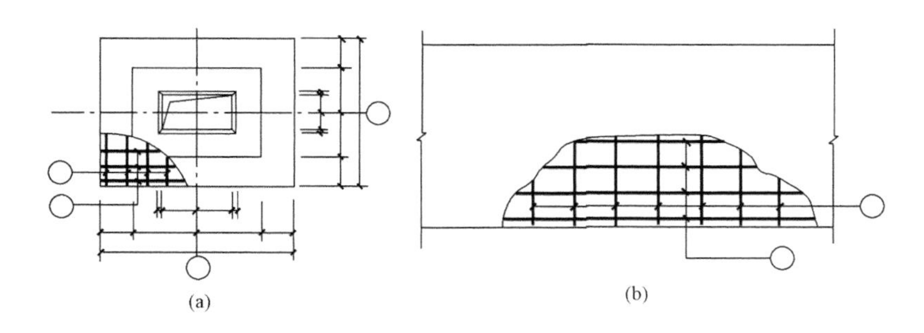

图 14-15　构件配筋简化表示方法

(a) 独立基础；(b) 其他构件

平面布置图上直接注写有关具体数值，也可采用列表注写的方式。

(8) 采用文字注写构件的尺寸、配筋等数值的图样，应绘制相应的节点做法及标准构造详图。

(六) 预埋件、预留孔洞的表示方法

(1) 在混凝土构件上设置预埋件时，可按图 14-17 所示在平面图或立面图上表示。引出线指向向预埋件，并标注预埋件的代号。

(2) 在混凝土构件的正、反面同一位置均设置相同的预埋件时，可按图 14-18 所示引出线为一条实线和一条虚线并指向预埋件，同时在引出横线上标注预埋件的数量及代号。

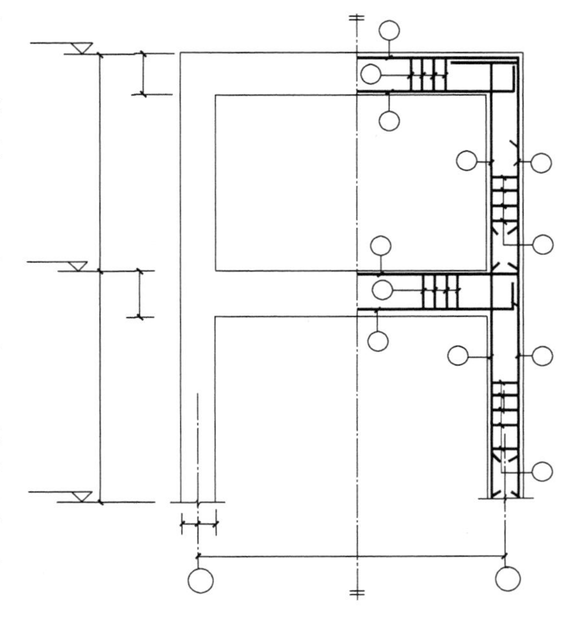

图 14-16　构件配筋简化表示方法

(3) 在混凝土构件的正、反面同一位置设置编号不同的预埋件时，可按图 14-19 所示引一条实线和一条虚线并指向预埋件。引出横线上标注正面预埋件代号，引出横线下标注反面预埋件代号。

(4) 在构件上设置预留孔、洞或预埋套管时，可按图 14-20 所示在平面或断面图中表示。引出线指向预留（埋）位置，引出横线上方标注预留孔、洞的尺寸，预埋套管的外径。横线下方标注孔、洞（套管）的中心标高或底标高。

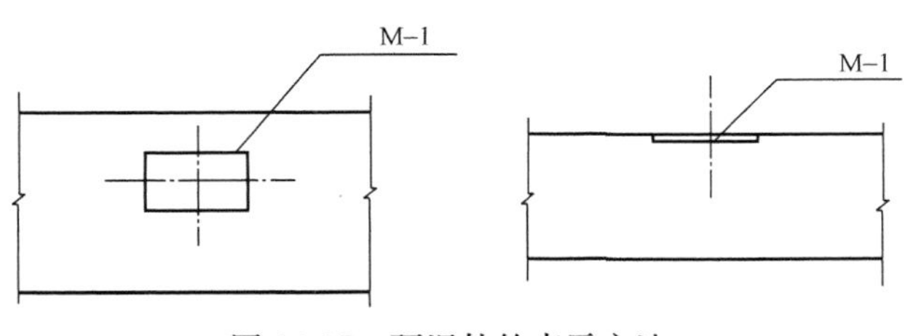

图 14-17　预埋件的表示方法

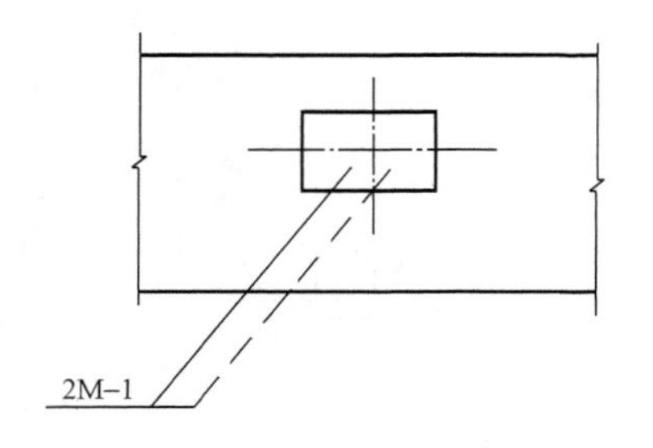

图 14-18　同一位置正、反面预埋件相同的表示方法

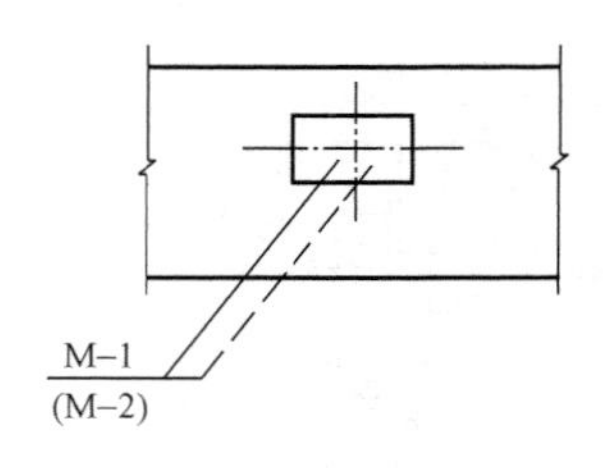

图 14-19　同一位置正、反面预埋件不相同的表示方法

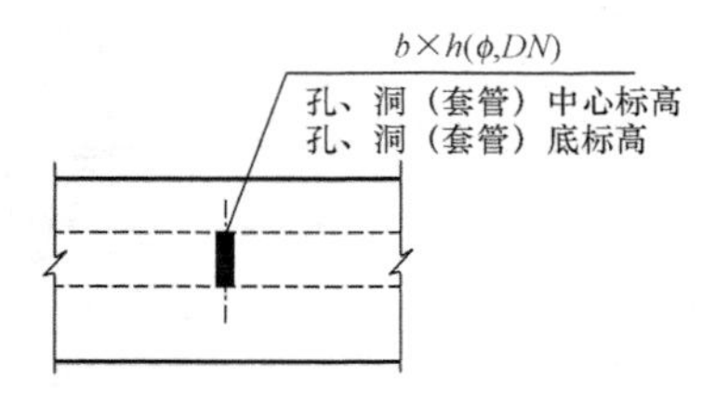

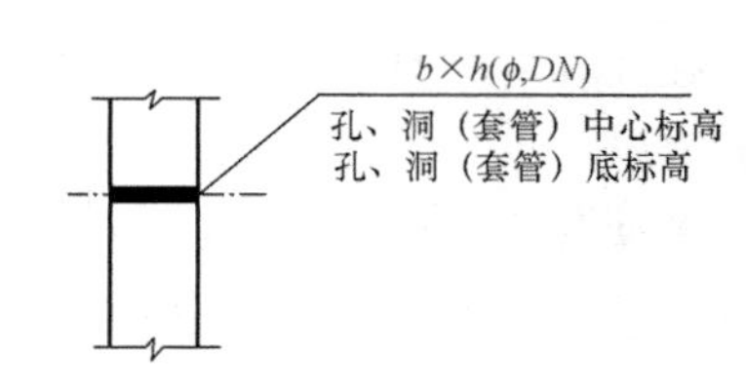

图 14-20　预留孔、洞及预埋套管的表示方法

第二节　基　础　图

基础是地面以下承受房屋全部荷载的构件。它的型式有条形基础、独立基础、筏片基础、箱式基础及桩基等。

基础施工图主要反映房屋在相对标高±0.000 以下基础结构的情况。它是施工时放灰线、开挖基坑、砌筑基础的依据。

基础施工图一般包括基础平面图、基础详图及文字说明三部分。

一、基础平面图

1. 基础平面图的形式

用一个假想的水平剖切平面沿房屋的地面与基础之间将整幢房屋剖开，移去剖切平面以上的房屋和基础回填土，向下作正投影所得到的水平投影图，称为基础平面图，如图 14-21 所示。

2. 基础平面图的图示内容

(1) 绘出承重墙、柱网布置、纵横轴线关系，基础和基础梁及其编号、柱号、地坑和设备基础的平面位置、尺寸、标高、基础底标高不同时的放坡示意图。

(2) 表示出±0.000 以下的预留孔洞的位置、尺寸、标高。

(3) 桩基应表示出桩位平面布置、桩承台的平面尺寸及承台底标高。

(4) 附注说明：本工程±0.000 相应的绝对标高，基础埋置在地基中的位置及所在土层，基底处理措施，地基的承载能力及对施工的有关要求等。

以上内容，根据实际工程情况进行取舍。

3. 基础平面图的图示方法

(1) 基础平面图中采用的比例、图例以及定位轴线编号和轴线尺寸应与建筑平面图一致。

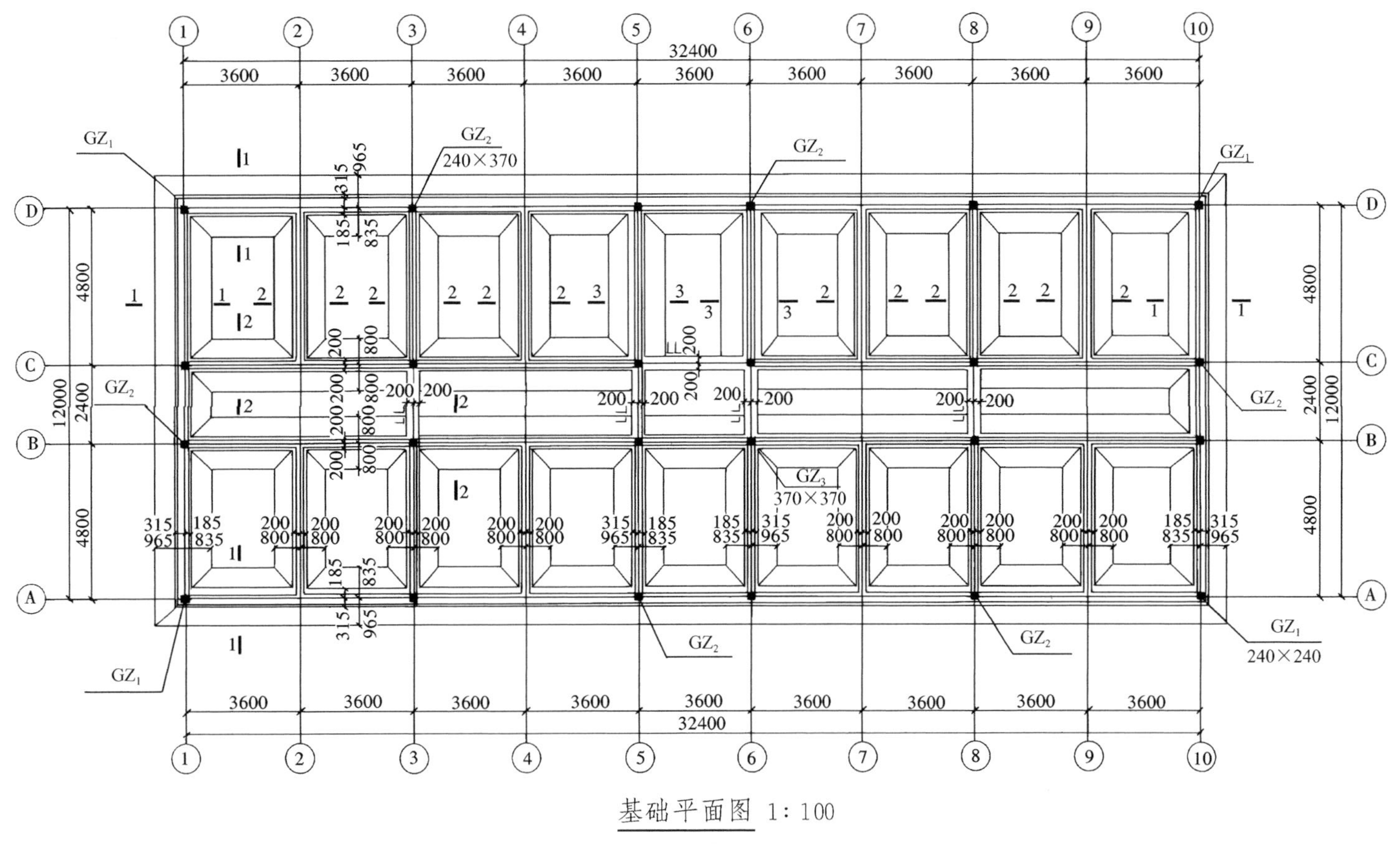
基础平面图 1:100
32400
3600
12000
4800
2400
GZ1
240×240
GZ2
240×370
GZ3
370×370
315
965
185
835
200
800

图 14-21 基础平面图

(2) 在基础平面图中，需画出剖切到的基础墙、柱等的轮廓线（用中实线表示）、投影可见的基础底部的轮廓线以及基础梁等构件（用细实线表示），而对其他细部，如垫层、砌砖大放脚的轮廓线均省略不画。

(3) 在基础平面图中，凡基础的宽度、墙厚、大放脚的形式　基础底面标高及尺寸等有不同时，常分别采用不同的断面剖切符号来表示详图的剖切位置及编号。

(4) 基础平面图中的外部尺寸一般只注二道，即开间、进深等各轴线间的尺寸和首尾轴线间的总尺寸。

4. 基础平面图的识读

(1) 了解图名和比例。

(2) 了解基础与定位轴线的平面位置、相互关系以及轴线间的尺寸。

(3) 了解基础墙（或柱）、垫层、基础梁等的平面布置、形状、尺寸、型号等内容。

(4) 了解基础断面图的剖切位置及其编号。

(5) 通过文字说明，了解基础的用料、施工注意事项等内容。

(6) 应与其他有关图纸相配合，特别是底层平面图和楼梯详图，因为基础平面图中的某些尺寸、平面形状、构造等内容已在这些图中表明了。

5. 基础平面图的绘制

(1) 画出与建筑平面图相一致的定位轴线。

(2) 画出基础墙（或柱）、基础梁及基础底部的边线。

(3) 画出其他细部。

(4) 画出不同断面图的剖切位置线及其编号。

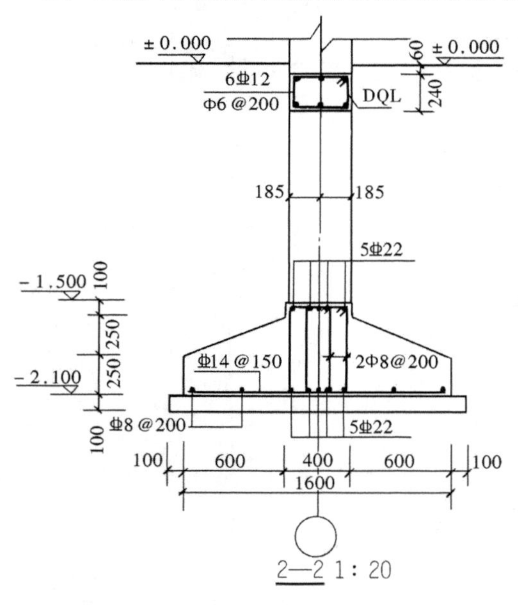

图 14-22　条形基础详图

(5) 标注轴线间的尺寸、基础梁的平面尺寸等。

(6) 注写有关文字说明。

二、基础详图

1. 基础详图的形成

在基础某一处用铅垂剖切平面，沿垂直定位轴线方向切开基础所得到的断面图，称为基础详图，如图 14-22 所示。

2. 基础详图的图示内容

(1) 绘出基础断面形状、大小、材料、配筋、圈梁、防潮层、基础垫层等。

(2) 标注基础断面的详细尺寸、标高及轴线关系等。

(3) 桩基除绘出承台梁或承台板的钢筋混凝土结构外，还应绘出桩插入承台的构造等。

(4) 附注说明：基础、垫层、材料、防潮层等各部分的做法，对回填土及地面以下钢筋混凝土构件的技术施工要求。

以上内容，根据实际工程情况进行取舍。

3．基础详图的图示方法

（1）基础详图一般采用1∶20、1∶25、1∶30等较大的比例绘制，并尽可能与基础平面图画在同一张图纸上。

（2）对于独立基础，除画出基础的断面图外，通常还要画出平面详图用以表明有关平面尺寸等内容，如图 14-23 所示。

（3）详图若为通用图，轴线圆圈内可不予编号。

4．基础详图的识读

（1）根据基础平面图中的详图剖切符号或基础代号，查阅基础详图。

（2）了解基础断面形状、大小、材料以及配筋等。

（3）了解基础断面的详细尺寸和室内外地面及基础底面的标高等。

（4）了解砖基础防潮层的设置、位置及材料要求。

（5）了解基础梁的尺寸及配筋等内容。

5．基础详图的绘制

（1）画出与基础平面图相对应的定位轴线。

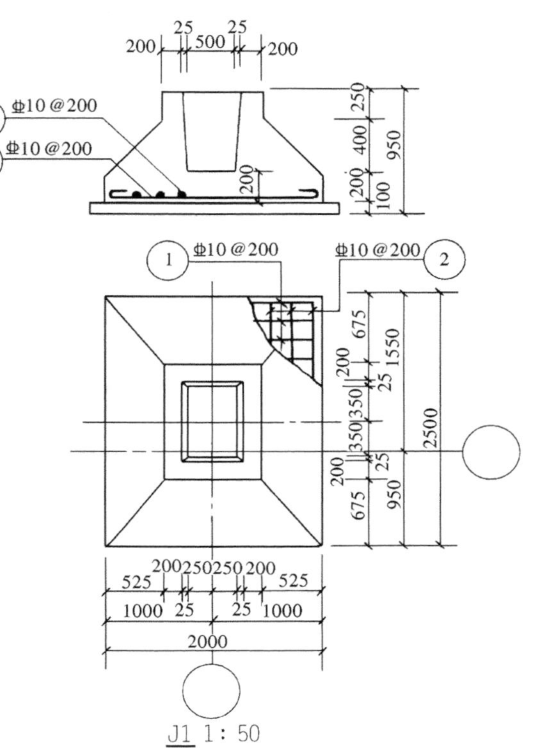

图 14-23　独立基础详图

（2）画出基础底面及室内外地面的位置线，并根据基础的高、宽等尺寸画出基础、基础墙等断面轮廓线。

（3）画出防潮层。

（4）画出基础梁、配筋等内部构造情况。

（5）标注室内外地面、基础底面的标高和其他细部尺寸。

（6）书写有关文字说明。

第三节　结 构 平 面 图

结构平面图是表示房屋上部各层平面承重构件（如梁、板、柱等）布置的图样。它是施工时布置和安放各层承重构件的依据。

结构平面图一般包括楼面结构平面图及屋面结构平面图。

一、楼面结构平面图

1．楼面结构平面图的形成

用一个假想的水平剖切平面，在所要表明的结构层没有抹灰时的上表面水平剖开后，向下作正投影而得到的水平投影图，称为楼面结构平面图，如图 14-24 所示。

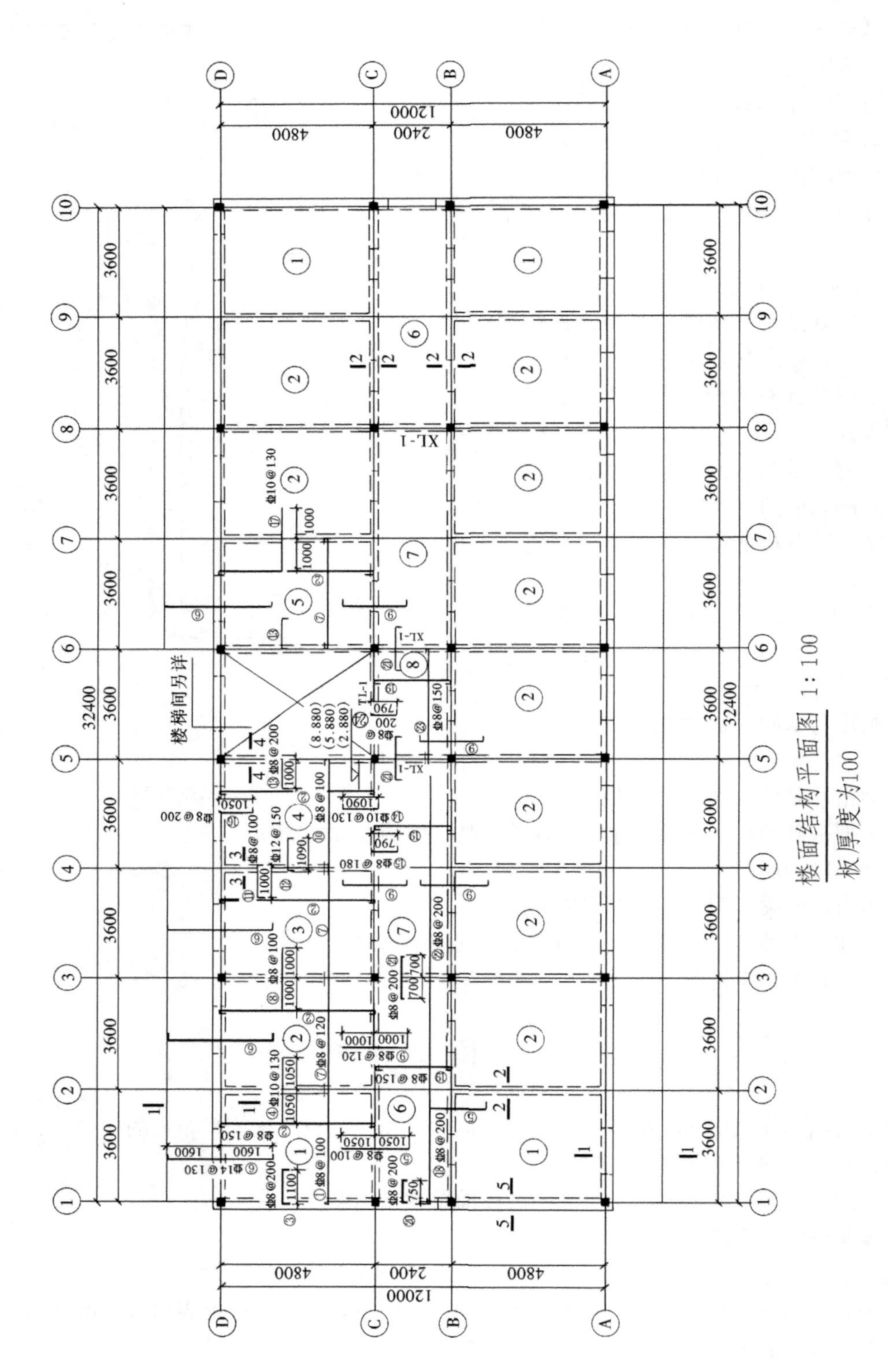

图 14-24 楼层结构平面图

2. 楼面结构平面图的图示内容

(1) 绘出与建筑平面图一致的轴线网及梁、柱、承重砌体墙等位置，并注明编号。

(2) 注明预制板的跨度方向、板号、数量，标出预留洞大小及位置。

(3) 现浇板沿斜线注明板号、板厚，配筋可布置在平面图上，亦可另绘放大比例的配筋图，注明板底标高。标出直径≥300mm预留洞的大小和位置，绘出洞边加强配筋。

(4) 有圈梁或门窗过梁时，应注明编号。

(5) 电梯间应绘制机房结构平面图，注明梁板编号、板的配筋、预留孔洞位置、大小及板底标高等。

(6) 注出有关剖切符号或详图索引符号。

(7) 附注说明：选用预制构件的图集代号，各种材料标号以及预制板支承长度及支座处找平做法等。

以上内容，根据实际工程情况进行取舍。

3. 楼面结构平面图的图示方法

(1) 楼面结构平面图的比例应与建筑平面图相一致，并标注结构标高。

(2) 对于多层建筑，一般应分层绘制楼层结构平面图。但如果各层构件的类型、大小、数量、布置均相同时，可只画一标准层的楼层结构平面图。

(3) 在楼面结构平面图中，被剖切到或可见的构件轮廓线一般用中实线表示，被楼板挡住的墙、柱轮廓线用中虚线（或细虚线）表示，预制楼板的平面布置情况一般用细实线表示，梁用粗单点长画线（或细虚线）表示，钢筋用粗实线表示。

(4) 在结构平面图中，若干部分相同时，可只绘出一部分，并用阿拉伯数字或大写的拉丁字母外加细实线圆圈表示相同部分的分类符号，其他相同部分仅标注分类符号。

(5) 楼梯间绘斜线并注明所在详图号。

(6) 楼面结构平面图的外部尺寸，一般只注开间、进深、总尺寸等。

4. 楼面结构平面图的识读

(1) 了解图名和比例。

(2) 了解定位轴线的布置和轴线间的尺寸。

(3) 了解结构层中楼板的平面位置和组合情况。在楼面结构平面图中，预制板的代号、编号的标注内容说明如下：

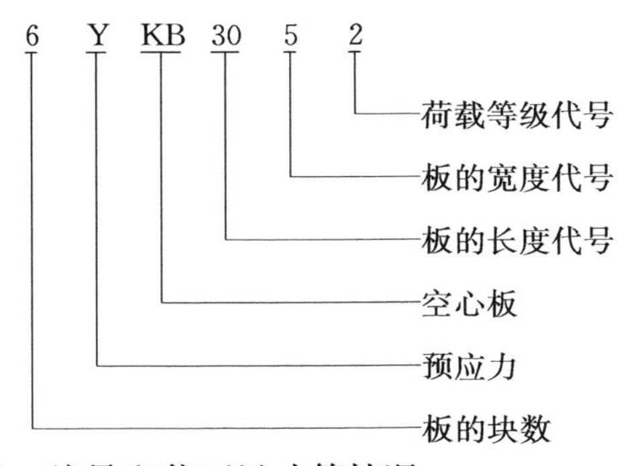

(4) 了解梁的平面布置、编号和截面尺寸等情况。

(5) 了解现浇板的厚度、标高及支撑在墙上的长度。

(6) 了解现浇板中钢筋的布置情况。在图中各类钢筋往往仅画一根示意，钢筋的弯钩向

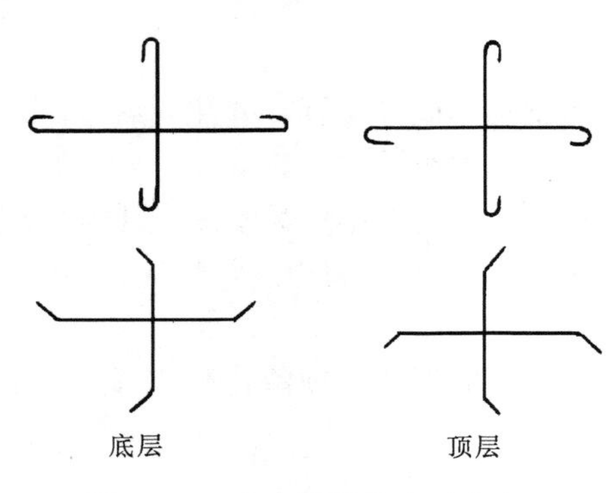

图 14-25 双向钢筋的表示方法

上、向左表示底层钢筋；钢筋的弯钩向下、向右表示顶层钢筋，如图 14-25 所示。

（7）了解各节点详图的剖切位置。

（8）了解梁、板高低变化等情况。

5. 楼层结构平面图的绘制

（1）画出与建筑平面图相一致的定位轴线。

（2）画出平面外轮廓、楼板下的墙身线和门窗洞的位置线以及梁的平面位置。

（3）对于预制板部分，注明预制板的数量、代号和编号。在图上还应注出梁、柱的代号。

（4）对于现浇板部分，画出板的钢筋详图，并标注钢筋的编号、规格、直径等。

（5）标注轴线和各部分尺寸。

（6）书写文字说明。

二、屋面结构平面图

屋面结构平面图是表示屋面承重构件平面布置的图样。它与楼面结构平面图基本相同，但要表示出上人孔、通风道等预留孔洞的位置等。

第四节 钢筋混凝土构件详图

结构平面图只能表示出房屋各承重构件的平面布置情况，至于它们的形状、大小、材料、构造和连接情况等则需要分别画出各承重构件的结构详图来表示。

钢筋混凝土构件详图一般包括模板图、配筋图及钢筋表。

一、模板图

模板图也称外形图，它主要表达构件的外部形状、几何尺寸和预埋件代号及位置。对较复杂的构件才画模板图，若构件形状简单，模板图可与配筋图画在一起。

二、配筋图

配筋图主要用来表示构件内部的钢筋配置、形状、规格、数量等，是构件详图的主要图样，一般用立面图和断面图表示，如图 14-12 所示。

在配筋图中，为了突出钢筋，构件轮廓线用细实线画出，图内不画材料图例，钢筋用粗实线（在立面图）和黑圆点（在断面图）表示，箍筋用中实线表示，并对钢筋加以说明标注。

三、钢筋表

钢筋表的设置主要是便于钢筋放样、加工，编制施工预算，同时也便于识图。其内容见表 14-8。

表 14-8 **L-1 梁 钢 筋 表**

编号	钢筋简图	规格	长度/mm	根数	重量/kg
①	3940	Φ 14	3940	2	11
②	4500	Φ 14	4500	1	5

续表

编号	钢筋简图	规格	长度/mm	根数	重量/kg
③	3790	⌀12	3790	2	9
④	320 220	⌀6	1180		

第五节　混凝土结构施工图平面整体表示方法简介

《建筑结构施工图平面整体设计方法》（简称平法）对我国目前混凝土结构施工图的设计表示方法作了重大改革，被国家科委列为《“九五”国家级科技成果重点推广计划》项目和建设部列为“一九九六年科技成果重点推广项目。”

平法的表达形式是把结构构件的尺寸和配筋等，按照平面整体表示方法的制图规则，整体直接表达在各类构件的结构布置平面图上，再与标准构造详图相结合，从而构成一套新型完整的结构设计。它改变了传统的那种将构件从结构平面布置图中索引出来，再逐个绘制配筋详图的繁琐方法。

平法适用于各种现浇混凝土结构的柱、剪力墙、梁等构件的结构施工图设计，如图 14-26 为梁平法施工图平面注写方式示例。

梁平面注写包括集中标注与原位标注。集中标注表达梁的通用数值，原位标注表达梁的特殊数值。施工时，原位标注取值优先。下面以图 14-26 中的 KL2 为例说明梁平面注写的含义，如图 14-27 所示。

按平法设计绘制的施工图一般由两大部分构成，即结构构件的平法施工图和标准构造详图。

按平法设计绘制结构施工图时，应注意以下几点：

(1) 必须根据具体工程设计，按照各类构件的平法制图规则，在按结构（标准）绘制的平面布置图上，直接表示各构件的尺寸、配筋和所选用的标准构造详图。出图时，宜按基础柱、剪力墙、梁、板、楼梯及其他构件的顺序排列。

(2) 在平面布置图上表示各构件尺寸和配筋的方式，分为平面注写方式、列表注写方式和截面注写方式三种。

(3) 应将所有构件进行编号，编号中含有类型代号和序号等，其中，类型代号的主要作用是指明所选用的标准构造详图。

(4) 应当用表格或其他方式注明包括地下和地上各层的结构层楼（地）面标高、结构层高及相应的结构层号。

结构层楼面标高和结构层高在单项工程中必须统一，以保证基础、柱与墙、梁、板等用同一标准竖向定位。

结构层楼面标高系指将建筑图中各层地面和楼面标高值扣除建筑面层及垫层做法厚度后的标高，结构层号应与建筑楼层号对应一致。

(5) 为了确保施工人员准确无误地按平法施工图进行施工，在具体工程的结构设计总说明中必须写明以下与平法施工图密切相关的内容：

1) 注明本设计图采用的是平面整体表示方法，并注明所选用平法标准图的图集号。

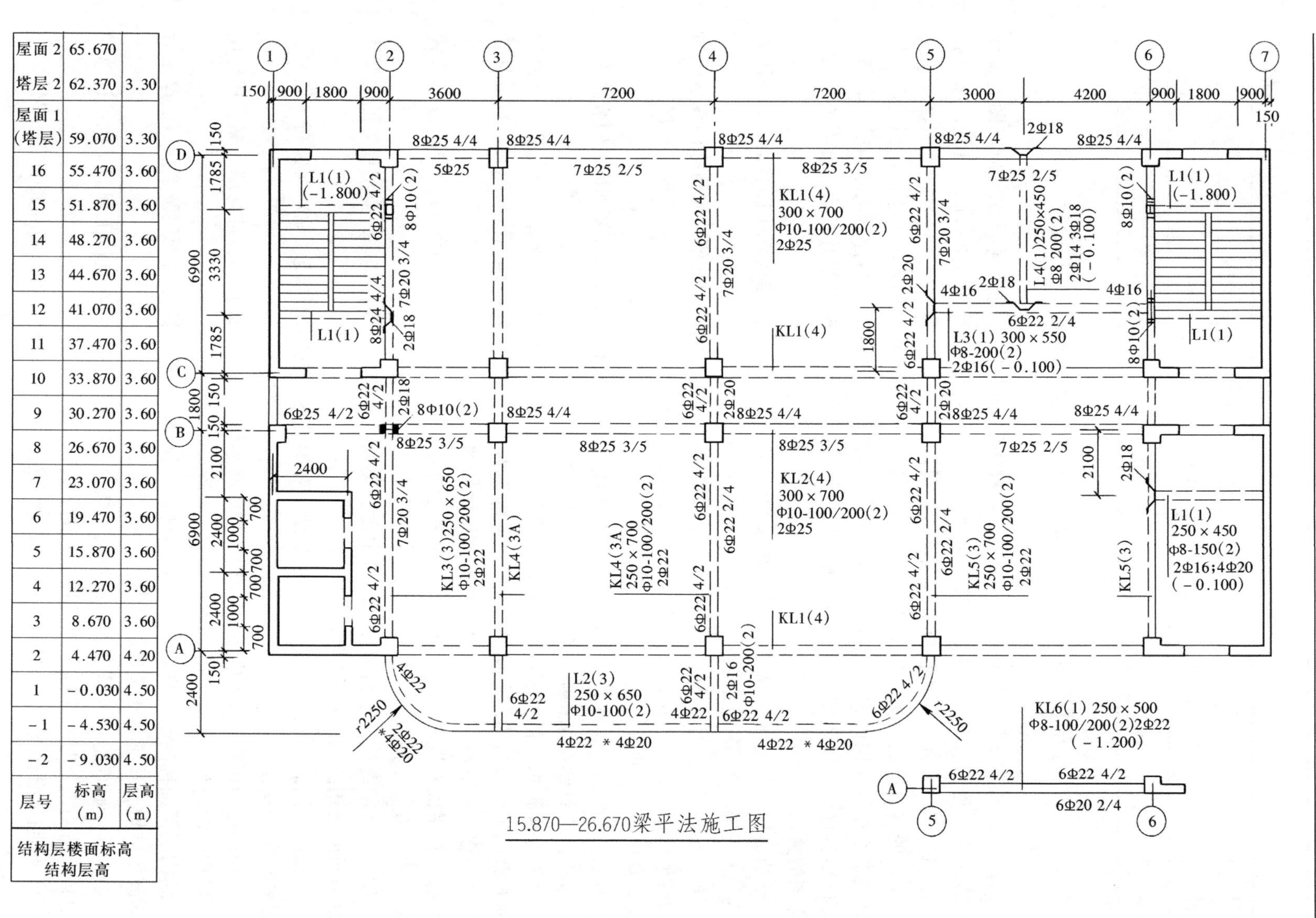

层号	标高(m)	层高(m)
屋面 2	65.670	
塔层 2	62.370	3.30
屋面 1 (塔层)	59.070	3.30
16	55.470	3.60
15	51.870	3.60
14	48.270	3.60
13	44.670	3.60
12	41.070	3.60
11	37.470	3.60
10	33.870	3.60
9	30.270	3.60
8	26.670	3.60
7	23.070	3.60
6	19.470	3.60
5	15.870	3.60
4	12.270	3.60
3	8.670	3.60
2	4.470	4.20
1	−0.030	4.50
−1	−4.530	4.50
−2	−9.030	4.50

结构层楼面标高
结构层高

图 14-26 梁平法施工图平面注写方式示例

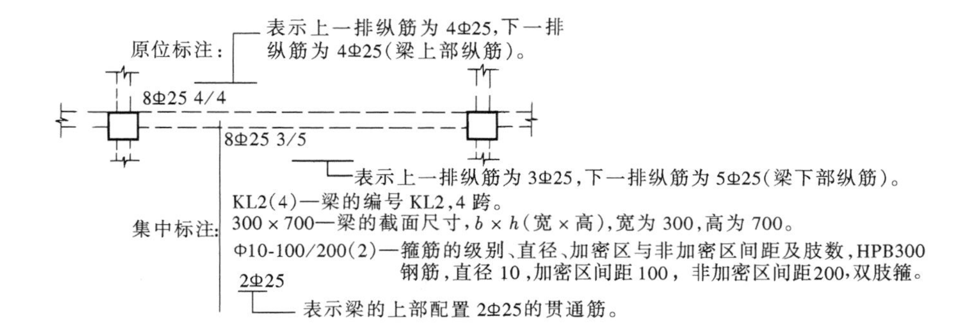

图 14-27　KL2 平面注写方式示例

2）当有抗震设防要求时，应写明抗震设防烈度及结构抗震等级，以明确选用相应抗震等级的标准构造详图；当无抗震设防要求时，也应写明“本图无抗震设防要求”，以明确选用非抗震的标准构件详图。

3）写明各类构件在其所在部位所选用的混凝土的强度等级和钢筋级别，以确定相应的纵向受拉钢筋的最小锚固定长度及最小搭接长度等。

4）写明柱（包括墙柱）纵筋、墙身分布筋、梁上部贯通筋等在具体工程中接长时所采用的接头形式及有关要求。

5）对混凝土保护层厚度有特殊要求时，写明不同部位构件所处的环境条件。

第十五章　室内设备施工图

室内设备作为房屋的重要组成部分，是一幢房屋能够正常使用的必备条件。它主要包括给水排水设备、供暖通风设备、电气设备等。室内设备施工图所表达的主要内容就是这些设备在房屋中的平面布置及安装等情况。

第一节　室内给水排水施工图

室内给水排水施工图是表示房屋中卫生器具、给水排水管道及其附件的类型、大小以及与房屋的相对位置和安装方式的工程图。它主要包括室内给水排水平面图、系统轴测图和详图等。

一、室内给水排水施工图的图示特点

（1）室内给水排水施工图中的平面图、详图等都是用正投影法绘制，系统图用轴测投影法绘制。

（2）室内给水排水施工图中（详图除外），各种卫生器具、管件、附件及闸门等均采用统一图例来表示，常用图例见附录表 A-4。

（3）给水排水管道一般采用单线以粗线绘制，而建筑、结构的图形及有关设备均采用细线绘制。

（4）不同直径的管道，以相同线宽的线条表示；管道坡度无需按比例画出（画成水平即可）；管径和坡度均用数字注明。

（5）靠墙敷设管道，不必按比例准确表示出管线与墙面的微小距离，图中只需略有距离即可。暗装管道亦与明装管道一样画在墙外，只需说明哪些部分要求暗装。

（6）当在同一平面位置布置有几根不同高度的管道时，若严格按正投影来画，平面图就会重叠在一起，这时可画成平行排列。

（7）有关管道的连接配件均属规格统一的定型工业产品，在图中均不予画出。

二、室内给水排水施工图的图示内容和图示方法

（一）室内给水排水平面图

1. 图示内容

室内给水排水平面图主要表明建筑物内给水排水管道及卫生器具、附件等的平面布置情况，主要包括：

（1）室内卫生设备的类型、数量及平面位置。

（2）室内给水系统和排水系统中各个干管、立管、支管的平面位置、走向、立管编号和管道的安装方式（明装或暗装）。

（3）管道器材设备如阀门、消火栓、地漏、清扫口等的平面位置。

（4）给水引入管、水表节点和污水排出管、检查井的平面位置、走向及与室外给水、排水管网的连接（底层平面图）。

（5）管道及设备安装预留洞的位置、预埋件、管沟等方面对土建的要求。

2. 图示方法

（1）室内给水排水平面图的比例。室内给水排水平面图的比例一般采用与建筑平面图相同的比例，常用 1：100，必要时也可采用 1：50、1：150、1：200 等。

（2）室内给水排水平面图的数量。多层建筑物的给水排水平面图，原则上应分层绘制。对于管道系统和用水设备布置相同的楼层平面可以绘制一个平面图——标准层给水排水平面图，但底层平面图必须单独画出。当屋顶设有水箱及管道时，应画出屋顶给水排水平面图；如果管道布置不复杂时，可在标准层平面图中用双点长画线画出水箱的位置。

（3）室内给水排水平面图中的房屋平面图。在室内给水排水平面图中所画的房屋平面图，仅作为管道系统及用水设备等平面布置和定位的基准，因此，房屋平面图中仅画出房屋的墙、柱、门窗、楼梯等主要部分，其余细部可省略。

底层给水排水平面图应画出整幢房屋的建筑平面图，其余各层可仅画出布置有管道的局部平面图。

（4）室内给水排水平面图中的用水设备。用水设备中的洗脸盆、大便器、小便器等都是工业产品，不必详细表示，可按规定图例画出；而对于现场浇筑的用水设备，其详图由建筑专业绘制，在给水排水平面图中仅画出其主要轮廓即可。

（5）室内给水排水平面图中给水排水管道。

1）室内给水排水平面图是水平剖切房屋后的水平正投影图。平面图的各种管道不论在楼面（地面）之上或之下，都不考虑其可见性。即每层平面图中的管道均以连接该层用水设备的管路为准，而不是以楼层地面为分界。如属本层使用，但安装在下层空间的排水管道，均绘于本层平面图上。

2）一般将给水系统和排水系统绘制于同一平面图上，这对于设计、施工以及识读都比较方便。

3）由于管道连接一般均采用连接配件，往往另有安装详图，平面图中的管道连接均为简略表示，具有示意性。

（6）室内给水排水平面图中给水系统和排水系统的编号。

1）在给水排水工程中，一般给水管用字母“J”表示：污水管及排水管用字母“W”、“P”表示；雨水管用字母“Y”表示。

2）在底层给水排水平面图中，当建筑物的给水引入管和污水排出管的数量多于一个时，应对每一个给水引入管和污水排出管进行编号。系统的划分一般给水系统以每一个引入管为一个给水系统，排水系统以每一排出管为一排水系统。给水系统和排水系统的编号如图 15-1 所示。

（7）尺寸标注。

1）在室内给水排水管道平面图中应标注墙或柱的轴线尺寸，以及室内外地面和各层楼面的标高。

2）卫生器具和管道一般都是沿墙或靠柱设置的，不必标注定位尺寸（一般在说明中写出）；必要时，以墙面或柱面为基准标注尺寸。卫生器具的规格可注在引出线上，或在施工说明中说明。

3）管道的管径、坡度和标高均标注在管道的系统图中，在管道的平面图中不必标出。

4）管道长度尺寸用比例尺从图中量出近似尺寸，在安装时则以实测尺寸为准，所以在

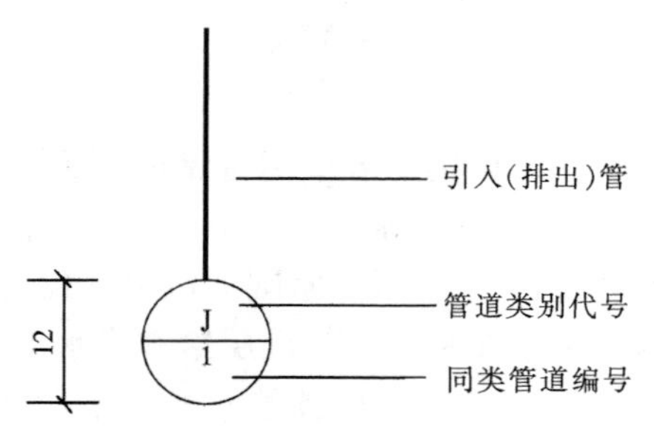

图 15-1 给水系统和排水系统编号

管道平面图中也不标注管道的长度尺寸。

(二) 室内给水排水系统图

1. 图示内容

室内给水排水系统图是给水排水工程施工图中的主要图纸，它分为给水系统图和排水系统图，分别表示给水管道系统和排水管道系统的空间走向，各管段的管径、标高、排水管道的坡度，以及各种附件在管道上的位置。

2. 图示方法

(1) 轴向选择。室内给水排水系统图一般采用正面斜等轴测图绘制，*OX* 轴处于水平方向，*OY* 轴一般与水平线呈 45°（也可以呈 30°或 60°），*OZ* 轴处于铅垂方向。三个轴向伸缩系数均为 1。

(2) 比例。

1) 室内给水排水系统图的比例一般采用与平面图相同的比例，当系统比较复杂时也可以放大比例。

2) 当采用与平面图相同的比例时 *OX*、*OY* 轴方向的尺寸可直接从平面图上量取，*OZ* 轴方向的尺寸可依层高和设备安装高度量取。

(3) 室内给水排水系统图的数量。室内给水排水系统图的数量按给水引入管和污水排出管的数量而定，各管道系统图一般应按系统分别绘制，即每一个给水引入管或污水排出管都对应着一个系统图。每一个管道系统图的编号都应与平面图中的系统编号相一致。系统的编号如图 15-1 所示。建筑物内垂直楼层的立管，其数量多于一个时，也用拼音字母和阿拉伯数字为管道进出口编号，如图 15-2 所示。

(4) 室内给水排水系统图中的管道。

1) 系统图中管道的画法与平面图中一样，给水管道用粗实线表示，排水管道用粗虚线表示；给水、排水管道上的附件（如闸阀、水龙头、检查口等）用图例表示。用水设备不画出。

2) 当空间交叉管道在图中相交时，在相交处将被挡在后面或下面的管线断开。

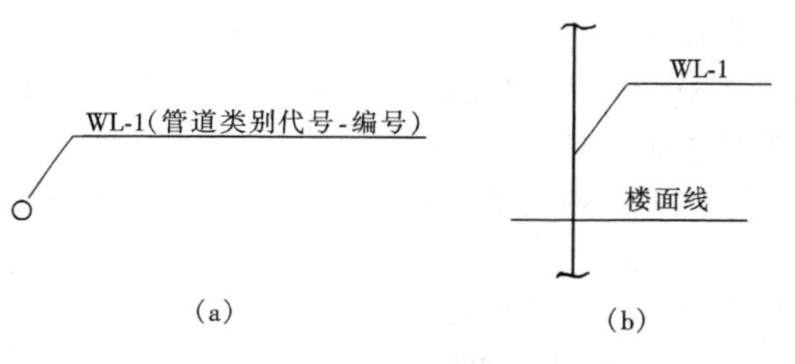

图 15-2 立管编号
(a) 平面图；(b) 立面图系统图

3) 当各层管道布置相同时，不必层层重复画出，只需在管道省略折断处标注“同某层”即可。各管道连接的画法具有示意性。

4) 当管道过于集中，无法表达清楚时，可将某些管段断开，移至别处画出，在断开处给以明确标记。

(5) 室内给水排水系统图中墙和楼层地面的画法。在管道系统图中还应用细实线画出被管道穿过的墙、柱、地面、楼面和屋面，其表示方法如图 15-2 所示。

(6) 尺寸标注。

1) 管径：管道系统中所有管段均需标注管径。当连续几段管段的管径相同时，仅标注两端管段的管径，中间管段管径可省略不用标注，管径的单位为“毫米”。水煤气输送钢管

（镀锌、非镀锌）、铸铁管等管材，管径应以公称直径“DN”表示（如 DN50）；耐陶瓷管、混凝土管、钢筋混凝土管、陶土管等，管径应以内径 d 表示（如 d380）；焊接钢管、无缝钢管等，管径应以外径×壁厚表示（如 D108×4）。

管径在图纸上一般标注在以下位置：①管径变径处；②水平管道标注在管道的上方；斜管道标注在管道的斜上方；立管道标注在管道的左侧，如图 15-3 所示。当管径无法按上述位置标注时，可另找适当位置标注；③多根管线的管径可用引出线进行标注，如图 15-4 所示。

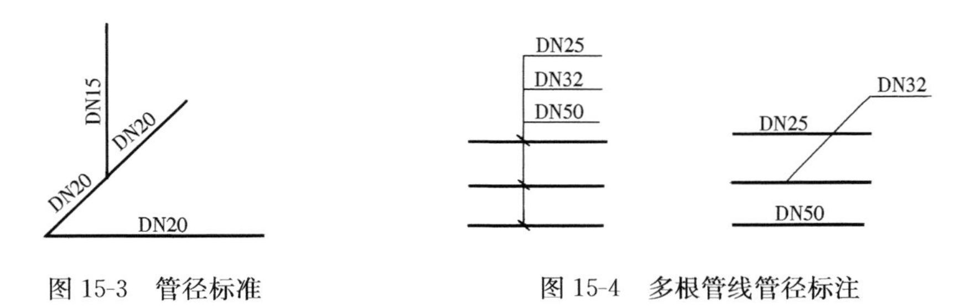

图 15-3　管径标准　　图 15-4　多根管线管径标注

2）标高：室内管道系统图中标注的标高是相对标高。给水管道系统图中给水横管的标高均标注管中心标高，一般要注出横管、阀门、水龙头和水箱各部位的标高。此外，还要标注室内地面、室外地面、各层楼面和屋面的标高。

排水管道系统图中排水横管的标高也可标注管中心标高，但要注明。排水横管的标高由卫生器具的安装高度所决定，所以一般不标注排水横管的标高，而只标注排水横管起点的标高。另外，还要标注室内地面、室外地面、各层楼面和屋面、立管管顶，检查口的标高。标高的标注如图 15-5 所示。

3）凡有坡度的横管都要注出其坡度。管道的坡度及坡向表示管道的倾斜程度和坡度方向。标注坡度时，在坡度数字下，应加注坡度符号。坡度符号的箭头一般指向下坡方向，如图 15-6 所示。一般室内给水横管没有坡度，室内排水横管有坡度。

（7）图例。平面图和系统图应列出统一的图例，其大小要与平面图中的图例大小相同。

三、室内给水排水施工图的识读

室内给水排水施工图中的管道平面图和管道系统图相辅相依、互相补充，共同表达房屋内各种卫生器具和各种管道以及管道上各种附件的空间位置。在读图时要按照给水和排水的各个系统把这两种图纸联系起来互相对照，反复阅读，才能看懂图纸所表达的内容。

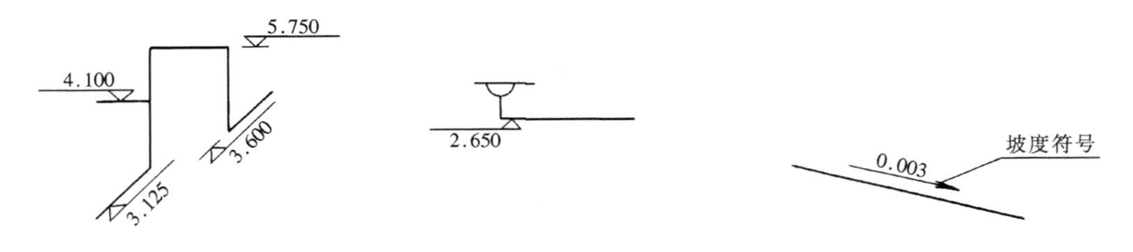

图 15-5　管道标高的标注　　图 15-6　坡度及坡向的表示法

现以某学院学生公寓中的底层给水排水平面图（如图 15-7 所示）给水系统图（如图 15-8 所示）排水系统图（如图 15-9 所示）为例，说明室内给水排水施工图的识读方法。

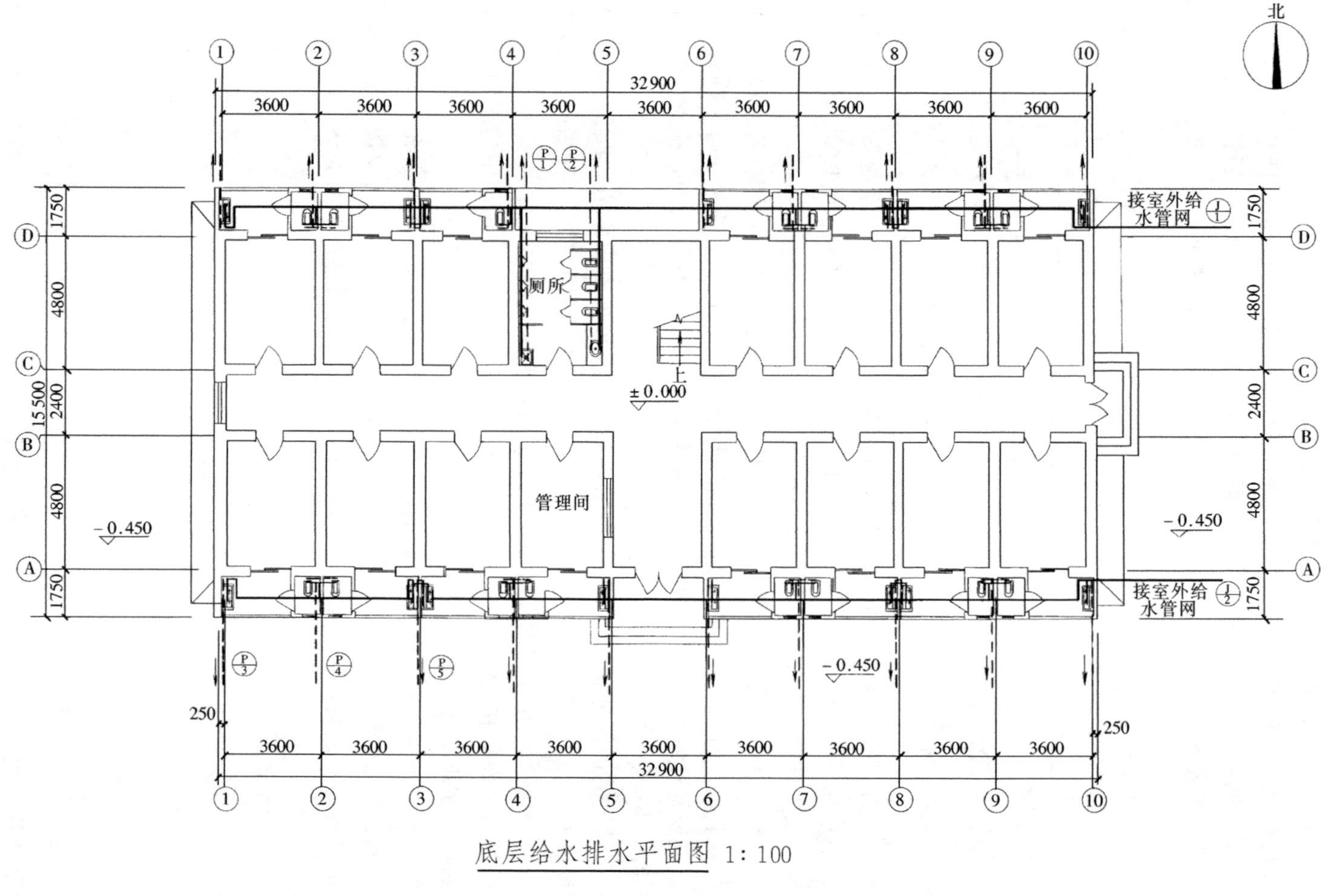

图 15-7 底层给水排水平面图

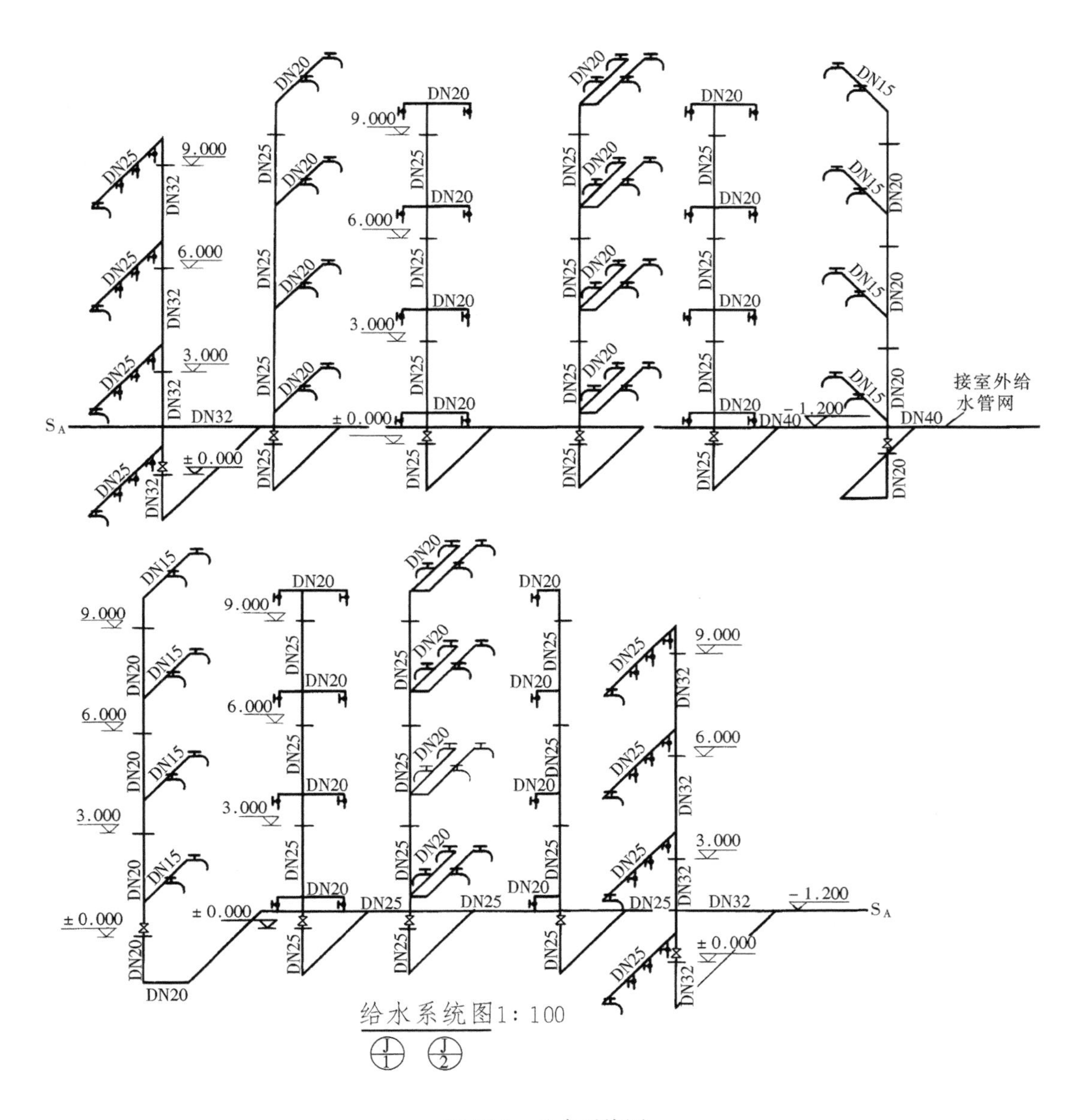

图 15-8 给水系统图

(1) 了解平面图中哪些房间布置有卫生器具，卫生器具的具体位置，地面和各层楼面的标高。

各种卫生器具通常是用图例画出来的，它只能说明设备的类型，而不能具体表示各部分尺寸及构造。因此识读时必须结合详图或技术资料，搞清楚这些设备的构造、接管方式和尺寸。

通过对给水排水平面图的识读可知：该学生公寓共有四层。每一房间内的阳台上都有一个蹲式大便器、含有两个水龙头的洗涤盆。公寓楼每一层都有一个公共厕所。每个公共厕所内有三个蹲式大便器、三个小便器、一个污水池、一个洗手盆。

(2) 弄清有几个给水系统和几个排水系统，分别识读。

给水系统（用粗实线表示）有两个布置情况基本相同的系统 $\frac{J}{1}$、$\frac{J}{2}$。

$\frac{J}{1}$、$\frac{J}{2}$ 给水系统的引入管都分别自东向西穿过10号轴线的墙体进入室内，供给房间及公共厕所间的用水。识读给水系统图时，按水流方向沿引入管——立管——横支管——用水设备的顺序识读。

排水系统（用粗虚线表示）共有 $\frac{P}{1}$、$\frac{P}{2}$、$\frac{P}{3}$、$\frac{P}{4}$、$\frac{P}{5}$ 五个系统。其中 $\frac{P}{2}$ 污水排放系统是排放各层公共厕所间内的大便器及洗手盆产生的污水；$\frac{P}{1}$ 污水排放系统是排放各层公共厕所间内的小便器、污水池及地漏产生的污水；$\frac{P}{4}$ 污水排放系统是排放各层宿舍内大便器产生的污水；$\frac{P}{3}$、$\frac{P}{5}$ 污水排放系统是排放各层宿舍内洗涤盆产生的污水。识读排水系统图时，按水流方向沿用水设备的存水弯——横支管——立管——排出管的顺序识读。

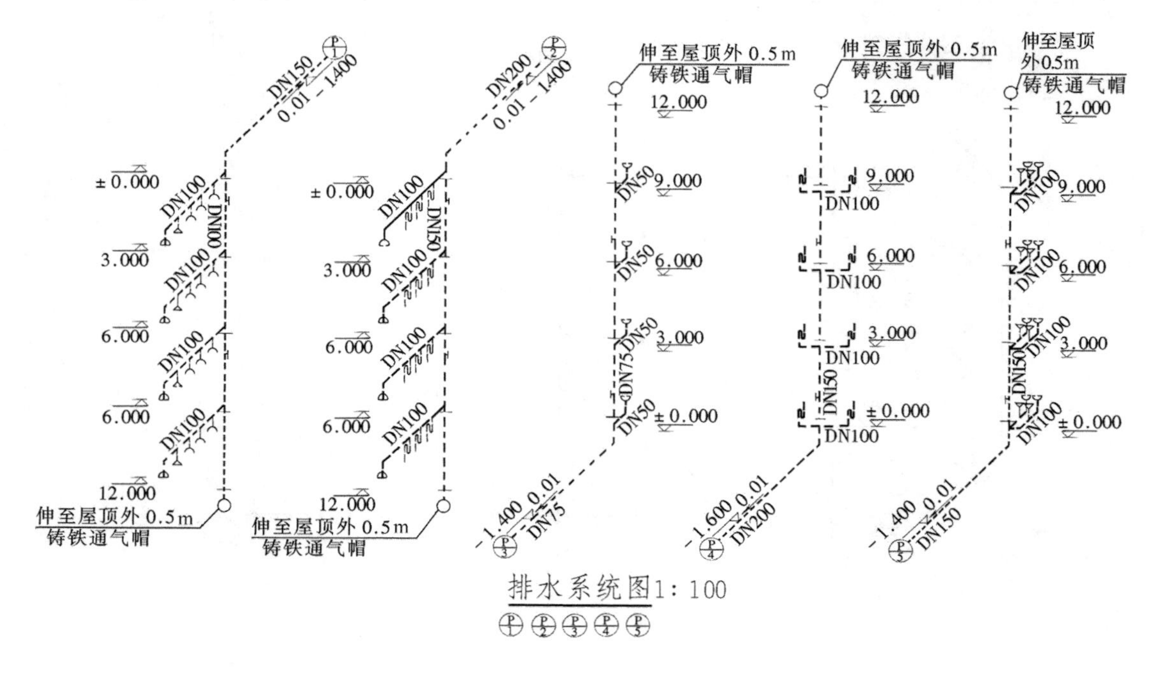

图 15-9　排水系统图

第二节　室内采暖施工图

室内采暖设备是为了改善人们的生活和工作条件及满足生产工艺、科学实验的环境要求而设置的。随着经济建设的发展和生活水平的提高，采暖设备越来越成为建筑工程不可分割的一部分。

室内采暖施工图是表示一幢建筑物采暖工程的图样，它包括室内采暖平面图、室内采暖系统图和详图等。

一、室内采暖施工图的图示特点

室内采暖施工图的图示特点与室内给水排水施工图的图示特点类似，这里不再详述。室内采暖施工图常用图例见附录表 A-5。

二、室内采暖施工图的图示内容和图示方法

（一）室内采暖平面图

1. 图示内容

室内采暖平面图主要表示管道、附件及散热设备在建筑平面上的布置情况以及它们之间的相互关系，是施工图中的主要图样，包括底层采暖平面图、楼层采暖平面图、顶层采暖平面图。其主要内容包括：

（1）散热器的平面位置、规格、数量及安装方式（明装或暗装）。

（2）采暖管道系统的干管、立管、支管的平面位置、走向、立管编号和管道的安装方式（明装或暗装）。

（3）采暖干管上的阀门、固定支架、补偿器等配构件的平面位置。

（4）在采暖系统上有关设备如膨胀水箱、集气罐（热水采暖）、疏水器（蒸汽采暖）的平面位置、规格、型号以及这些设备与连接管道的平面布置。

（5）热媒入口及入口地沟情况。同时平面图上还要标明热媒来源、流向及与室外热网的连接情况。

（6）在平面图上还要表明管道及设备安装的预留洞、预埋件、管沟等方面与土建施工的关系和要求等。

2. 图示方法

（1）比例。采暖工程制图选用的比例，宜符合表 15-1 的规定。

表 15-1　　比　　例

图　名	常用比例	可用比例
总平面图	1∶500，1∶1000	1∶1500
总图中管道断面图	1∶50，1∶100，1∶200	1∶150
平面、剖面图及放大图	1∶20，1∶50，1∶100	1∶30，1∶40，1∶150，1∶200
详图	1∶1，1∶2，1∶5，1∶10，1∶20	1∶3，1∶4，1∶15

（2）编号。一项建筑工程中同时有供暖、通风等两个及两个以上的不同系统时，应进行系统编号。系统的编号如图 15-10（a）所示；当一个系统出现分支时，可采用图 15-10（b）的形式。系统代号由大写拉丁字母表示（见表 15-2），顺序号由阿拉伯数字表示。系统编号宜标注在系统总管处。

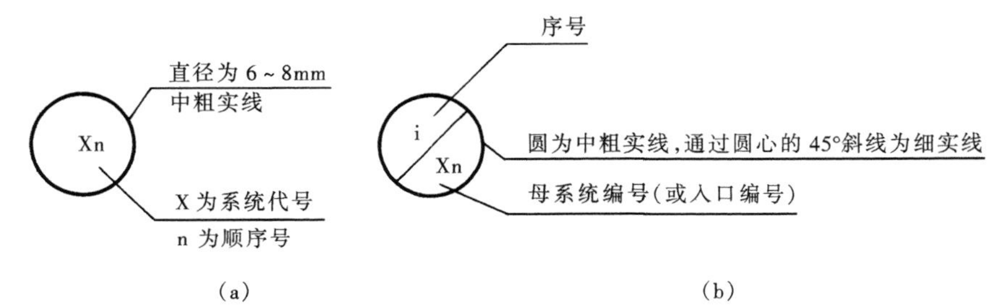

图 15-10　系统编号的画法

表 15-2 系 统 代 号

序号	字母代号	系统名称	序号	字母代号	系统名称
1	N	（室内）采暖系统	9	X	新风系统
2	L	制冷系统	10	H	回风系统
3	R	热力系统	11	P	排风系统
4	K	空调系统	12	JS	加压送风系统
5	T	通风系统	13	PY	排烟系统
6	J	净化系统	14	P（Y）	排风兼排烟系统
7	C	除尘系统	15	RS	人防送风系统
8	S	送风系统	16	RP	人防排风系统

竖向布置的垂直管道系统，应标注立管编号，如图 15-11（a）所示。在不致引起误解时，可只标注序号，如图 15-11（b）所示，但应与建筑轴线编号有明显区别。

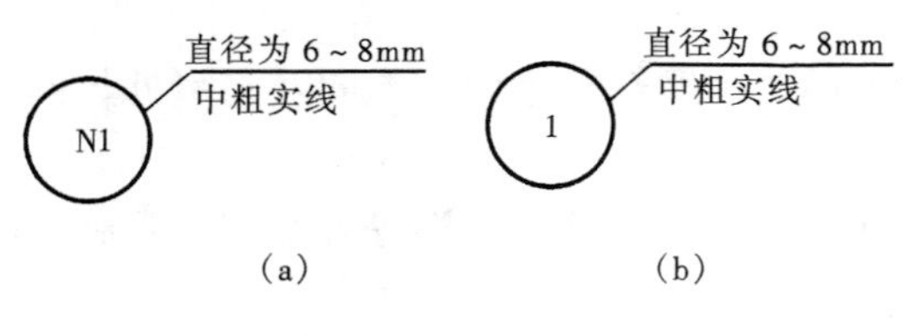

图 15-11 立管编号的画法

（3）平面图的数量。多层建筑的采暖平面图原则上应分层绘制。对于管道及散热设备布置相同的楼层平面可绘制一个平面图，但顶层和底层平面图必须单独绘出。

（4）室内采暖平面图中的房屋平面图。本专业需要的建筑部分仅作为管道系统及设备平面布置和定位的基准，因此仅需抄绘房屋的墙身、柱、门窗洞、楼梯、台阶等主要构配件，房屋的细部和门窗代号等均可省略。同时，房屋平面图的图线用细实线绘制；底层平面图要画全轴线；楼层平面图可只画边界轴线。

（5）散热器。散热器等主要设备及部件均为工业产品，不必详细画出，可按所列图例表示，用中、细线绘制。

（6）室内采暖平面图。按正投影法绘制。各种管道不论在楼层地面之上或之下，都不考虑其可见性问题，仍按管道的类型以规定线型和图例画出。管道系统一律用单线绘制。

（7）尺寸标注。

1）房屋的平面尺寸一般只需在底层平面图中注出轴线间的尺寸，另外要标注室外地面的整平标高和各楼层地面标高。

2）管道及设备一般都是沿墙和柱设置的，不必标注定位尺寸。必要时，以墙面和柱面为基准。

3）采暖入口定位尺寸由管中心至所相邻墙面或轴线的距离确定。

4）管道的直径、坡度和标高都标注在管道系统图中，平面图中不必标注。管道长度在安装时以实测尺寸为依据，故图中不予标注。

5）散热器要标注其规格和数量，通常标在窗口或散热器附近。

（二）室内采暖系统图

1. 图示内容

采暖系统图是在平面图的基础上，根据各层采暖平面中管道及设备的平面位置和竖向标高，采用正面斜轴测法绘制出来的。它表明从热媒入口至出口的采暖管道、散热设备、主要附件的空间位置和相互间的关系。该图注有管径、标高、坡度、立管编号、系统编号以及各种设备、部件在管道系统中的位置。把系统图与平面图对照起来可了解整个室内采暖系统的全貌。

2. 图示方法

（1）轴向选择。

1）采暖系统图用正面斜等轴测法绘制。*OX* 轴处于水平，*OZ* 轴处于垂直，*OY* 轴与水平线夹角应选用45°或30°。三轴的伸缩系数都是1。

2）采暖系统图的轴向与平面图轴向一致，即 *OX* 轴与平面图的长度方向一致，*OY* 轴与平面图的宽度方向一致。

（2）比例。

1）系统图一般采用与相对应平面图相同的比例绘制。当管道系统复杂时，亦可放大比例。

2）当采用与相对应平面图相同的比例时，水平的轴向尺寸可直接从平面图上量取，垂直的轴向尺寸，可根据层高和设备安装高度量取。

（3）管道系统。

1）采暖系统图中管道系统的编号应与底层采暖平面图中的系统索引符号的编号一致。

2）采暖系统图应按管道系统编号分别绘制，这样可避免过多的管道重叠和交叉。

3）管道的画法与平面图相同，供热管道用粗实线绘制；回水管道用粗虚线绘制；设备及部件均用图例表示，以中、细线绘制。

4）当空间交叉的管道在图中相交时，在相交处被挡住的管线应断开。

5）当管道过于集中，无法画清楚时，可将某些管段断开，引出绘制，相应的断开处宜用相同的小写拉丁字母注明。如图15-12所示。

6）具有坡度的水平横管无需按比例画出其坡度，但应注明其坡度或另加说明。

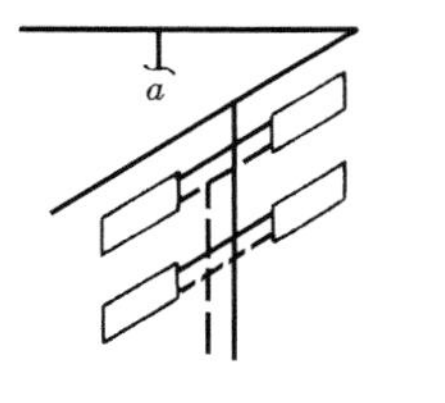

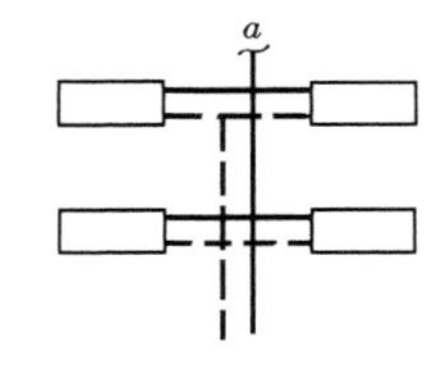

图15-12　系统图中重叠、密集处的引出画法

（4）尺寸标注。

1）管径：管道系统中所有管段均需标注管径，当连续几段的管径相同时，可仅标注其两端管段的管径。焊接钢管应用公称直径“DN”表示，如DN15无缝钢管应用“外径×壁厚”表示，如D114×5。

2）坡度：凡横管均须标注或说明其坡度。

3）标高：系统图中的标高是以底层室内地面为±0.000m的相对标高，采暖管道标注管中心的标高。除标注管道及设备的标高外，尚需标注室内、外地面及各层楼面的标高。

4）散热器规格、数量的标注。

柱式、圆翼形散热器的数量，注在散热器内；

光管式、串片式散热器的规格、数量应注在散热器的上方。

5）图例。平面图和系统图应采用统一图例。

三、室内采暖施工图的识读

现以某学院学生公寓中的底层采暖平面图（如图15-13所示）、采暖系统图（如图15-14所示）为例，说明室内采暖施工图的识读方法。

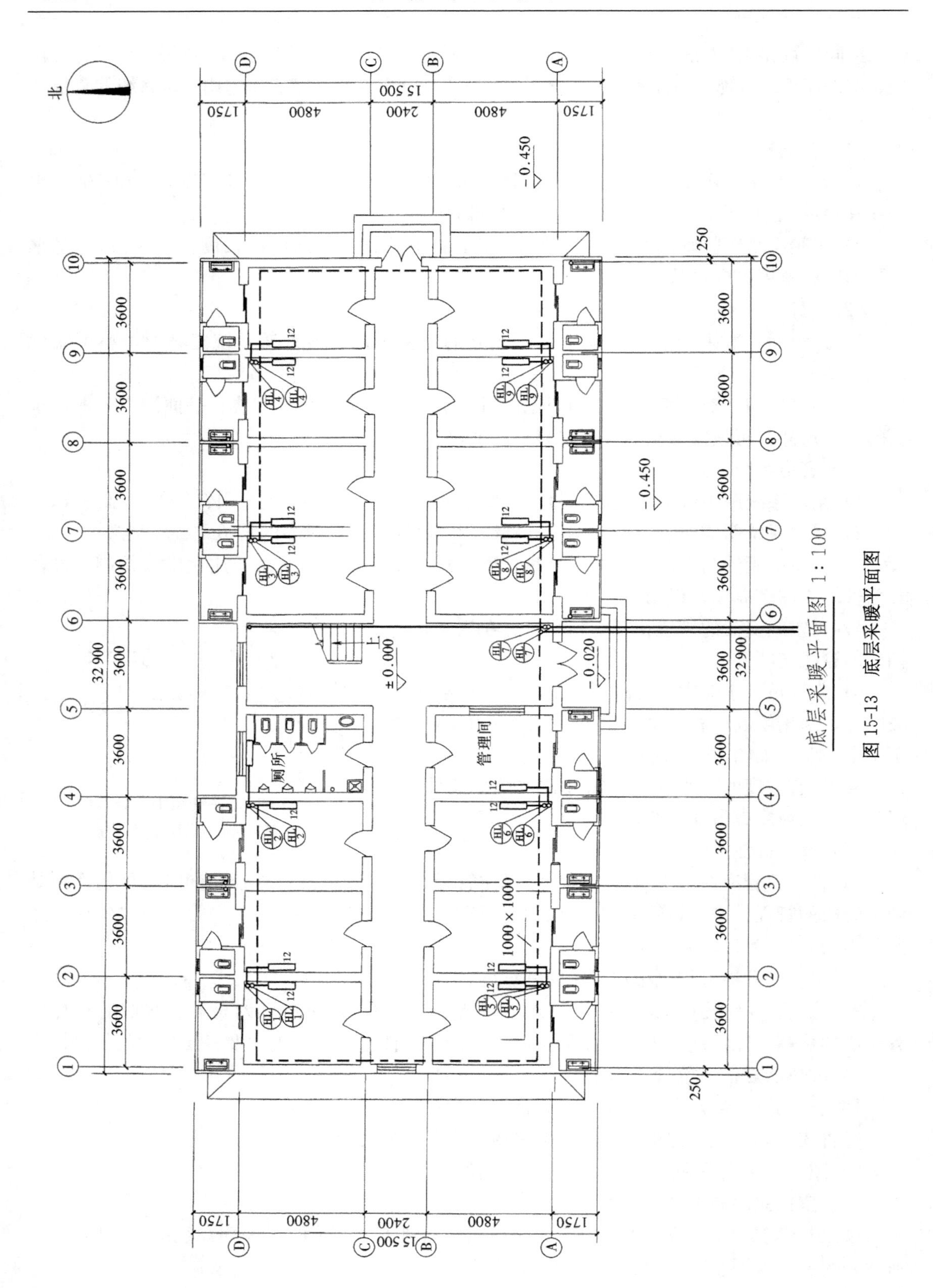

图 15-13 底层采暖平面图

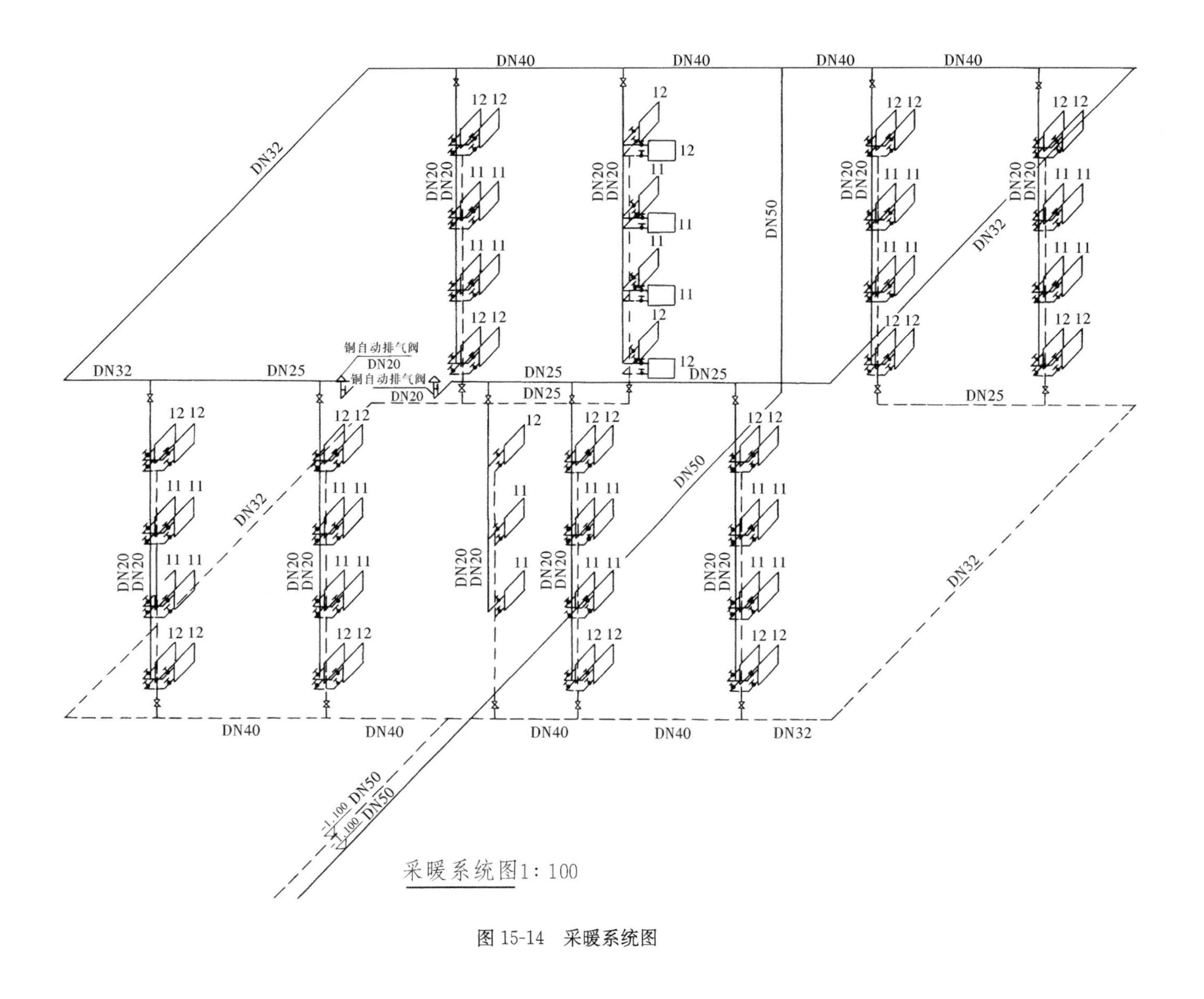

图 15-14 采暖系统图

（1）通过平面图对建筑平面布置情况进行了解。

了解建筑物总长、总宽及建筑轴线情况。学生公寓总长 32.9m，总宽 15.5m，东西向定位轴线为①～⑩，南北向定位轴线为Ⓐ～Ⓓ。了解建筑物朝向、出入口和分间情况。该建筑物坐北朝南，建筑出入口有两处，其中一处在⑤～⑥轴线之间，并设楼梯通向二楼，另一处在Ⓑ～Ⓒ轴线之间。一层有 16 个房间，其余各层有 17 个房间，大小面积相等。

（2）掌握散热器的布置情况。本例散热器全部在各个房间靠窗户一侧、靠墙布置。散热器的片数都标注在散热器图例内或边上，一层和四层各房间内散热器均为 12 片，二、三层各房间内散热器均为 11 片。

（3）了解室内采暖系统形式及热力入口情况。通过对系统图的识读，可知本例是双管上分式热水采暖系统，热媒干管由南向北穿过Ⓐ轴外墙进入楼内。

（4）了解管路系统的空间走向、立管设置、标高、管径、坡度等。

第三节 室 内 电 气 施 工 图

电在当今的生产、生活中有着极其重要的作用。在建筑工程中，电气设备的安装是必不可少的。每一项电气工程或设施均需经过专门设计并表达在图纸上，这种图即为电气施工图。电气施工图主要包括设计说明、室内电气平面图、室内电气线路图及详图等。

一、室内电气施工图的图示特点

大部分电气施工图与其他类型的图纸区别很大，有许多其自身的特点，了解这些特点是读懂电气施工图的前提 。概括起来，电气施工图有以下特点：

（1）构成电气工程的设备、元件、线路很多，结构类型不一，安装方法各异。因此，在电气工程图中，设备、元件、线路及其安装方法等在许多情况下是借用统一的图例和文字符号来表达的，图例和文字符号犹如电气工程语言中的“词汇”。识读电气工程图时，首先要明确和熟悉这些图例和符号所代表的内容与含义以及它们之间的相互关系。“词汇”掌握得越多，读图越方便。

附录表 A-6 是电气工程中常用的电器图例。

（2）一般各种电气的平面图，使用与相应建筑平面图相同的比例。此种情况下，如需确定电器设备安装的位置或导线长度时，可在图上用比例尺直接量取。

与建筑图无直接联系的其他电气施工图，可任选比例或不按比例示意性绘制。

二、室内电气施工图的识读

现以某学院学生公寓中的底层电气平面图（如图 15-15 所示）、电气线路图（如图 15-16 所示）为例，说明电气施工图的识读方法。

从图 15-15 中可以看出：进户线为离地面高为 3m 的两根铝芯橡皮线，在墙内穿管暗敷，管径为 20mm。在管理间有配电箱，暗装在墙内。从配电箱中分出 N1、N2、N3、N4 四个支路。其中 N1 接房间的灯具；N2、N4 分别接北、南阳台上及厕所内的灯具；N3 接走廊上的灯具。房间灯具的开、关由管理间统一管理，而阳台上及厕所内的灯具、走廊上的灯具都设有独立的开关。配电箱上引两根 $4mm^2$ 铝芯橡皮线，用 15mm 直径的管道暗敷在墙内至二楼的配电箱。

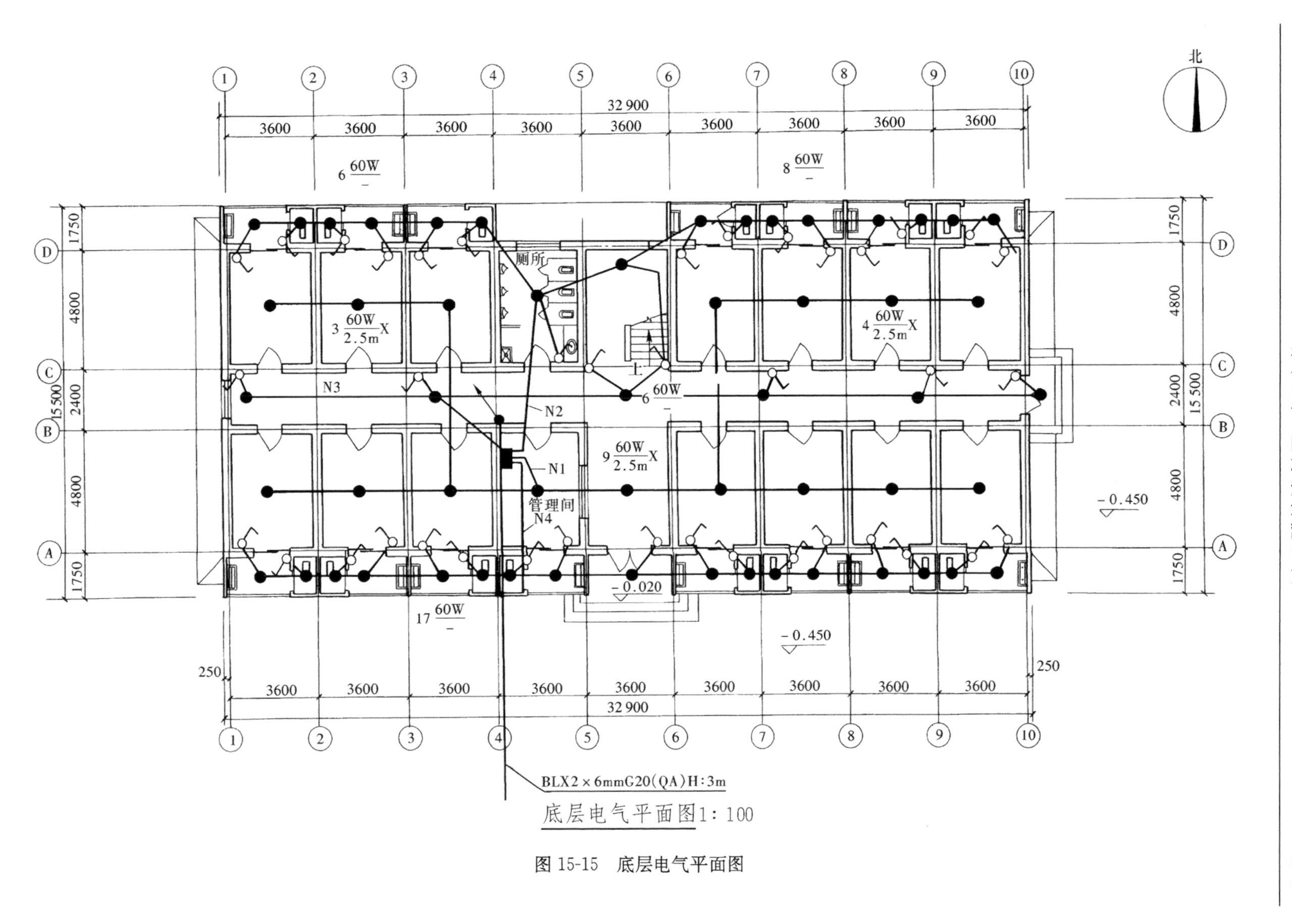

图 15-15 底层电气平面图

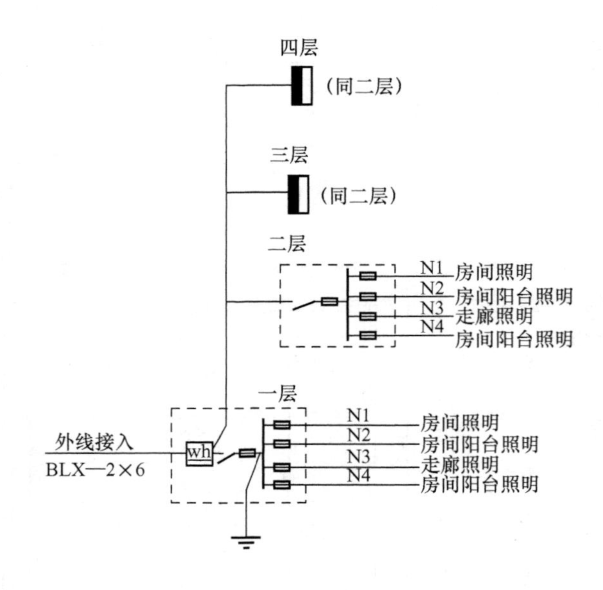

图 15-16 各支路配电示意图

从图 15-16 中可以看出：电源由底层入户，通过电能表（电度表）和开关（闸）进入房间。每两层设置一个分配电盘，并分出若干支线，每根支线上标有该支线的负荷。

电气安装，一般都按《电气施工安装图》施工，如有不同的安装方法和构造时，需绘制详图。

第十六章　装饰装修施工图

房屋建筑室内装饰装修工程图样是设计师的技术语言，用来表达装饰设计的风格、材料、工程做法等信息内容，是指导装饰装修施工及编制概预算的重要依据。因此，为了统一房屋建筑室内装饰装修制图规则，保证制图质量，提高制图效率，做到图面清晰、简明，图示准确，符合设计、施工、审查、存档的要求，适应工程建设需要，国家于 2011 年 7 月 4 日发布了《房屋建筑室内装饰装修制图标准》（JGJ/T 244—2011）（以下简称《装饰装修制图标准》），并于 2012 年 3 月 1 日起实施。

本章参照《装饰装修制图标准》及国家现行的有关规范的规定编制。

第一节　概　　述

一、装饰装修工程图的形成

房屋建筑室内装饰是在房屋建筑室内空间中运用装饰材料、家具、陈设等物件对室内环境进行美化处理的工作；房屋建筑室内装修则是对房屋建筑室内空间中的界面和固定设施的维护、修饰及美化。

房屋建筑室内装饰装修工程图是采用正投影的原理绘制的（除顶棚平面外）。由于图样表达的内容较为丰富，所设计的形体变化较大，因此需选用一定的比例，采用相应的图例符号、标注尺寸和标高等来表达；并且还需要绘制效果图（如图 16-1 所示，见书末插页），说明设计的造型，更为直观地表达设计意图。

二、装饰装修工程图的组成

房屋建筑室内装饰装修图纸应按专业顺序编排，并应依次为图纸目录、房屋建筑室内装饰装修图、给水排水图、暖通空调图、电气图等。

各专业的图纸应按图纸内容的主次关系、逻辑关系进行分类排序。

房屋建筑室内装饰装修图纸编排宜按设计（施工）说明、总平面图、顶棚总平面图、顶棚装饰灯具布置图、设备设施布置图、顶棚综合布点图、墙体定位图、地面铺装图、陈设、家具平面布置图、部品部件平面布置图、各空间平面布置图、各空间顶棚平面图、立面图、部品部件立面图、剖面图、详图、节点图、装饰装修材料表、配套标准图的顺序排列。

各楼层的室内装饰装修图纸应按自下而上的顺序排列，同楼层各段（区）的室内装饰装修图纸应按主次区域和内容的逻辑关系排列。

三、装饰装修工程图的基本规定

（一）图线

房屋建筑室内装饰装修图纸中图线的绘制方法及图线宽度应符合《制图统一标准》的规定。

房屋建筑室内装饰装修制图应采用实线、虚线、单点长画线、折断线、波浪线、点线、样条曲线、云线等线型，并应选用表 16-1 所示的常用线型。

表 16-1 房屋建筑室内装饰装修制图常用线型

名称		线型	线宽	一般用途
实线	粗	▬▬▬	b	(1) 平、剖面图中被剖切的房屋建筑和装饰装修构造的主要轮廓线； (2) 房屋建筑室内装饰装修立面图的外轮廓线； (3) 房屋建筑室内装饰装修构造详图、节点图中被剖切部分的主要轮廓线； (4) 平、立、剖面图的剖切符号
	中粗	——	$0.7b$	(1) 平、剖面图中被剖切的房屋建筑和装饰装修构造的次要轮廓线； (2) 房屋建筑室内装饰装修详图中的外轮廓线
	中	——	$0.5b$	(1) 房屋建筑室内装饰装修构造详图中的一般轮廓线； (2) 小于 $0.7b$ 的图形线、家具线、尺寸线、尺寸界线、索引符号、标高符号、引出线、地面、墙面的高差分界线等
	细	——	$0.25b$	图形和图例的填充线
虚线	中粗	- - - -	$0.7b$	(1) 表示被遮挡部分的轮廓线； (2) 表示被索引图样的范围； (3) 拟建、扩建房屋建筑室内装饰装修部分轮廓线
	中	- - - -	$0.5b$	(1) 表示平面中上部的投影轮廓线； (2) 预想放置的房屋建筑或构件
	细	- - - -	$0.25b$	表示内容与中虚线相同，适合小于 $0.5b$ 的不可见轮廓线
单点长画线	中粗	—·—·—	$0.7b$	运动轨迹线
	细	—·—·—	$0.25b$	中心线、对称线、定位轴线
折断线	细	—\/—	$0.25b$	不需要画全的断开界线
波浪线	细	～～～	$0.25b$	(1) 不需要画全的断开界线； (2) 构造层次的断开界线； (3) 曲线形构件断开界限
点线	细	········	$0.25b$	制图需要的辅助线
样条曲线	细	～	$0.25b$	(1) 不需要画全的断开界线； (2) 制图需要的引出线
云线	中	(云线)	$0.5b$	(1) 圈出被索引的图样范围； (2) 标注材料的范围； (3) 标注需要强调、变更或改动的区域

（二）字体

房屋建筑室内装饰装修制图中手工制图字体的选择、字高及书写规则应符合《制图统一标准》的规定。

（三）比例

图样的比例表示及要求应符合《制图统一标准》的规定。

(1) 图样的比例应根据图样用途与被绘对象的复杂程度选取。常用比例宜为 1∶1、1∶2、1∶5、1∶10、1∶15、1∶20、1∶25、1∶30、1∶40、1∶50、1∶75、1∶100、1∶150、1∶200。

(2) 绘图所用的比例，应根据房屋建筑室内装饰装修设计的不同部位、不同阶段的图纸内容和要求确定，并应符合表 16-2 的规定。对于其他特殊情况，可自定比例。

表 16-2　**绘图所用的比例**

比　例	部　位	图纸内容
1∶200～1∶100	总平面、总顶面	总平面布置图、总顶棚平面布置图
1∶100～1∶50	局部平面、局部顶棚平面	局部平面布置图、局部顶棚平面布置图
1∶100～1∶50	不复杂的立面	立面图、剖面图
1∶50～1∶30	较复杂的立面	立面图、剖面图
1∶30～1∶10	复杂的立面	立面放大图、剖面图
1∶10～1∶1	平面及立面中需要详细表示的部位	详图
1∶10～1∶1	重点部位的构造	节点图

（四）剖切符号

剖视的剖切符号及断面的剖切符号应符合《制图统一标准》的规定；剖切符号应标注在需要表示装饰装修剖面内容的位置上。

（五）索引符号

（1）索引符号根据用途的不同，可分为立面索引符号、剖切索引符号、详图索引符号、设备索引符号、部品部件索引符号。

1）表示室内立面在平面上的位置及立面图所在图纸编号，应在平面图上使用立面索引符号，如图 16-2 所示。

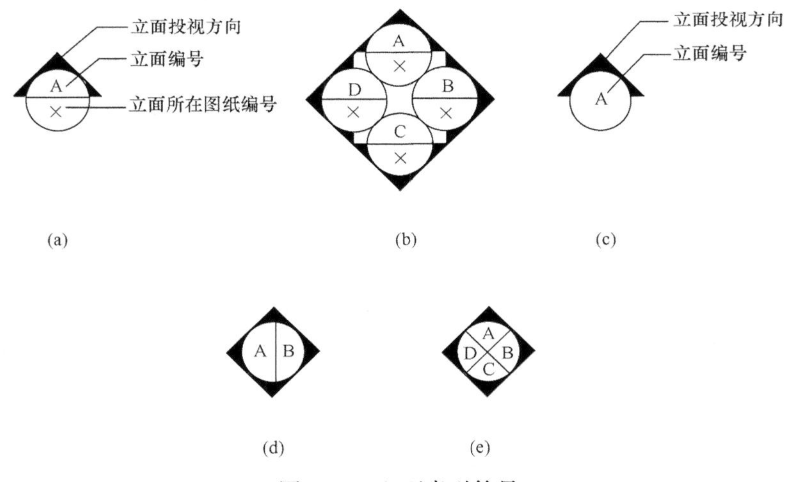

图 16-2　立面索引符号

2）表示剖切面在界面上的位置或图样所在图纸编号，应在被索引的界面或图样上使用剖切索引符号，如图 16-3 所示。

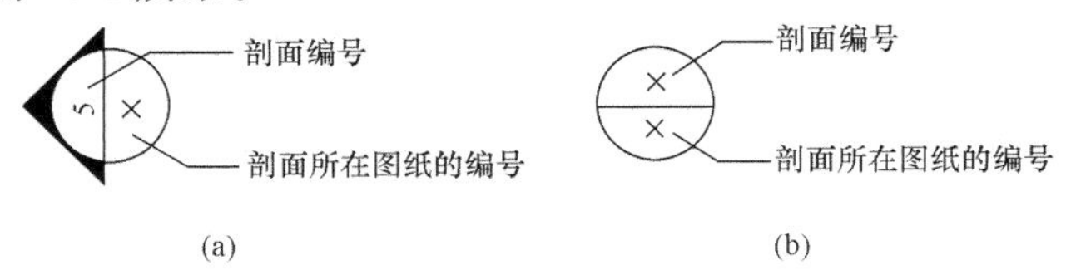

图 16-3　剖切索引符号

3）表示局部放大图样在原图上的位置及本图样所在页码，应在被索引图样上使用详图索引符号，如图 16-4 所示。

4）表示各类设备（含设备、设施、家具、灯具等）的品种及对应的编号，应在图样上

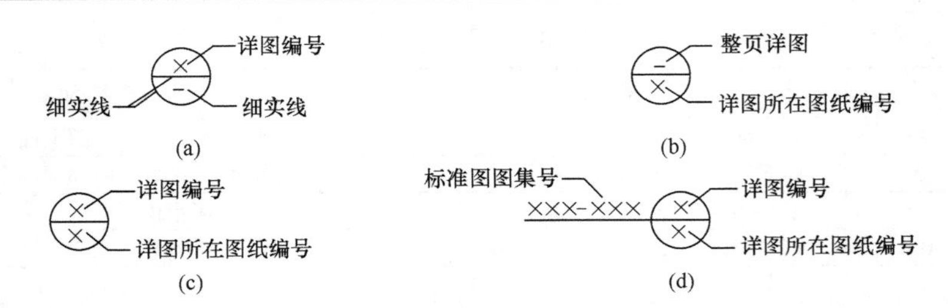

图 16-4 详图索引符号

(a) 本页索引符号；(b) 整页索引符号；(c) 不同页索引符号；(d) 标准图索引符号

使用设备索引符号，如图 16-5 所示。

(2) 索引符号的绘制应符合下列规定：

1) 立面索引符号应由圆圈、水平直径组成，且圆圈及水平直径应以细实线绘制。根据图面比例，圆圈直径可选择 8～10mm。圆圈内应注明编号及索引图所在页码。立面索引符号应附以三角形箭头，且三角形箭头方向应与投射方向一致，圆圈中水平直径、数字及字母（垂直）的方向应保持不变，如图 16-6 所示。

图 16-5 设备索引符号

图 16-6 立面索引符号

2) 剖切索引符号和详图索引符号均应由圆圈、直径组成，圆圈及直径应以细实线绘制。根据图面比例，圆圈的直径可选择 8～10mm。圆圈内应注明编号及索引图所在页码。剖切索引符号应附三角形箭头，且三角形箭头方向应与圆圈中直径、数字及字母（垂直于直径）的方向保持一致，并应随投射方向而变，如图 16-7 所示。

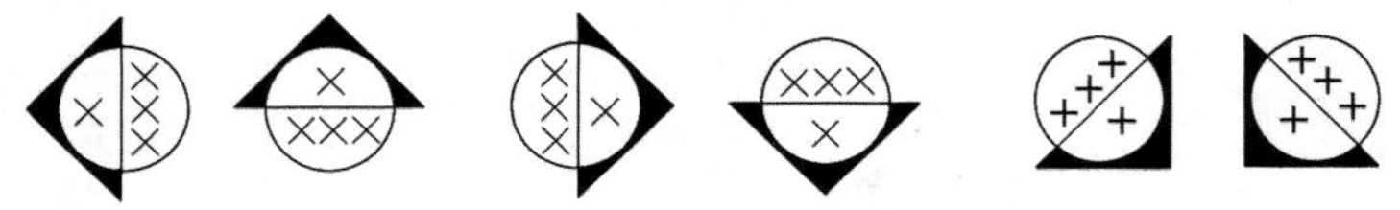

图 16-7 剖切索引符号

3) 索引图样时，应以引出圈将被放大的图样范围完整圈出，并应由引出线连接引出圈和详图索引符号。图样范围较小的引出圈，应以圆形中粗虚线绘制，如图 16-8 (a) 所示；范围较大的引出圈，宜以有弧角的矩形中粗虚线绘制，如图 16-8 (b) 所示，也可以云线绘制，如图 16-8 (c) 所示。

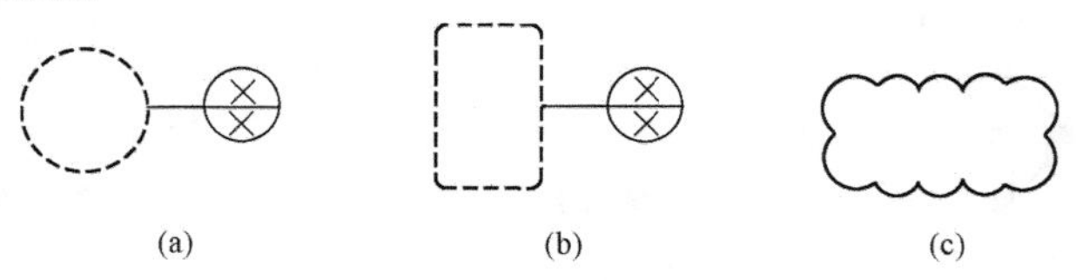

图 16-8 索引符号

(a) 范围较小的索引符号；(b)、(c) 范围较大的索引符号

4) 设备索引符号应由正六边形、水平内径线组成，正六边形、水平内径线应以细实线绘制。根据图面比例，正六边形长轴可选择 8～12mm。正六边形内应注明设备编号及设备品种代号，如图 16-5 所示。

(3) 索引符号中的编号除应符合《制图统一标准》的规定外，尚应符合下列规定：

1) 当引出图与被索引的详图在同一张图纸内时，应在索引符号的上半圆中用阿拉伯数字或字母注明该索引图的编号，在下半圆中间画一段水平细实线，如图 16-4 (a) 所示。

2) 当引出图与被索引的详图不在同一张图纸内时，应在索引符号的上半圆中用阿拉伯数字或字母注明该详图的编号，在索引符号的下半圆中用阿拉伯数字或字母注明该详图所在图纸的编号。数字较多时，可加文字标注，如图 16-4 (c)、(d) 所示。

3) 在平面图中采用立面索引符号时，应采用阿拉伯数字或字母为立面编号代表各投视方向，并应以顺时针方向排序，如图 16-9 所示。

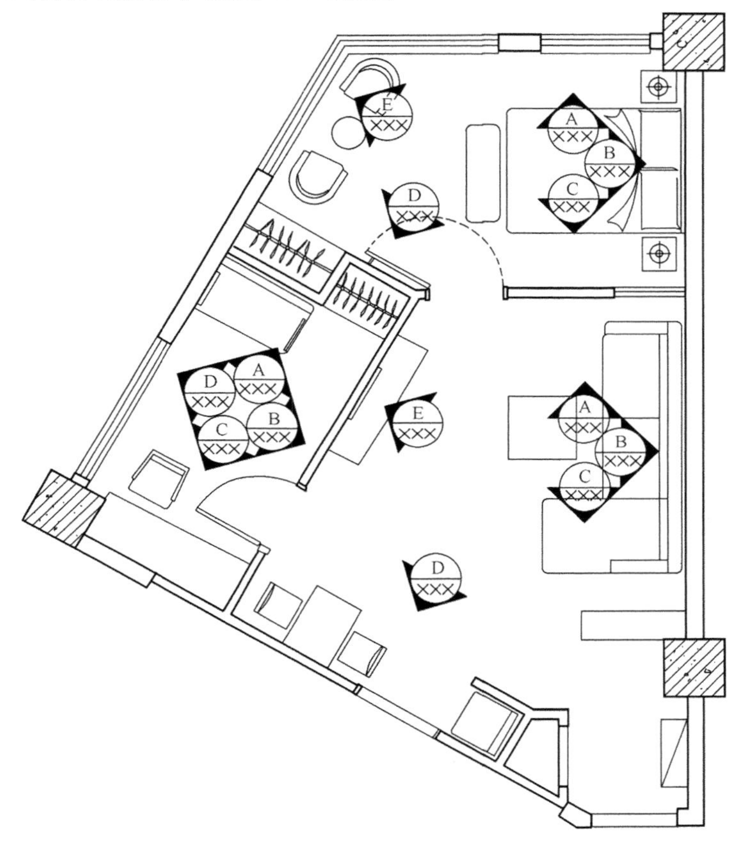

图 16-9 立面索引符号的编号

(六) 图名编号

(1) 房屋建筑室内装饰装修的图纸宜包括平面图、索引图、顶棚平面图、立面图、剖面图、详图等。

(2) 图名编号应由圆、水平直径、图名和比例组成。圆及水平直径均应由细实线绘制，圆直径根据图面比例，可选择 8～12mm，如图 16-10 所示。

(3) 图名编号的绘制应符合下列规定：用来表示被索引出的图样时，应在图号圆圈内画一水平直径，上半圆中应用阿拉伯数字或字母注明该图样编号，下半圆中应用阿拉伯数字或字母注明该图索引符号所在图纸编号，如图 16-10 (a) 所示；当索引出的详图图样与索引图同在一张图纸内时，圆内可用阿拉伯数字或字母注明详图编号，也可在圆圈内画一水平直

图 16-10　图名编号

（a）被索引出的图样的图名编写；（b）索引图与被索引出的图样同在一张图纸内的图名编写

径，且上半圆中应用阿拉伯数字或字母注明编号，下半圆中间应画一段水平细实线，如图 16-10（b）所示。

（4）图名编号引出的水平直线上方宜用中文注明该图的图名，其文字宜与水平直线前端对齐或居中。比例的注写应符合本节有关比例的规定。

（七）引出线

引出线的绘制应符合《制图统一标准》的规定。

图 16-11　引出线起止符号

（1）引出线起止符号可采用圆点绘制，如图 16-11（a）所示，也可采用箭头绘制，如图 16-11（b）所示。起止符号的大小应与本图样尺寸的比例相协调。

（2）多层构造或多个部位共用引出线，应通过被引出的各层或各部分，并应以引出线起止符号指出相应位置。引出线和文字说明的表示应符合《制图统一标准》的规定，如图 16-12 所示。

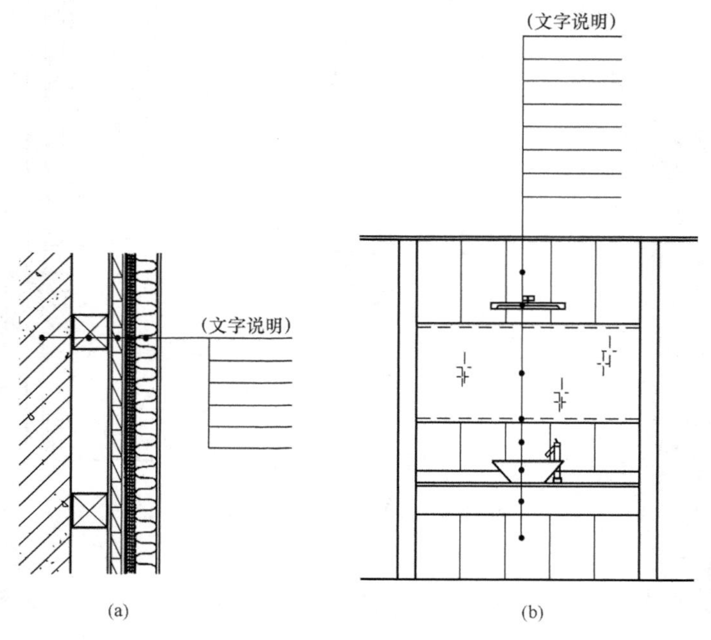

图 16-12　共用引出线示意

（a）多层构造共用引出线；（b）多个物象共用引出线

（八）其他符号

1. 对称符号

对称符号应由对称线和分中符号组成。对称线应用细单点长画线绘制，分中符号应用细实线绘制。分中符号可采用两对平行线或英文缩写。采用平行线作为分中符号时［图 16-13

(a)]，应符合《制图统一标准》的规定；采用英文缩写作为分中符号时，大写英文CL应置于对称线一端［图16-13（b)]。

2. 连接符号

连接符号应以折断线或波浪线表示需连接的部位。两部位相距过远时，折断线或波浪线两端靠图样一侧应标注大写字母表示连接编号。两个被连接的图样应用相同的字母编号，如图16-14所示。

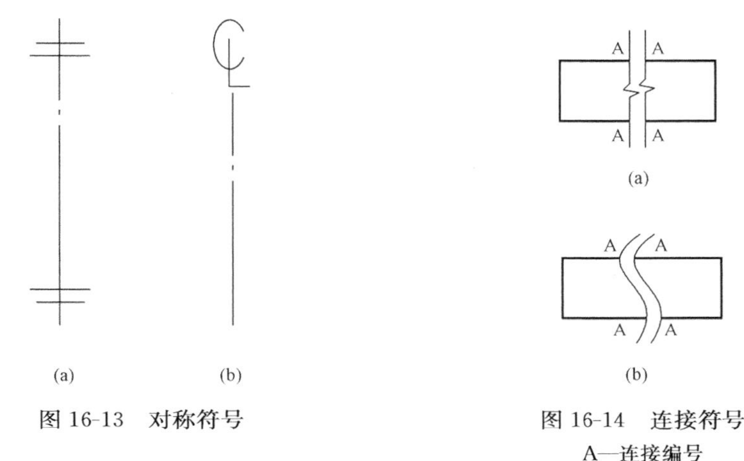

图16-13　对称符号

图16-14　连接符号
A—连接编号

3. 转角符号

立面的转折应用转角符号表示，且转角符号应以垂直线连接两端交叉线并加注角度符号表示，如图16-15所示。

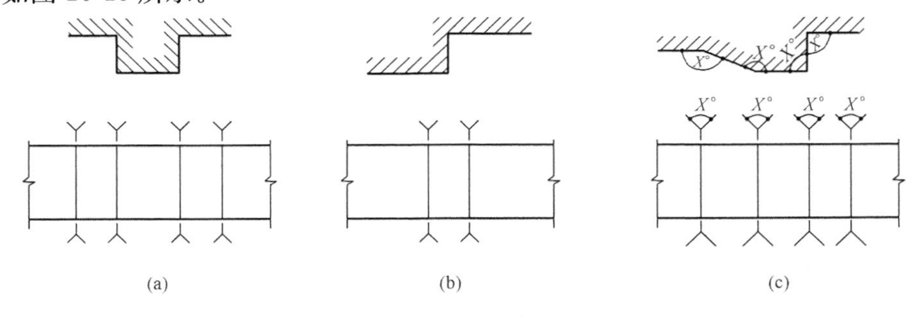

图16-15　转角符号

(a) 表示成90°外凸立面；(b) 表示成90°内转折立面；(c) 表示不同角度转折外凸立面

4. 指北针

指北针的绘制应符合《制图统一标准》的规定。指北针应绘制在房屋建筑室内装饰装修整套图纸的第一张平面图上，并应位于明显位置。

(九) 尺寸标注

(1) 图样尺寸标注的一般标注方法应符合《制图统一标准》的规定。

1) 尺寸起止符号可用中粗斜短线绘制，并应符合《制图统一标准》的规定；也可用黑色圆点绘制，其直径宜为1mm。

2) 尺寸标注应清晰，不应与图线、文字及符号等相交或重叠。

3) 尺寸宜标注在图样轮廓以外，当需要注在图样内时，不应与图线、文字及符号等相交或重叠。当标注位置相对密集时，各标注数字应在离该尺寸线较近处注写，并应与相邻数字错开。标注方法应符合《制图统一标准》的规定。

4）总尺寸应标注在图样轮廓以外。定位尺寸及细部尺寸可根据用途和内容注写在图样外或图样内相应的位置。

（2）尺寸标注、标高注写和标高符号应符合下列规定：

1）立面图、剖面图及详图应标注标高和垂直方向尺寸；不易标注垂直距离尺寸时，可在相应位置标注标高，如图 16-16 所示。

2）各部分定位尺寸及细部尺寸应注写净距离尺寸或轴线间尺寸。

3）标注剖面或详图各部位的定位尺寸时，应注写其所在层次内的尺寸，如图 16-17 所示。

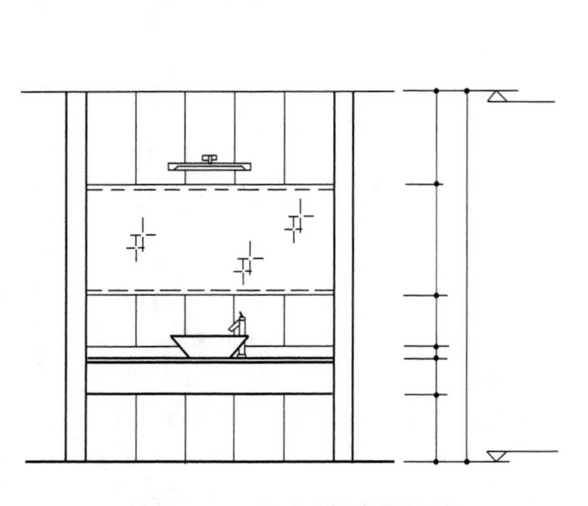

图 16-16　尺寸及标高的注写

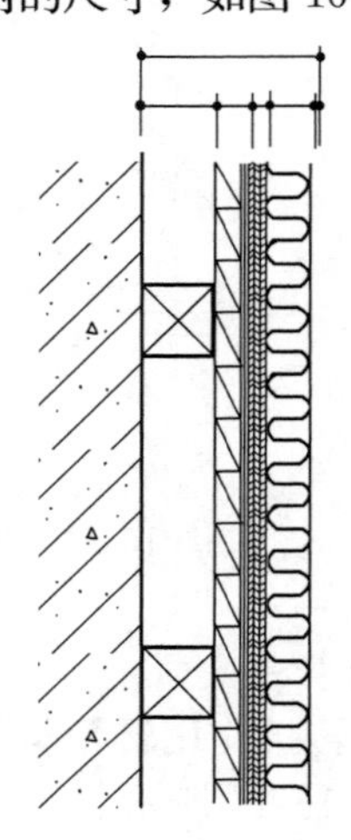

图 16-17　尺寸的注写

4）图中连续等距重复的图样，当不易标明具体尺寸时，可按《建筑制图标准》（GB/T 50104—2010）的规定表示。

5）对于不规则图样，可用网格形式标注尺寸，标注方法应符合《制图统一标准》的规定。

6）标高符号和标注方法应符合《制图统一标准》的规定。

房屋建筑室内装饰装修中，设计空间应标注标高，标高符号可采用直角等腰三角形，也可采用涂黑的三角形或 90°对顶角的圆，标注顶棚标高时，也可采用 CH 符号表示，如图 16-18 所示。

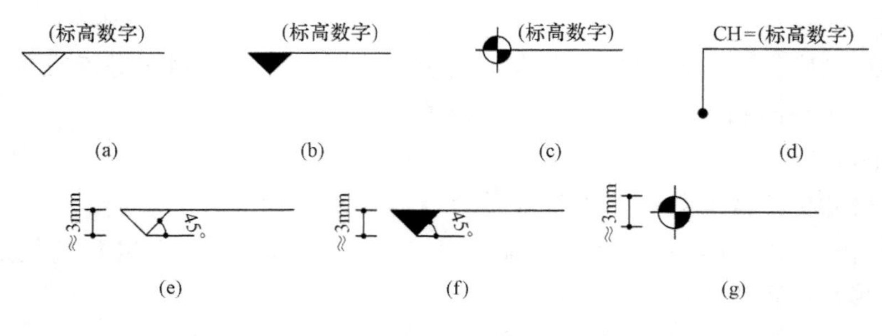

图 16-18　标高符号

（十）定位轴线

定位轴线的绘制应符合《制图统一标准》的规定。

（十一）图例符号

（1）常用房屋建筑室内材料、装饰装修材料、常用家具、电器、厨具、洁具、配景、灯具、水暖设备及开关插座等应按附录B所示图例画法绘制。

（2）当采用个性化设计时，采用本标准图例中未包括的材料及设备时，可自编图例，但不得与本标准所列的图例重复，且在绘制时，应在适当位置画出该图例，并应加以说明。如有下列情况，可不画建筑装饰材料图例，但应加文字说明，如：图纸内的图样只用一种图例时；图形较小无法画出建筑装饰材料图例时；图形较复杂，画出建筑装饰材料图例影响图纸理解时。

（3）常用房屋建筑室内装饰装修材料图例按附录表B-1所示图例画法绘制。

（4）常用家具图例按附录表B-2所示图例画法绘制。

（5）常用电器图例按附录表B-3所示图例画法绘制。

（6）常用厨具图例按附录表B-4所示图例画法绘制。

（7）常用洁具图例按附录表B-5所示图例画法绘制。

（8）室内常用景观配饰图例按附录表B-6所示图例画法绘制。

（9）常用灯光照明图例按附录表B-7所示图例画法绘制。

（10）常用设备图例按附录表B-8所示图例画法绘制。

（11）常用开关、插座图例按附录表B-9、表B-10所示图例画法绘制。

四、装饰装修工程图样画法

（一）投影法

（1）房屋建筑室内装饰装修的视图，应采用位于建筑内部的视点按正投影法绘制，且自A的投影镜像图应为顶棚平面图，自B的投影应为平面图，自C、D、E、F的投影应为立面图，如图16-19所示。

（2）顶棚平面图应采用镜像投影法绘制，其图像中纵横轴线排列应与平面图完全一致，如图16-20所示。

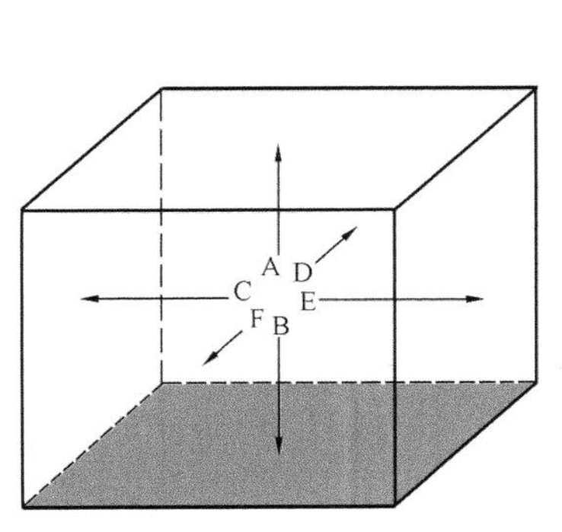

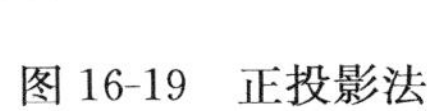
图16-19　正投影法

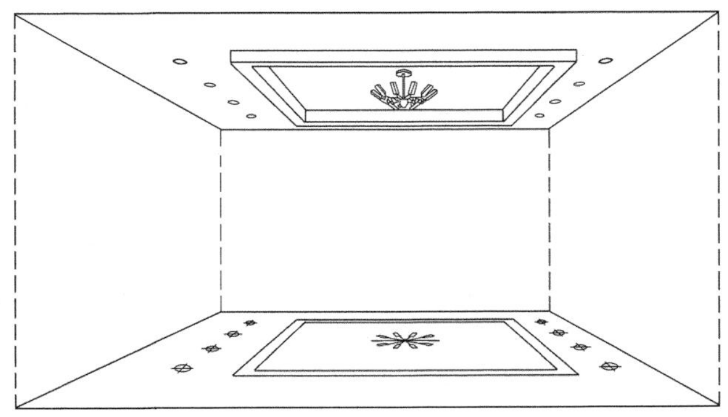

图16-20　镜像投影法

（3）装饰装修界面与投影面不平行时，可用展开图表示。

（二）平面图

（1）除顶棚平面图外，各种平面图应按正投影法绘制。

（2）平面图宜取视平线以下适宜高度水平剖切俯视所得，并根据表现内容的需要，可增加剖视高度和剖切平面。

（3）平面图应表达室内水平界面中正投影方向的物像，且需要时，还应表示剖切位置中正投影方向墙体的可视物像。

（4）局部平面放大图的方向宜与楼层平面图的方向一致。

（5）平面图中应注写房间的名称或编号，编号应注写在直径为6mm细实线绘制的圆圈内，其字体大小应大于图中索引文字标注，并应在同张图纸上列出房间名称表。

（6）对于平面图中的装饰装修物件，可注写名称或用相应的图例符号表示。

（7）在同一张图纸上绘制多于一层的平面图时，应按《建筑制图标准》的规定执行。

（8）对于较大的房屋建筑室内装饰装修平面，可分区绘制平面图，且每张分区平面图均应以组合示意图表示所在位置。对于在组合示意图中要表示的分区，可采用阴影线或填充色块表示。各分区应分别用大写拉丁字母或功能区名称表示。各分区视图的分区部位及编号应一致，并应与组合示意图对应。

（9）房屋建筑室内装饰装修平面起伏较大的呈弧形、曲折形或异形时，可用展开图表示，不同的转角面应用转角符号表示连接，且画法应符合《建筑制图标准》的规定。

（10）在同一张平面图内，对于不在设计范围内的局部区域应用阴影线或填充色块的方式表示。

（11）为表示室内立面在平面上的位置，应在平面图上表示出相应的索引符号。

（12）对于平面图上未被剖切到的墙体立面的洞、龛等，在平面图中可用细虚线连接表明其位置。

（13）房屋建筑室内各种平面中出现异形的凹凸形状时，可用剖面图表示。

（三）顶棚平面图

（1）顶棚平面图中应省去平面图中门的符号，并应用细实线连接门洞以表明位置。墙体立面的洞、龛等，在顶棚平面中可用细虚线连接表明其位置。

（2）顶棚平面图应表示出镜像投影后水平界面上的物像，且需要时，还应表示剖切位置中投影方向的墙体的可视内容。

（3）平面为圆形、弧形、曲折形、异形的顶棚平面，可用展开图表示，不同的转角面应用转角符号表示连接，画法应符合《建筑制图标准》的规定。

（4）房屋建筑室内顶棚上出现异形的凹凸形状时，可用剖面图表示。

（四）立面图

（1）房屋建筑室内装饰装修立面图应按正投影法绘制。

（2）立面图应表达室内垂直界面中投影方向的物体，需要时，还应表示剖切位置中投影方向的墙体、顶棚、地面的可视内容。

（3）立面图的两端宜标注房屋建筑平面定位轴线编号。

（4）平面为圆形、弧形、曲折形、异形的室内立面，可用展开图表示，不同的转角面应用转角符号表示连接，画法应符合《建筑制图标准》的规定。

（5）对称式装饰装修面或物体等，在不影响物像表现的情况下，立面图可绘制一半，并应在对称轴线处画对称符号。

（6）在房屋建筑室内装饰装修立面图上，相同的装饰装修构造样式可选择一个样式绘出完整图样，其余部分可只画图样轮廓线。

(7) 在房屋建筑室内装饰装修立面图上，表面分隔线应表示清楚，并应用文字说明各部位所用材料及色彩等。

(8) 圆形或弧线形的立面图应以细实线表示出该立面的弧度感，如图 16-21 所示。

(9) 立面图宜根据平面图中立面索引编号标注图名。有定位轴线的立面，也可根据两端定位轴线号编注立面图名称。

(五) 剖面图和断面图

房屋建筑室内装饰装修剖面图和断面图的绘制，应符合《制图统一标准》及《建筑制图标准》的规定。

(六) 视图布置

(1) 同一张图纸上绘制若干个视图时，各视图的位置应根据视图的逻辑关系和版面的美观决定，如图 16-22 所示。

(2) 每个视图均应在视图下方、一侧或相近位置标注图名，标注方法应符合本节图名编号的有关规定。

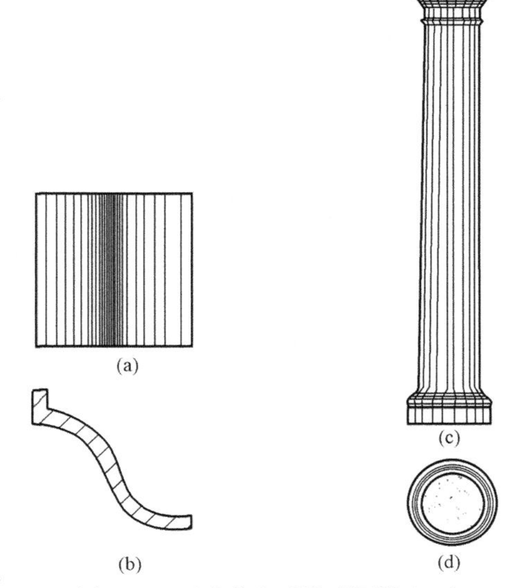

图 16-21　圆形或弧线形图样立面

(a) 立面图；(b) 平面图；(c) 立面图；(d) 平面图

(七) 其他规定

(1) 房屋建筑室内装饰装修构造详图、节点图，应按正投影法绘制。

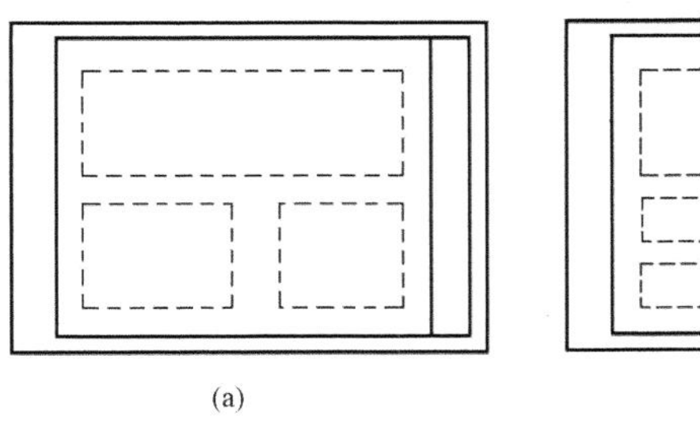

(a)

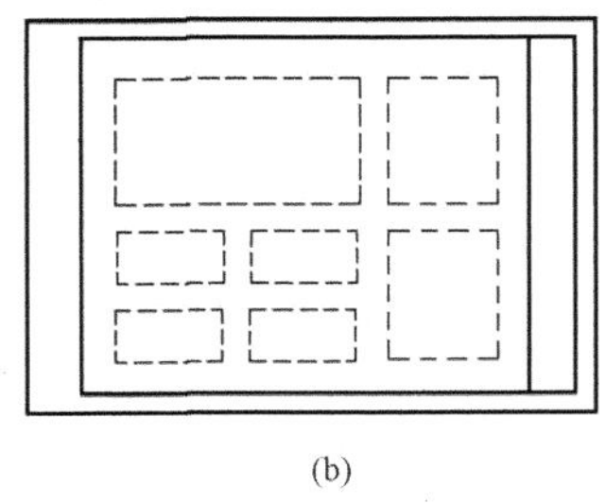

(b)

图 16-22　常规的布图方法

(2) 表示局部构造或装饰装修的透视图或轴测图，可按《制图统一标准》的规定绘制。

(3) 房屋建筑室内装饰装修制图中的简化画法，应符合《制图统一标准》的规定。

第二节　装饰装修工程图的内容

房屋建筑室内装饰装修工程中图纸的阶段性文件一般包括方案设计图、扩初设计图、施工设计图、变更设计图、竣工图。其制图深度应根据房屋建筑室内装饰装修设计的阶段性要求确定。

一、方案设计图

方案设计应包括设计说明、平面图、顶棚平面图、主要立面图、必要的分析图、效果图等。

（1）方案设计的平面图绘制除应符合平面图的制图规定外，尚应符合下列规定：宜标明房屋建筑室内装饰装修设计的区域位置及范围；宜标明房屋建筑室内装饰装修设计中对原房屋建筑改造的内容；宜标注轴线编号，并应使轴线编号与原房屋建筑图相符；宜标注总尺寸及主要空间的定位尺寸；宜标明房屋建筑室内装饰装修设计后的所有室内外墙体、门窗、管道井、电梯和自动扶梯、楼梯、平台和阳台等位置；宜标明主要使用房间的名称和主要部位的尺寸，并应标明楼梯的上下方向；宜标明主要部位固定和可移动的装饰造型、隔断、构件、家具、陈设、厨卫设施、灯具，以及其他配置、配饰的名称和位置；宜标明主要装饰装修材料和部品部件的名称；宜标注房屋建筑室内地面的装饰装修设计标高；宜标注指北针、图纸名称、制图比例，以及必要的索引符号、编号；根据需要，宜绘制主要房间的放大平面图；根据需要，宜绘制反映方案特性的分析图，并宜包括：功能分区、空间组合、交通分析、消防分析、分期建设等图示。

（2）方案设计的顶棚平面图绘制除应符合顶棚平面图的制图规定外，尚应符合下列规定：应标注轴线编号，并应使轴线编号与原房屋建筑图相符；应标注总尺寸及主要空间的定位尺寸；应标明房屋建筑室内装饰装修设计调整过后的所有室内外墙体、管道井、天窗等的位置；应标明装饰造型、灯具、防火卷帘，以及主要设施、设备、主要饰品的位置；应标明顶棚的主要装饰装修材料及饰品的名称；应标注顶棚主要装饰装修造型位置的设计标高；应标注图纸名称、制图比例及必要的索引符号、编号。

（3）方案设计的立面图绘制除应符合立面图的制图规定外，尚应符合下列规定：应标注立面范围内的轴线和轴线编号，以及立面两端轴线之间的尺寸；应绘制有代表性的立面、标明房屋建筑室内装饰装修完成面的底界面线和装饰装修完成面的顶界面线、标注房屋建筑室内主要部位装饰装修完成面的净高，并应根据需要标注楼层的层高；应绘制墙面和柱面的装饰装修造型、固定隔断、固定家具、门窗、栏杆、台阶等立面形状和位置，并应标注主要部位的定位尺寸；应标注主要装饰装修材料和部品、部件的名称；标注图纸名称、制图比例以及必要的索引符号、编号。

（4）方案设计的剖面图绘制除应符合剖面图和断面图的制图规定外，尚应符合下列规定：方案设计可不绘制剖面图，对于在空间关系比较复杂、高度和层数不同的部位，应绘制剖面；应标明房屋建筑室内空间中高度方向的尺寸和主要部位及总高度；当遇有高度控制时，尚应标明最高点的标高；标注图纸名称、制图比例，以及必要的索引符号、编号。

（5）方案设计的效果图应反映方案设计的房屋建筑室内主要空间的装饰装修形态，并应符合下列规定：应做到材料、色彩、质地真实，尺寸、比例准确；应体现设计的意图及风格特征；图面应美观，并应具有艺术性。

二、扩初设计图

规模较大的房屋建筑室内装饰装修工程，根据需要，可绘制扩大初步设计图。

扩大初步设计图的深度应符合下列规定：应对设计方案进一步深化；应能作为深化施工图的依据；应能作为主要材料和设备的订货依据。

扩大初步设计应包括设计说明、平面图、顶棚平面图、主要立面图、主要剖面图等。

（1）平面图绘制除应符合平面图的制图规定外，尚应标明或标注下列内容：房屋建筑室内装饰装修设计的区域位置及范围；房屋建筑室内装饰装修中对原房屋建筑改造的内容及定位尺寸；房屋建筑图中柱网、承重墙以及需要装饰装修设计的非承重墙、房屋建筑设施、设备的位置和尺寸；轴线编号，并应使轴线编号与原房屋建筑图相符；轴线间尺寸及总尺寸；房屋建筑室内装饰装修设计后的所有室内外墙体、门墙、管道井、电梯和自动扶梯、楼梯、平台、阳台、台阶、坡道等位置和使用的主要材料；房间的名称和主要部位的尺寸，楼梯的上下方向；固定的和可移动的装饰装修造型、隔断、构件、家具、陈设、厨卫设施、灯具以及其他配置和配饰的名称和位置；定制部品、部件的内容及所在位置；门窗、橱柜或其他构件的开启方向和方式；主要装饰装修材料和部品、部件的名称；房屋建筑平面或空间的防火分区和防火分区分隔位置，及安全出口位置示意，并应单独成图，当只有一个防火分区，可不注防火分区面积；房屋建筑室内地面设计标高；索引符号、编号、指北针、图纸名称和制图比例。

（2）顶棚平面图绘制除应符合顶棚平面图的制图规定外，尚应标明或标注下列内容：房屋建筑图中柱网、承重墙及房屋建筑室内装饰装修设计需要的非承重墙；轴线编号，并使轴线编号与原房屋建筑图相符；轴线间尺寸及总尺寸；房屋建筑室内装饰装修设计调整过后的所有室内外墙体、管井、天窗等的位置，必要部位的名称和主要尺寸；装饰造型、灯具、防火卷帘以及主要设施、设备、主要饰品的位置；顶棚的主要饰品的名称；顶棚主要部位的设计标高；索引符号、编号、指北针、图纸名称和制图比例。

（3）立面图绘制除应符合立面图的制图规定外，尚应绘制、标注或标明下列内容：绘制需要设计的主要立面；标注立面两端的轴线、轴线编号和尺寸；标注房屋建筑室内装饰装修完成面的地面至顶棚的净高；绘制房屋建筑室内墙面和柱面的装饰装修造型、固定隔断、固定家具、门窗、栏杆、台阶、坡道等立面形状和位置，标注主要部位的定位尺寸；标明立面主要装饰装修材料和部品、部件的名称；标注索引符号、编号、图纸名称和制图比例。

（4）剖面应剖在空间关系复杂、高度和层数不同的部位和重点设计的部位。剖面图应准确、清晰表示出剖到或看到的各相关部位内容，其绘制除应符合剖面图和断面图的制图规定外，尚应标明或标注下列内容：标明剖面所在的位置；标注设计部位结构、构造的主要尺寸、标高、用材、做法；标注索引符号、编号、图纸名称和制图比例。

三、施工设计图

施工设计图纸应包括平面图、顶棚平面图、立面图、剖面图、详图或节点图。

（1）施工图的平面图应包括设计楼层的总平面图、房屋建筑现状平面图、各空间平面布置图、平面定位图、地面铺装图、索引图等。

1）施工图中的总平面图除了应符合本节扩初设计图中平面图绘制的规定外，尚应符合下列规定：应全面反映房屋建筑室内装饰装修设计部位平面与毗邻环境的关系，包括交通流线、功能布局等；应详细注明设计后对房屋建筑的改造内容；应标明需做特殊要求的部位；在图纸空间允许的情况下，可在平面图旁绘制需要注释的大样图。

2）施工图中的平面布置图可分为陈设、家具平面布置图、部品部件平面布置图、设备设施布置图、绿化布置图、局部放大平面布置图等。平面布置图除应符合本节扩初设计图中平面图绘制的规定外，尚应符合下列规定：

陈设、家具平面布置图应标注陈设品的名称、位置、大小、必要的尺寸以及布置中需要说明的问题；应标注固定家具和可移动家具及隔断的位置、布置方向，以及柜门或橱门开启方向，并应标注家具的定位尺寸和其他必要的尺寸。必要时，还应确定家具上电器摆放的位置。部品部件平面布置图应标注部品部件的名称、位置、尺寸、安装方法和需要说明的问题。设备设施布置图应标明设备设施的位置、名称和需要说明的问题。

规模较小的房屋建筑室内装饰装修中陈设、家具平面布置图、设备设施布置图及绿化布置图，可合并；规模较大的房屋建筑室内装饰装修中应有绿化布置图，应标注绿化品种、定位尺寸和其他必要尺寸。

房屋建筑单层面积较大时，可根据需要绘制局部放大平面布置图，但应在各分区平面布置图适当位置上绘出分区组合示意图，并应明显表示本分区部位编号；应标注所需的构造节点详图的索引号。

当照明、绿化、陈设、家具、部品部件或设备设施另行委托设计时，可根据需要绘制照明、绿化、陈设、家具、部品部件及设备设施的示意性和控制性布置图。

对于对称平面，对称部分的内部尺寸可省略，对称轴部位应用对称符号表示，轴线号不得省略；楼层标准层可共用同一平面，但应注明层次范围及各层的标高。

3）施工图中的平面定位图应表达与原房屋建筑图的关系，并应体现平面图的定位尺寸。平面定位图除应符合本节扩初设计图中平面图绘制的规定外，尚应标注下列内容：房屋建筑室内装饰装修设计对原房屋建筑或原房屋建筑室内装饰装修的改造状况；房屋建筑室内装饰装修设计中新设计的墙体和管井等的定位尺寸、墙体厚度与材料种类，并注明做法；房屋建筑室内装饰装修设计中新设计的门窗洞定位尺寸、洞口宽度与高度尺寸、材料种类、门窗编号等；房屋建筑室内装饰装修设计中新设计的楼梯、自动扶梯、平台、台阶、坡道等的定位尺寸，设计标高及其他必要尺寸，并注明材料及其做法；固定隔断、固定家具、装饰造型、台面、栏杆等的定位尺寸和其他必要尺寸，并注明材料及其做法。

4）施工图中的地面铺装图除应符合本节扩初设计图中平面图、施工图中平面布置图绘制的规定外，尚应标注下列内容：地面装饰材料的种类、拼接图案、不同材料的分界线；地面装饰的定位尺寸、规格和异形材料的尺寸、施工、做法；地面装饰嵌条、台阶和梯段防滑条的定位尺寸、材料种类及做法。

5）房屋建筑室内装饰装修设计应绘制索引图。索引图应注明立面、剖面、详图和节点图的索引符号及编号，并可增加文字说明帮助索引。在图面比较拥挤的情况下，可适当缩小图面比例。

（2）施工图中的顶棚平面图应包括装饰装修楼层的顶棚总平面图、顶棚装饰灯具布置图、顶棚综合布点图、各空间顶棚平面图等。

施工图中顶棚平面图的绘制除应符合本节扩初设计图中顶棚平面图绘制的规定外，尚应符合下列规定：应标明顶棚造型、天窗、构件、装饰垂挂物及其他装饰配置和饰品的位置，注明定位尺寸、标高或高度、材料名称和做法；房屋建筑单层面积较大时，可根据需要单独绘制局部的放大顶棚图，但应在各放大顶棚图的适当位置上绘出分区组合示意图，并应明显地表示本分区部位编号；应标注所需的构造节点详图的索引号；表述内容单一的顶棚平面，可缩小比例绘制；对于对称位置应用对称符号表示，但轴线号不得省略；楼层标准层可共用同一顶棚平面，但应注明层次范围及各层的标高。

1）施工图中顶棚总平面图的绘制除应符合本节扩初设计图中顶棚平面图绘制的规定外，尚应符合下列规定：应全面反映顶棚平面的总体情况，包括顶棚造型、顶棚装饰、灯具布置、消防设施及其他设备布置等内容；应标明需做特殊工艺或造型的部位；应标注顶棚装饰材料的种类、拼接图案、不同材料的分界线；在图纸空间允许的情况下，可在平面图旁边绘制需要注释的大样图。

2）施工图中顶棚装饰灯具布置图的绘制除应符合本节扩初设计图中顶棚平面图绘制的规定外，还应标注所有明装和暗藏的灯具（包括火灾和事故照明灯具）、发光顶棚、空调风口、喷头、探测器、扬声器、挡烟垂壁、防火卷帘、防火挑檐、疏散和批示标志牌等的位置，标明定位尺寸、材料名称、编号及做法。

3）施工图中的顶棚综合布点图除应符合本节扩初设计图中顶棚平面图绘制的规定外，还应标明顶棚装饰装修造型与设备设施的位置、尺寸关系。

（3）施工图中立面图的绘制除应符合本节扩初设计图中立面图绘制的规定外，尚应符合下列规定：

1）应绘制立面左右两端的墙体构造或界面轮廓线、原楼地面至装修楼地面的构造层、顶棚面层、装饰装修的构造层。

2）应标注设计范围内立面造型的定位尺寸及细部尺寸。

3）应标注立面投视方向上装饰物的形状、尺寸及关键控制标高。

4）应标明立面上装饰装修材料的种类、名称、施工工艺、拼接图案、不同材料的分界线。

5）应标注所需的构造节点详图的索引号。

6）对需要特殊和详细表达的部位，可单独绘制其局部放大立面图，并应标明其索引位置。

7）无特殊装饰装修要求的立面，可不画立面图，但应在施工说明中或相邻立面的图纸上予以说明。

8）各个方向的立面应绘齐全，对于差异小、左右对称的立面可简略，但应在与其对称的立面的图纸上予以说明；中庭或看不到的局部立面，可在相关剖面图上表示，当剖面图未能表示完全时，应单独绘制。

9）对于影响房屋建筑室内装饰装修效果的装饰物、家具、陈设品、灯具、电源插座、通信和电视信号插孔、空调控制器、开关、按钮、消火栓等物体，宜在立面图中绘制出其位置。

（4）施工图中的剖面图应标明平面图、顶棚平面图和立面图中需要清楚表达的部位。剖面图除应符合本节扩初设计图中剖面图绘制的规定外，尚应符合下列规定：

1）应标注平面图、顶棚平面图和立面图中需要清楚表达部分的详细尺寸、标高、材料名称、连接方式和做法。

2）剖切的部位应根据表达的需要确定。

3）应标注所需的构造节点详图的索引号。

（5）施工图应将平面图、顶棚平面图、立面图和剖面图中需要更清晰表达的部位索引出来，并应绘制详图或节点图。详图或节点图的绘制应符合下列规定：

1）应标明物体的细部、构件或配件的形状、大小、材料名称及具体技术要求，注明尺寸和做法。

2）对于在平、立、剖面图或文字说明中对物体的细部形态、构造做法无法交代或交代不清的，可绘制详图或节点图。

3）应标注详图或节点图名称和制图比例。

四、变更设计图

变更设计应包括变更原因、变更位置、变更内容等。变更设计可采取图纸的形式，也可采取文字说明的形式。

五、竣工图

竣工图的制图深度应与施工图的制图深度一致，其内容应能完整记录施工情况，并应满足工程决算、工程维护及存档的要求。

第三节 装饰装修平面布置图

平面布置图是装饰装修施工图中的主要图样，它是根据装饰设计原理、人体工程学及用户的要求画出的用于反映建筑平面布局、装饰空间、功能区域的划分、家具设备的布置、绿化及陈设布局等内容的图样，是确定装饰空间平面尺度及装饰形体定位的主要依据。

对于规模较大的公共建筑装修工程，甲方均要提供相对完整的建筑施工图，以作为装饰装修设计的依据。而对于一般家装工程，由于业主很少能够提供完整的建筑平面图，在进行装饰设计前要对原户型进行测量，以便得到相对准确的户型平面，这个过程称为“量房”，所绘制的平面图一般称为“某户型原始平面图”，如图 16-23 所示。

“原始平面图”要表达出户型中每个房屋长、宽的净尺寸；房屋的净高；窗户的净高、净宽、窗台的净高度以及门的净宽、净高；墙体的位置和厚度；厨房的管道位置；卫生间上下水管的位置等。归纳为七个字（梁、柱、管、线、口、台、顶）、三个线（定位尺寸线、局部尺寸线、轮廓线），以便为之后的设计提供依据。由于原始的功能分区不能满足业主的要求或设计师的设计理念，则需要在不影响建筑使用功能和结构安全的前提下重新进行功能分区，对原有的墙体进行拆改，这时，就需要根据“某户型原始平面图”绘制“某户型墙体拆改图”，如图 16-24 所示。

在得到详尽的尺寸和功能分区后，为了更明确的表达设计师的设计风格与思路，便于和甲方或业主沟通设计方案，需要绘制效果图，作为整个装饰设计的风格依据，如图 16-1 所示。

一、平面布置图的形成

平面布置图是以一个假想的水平剖切平面，沿着房屋每层的门窗洞口位置水平剖切，移去剖切平面以上的部分，对以下部分作的水平正投影图。

二、平面布置图的图示内容

室内平面布置图通常应图示以下内容：

（1）建筑平面图的基本内容，如墙柱与定位轴线、房间布局与名称、门窗位置及房门的开启方向等。

（2）室内地面标高。对于公装工程，室内标高可取建筑标高；对于家装工程，应取相对标高，以本户型主要地面作为±0.000。

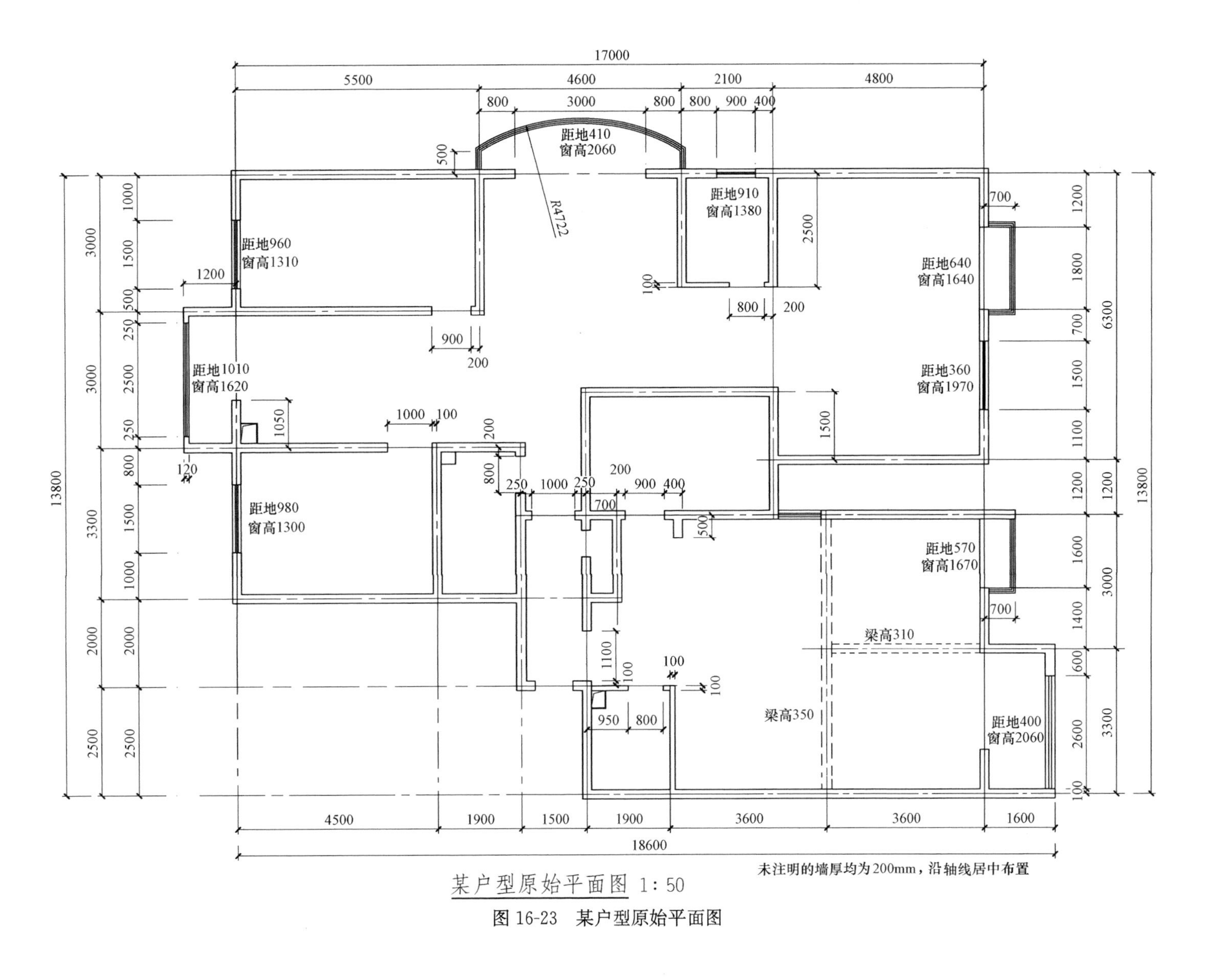

图 16-23 某户型原始平面图

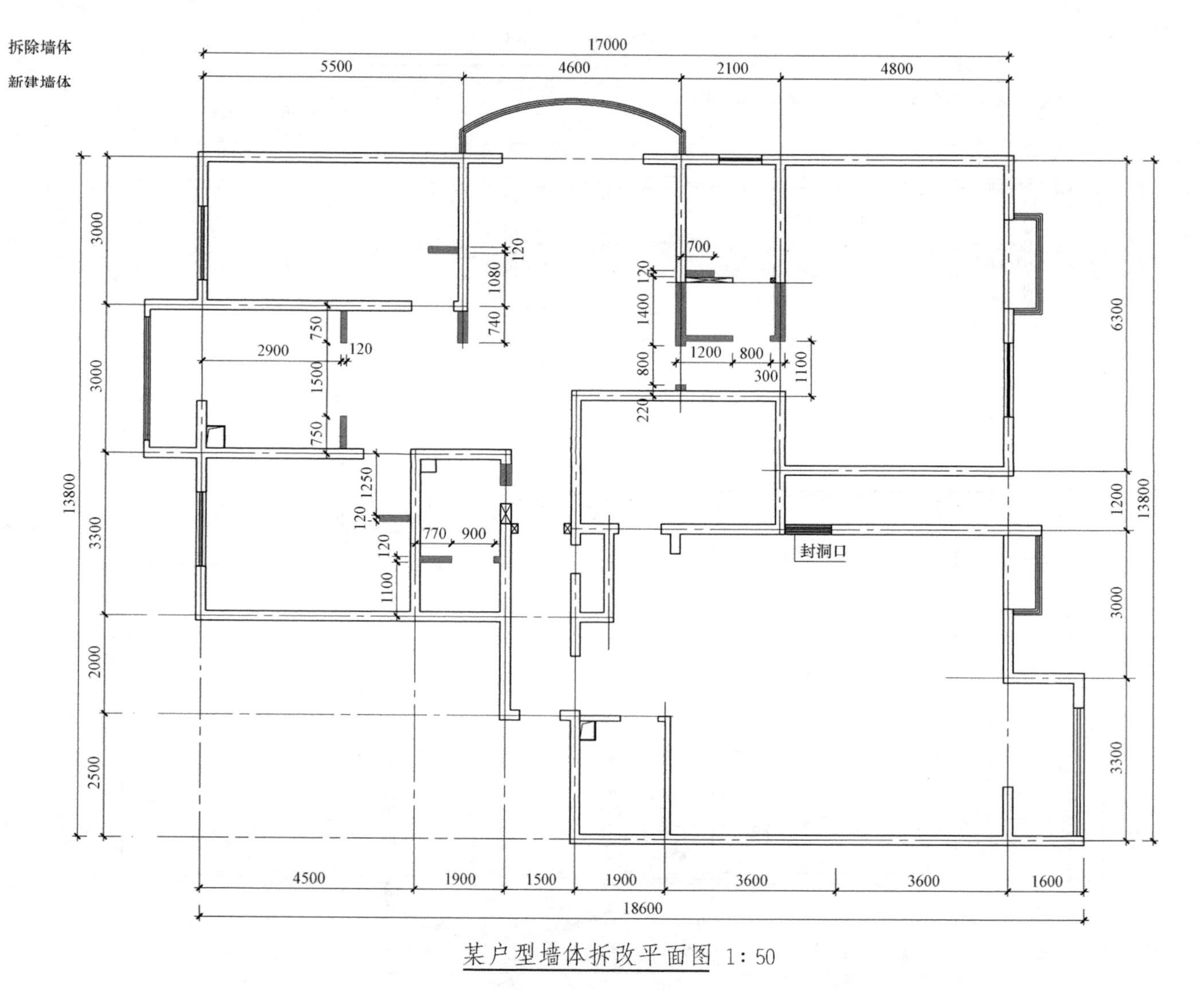

图 16-24 某户型墙体拆改平面图

（3）室内固定家具、活动家具、家用电器等的位置。

（4）装饰陈设、绿化美化等位置及图例符号。

（5）室内立面图的内视投影符号（按顺时针从上至下在圆圈中编号）。

（6）室内现场制作家具的定型、定位尺寸。

（7）房屋外围尺寸及轴线编号等。

（8）索引符号、图名及必要的说明等。

三、平面布置图的画法

（1）选择合适比例，可参照本章第一节中表16-2。确定图幅。

（2）画出建筑主体结构（如墙、柱、门、窗等）的平面图和隔断、装饰构件等。

（3）画出室内各功能分区的家具陈设、电器位置、绿化植物等。

（4）标注尺寸、剖切符号、详图索引符号、文字说明等。

（5）检查后，根据合适的绘图线宽组，调整完成图样的绘制。

四、平面布置图的识读

现以某户型平面布置图为例，如图16-25所示，说明其识读方法。

（1）先浏览平面布置图中立面索引符号、各空间的功能与平面尺寸、图样比例等，了解图中展示的基本内容。从图中看到，这是一个四室两厅三卫一厨的户型，套内面积约为200m²，其主要的功能空间有：客厅带卫生间，并连着观景阳台；三个卧室，其中主卧与客卧均有独立卫生间；书房与客厅相通，可作为主人的私人空间；餐厅连通一个大阳台；厨房位于两个卧室之间，并且也连通一个阳台。整个户型面积较大，客厅和餐厅是整个装饰设计的重点。

（2）注意各功能空间中家具和陈设等的布局。家装设计方案中家具的摆放基本相同，首要考虑的是房间的功能要求，设计风格的表现手段主要是在软装饰和配景上。从入户门进入后，首先看到的是过廊和餐厅，进入客厅后，由于客厅的面积较大，所以选用的组合沙发、客厅中的电视柜、电视背景墙和沙发背景墙是设计表达的重点，观景阳台摆放了椅子、茶几等，扩充了阳台的功能；书房里布置了办公桌、椅子、书柜等家具；餐厅的布置除了放置餐桌外，还布置了背景墙、酒水柜和壁炉；卧室的布置中规中矩，布置了床、床头柜和衣柜；三个卫生间考虑服务对象不同，因此主卧的卫生间里布置了浴盆，客卧的卫生间布置了淋浴设备，与客厅相连的卫生间只布置了坐便器和洗面池。

（3）理解平面布置图的内视符号。为表示室内立面在平面图中的位置名称，图中标注出客厅的两面背景墙的内视符号A、B，餐厅的两面背景墙A、B，同时注明了内视符号所示的图名以便于查阅。

（4）识读平面图中的详细尺寸和洁具等的材料要求。对于公装工程需要将一些家具及设备的材料和尺寸表示详尽，但是对于家装工程，这些设备仅做示意，后期业主可根据自己的喜好进行添置。

（5）了解尺寸标注。建筑的总长、总宽尺寸；轴线间尺寸、窗洞口尺寸等。平面布置图决定室内空间的功能划分和流线布局，是顶棚设计、墙立面设计的基本依据和条件，平面布置图确定后再设计绘制顶棚平面、墙面、楼地面铺装图。

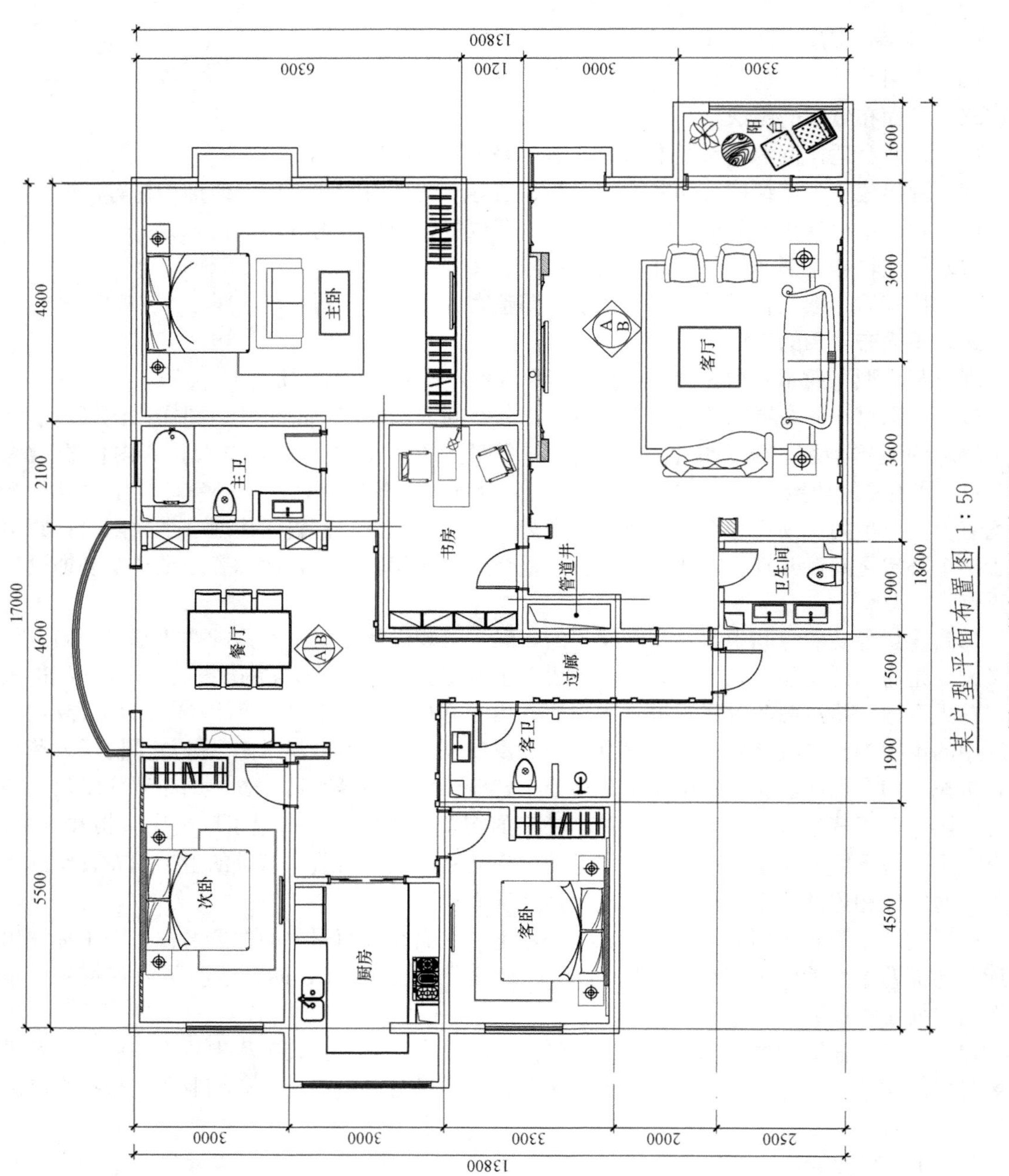

图 16-25　某户型平面布置图

第四节 装饰装修地面铺装图

一、地面铺装图的形成

地面铺装图是表示地面做法的图样。在地面做法比较简单时，地面的设计做法表示在平面布置图中即可，当地面设计做法比较复杂，涉及多种材料，又有较多的图案和色彩时，就需要绘制地面铺装图。

二、地面铺装图的图示内容

地面铺装图主要以反映地面装饰图形、材料选用为主，图示内容有：

(1) 建筑平面的基本内容。

(2) 楼地面材料选用、色彩、分格及地面标高等。

(3) 楼地面拼花造型。

(4) 索引符号、图名及必要的说明。

三、地面铺装图的画法

(1) 选择合适比例，可参照本章第一节中表16-2。确定图幅。

(2) 画出建筑主体结构（如墙、柱、门、窗等）平面图和隔断、装饰构件等。

(3) 画出室内各功能分区的图形样式、分格等。

(4) 标注尺寸、材料、色彩、剖切符号、详图索引符号、文字说明等。

检查后，根据合适的绘图线宽组，调整完成图样的绘制。

四、地面铺装图的识读

现以某户型地面铺装图为例，如图16-26所示，说明其识读方法。

(1) 地面铺装图与平面布置图的功能区划是一致的，在明确平面布置的基本功能和交通流线以后，再识读地面铺装图就有了依据。

(2) 识读地面铺装图的标高。本户型虽然面积比较大，但是没有跃层、错层的情况，所有地面除卫生间（卫生间地面低于其他房间地面60mm）外均为同一标高。

(3) 过廊、餐厅和客厅均采用定制的成品地砖拼铺，按照图中所示尺寸与样式铺装；卧室与书房采用实木地板，其中主卧选用的是深色竹木地板；厨房与卫生间选用300×300的防滑地砖拼花；阳台选用600×600的地砖满铺；过廊和客厅之间、客厅与观景阳台之间选用花岗岩过门石分割。

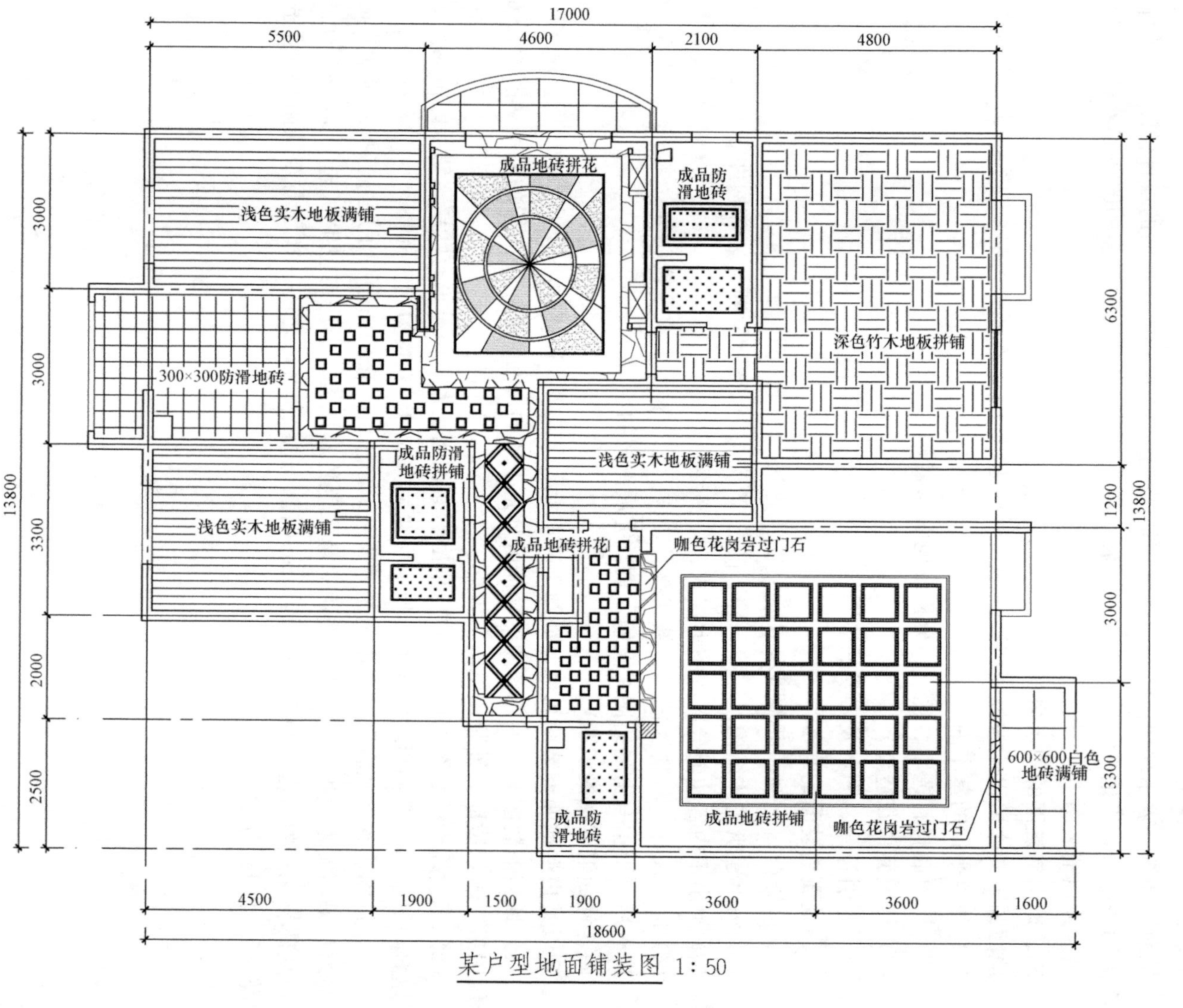

图 16-26 某户型地面铺装图

第五节　装饰装修顶棚平面图

顶棚除了具有装饰功能外，还具有照明、音响、空调、防火、通风等功能。顶棚装修通常分悬吊式顶棚和直接式顶棚。悬吊式顶棚造型复杂，所需材料、工艺要求较多。直接式顶棚是在原有的主体结构上进行饰面处理，造价较低。

一、顶棚平面图的形成

顶棚平面图是以镜像投影法画出的反映顶棚平面形状、灯具位置、材料选用、尺寸标高和构造做法等内容的水平镜像投影图，它是装饰装修施工图中的主要图样之一。它是以一个假想的水平剖切平面，沿着门窗洞口的位置水平剖切，移去剖切平面以下的部分，对以上部分的墙体、顶棚所作的水平镜像投影图。

二、顶棚平面图的图示内容

顶棚平面图采用镜像投影法绘制，其主要内容有：

(1) 建筑平面及门窗洞口。门画出门洞边线即可，不画门扇及开启线。

(2) 顶棚的造型、尺寸、做法和说明，有时需要画出顶棚的重合断面图，并标注标高。

(3) 顶棚灯具符号及具体位置（灯具型号、规格、安装方法由电气施工图中反映）。

(4) 各种顶棚的完成面的标高（按每层楼地面为±0.000标注顶棚装饰面标高）。

(5) 与顶棚相接的家具、设备的位置及尺寸。

(6) 窗帘及窗帘盒、窗帘帷幕板等。

(7) 空调送风口位置、消防自动报警系统及与吊顶有关的音频、视频设备的平面布置形式及安装位置。

(8) 图外标注开间、进深、总长、总宽等尺寸。

(9) 索引符号、说明文字、图名及比例等。

三、顶棚平面图的画法

(1) 选比例，定出图幅。

(2) 画出建筑主体结构平面图。

(3) 画出顶棚造型轮廓线、灯饰及各种设备等。

(4) 标注尺寸、剖切符号、详图索引符号、文字说明等。

(5) 检查后，根据合适的绘图线宽组，调整完成图样的绘制。

四、顶棚平面图的识读

现以某户型顶棚布置图为例，如图16-27所示，说明其识读方法。

(1) 由于顶棚平面图的设计与平面布置图有一定的逻辑联系，也就是各空间功能不同，相应的为配合空间功能的要求，顶棚的设计也就有了对应的设计特点，因此只有读懂平面布置图，充分了解功能分区和设计风格，才能读懂顶棚平面设计的意图。

(2) 识读顶棚设计造型、灯具位置及底面标高。吊顶设计是顶棚艺术表现的主要形式之一，结构上顶棚造型设计一般分叠级吊顶和平吊顶，形态上有圆形、方形、椭圆形、八角形等，有时为了表现特有的艺术氛围，造型更是丰富多样。

顶棚的底面标高是顶棚造型完成之后的表面高度，相当于该部位的建筑标高，一般标高是指所在楼层地面的完成面为起点进行标注。

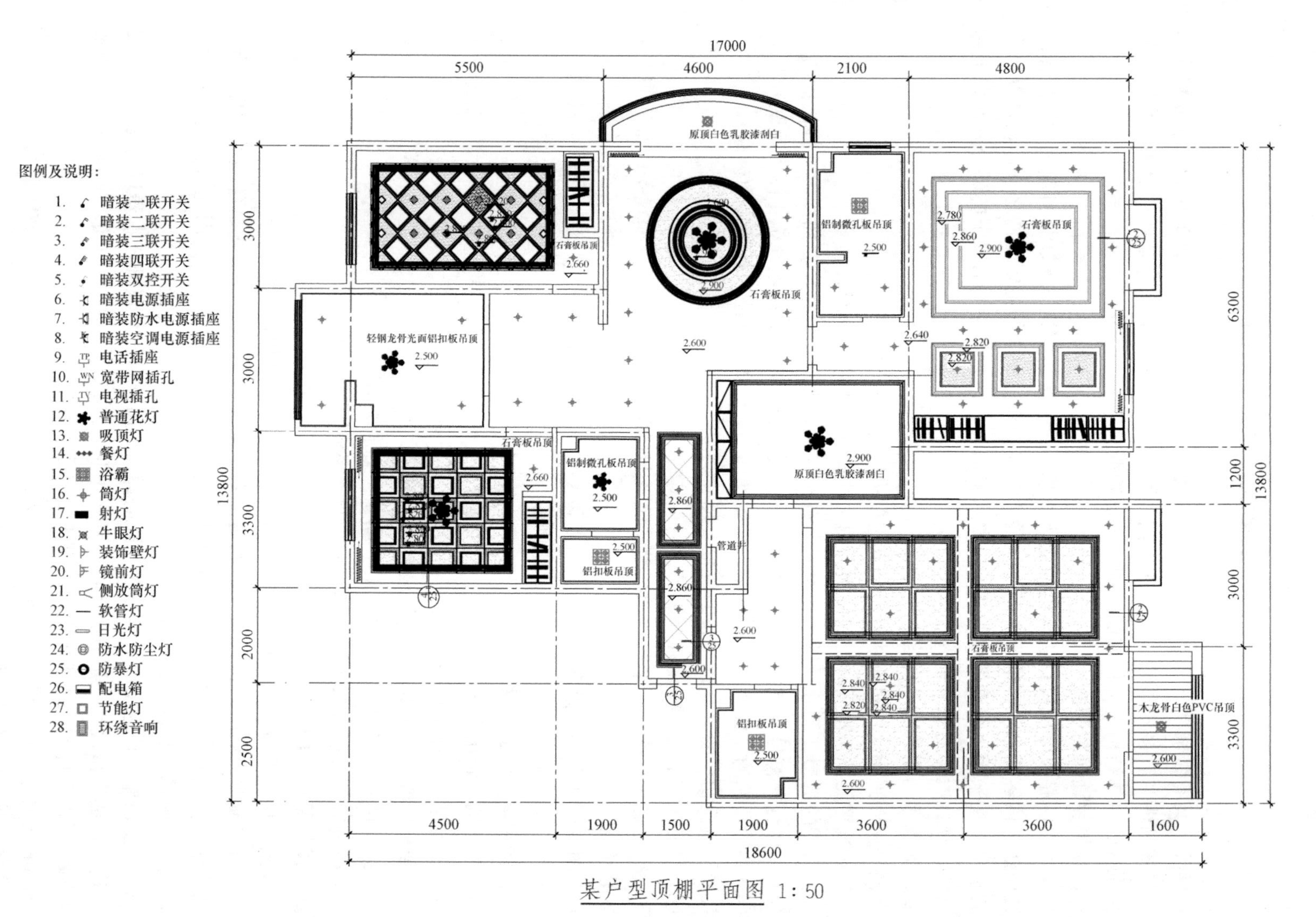

图16-27 某户型顶棚平面图

(3) 明确顶棚的做法和尺寸。例如客厅的顶棚做法，是采用叠级吊顶，吊顶主材选用石膏板，个别部位粘贴金箔，通过叠级形成造型，剖面形状与细部尺寸需要参看详图。卫生间采用平吊顶，材料是铝制微孔板，标高为 2.500m。

(4) 灯具的布置与样式。客厅、次卧、客卧的照明主要靠灯带与筒灯；主卧室和餐厅以吊灯作为主照明，辅助以筒灯；卫生间布置了浴霸供照明与采暖用。

第六节　装饰装修立面图

立面图主要表现建筑主体内外垂直立面的装饰装修做法。不同的立面设计不同，其装饰设计图样的复杂程度也不同。装饰装修立面图重点表达了墙面的造型、材料与色彩、尺寸与工艺做法等内容，是装饰装修施工图中的主要图样之一。

一、立面图的形成

外立面装饰装修图样的形成与建筑立面图的形成方法一样。

对于室内的装饰装修立面图则是将室内的墙面向垂直的投影面作正投影图，根据平面布置图中立面索引符号所指示的方向一一对应，命名要以立面索引符号的编号或字母来确定（如 1 立面、A 立面）。

二、立面图的图示内容

(1) 室内立面轮廓线，顶棚有吊顶时可画出吊顶、叠级、灯槽等剖切轮廓线（粗实线表示），墙面与吊顶的收口形式，可见的灯具投影图形等。

(2) 墙面装饰造型及陈设（如壁挂、工艺品等），门窗造型及分格，墙面灯具、暖气罩等装饰内容。

(3) 装饰选材、立面的尺寸标高及做法说明。图外一般标注 1～2 道竖向及水平向尺寸，楼地面、顶棚等的装饰标高；图内一般应标注主要装饰造型的定型、定位尺寸。做法标注采用细实线引出。

(4) 附墙的固定家具及造型（如影视墙、壁柜）。

(5) 索引符号、说明文字、图名及比例等。

三、立面图的画法

(1) 选择合适比例，可参照本章第一节中表 16-2。确定图幅。

(2) 画出地面、楼板及墙面两端的定位轴线等，画出墙面主要建筑构件轮廓线及门窗造型。

(3) 画出墙面装饰设计造型图样。

(4) 画出墙面上的各种设备等。

(5) 标注尺寸、剖切符号、详图索引符号、文字说明等。

(6) 检查后，根据合适的绘图线宽组，调整完成图样的绘制。

四、立面图的识读

室内墙立面如果设计造型、尺度相同，则可以只画其中之一即可，否则需要将所有墙立面全部画出，图样的命名、编号均应与平面图上的内视符号相一致，内视符号一方面表示出识读方向，同时也显示出了图样的数量。现以某户型客厅 A 立面图为例，如图 16-28 所示，说明其识读方法。

(1) 首先要弄清楚该立面图所在的空间位置，一般应按空间的顺序识读室内的立面图。

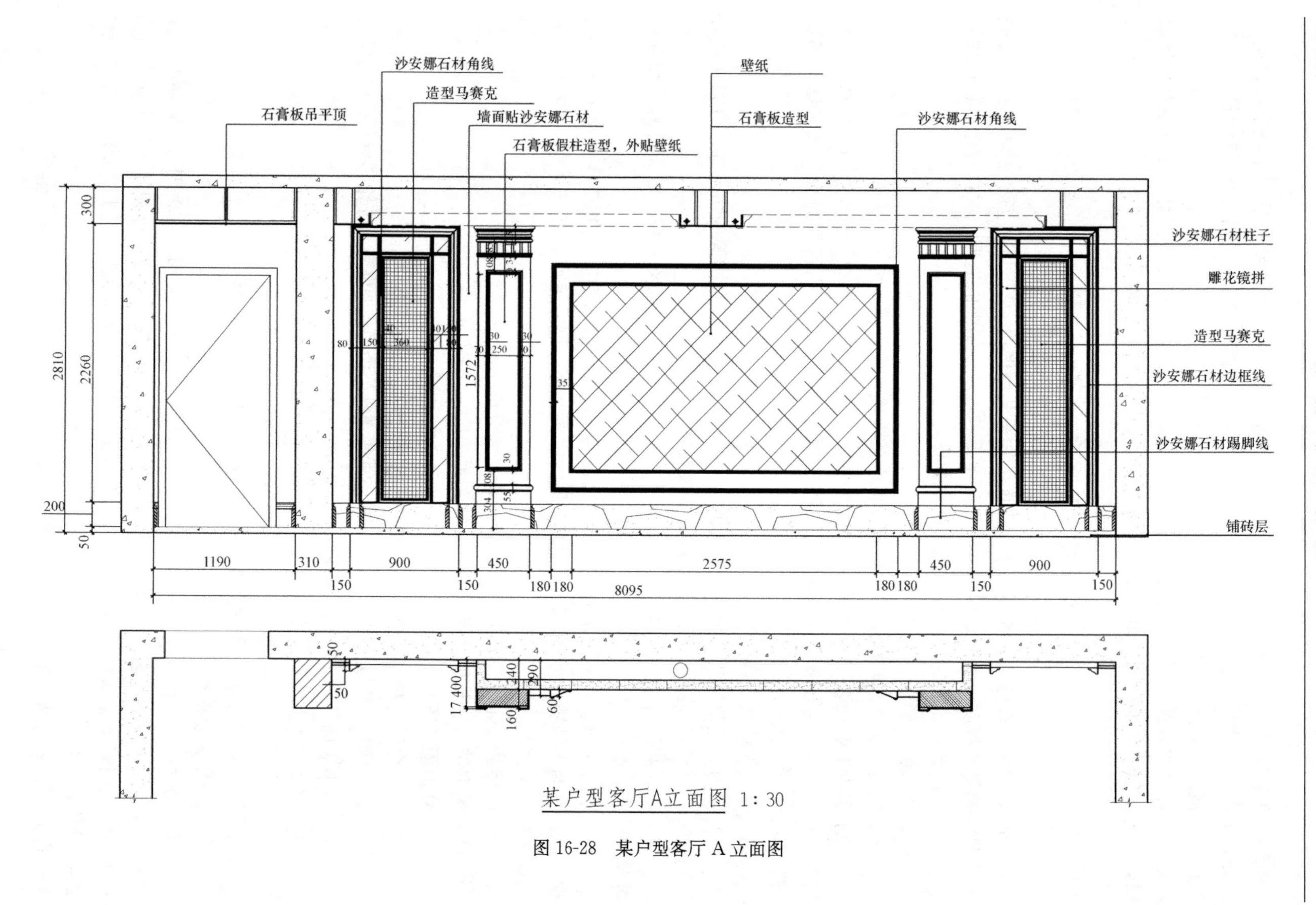

图16-28　某户型客厅A立面图

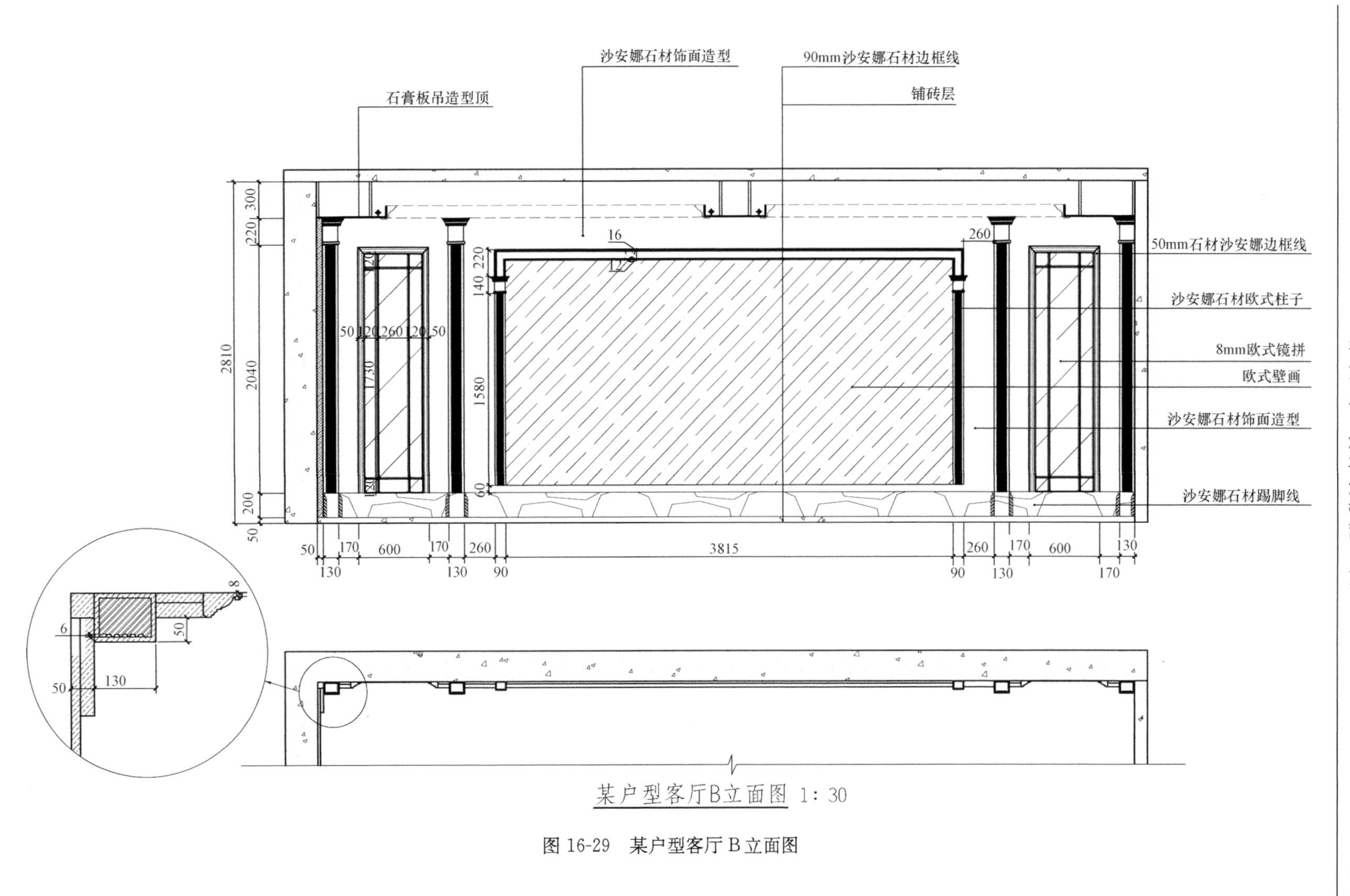

图16-29 某户型客厅B立面图

从图 16-25（平面布置图）中看到内视符号在客厅和餐厅的位置，客厅中的立面指向电视背景墙和沙发背景墙。

（2）按照平面图内视符号的指向，从图样册中选择所要读的立面图，如选择 A 所指向的电视背景墙。

（3）在平面图中要明确该墙面位置有哪些设计要素，如固定家具、墙面艺术造型、家具陈设等。

（4）选定该室内立面图，分析了解所读立面的装饰设计图案形式，如图 16-28 所示的立面图，该立面反映电视背景墙的布置内容，工程做法，材料选用以及墙体与顶棚和地面相关位置的装饰装修内容。

（5）进一步详细识读该立面图，注意墙面装饰设计造型及饰面的尺寸、范围、材料、色彩及做法。从图 16-28 可以看出，背景墙最外侧选用石材角线，内侧选用雕花镜面玻璃拼贴，中间贴造型马赛克。

背景墙两侧用石膏板做成假柱造型，外贴壁纸，背景墙用石膏板做叠级造型，外围用石材做线脚，中间选用壁纸。

图 16-29 为沙发区背景墙，同样按照上述方法进行识读。

第七节　装饰装修详图与剖面图

一、详图的形成

由于平面布置图、地面铺装图、顶棚平面图、室内立面图等的比例一般较小，很多装饰造型、构造做法、材料、细部尺寸等无法反映或反映不清晰，满足不了装饰装修施工、制作的需要，故需放大比例画出详细图样，形成装饰装修详图。详图一般采用 1∶1～1∶10 的比例绘制。在详图中剖切到的装饰体轮廓用粗实线表示，未剖切到但能看到的投影内容用细实线表示。

二、详图的分类

详图按其部位分为：

1. 墙（柱）面剖面图

墙（柱）面剖面图主要用于表达室内立面的构造，着重反映墙（柱）面造型在分层做法、选材、色彩上的要求。

2. 顶棚详图

顶棚详图主要是用于反映顶棚图案、吊顶构造的起伏、做法的剖面图或断面图。

3. 装饰造型详图

装饰造型详图独立的或依附于墙柱的装饰造型，表现装饰艺术的风格、格调的构造体的设计造型，如影视墙、花台、屏风、壁龛、扶手栏杆等造型的平面图、立面图、剖面图及线角详图。

4. 家具详图

家具详图主要指需要现场制作、加工、油漆的固定式或移动式家具，如床、书桌、衣柜、书柜、储藏柜、展示柜等。如图 16-30～图 16-33 所示。

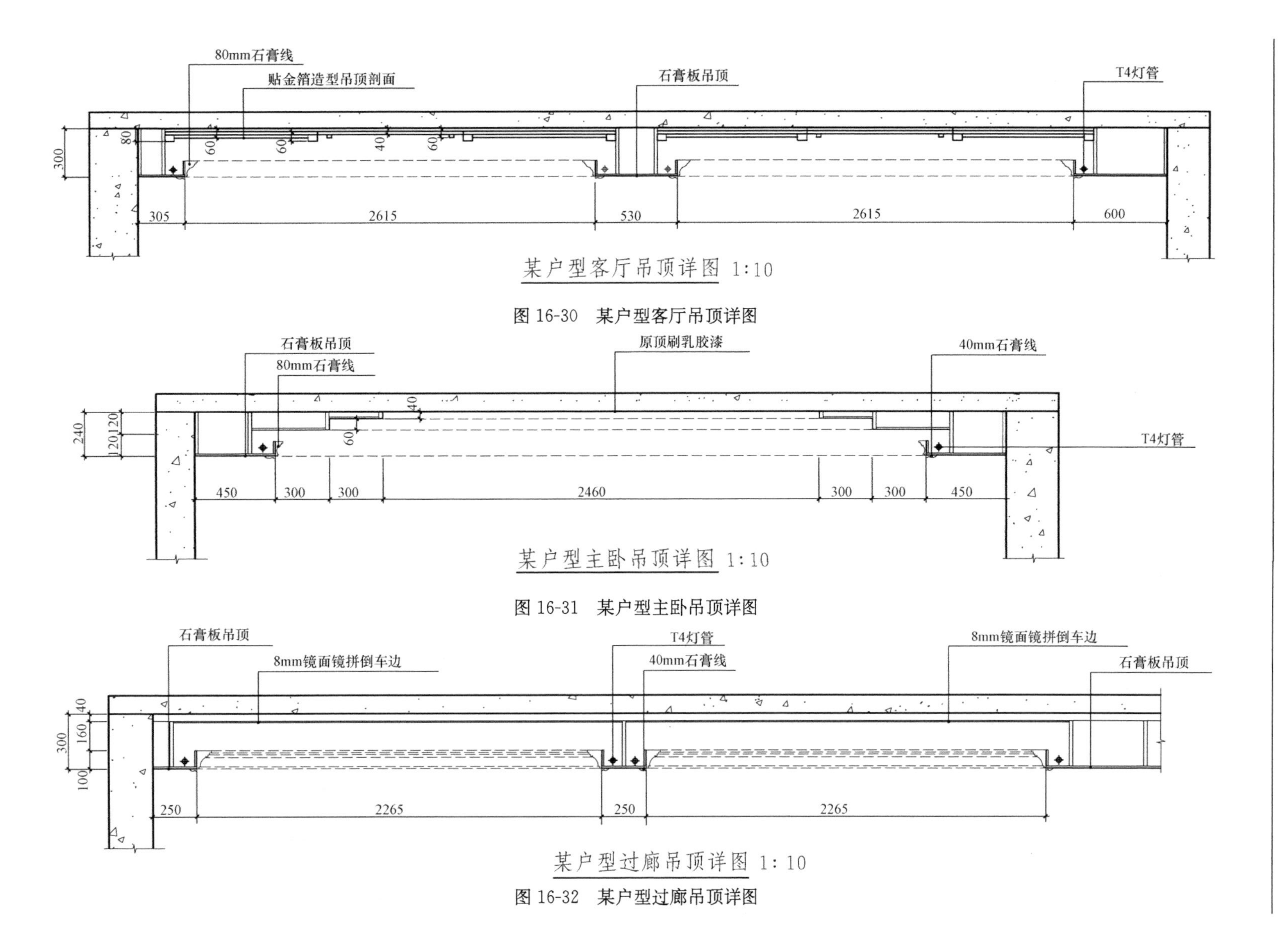

图 16-30 某户型客厅吊顶详图

图 16-31 某户型主卧吊顶详图

图 16-32 某户型过廊吊顶详图

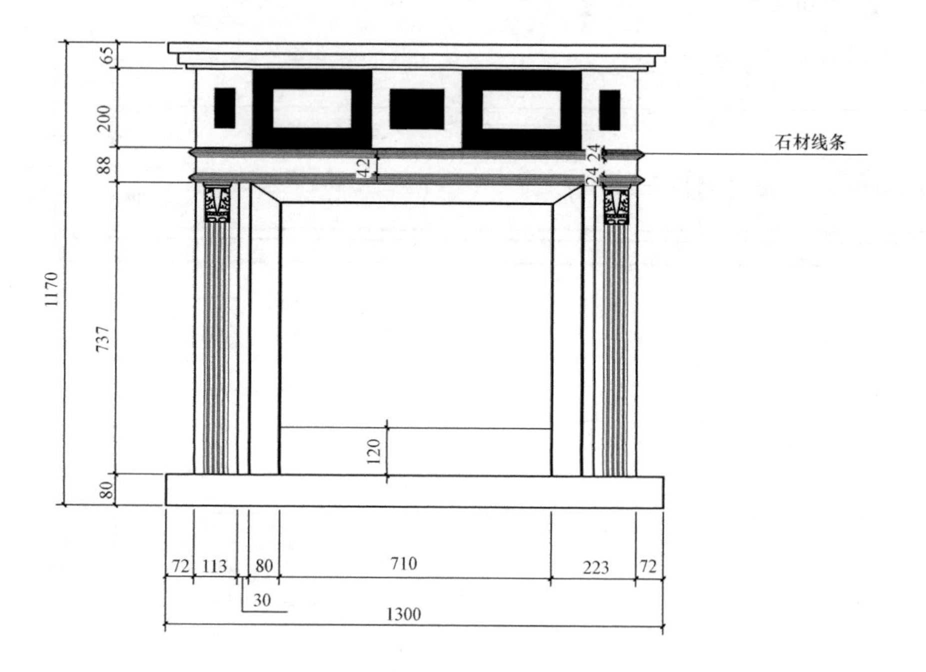

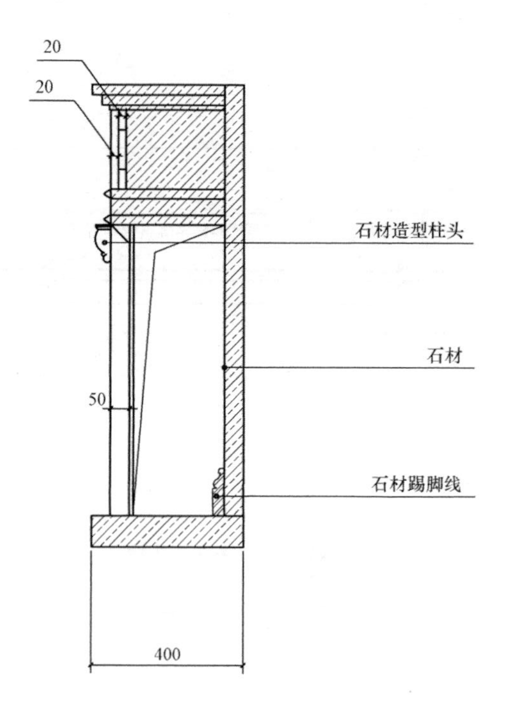

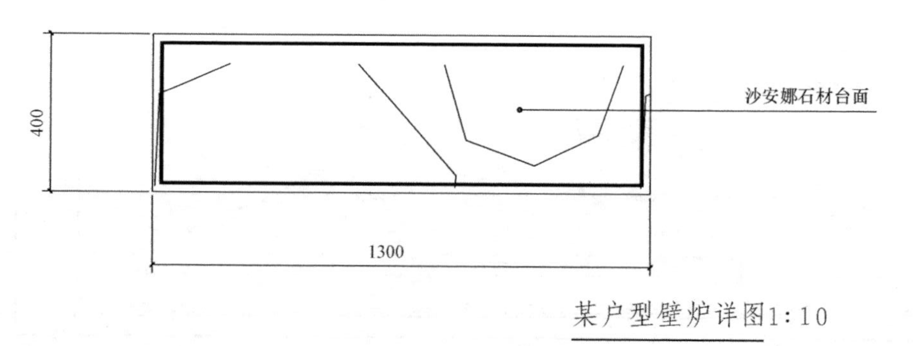

某户型壁炉详图1:10

图16-33 某户型壁炉详图

第八节　装饰装修施工图中的其他图样

装饰装修工程是一项综合了建筑、结构、水暖电等方面的综合改造工程，目的是为了让建筑更能适应业主和甲方的使用要求，在实际工程中，除了以上讲到的图样外，还有一些其他补充图样。这些图样有“冷热水分布图”（图 16-34）；“强弱电分布图”（图 16-35）；“灯位连线图”（图 16-36）。这些补充的图样同样是装饰装修施工中不可缺少的技术文件。这些图样主要是对装饰装修工程前期的水、暖、电等改造工程做指导，所以图样的表达方式和规则没有第十五章讲到的专业的室内设备图那么严格，仅做施工示意。

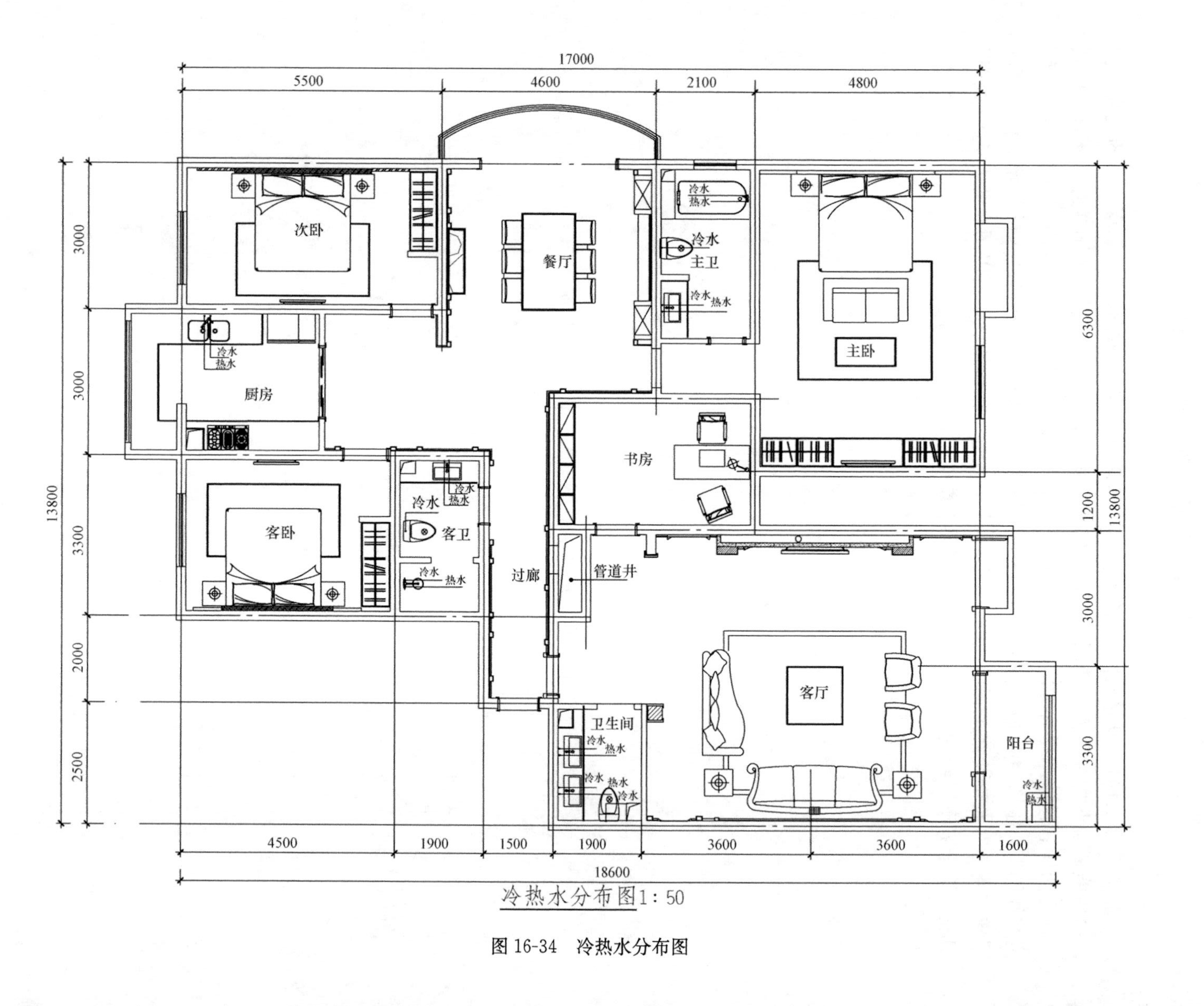

图 16-34 冷热水分布图

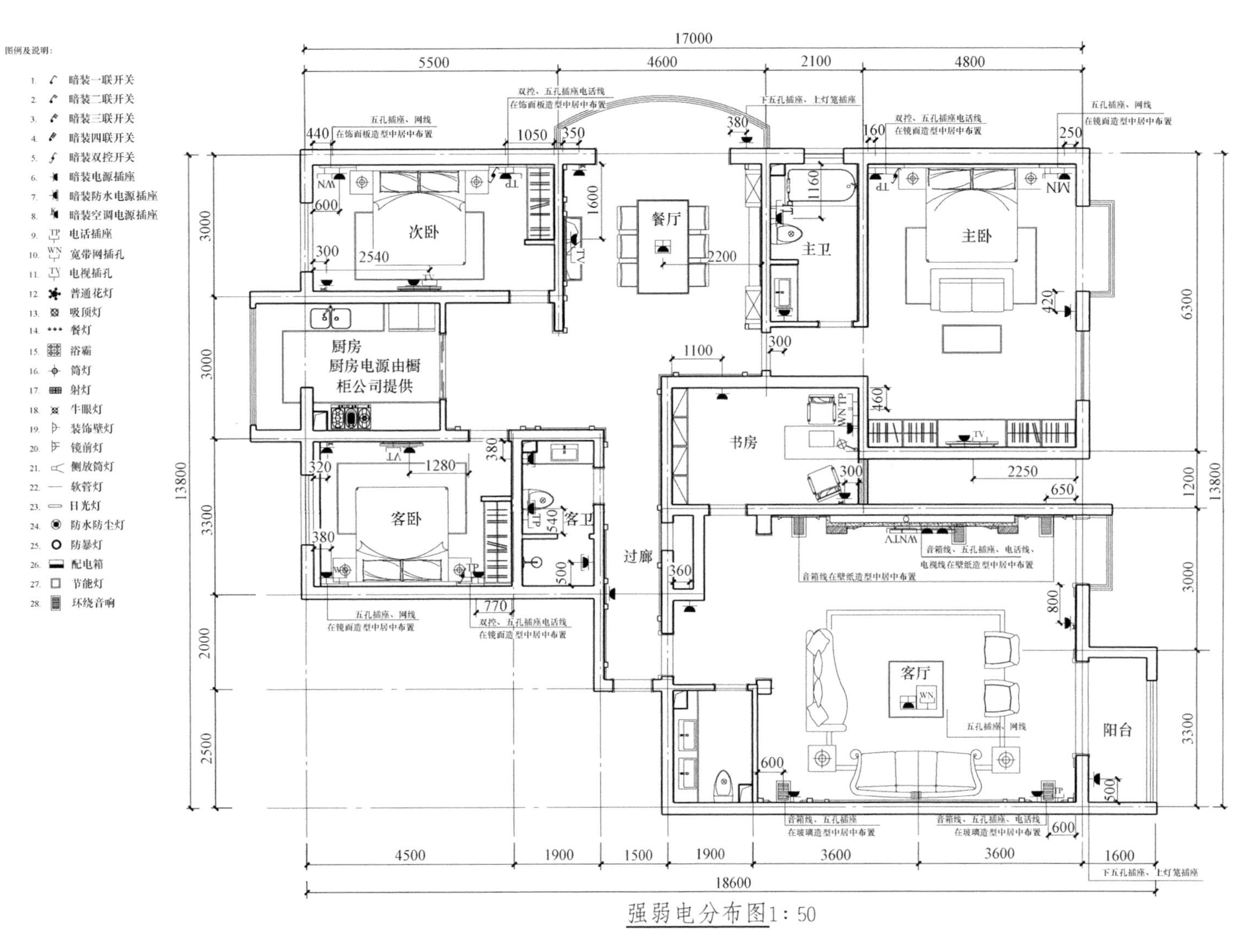

图16-35 强弱电分布图

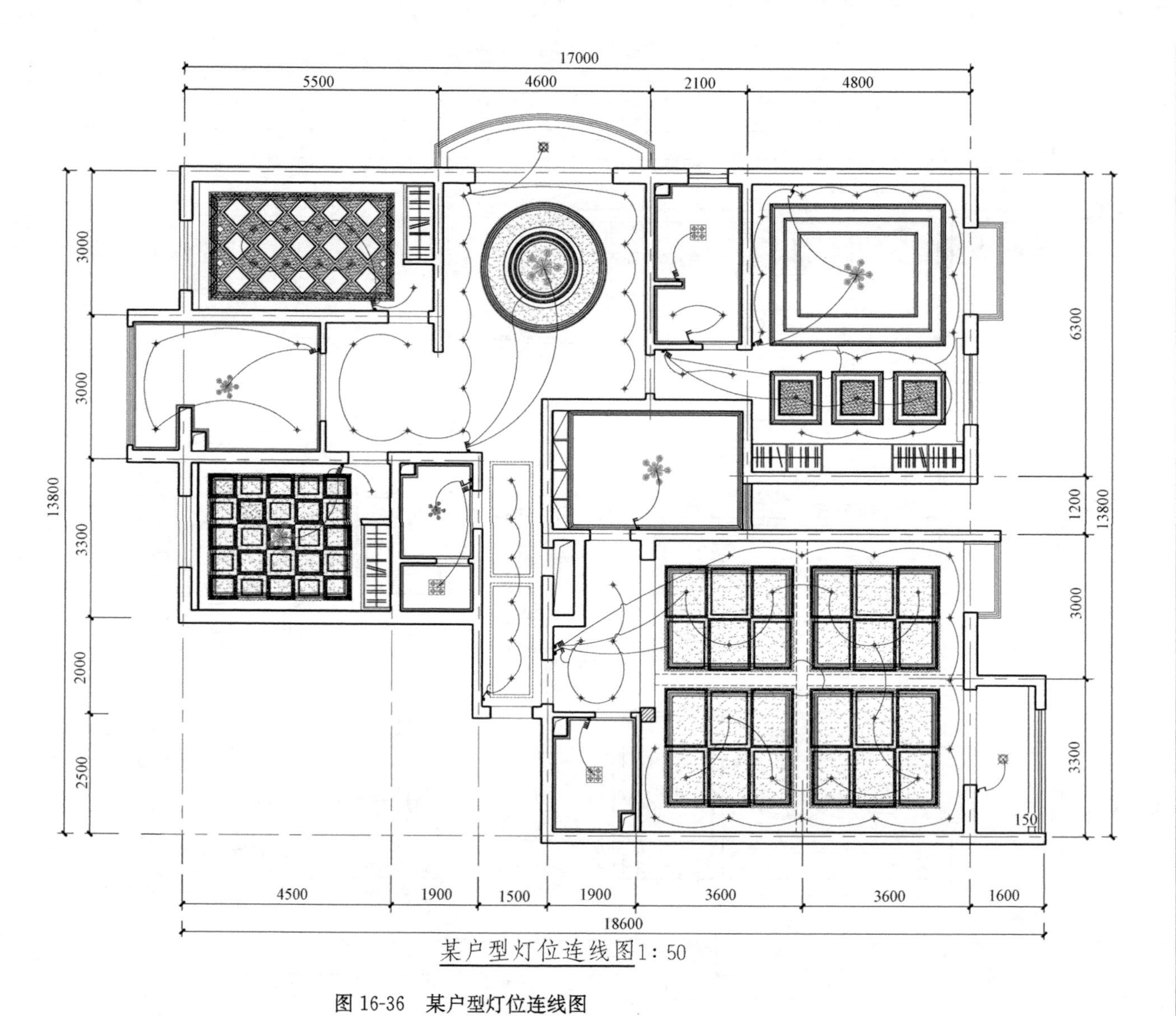

图 16-36 某户型灯位连线图

附录A 房屋建筑制图图例

表 A-1 **常用建筑材料图例**

序号	名称	图例	说明
1	自然土壤		包括各种自然土壤
2	夯实土壤		
3	砂、灰土		
4	砂砾石、碎砖三合土		
5	石材		
6	毛石		
7	普通砖		包括实心砖、多孔砖、砌块等砌体，断面较窄不易绘出图例线时，可涂红，并在图纸备注中加注说明，画出该材料图例
8	耐火砖		包括耐酸砖等砌体
9	空心砖		指非承重砖砌体
10	饰面砖		包括铺地砖、马赛克、陶瓷锦砖、人造大理石等
11	混凝土		1. 本图例指能承重的混凝土及钢筋混凝土 2. 包括各种强度等级、骨料、添加剂的混凝土 3. 在剖面图上画出钢筋时不画图例线 4. 断面图形小，不易画出图例线时，可涂黑
12	钢筋混凝土		
13	焦渣、矿渣		包括与水泥、石灰等混合而成的材料
14	多孔材料		包括水泥珍珠岩、沥青珍珠岩、泡沫混凝土、非承重加气混凝土、蛭石制品、软木等

续表

序号	名称	图例	说明
15	纤维材料	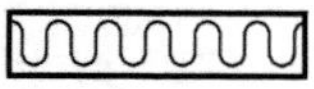	包括矿棉、岩棉、玻璃棉、麻丝、木丝板、纤维板等
16	泡沫塑料材料	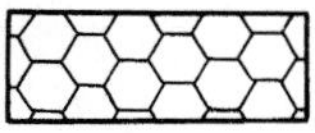	包括聚苯乙烯、聚乙烯、聚氨酯等多孔聚合物类材料
17	木材		1. 上图为横断面、左上图为垫木、木砖或木龙骨 2. 下图为纵断面
18	胶合板	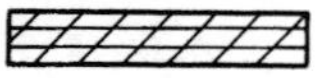	应注明X层胶合板
19	石膏板	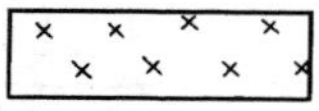	包括圆孔、方孔石膏板、防水石膏板、硅钙板、防火板等
20	金属		1. 包括各种金属 2. 图形小时，可涂黑
21	网状材料		1. 包括金属、塑料网状材料 2. 应注明具体材料名称
22	液体	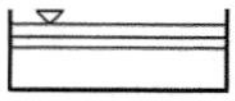	应注明具体液体名称
23	玻璃	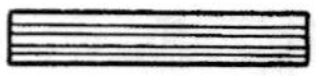	包括平板玻璃、磨砂玻璃、夹丝玻璃、钢化玻璃、中空玻璃、夹层玻璃、镀膜玻璃等
24	橡胶		
25	塑料		包括各种软、硬塑料及有机玻璃等
26	防水材料		构造层次多或比例大时，采用上图例
27	粉刷	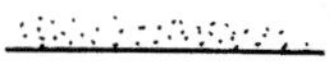	本图例采用较稀的点

注 序号1、2、5、7、8、12、14、16、17、18图例中的斜线、短斜线、交叉斜线等均为45°。

表 A-2　**总平面图例**

序号	名称	图　例	备　注
1	新建建筑物	X= Y= ① 12F/2D H=59.00m	新建建筑物以粗实线表示与室外地坪相接处±0.00外墙定位轮廓线； 建筑物一般以±0.00高度处的外墙定位轴线交叉点坐标定位。轴线用细实线表示，并标明轴线号； 根据不同设计阶段标注建筑编号，地上、地下层数，建筑高度，建筑出入口位置（两种表示方法均可，但同一图纸采用一种表示方法）； 地下建筑物以粗虚线表示其轮廓； 建筑上部（±0.00以上）外挑建筑用细实线表示； 建筑物上部轮廓用细虚线表示并标注位置
2	原有建筑物		用细实线表示
3	计划扩建的预留地或建筑物		用中粗虚线表示
4	拆除的建筑物		用细实线表示
5	建筑物下面的通道		—
6	散状材料露天堆场		需要时可注明材料名称
7	其他材料露天堆场或露天作业场		需要时可注明材料名称
8	铺砌场地		—
9	敞棚或敞廊		—
10	围墙及大门		—
11	挡土墙	5.00 1.50	挡土墙根据不同设计阶段的需要标注 墙顶标高 墙底标高
12	挡土墙上设围墙		—

续表

序号	名称	图　　例	备　　注
13	台阶及无障碍坡道	1. 2.	1. 表示台阶（级数仅为示意）； 2. 表示无障碍坡道
14	坐标	1. X=105.00 Y=425.00 2. A=105.00 B=425.00	1. 表示地形测量坐标系； 2. 表示自设坐标系 坐标数字平行于建筑标注
15	方格网交叉点标高	−0.50 | 77.85 78.35	“78.35”为原地面标高； “77.85”为设计标高； “−0.50”为施工高度； “−”表示挖方（“+”表示填方）
16	室内地坪标高	151.00 (±0.00)	数字平行于建筑物书写
17	室外地坪标高	143.00	室外标高也可采用等高线
18	盲道		—
19	地下车库入口		机动车停车场
20	地面露天停车场		—
21	露天机械停车场		露天机械停车场
22	新建的道路	0.30% 100.00 R=6.00 107.50	“R=6.00”表示道路转弯半径；“107.50”为道路中心线交叉点设计标高，两种表示方式均可，同一图纸采用一种方式表示；“100.00”为变坡点之间距离，“0.30%”表示道路坡度，→表示坡向
23	原有道路		—
24	计划扩建的道路		—

续表

序号	名称	图　例	备　注
25	拆除的道路	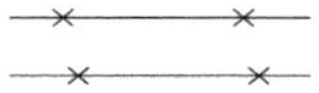	—
26	人行道	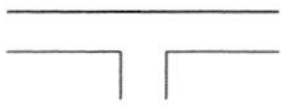	—
27	桥梁	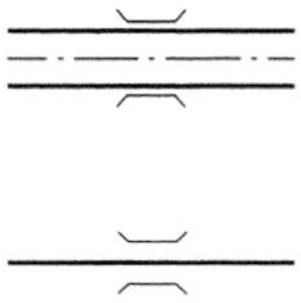	用于旱桥时应注明； 上图为公路桥，下图为铁路桥
28	管线	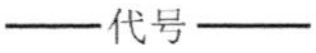 代号	管线代号按国家现行有关标准的规定标注； 线型宜以中粗线表示
29	地沟管线	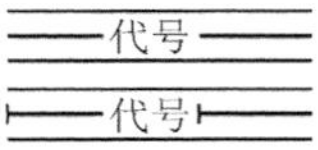 代号 代号	—
30	管桥管线	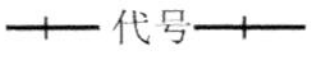 代号	管线代号按国家现行有关标准的规定标注
31	架空电力、电信线	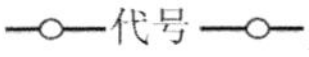 代号	“○”表示电杆； 管线代号按国家现行有关标准的规定标注
32	常绿针叶乔木	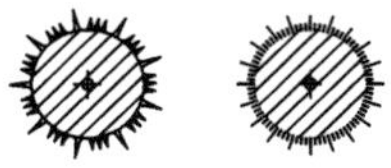	—
33	落叶针叶乔木	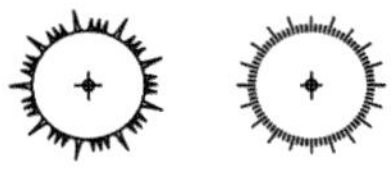	—
34	常绿阔叶乔木	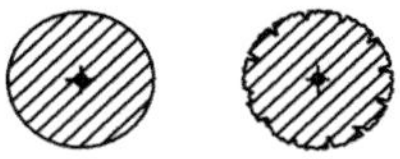	—
35	落叶阔叶乔木	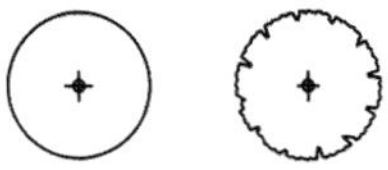	—
36	常绿阔叶灌木		—

续表

序号	名称	图例	备注
37	落叶阔叶灌木		—
38	落叶阔叶乔木林		—
39	常绿阔叶乔木林		—
40	常绿针叶乔木林	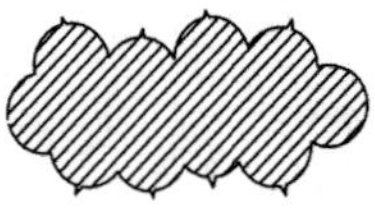	—
41	落叶针叶乔木林		—
42	针阔混交林	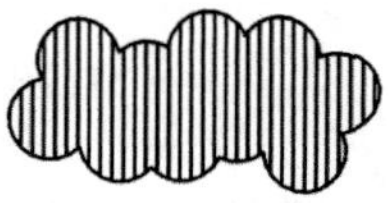	—
43	落叶灌木林	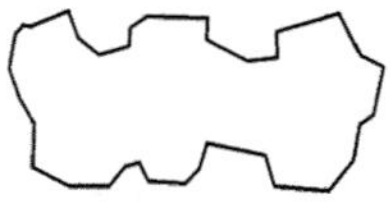	—
44	整形绿篱		—
45	草坪	1. 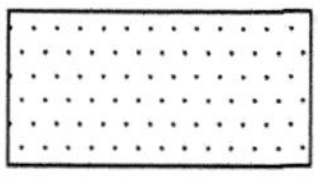 2. 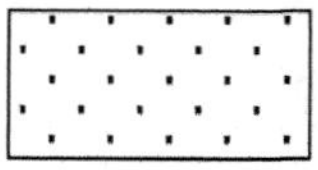 3. 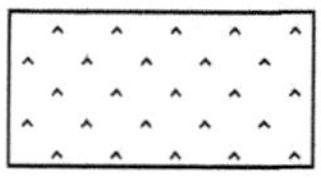	1. 草坪； 2. 自然草坪； 3. 人工草坪
46	花卉	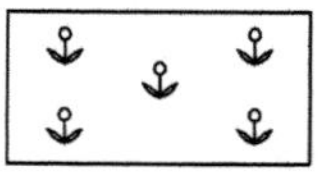	—

续表

序号	名称	图　例	备　注
47	竹丛	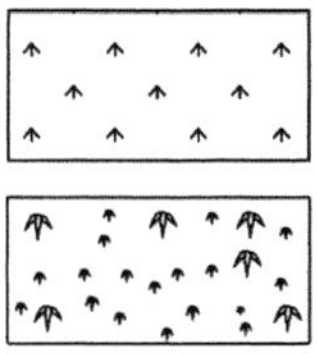	—
48	棕榈植物		—
49	水生植物	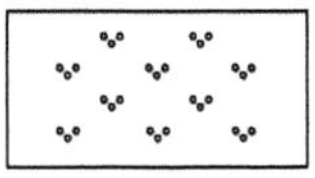	—
50	植草砖	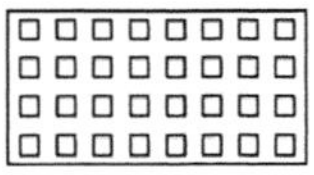	—
51	土石假山	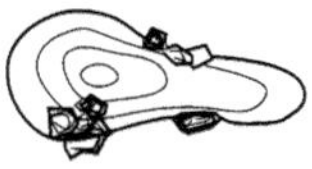	包括“土包石”、“石抱土”及假山
52	独立景石		—
53	自然水体	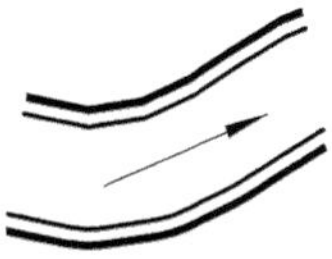	表示河流，以箭头表示水流方向
54	人工水体	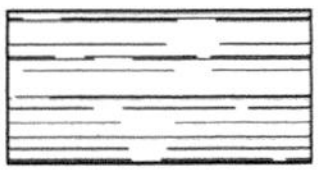	—
55	喷泉	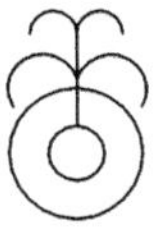	—

表 A-3 常用构造及配件图例

序号	名称	图例	备注
1	墙体		1. 上图为外墙，下图为内墙； 2. 外墙细线表示有保温层或有幕墙； 3. 应加注文字或涂色或图案填充表示各种材料的墙体； 4. 在各层平面图中防火墙宜着重以特殊图案填充表示
2	隔断	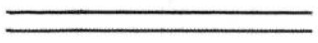	1. 加注文字或涂色或图案填充表示各种材料的轻质隔断； 2. 适用于到顶与不到顶隔断
3	玻璃幕墙		幕墙龙骨是否表示由项目设计决定
4	栏杆		—
5	楼梯	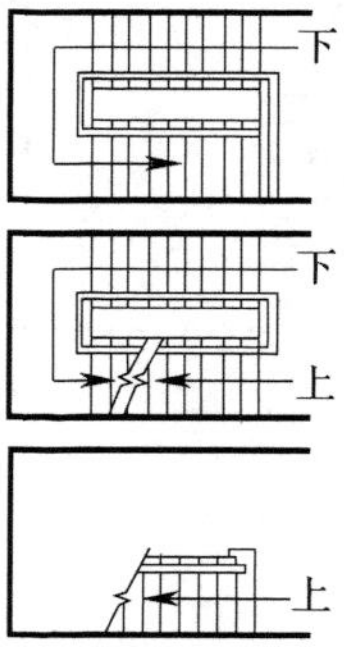 下 下 上 上	1. 上图为顶层楼梯平面，中图为中间层楼梯平面，下图为底层楼梯平面； 2. 需设置靠墙扶手或中间扶手时，应在图中表示
6	坡道	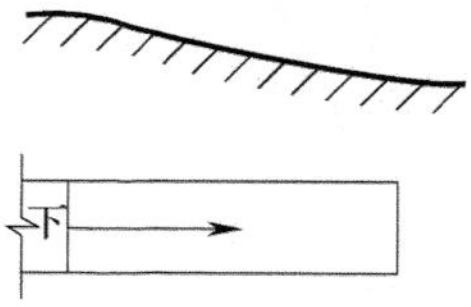 下	长坡道
		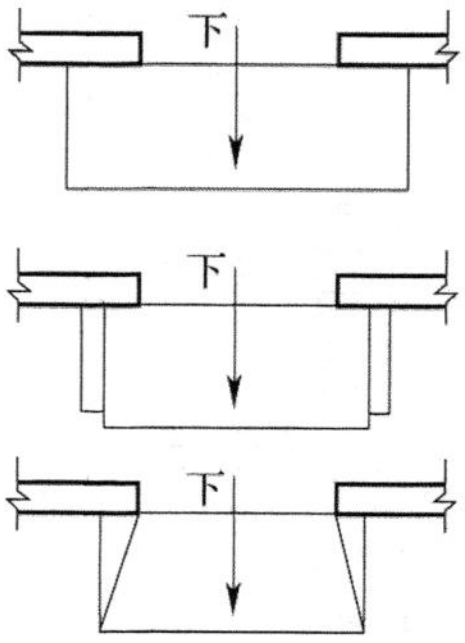 下 下 下	上图为两侧垂直的门口坡道，中图为有挡墙的门口坡道，下图为两侧找坡的门口坡道

续表

序号	名称	图　例	备　注
7	台阶	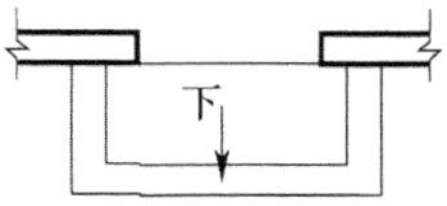 下	—
8	平面高差	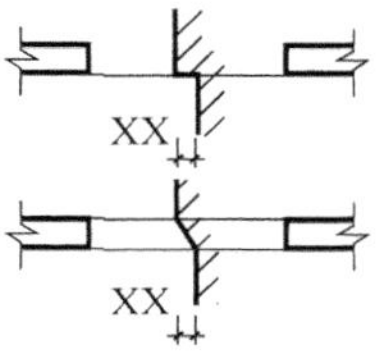 XX XX	用于高差小的地面或楼面交接处，并应与门的开启方向协调
9	孔洞		阴影部分亦可填充灰度或涂色代替
10	检查口		左图为可见检查口，右图为不可见检查口
11	墙预留洞、槽	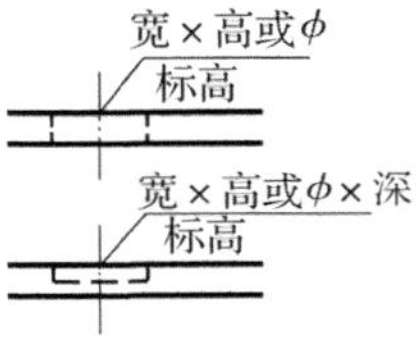 宽×高或ϕ 标高 宽×高或ϕ×深 标高	1. 上图为预留洞，下图为预留槽； 2. 平面以洞（槽）中心定位； 3. 标高以洞（槽）底或中心定位； 4. 宜以涂色区别墙体和预留洞（槽）
12	地沟	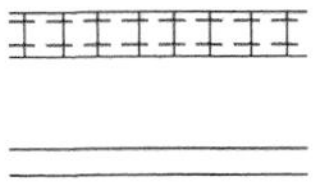	上图为有盖板地沟，下图为无盖板明沟
13	烟道	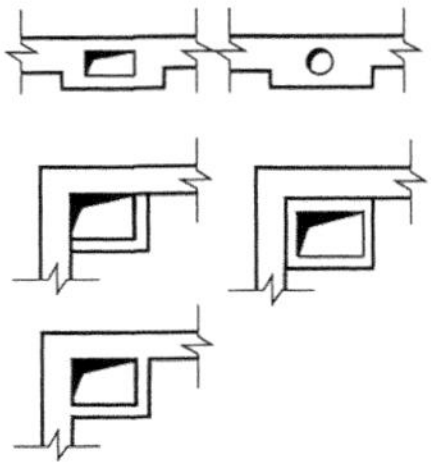	1. 阴影部分亦可填充灰度或涂色代替； 2. 烟道、风道与墙体为相同材料，其相接处墙身线应连通； 3. 烟道、风道根据需要增加不同材料的内衬
14	风道	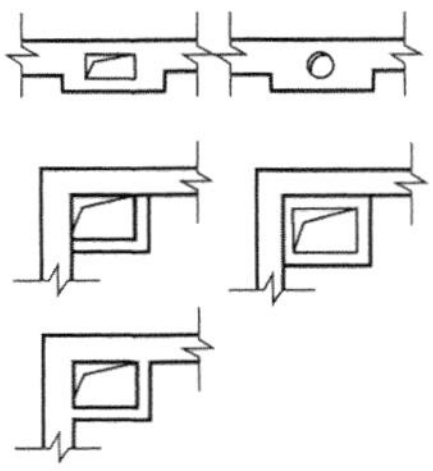	

续表

序号	名称	图例	备注
15	新建的墙和窗	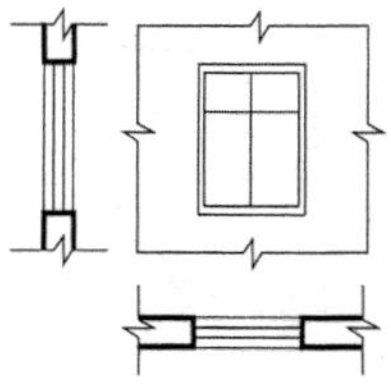	—
16	改建时保留的墙和窗	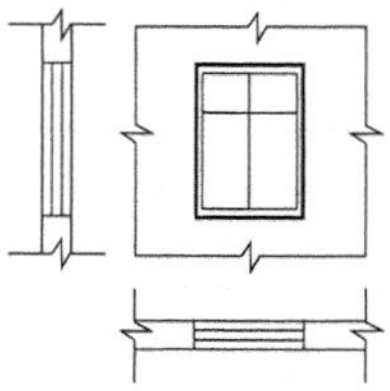	只更换窗，应加粗窗的轮廓线
17	拆除的墙	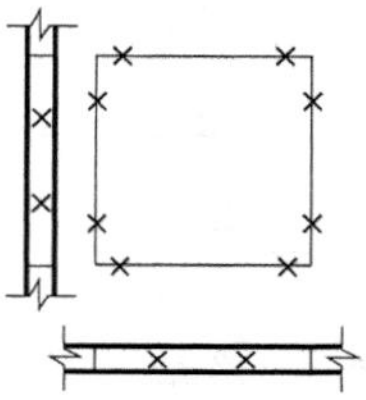	—
18	改建时在原有墙或楼板新开的洞	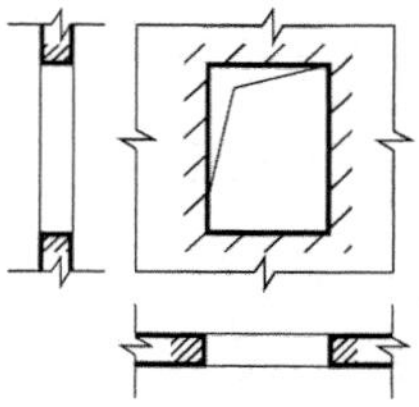	—
19	在原有墙或楼板洞旁扩大的洞	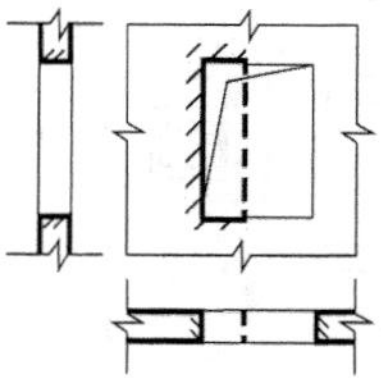	图示为洞口向左边扩大
20	在原有墙或楼板上全部填塞的洞	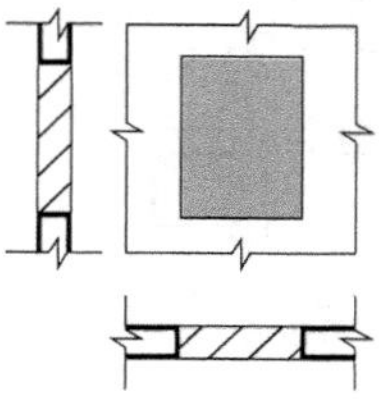	全部填塞的洞 图中立面填充灰度或涂色

续表

序号	名称	图例	备注
21	在原有墙或楼板上局部填塞的洞	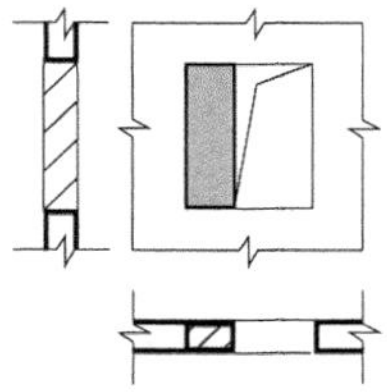	左侧为局部填塞的洞 图中立面填充灰度或涂色
22	空门洞	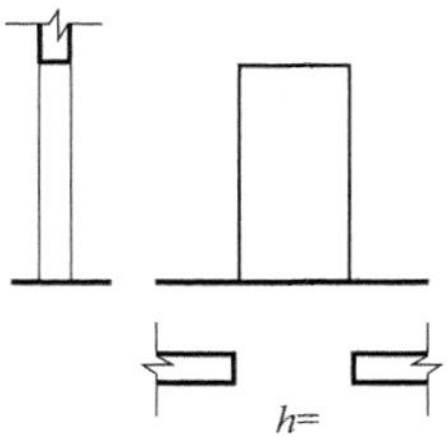 h=	h 为门洞高度
23	单面开启单扇门（包括平开或单面弹簧）	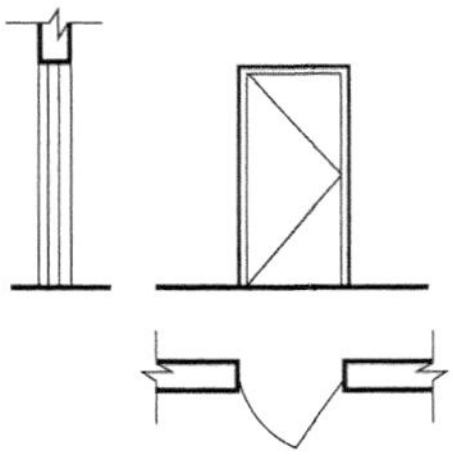	1. 门的名称代号用M表示； 2. 平面图中，下为外，上为内，门开启线为90°、60°或45°，开启弧线宜绘出； 3. 立面图中，开启线实线为外开，虚线为内开，开启线交角的一侧为安装合页一侧，开启线在建筑立面图中可不表示，在立面大样图中可根据需要绘出； 4. 剖面图中，左为外，右为内； 5. 附加纱扇应以文字说明，在平、立、剖面图中均不表示； 6. 立面形式应按实际情况绘制
	双面开启单扇门（包括双面平开或双面弹簧）	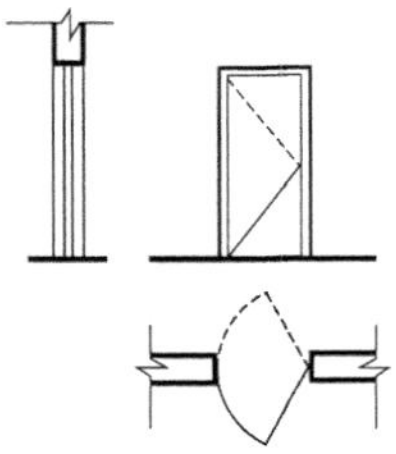	
	双层单扇平开门	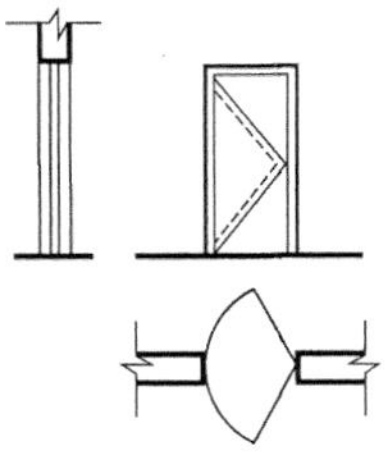	

续表

<table>
<tr><th>序号</th><th>名称</th><th>图　例</th><th>备　注</th></tr>
<tr><td rowspan="3">24</td><td>单面开启双扇门（包括平开或单面弹簧）</td><td>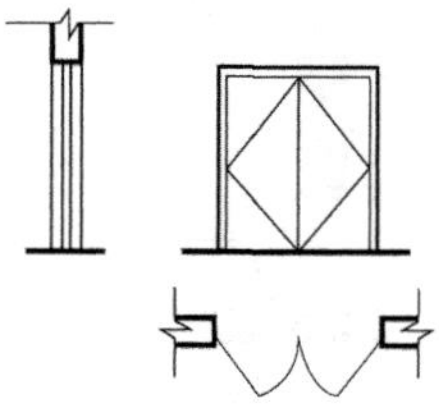</td><td rowspan="3">1. 门的名称代号用M表示；
2. 平面图中，下为外，上为内，门开启线为90°、60°或45°，开启弧线宜绘出；
3. 立面图中，开启线实线为外开，虚线为内开，开启线交角的一侧为安装合页一侧，开启线在建筑立面图中可不表示，在立面大样图中可根据需要绘出；
4. 剖面图中，左为外，右为内；
5. 附加纱扇应以文字说明，在平、立、剖面图中均不表示；
6. 立面形式应按实际情况绘制</td></tr>
<tr><td>双面开启双扇门（包括双面平开或双面弹簧）</td><td>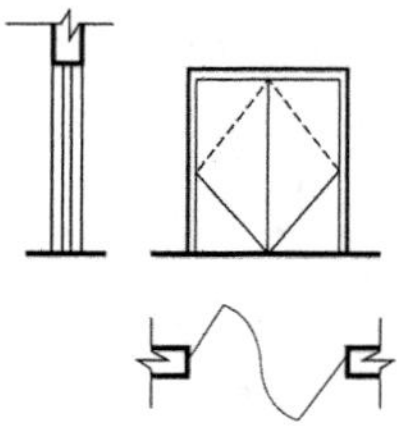</td></tr>
<tr><td>双层双扇平开门</td><td>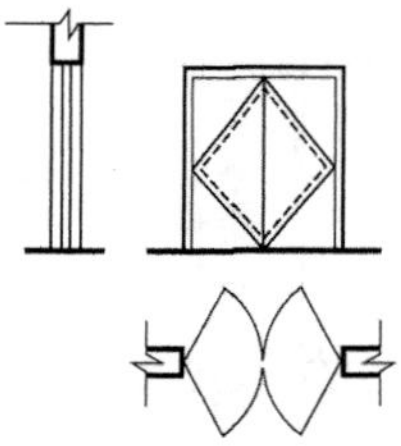</td></tr>
<tr><td rowspan="2">25</td><td>折叠门</td><td>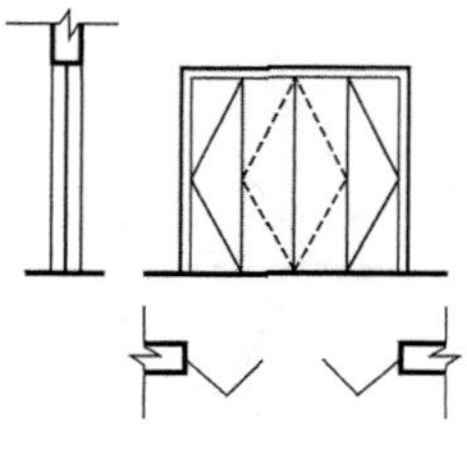</td><td rowspan="2">1. 门的名称代号用M表示；
2. 平面图中，下为外，上为内；
3. 立面图中，开启线实线为外开，虚线为内开，开启线交角的一侧为安装合页一侧；
4. 剖面图中，左为外，右为内；
5. 立面形式应按实际情况绘制</td></tr>
<tr><td>推拉折叠门</td><td>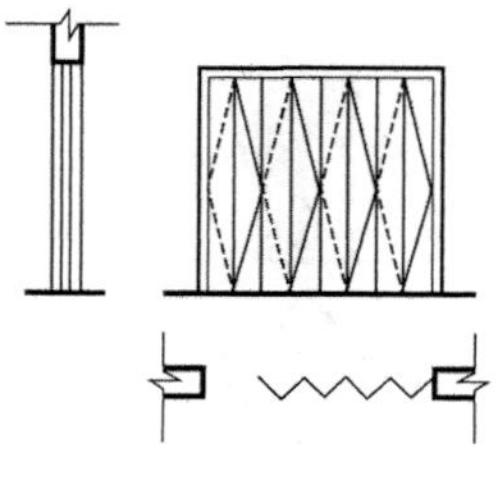</td></tr>
</table>

续表

序号	名称	图例	备注
26	推杠门	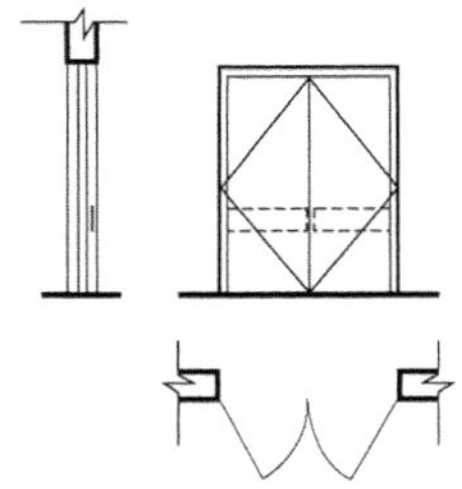	1. 门的名称代号用M表示； 2. 平面图中，下为外，上为内，门开启线为90°、60°或45°； 3. 立面图中，开启线实线为外开，虚线为内开，开启线交角的一侧为安装合页一侧，开启线在建筑立面图中可不表示，在室内设计门窗立面大样图中需绘出； 4. 剖面图中，左为外，右为内； 5. 立面形式应按实际情况绘制
27	门连窗	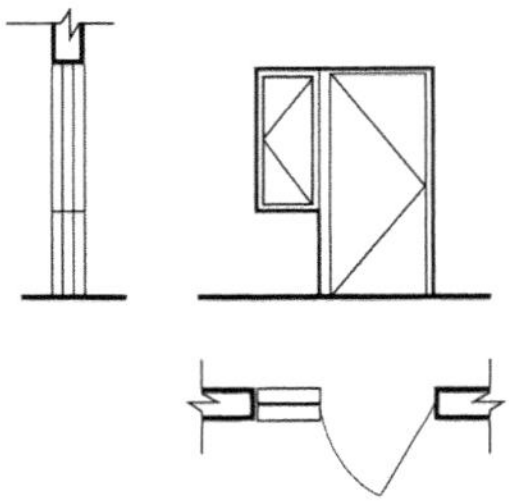	
28	墙洞外单扇推拉门	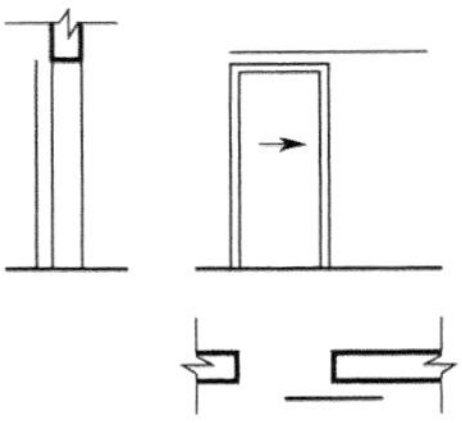	1. 门的名称代号用M表示； 2. 平面图中，下为外，上为内； 3. 剖面图中，左为外，右为内； 4. 立面形式应按实际情况绘制
	墙洞外双扇推拉门	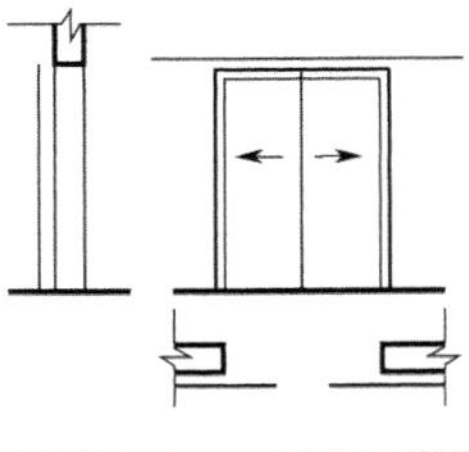	
	墙中单扇推拉门	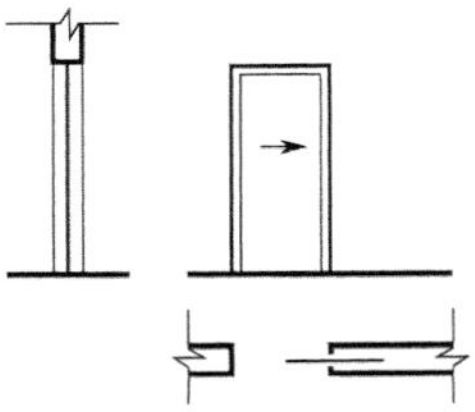	1. 门的名称代号用M表示； 2. 立面形式应按实际情况绘制
	墙中双扇推拉门	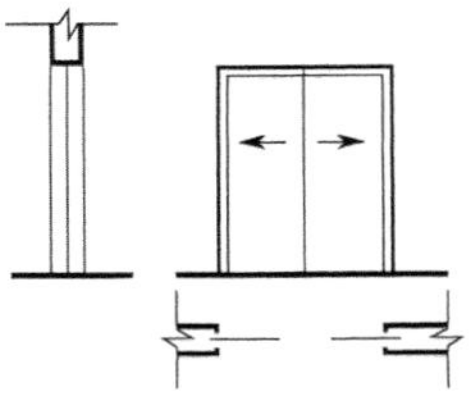	

续表

序号	名称	图例	备注
29	旋转门	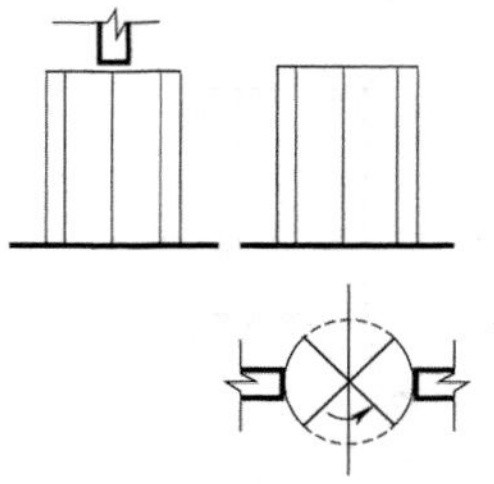	1. 门的名称代号用M表示； 2. 立面形式应按实际情况绘制
	两翼智能旋转门	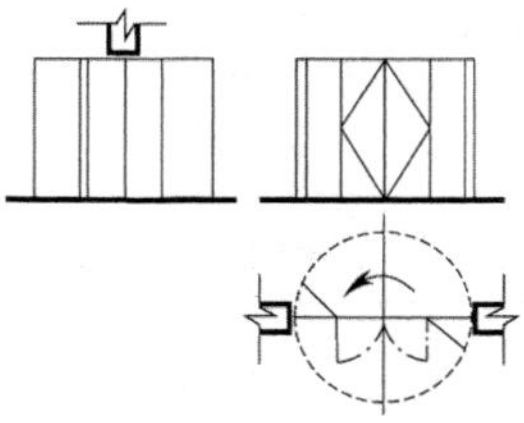	
30	自动门	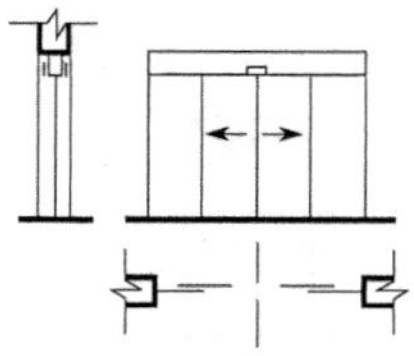	1. 门的名称代号用M表示； 2. 立面形式应按实际情况绘制
31	折叠上翻门	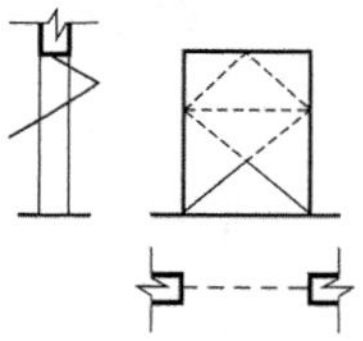	1. 门的名称代号用M表示； 2. 平面图中，下为外，上为内； 3. 剖面图中，左为外，右为内； 4. 立面形式应按实际情况绘制
32	提升门	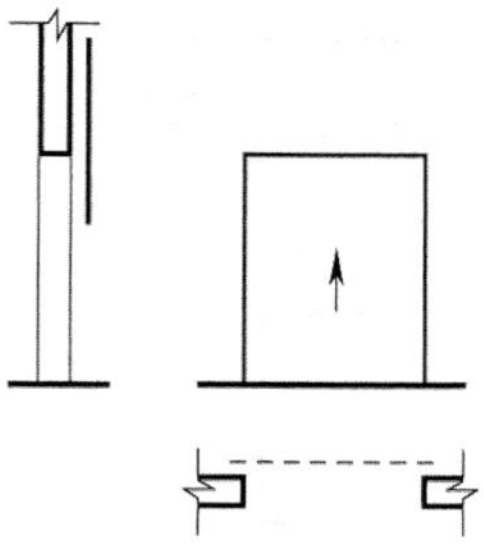	1. 门的名称代号用M表示； 2. 立面形式应按实际情况绘制
33	分节提升门	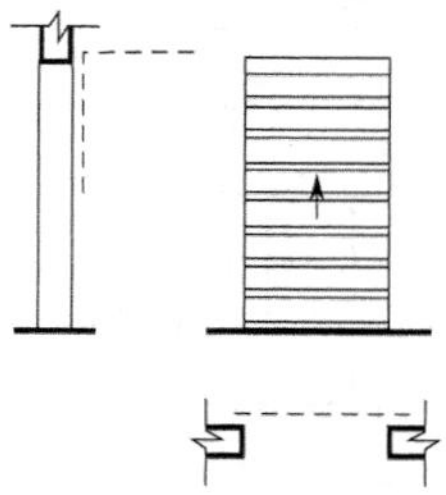	

续表

序号	名称	图 例	备 注
34	人防单扇防护密闭门	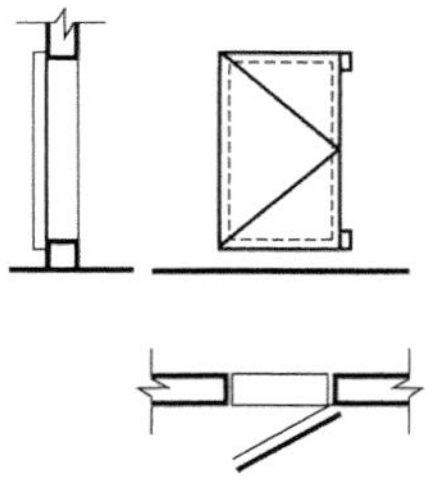	1. 门的名称代号按人防要求表示； 2. 立面形式应按实际情况绘制
	人防单扇密闭门	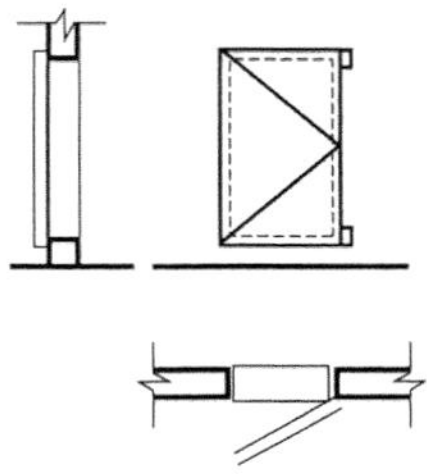	
35	人防双扇防护密闭门	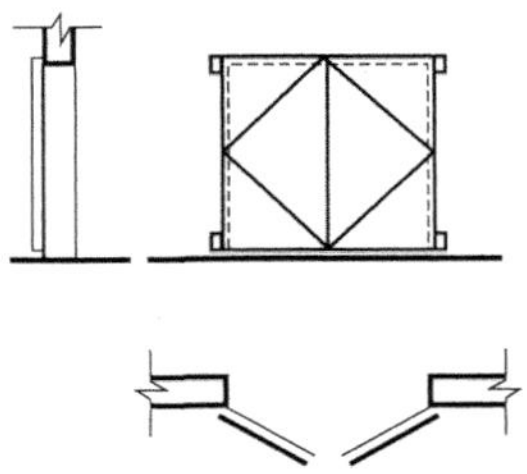	1. 门的名称代号按人防要求表示； 2. 立面形式应按实际情况绘制
	人防双扇密闭门	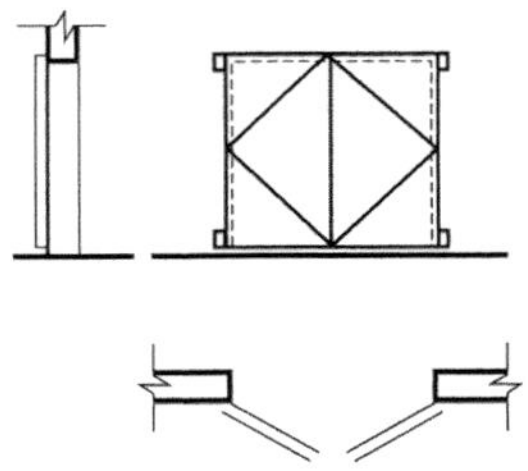	

续表

序号	名称	图　例	备　注
36	横向卷帘门	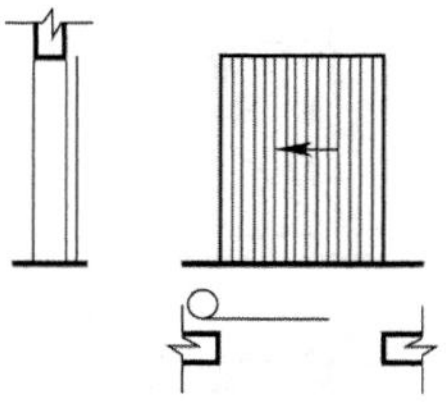	—
	竖向卷帘门	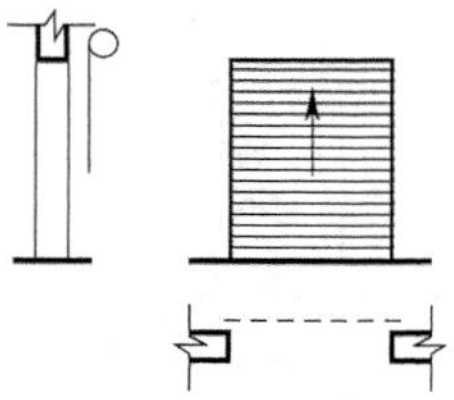	
	单侧双层卷帘门	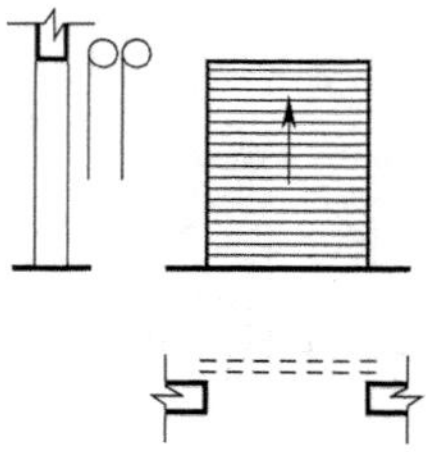	
	双侧单层卷帘门	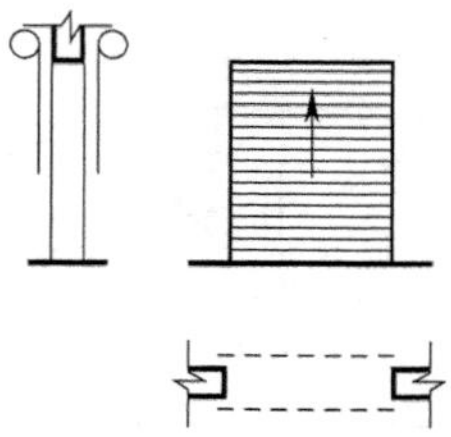	

续表

序号	名称	图　　例	备　　注
37	固定窗	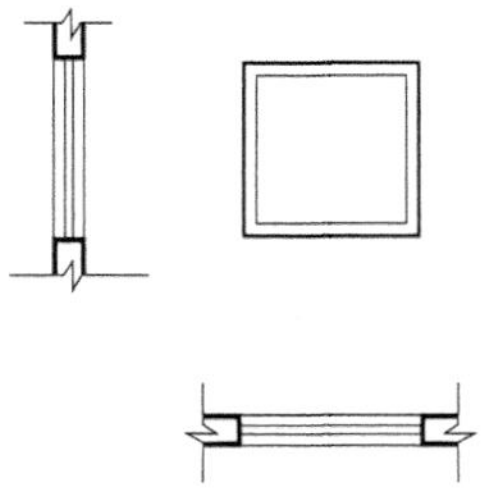	1. 窗的名称代号用C表示； 2. 平面图中，下为外，上为内； 3. 立面图中，开启线实线为外开，虚线为内开，开启线交角的一侧为安装合页一侧，开启线在建筑立面图中可不表示，在门窗立面大样图中需绘出； 4. 剖面图中，左为外、右为内，虚线仅表示开启方向，项目设计不表示； 5. 附加纱窗应以文字说明，在平、立、剖面图中均不表示； 6. 立面形式应按实际情况绘制
38	上悬窗		
	中悬窗		
39	下悬窗		
40	立转窗		

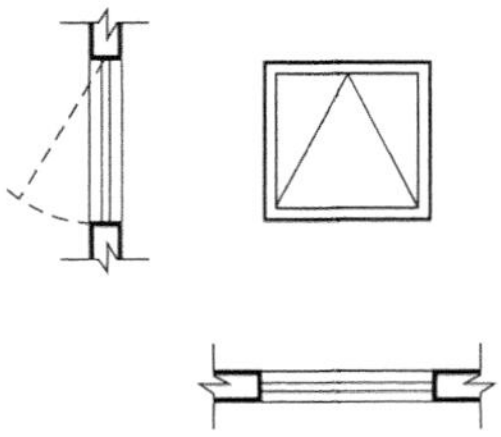

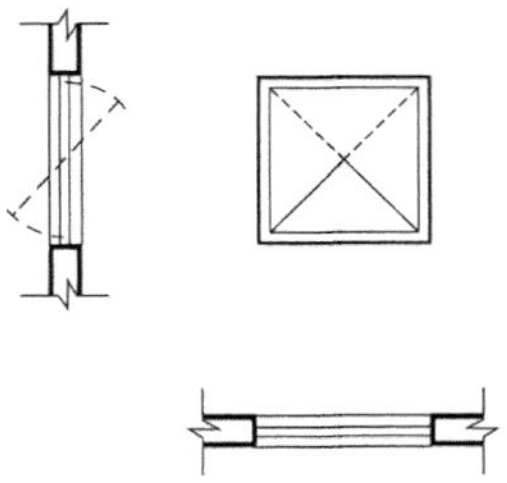

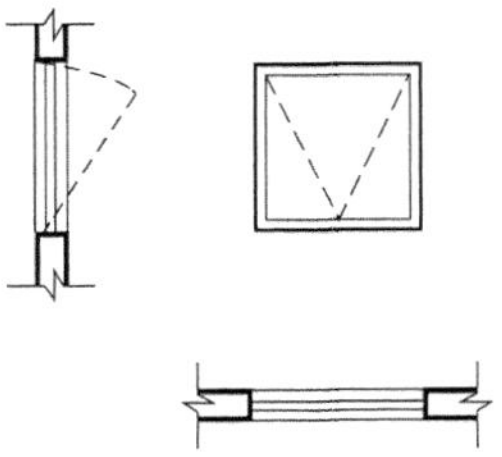

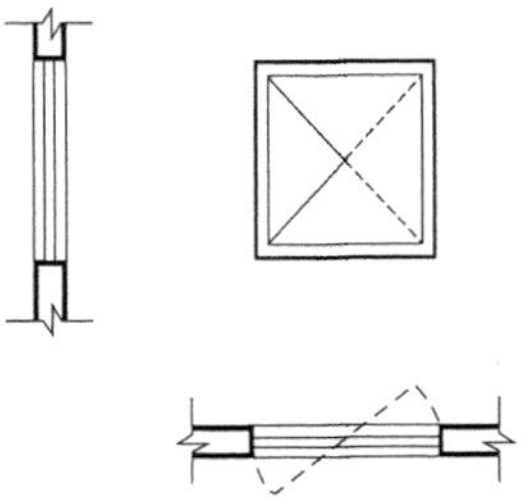

续表

序号	名称	图例	备注
41	双层内外开平开窗	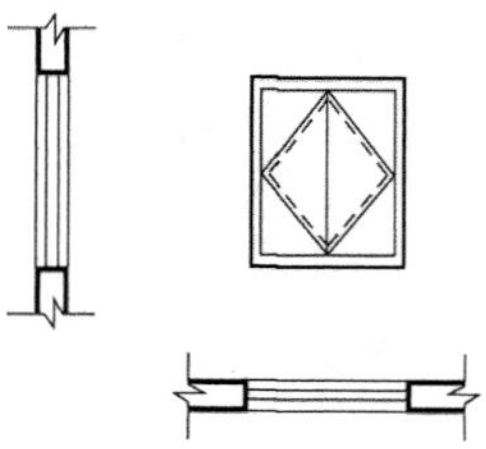	1. 窗的名称代号用C表示； 2. 平面图中，下为外，上为内； 3. 立面图中，开启线实线为外开，虚线为内开，开启线交角的一侧为安装合页一侧，开启线在建筑立面图中可不表示，在门窗立面大样图中需绘出； 4. 剖面图中，左为外、右为内，虚线仅表示开启方向，项目设计不表示； 5. 附加纱窗应以文字说明，在平、立、剖面图中均不表示； 6. 立面形式应按实际情况绘制
42	内开平开内倾窗	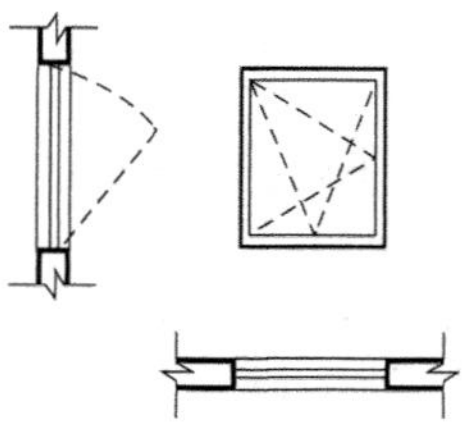	
43	单层外开平开窗	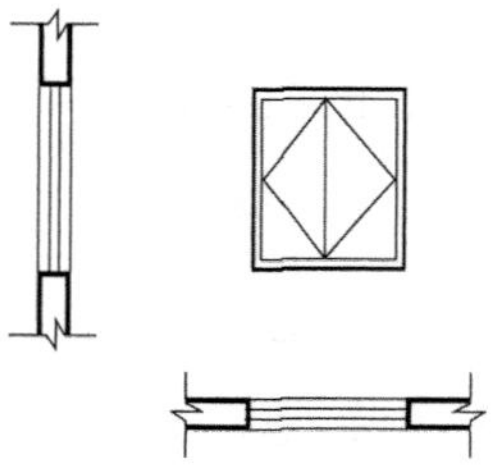	
	单层内开平开窗	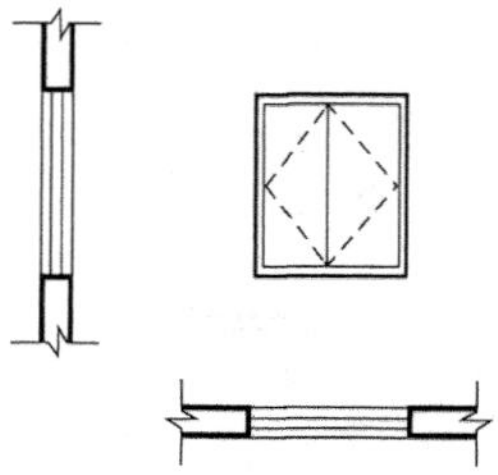	

续表

序号	名称	图　例	备　注
44	单层推拉窗	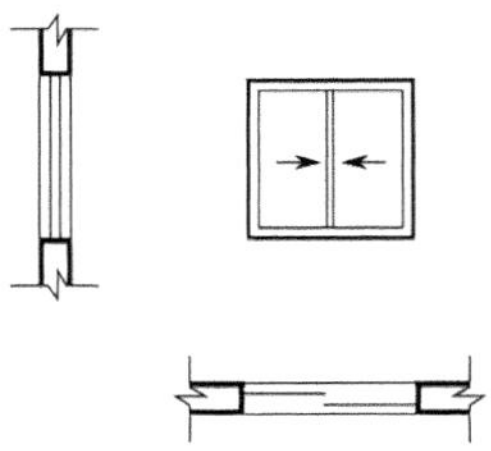	1. 窗的名称代号用C表示； 2. 立面形式应按实际情况绘制
	双层推拉窗	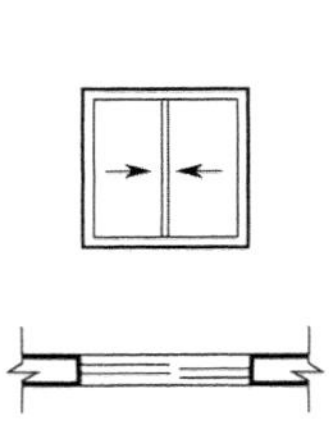	1. 窗的名称代号用C表示； 2. 立面形式应按实际情况绘制
45	上推窗	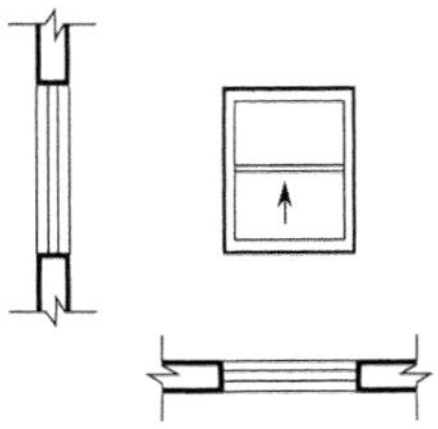	1. 窗的名称代号用C表示； 2. 立面形式应按实际情况绘制
46	百叶窗	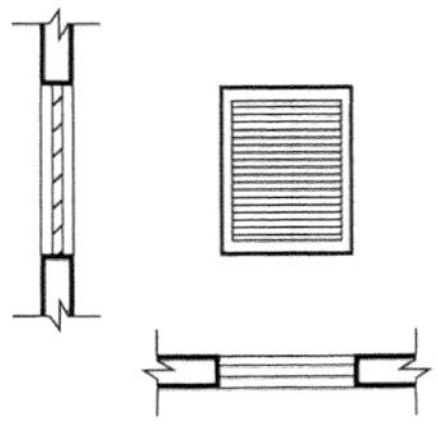	1. 窗的名称代号用C表示； 2. 立面形式应按实际情况绘制
47	高窗	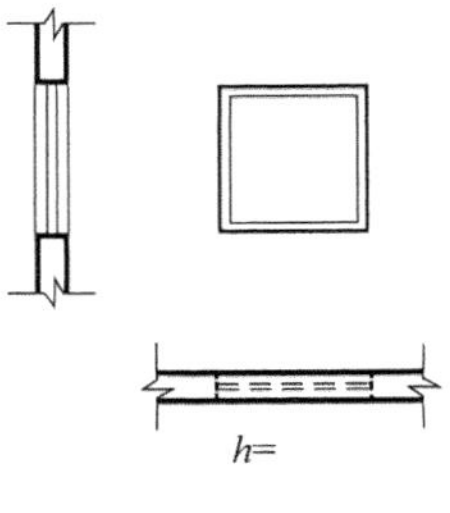 $h=$	1. 窗的名称代号用C表示； 2. 立面图中，开启线实线为外开，虚线为内开，开启线交角的一侧为安装合页一侧，开启线在建筑立面图中可不表示，在门窗立面大样图中需绘出； 3. 剖面图中，左为外、右为内； 4. 立面形式应按实际情况绘制； 5. h表示高窗底距本层地面高度； 6. 高窗开启方式参考其他窗型

续表

<table>
<tr><th>序号</th><th>名称</th><th>图　　例</th><th>备　　注</th></tr>
<tr><td>48</td><td>平推窗</td><td>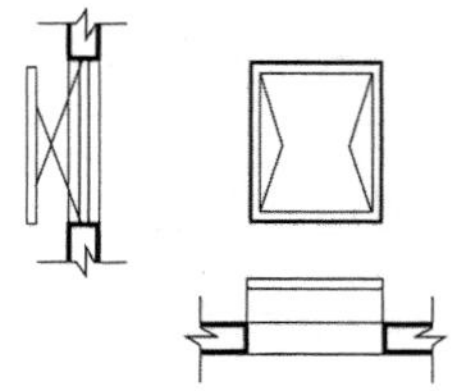</td><td>1. 窗的名称代号用C表示；
2. 立面形式应按实际情况绘制</td></tr>
<tr><td>49</td><td>电梯</td><td>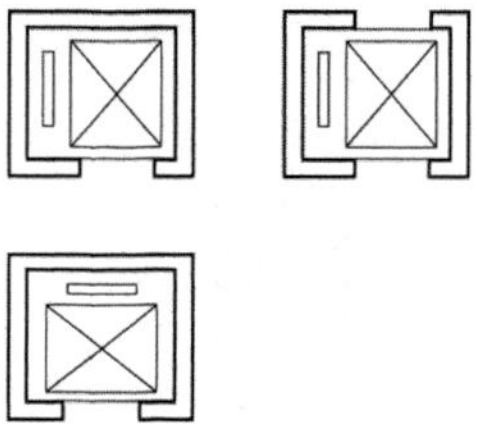</td><td rowspan="2">1. 电梯应注明类型，并按实际绘出门和平衡锤或导轨的位置；
2. 其他类型电梯应参照本图例按实际情况绘制</td></tr>
<tr><td>50</td><td>杂物梯、食梯</td><td>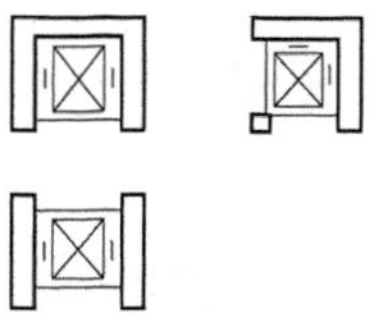</td></tr>
</table>

表 A-4 室内给水排水工程图中的常用图例

名称	图例	说明
管道		用于一张图上，只有一种管道
	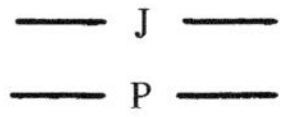 J P	用汉语拼音字头表示管道类别
	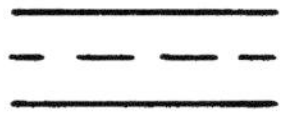	用线型区分管道类别
交叉管	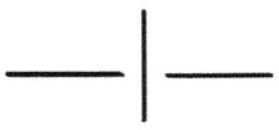	管道交叉不连接，在下方和后方的管道应断开
管道连接		左边三通 右边四通
管道立管	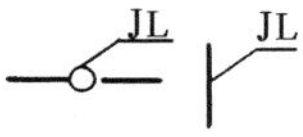 JL JL	J：管道类别 L：立管
管道固定支架		
多孔管		
存水弯		
检查口		
清扫口	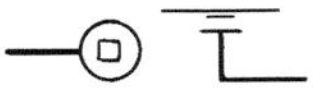	左为平面 右为系统
通气帽	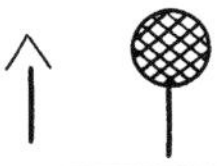	左为成品 右为铅丝球
圆形地漏	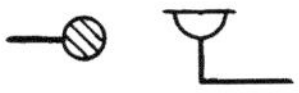	左为平面 右为系统
截止阀		左为 DN≥50 右为 DN<50
闸阀		
止回阀		

名称	图例	说明
放水龙头		
室内单出口消火栓	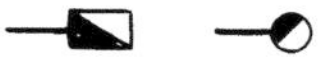	左为平面 右为系统
室内双出口消火栓		左为平面 右为系统
自动喷淋头	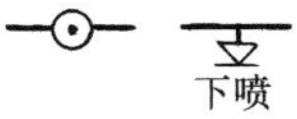 下喷	左为平面 右为系统
淋浴喷头	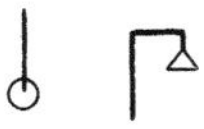	
水表		
立式洗脸盆		
浴盆	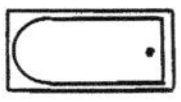	
污水池		
盥洗槽	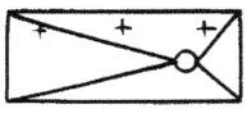	
小便槽	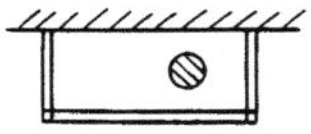	
小便器		
大便器		左为蹲式 右为坐式
延时自闭阀	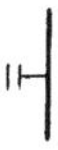	
柔性防水套管	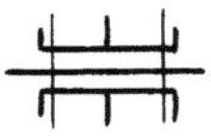	
可曲挠接头		

表 A-5 采暖常用图例

序号	名称	图例	序号	名称	图例
1	热水干管		15	集气罐	
2	回水干管		16	柱式散热器	
3	蒸汽干管		17	管道下行	
4	冷凝水回水干管		18	管道上行	
5	自来水管		19	供水（汽）立管	
6	热水供给管		20	回水立管	
7	管道固定支架		21	离心水泵	
8	方形伸缩器		22	散热器跑风门	
9	阀门		23	泄水阀	
10	压力表		24	放气阀	
11	止回阀		25	管沟集水井	
12	截止阀		26	疏水器	
13	膨胀管		27	温度计	
14	循环管				

表 A-6 电气工程中常用电器图例

序号	名称	图例	序号	名称	图例
1	照明配电箱		8	荧光灯	
2	单极开关		9	三管荧光灯	
3	灯（一般符号）		10	五管荧光灯	5
4	防爆荧光灯		11	导线、导线组、电线、传输通路、线路、母线的一般符号 三根导线 三根导线 n 根导线	3 n
5	球形灯		12	向上配线	
6	花灯		13	向下配线	
7	壁灯		14	垂直通过配线	

附录 B　房屋建筑室内装饰装修制图图例

表 B-1　　常用房屋建筑室内装饰装修材料图例

序号	名　称	图　例	备　　注
1	夯实土壤		—
2	砂砾石、碎砖三合土	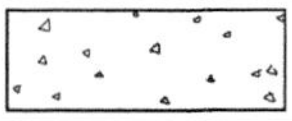	—
3	石　材	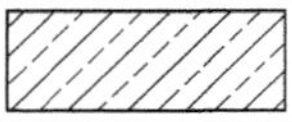	注明厚度
4	毛　石	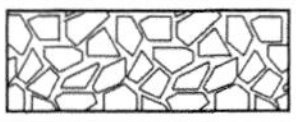	必要时注明石料块面大小及品种
5	普通砖	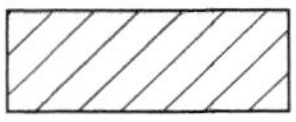	包括实心砖、多孔砖、砌块等。断面较窄不易绘出图例线时，可涂黑，并在备注中加注说明，画出该材料图例
6	轻质砌块砖	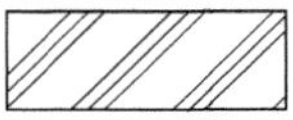	指非承重砖砌体
7	轻钢龙骨板材隔墙	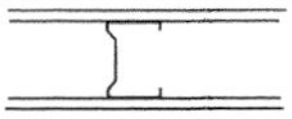	注明材料品种
8	饰面砖	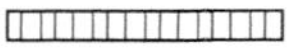	包括铺地砖、墙面砖、陶瓷锦砖等
9	混凝土	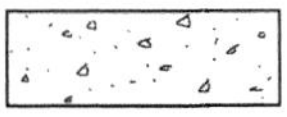	（1）指能承重的混凝土及钢筋混凝土；（2）各种强度等级、骨料、添加剂的混凝土；（3）在剖面图上画出钢筋时，不画图例线；（4）断面图形小，不易画出图例线时，可涂黑
10	钢筋混凝土	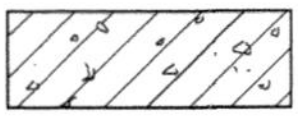	
11	多孔材料	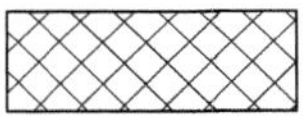	包括水泥珍珠岩、沥青珍珠岩、泡沫混凝土、非承重加气混凝土、软木、蛭石制品等
12	纤维材料	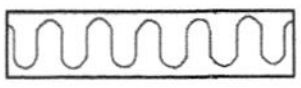	包括矿棉、岩棉、玻璃棉、麻丝、木丝板、纤维板等
13	泡沫塑料材料	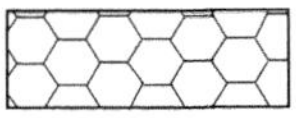	包括聚苯乙烯、聚乙烯、聚氨酯等多孔聚合物类材料
14	密度板	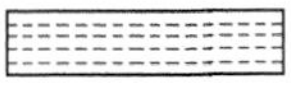	注明厚度
15	实木		表示垫木、木砖或木龙骨
			表示木材横断面
		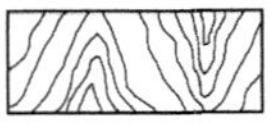	表示木材纵断面
16	胶合板		注明厚度或层数
17	多层板	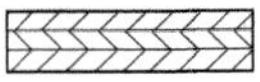	注明厚度或层数
18	木工板	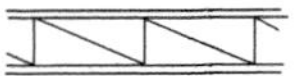	注明厚度

续表

序号	名称	图例	备注
19	石膏板		(1) 注明厚度； (2) 注明石膏板品种名称
20	金属		(1) 包括各种金属，注明材料名称； (2) 图形小时，可涂黑
21	液体	(平面)	注明具体液体名称
22	玻璃砖		注明厚度
23	普通玻璃	(立面)	注明材质、厚度
24	磨砂玻璃	(立面)	(1) 注明材质、厚度； (2) 本图例采用较均匀的点
25	夹层（夹绢、夹纸）玻璃	(立面)	注明材质、厚度
26	镜面	(立面)	注明材质、厚度
27	橡胶		—
28	塑料		包括各种软、硬塑料及有机玻璃等
29	地毯		注明种类
30	防水材料	(小尺度比例) (大尺度比例)	注明材质、厚度
31	粉刷		本图例采用较稀的点
32	窗帘	(立面)	箭头所示为开启方向

注 序号1、3、5、6、10、11、16、17、20、23、25、27、28图例中的斜线、短斜线、交叉斜线等均为45°。

表 B-2 常用家具图例

序号	名称		图例	备注
1	沙发	单人沙发	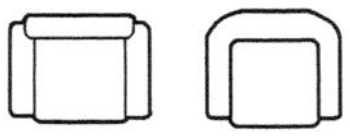	
		双人沙发		
		三人沙发	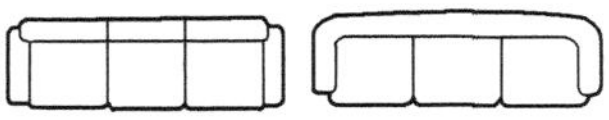	
2	办公桌		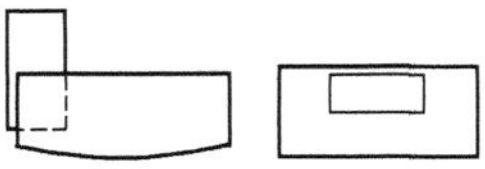	(1) 立面样式根据设计自定； (2) 其他家具图例根据设计自定
3	椅	办公椅		
		休闲椅		
		躺椅	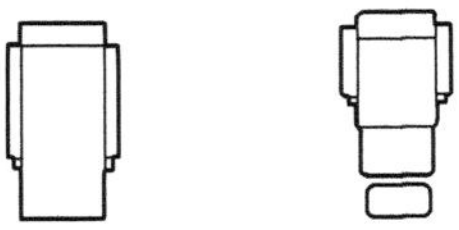	
4	床	单人床	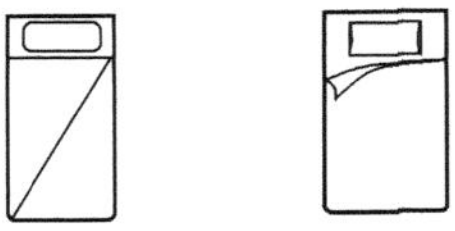	
		双人床	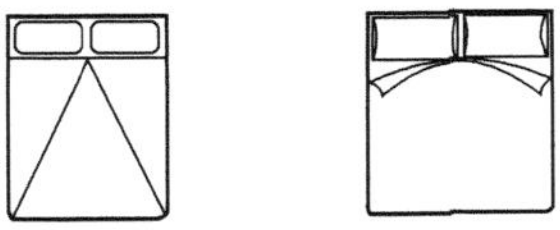	
5	橱柜	衣柜	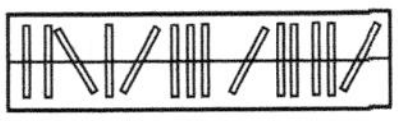	(1) 柜体的长度及立面样式根据设计自定； (2) 其他家具图例根据设计自定
		低柜	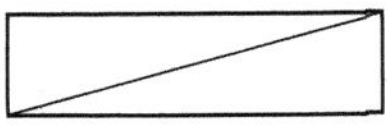	
		高柜	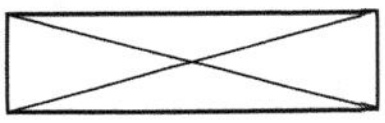	

表 B-3 常用电器图例

序号	名称	图例	备注
1	电视	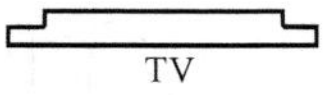 TV	(1) 立面样式根据设计自定； (2) 其他电器图例根据设计自定
2	冰箱	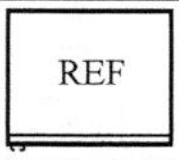 REF	
3	空调	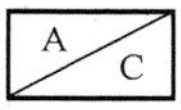 A C	
4	洗衣机	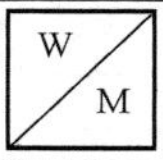 W M	
5	饮水机	 WD	
6	电脑	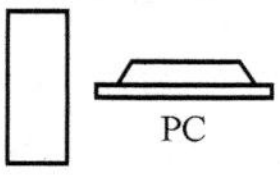 PC	
7	电话	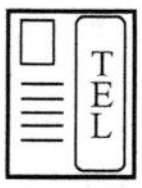 TEL	

表 B-4 常用厨具图例

序号	名称		图例	备注
1	灶具	单头灶	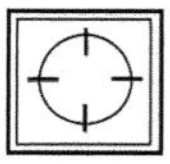	(1) 立面样式根据设计自定； (2) 其他厨具图例根据设计自定
		双头灶	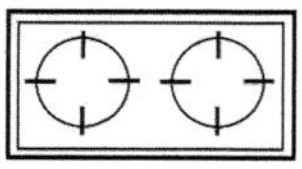	
		三头灶	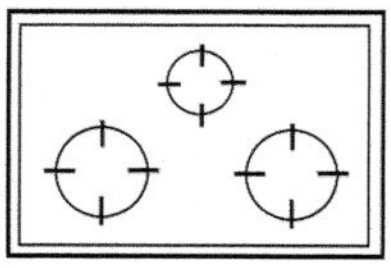	
		四头灶	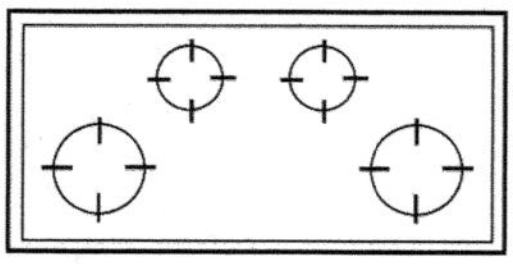	
		六头灶	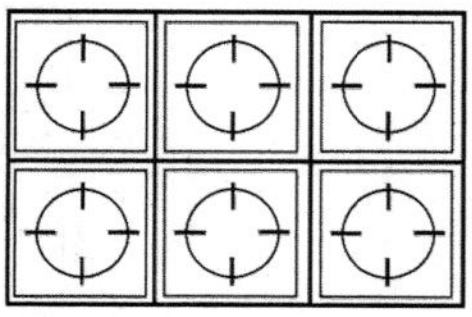	

续表

序号	名称		图例	备注
2	水槽	单盆	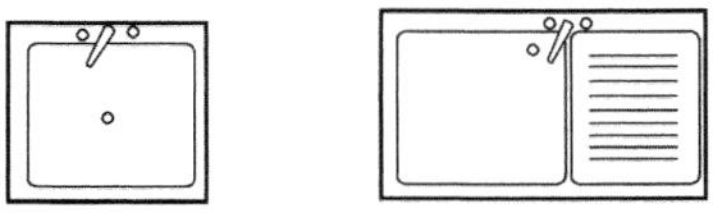	(1) 立面样式根据设计自定； (2) 其他厨具图例根据设计自定
		双盆	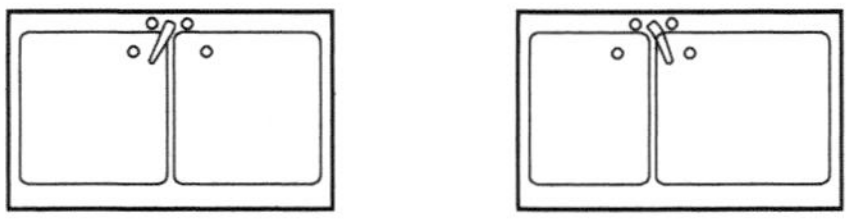	

表 B-5 常用洁具图例

序号	名称		图例	备注
1	大便器	坐式	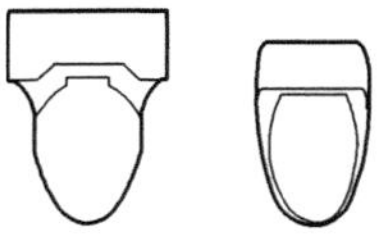	(1) 立面样式根据设计自定； (2) 其他洁具图例根据设计自定
		蹲式	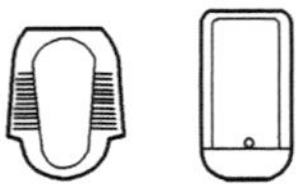	
2	小便器			
3	台盆	立式	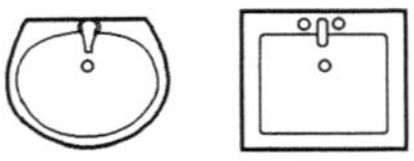	
		台式	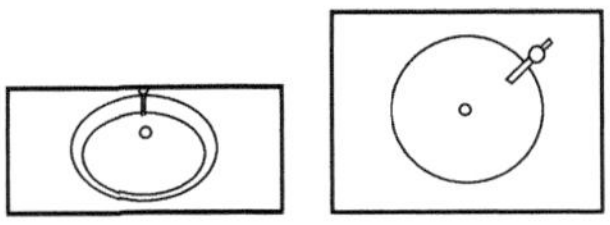	
		挂式		
4	污水池		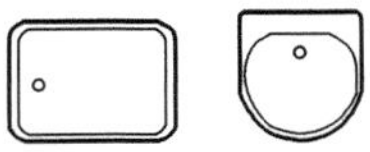	

续表

序号	名称		图例	备注
5	浴缸	长方形		（1）立面样式根据设计自定； （2）其他洁具图例根据设计自定
		三角形		
		圆形		
6	淋浴房			

表B-6 室内常用景观配饰图例

序号	名称		图例	备注
1	阔叶植物			（1）立面样式根据设计自定； （2）其他景观配饰图例根据设计自定
2	针叶植物			
3	落叶植物			
4	盆景类	树桩类		
		观花类		

续表

序号	名　称		图　例	备　注
4	盆景类	观叶类		(1) 立面样式根据设计自定； (2) 其他景观配饰图例根据设计自定
		山水类		
5	插花类			
6	吊挂类			
7	棕榈植物			
8	水生植物			
9	假山石			
10	草坪			
11	铺地	卵石类		
		条石类		
		碎石类		

表 B-7　　常用灯光照明图例

序　号	名　称	图　例	序　号	名　称	图　例
1	艺术吊灯		3	筒　灯	
2	吸顶灯		4	射　灯	

续表

序　号	名　称	图　例	序　号	名　称	图　例
5	轨道射灯		10	台　灯	
			11	落地灯	
6	格栅射灯	（单头）	12	水下灯	
		（双头）	13	踏步灯	
		（三头）	14	荧光灯	
7	格栅荧光灯	（正方形）	15	投光灯	
		（长方形）	16	泛光灯	
8	暗藏灯带		17	聚光灯	
9	壁　灯				

表 B-8　　　常用设备图例

序号	名　称	图　例	序号	名　称	图　例
1	送风口	（条形）	6	安全出口	EXIT
		（方形）	7	防火卷帘	F
2	回风口	（条形）	8	消防自动喷淋头	
		（方形）	9	感温探测器	
3	侧送风、侧回风		10	感烟探测器	S
4	排气扇		11	室内消火栓	（单口）
5	风机盘管	（立式明装）			（双口）
		（卧式明装）	12	扬声器	

表 B-9　　开关、插座立面图例

序号	名　称	图　　例	序号	名　称	图　　例
1	单相二极 电源插座		8	音响出线盒	M
2	单相三极 电源插座		9	单联开关	
3	单相二、三极 电源插座		10	双联开关	
4	电话、信息插座	(单孔) (双孔)	11	三联开关	
			12	四联开关	
			13	锁匙开关	
5	电视插座	(单孔) (双孔)	14	请勿打扰开关	DTD
6	地插座		15	可调节开关	
7	连接盒、接线盒		16	紧急呼叫按钮	

表 B-10　　开关、插座平面图例

序号	名　　称	图　　例	序号	名　　称	图　　例
1	（电源）插座		8	电接线箱	J
2	三个插座		9	公用电话插座	
3	带保护极的 （电源）插座		10	直线电话插座	
4	单相二、三极 电源插座		11	传真机插座	F
5	带单极开关的 （电源）插座		12	网络插座	C
6	带保护极的单极开关的 （电源）插座		13	有线电视插座	TV
7	信息插座	C	14	单联单控开关	

续表

序号	名　称	图　例	序号	名　称	图　例
15	双联单控开关		19	多位单极开关	
16	三联单控开关		20	双控单极开关	
17	单极限时开关	*t*	21	按　钮	
18	双极开关		22	配电箱	AP

附图　某学院学生公寓施工图

一、附 图 说 明

1. 为使读者更好地识读房屋施工图，特选编某学院学生公寓的施工图作为本书附图，供读者练习识读。

2. 附图是一幢四层混合结构的学生公寓，建筑面积为 1996.6m^2。

3. 附图中包括建筑施工图、结构施工图、室内设备（给排水、采暖、电气照明）施工图。由于制版原因，附图的图幅大小比原图有所缩小，图中比例已不再是原图所标注的比例。

4. 部分构造做法及表示法具有地区性，仅供参考。

5. 在识读本图过程中，不可避免地会遇到各种专业技术方面的问题，有待于在今后的继续学习中逐步加以解决。

图 纸 目 录

序号	图别	编号	图纸名称	序号	图别	编号	图纸名称
1	建施	1	设计说明、门窗表、工程做法	17	结施	3	基础详图、设计说明
2	建施	2	总平面图	18	结施	4	楼面结构平面图
3	建施	3	底层平面图	19	结施	5	楼面圈梁布置图及节点详图
4	建施	4	标准层平面图	20	结施	6	屋面结构平面图
5	建施	5	顶层平面图	21	结施	7	屋面圈梁布置图及节点详图
6	建施	6	屋面平面图	22	结施	8	楼梯配筋平面图、1-1、钢筋表
7	建施	7	①～⑩立面图	23	结施	9	TB-1、TB-2、TB-3、TL-L 配筋图
8	建施	8	⑩～①立面图	24	水施	1	底层给水排水平面图
9	建施	9	Ⓐ～Ⓓ立面图 Ⓓ～Ⓐ立面图	25	水施	2	标准层给水排水平面图
10	建施	10	1-1 剖面图	26	水施	3	给水系统图
11	建施	11	2-2 剖面图	27	水施	4	排水系统图
12	建施	12	3-3 剖面图	28	暖施	1	底层采暖平面图
13	建施	13	楼梯详图	29	暖施	2	标准层采暖平面图
14	建施	14	阳台平面图、厕所、盥洗室平面图	30	暖施	3	顶层采暖平面图
15	结施	1	结构设计说明	31	暖施	4	采暖系统图
16	结施	2	基础平面图	32	电施	1	底层电气平面图
				33	电施	2	各支路配电示意图

二、建筑施工图

设计说明

1. 本工程为某学院学生公寓，层数为四层，平面形成为一字形、内廊式，建筑面积为1996.6m²。
2. 总平面布置：本工程位于学院学生生活区内，建筑坐北朝南，行列式布置。本期工程为四幢，编号为7～10号。
3. 本工程为四层混合结构，抗震设防烈度为8度，抗震柱设防以结施图为准。
4. 本工程均采用非粘土烧结普通砖。
5. 新建学生公寓底层室内地坪±0.000，相当于绝对标高486.00。
6. 图中尺寸除标高以米为单位外，其余均以毫米为单位。
7. 本工程卫生器具及涂料由建设单位自定。
8. 本工程施工时，建筑、结构、水、暖、电各工种必须密切配合，准确预留孔洞，禁止事后开凿，影响质量。
9. 散水、地面、楼面、屋面的工程做法详建施图。
10. 图中未尽事宜，由设计、施工、建设单位协商解决。

门 窗 表

统一编号	图集编号	洞口尺寸	数量	材料	部位	备注
M-1	$3M_158$	1800×2400	1	木	入口	参照定做 镶木板
M-2	$3M_158$	1500×2400	1	木	入口	镶木板
M-3	$3M_118$	1000×2400	67	木	房间、厕所	镶木板
M-4	3M07	750×2100	63	木	阳台卫生间	镶木板
M-5		1500×2700	63	木	阳台	镶木板
C-1		1800×1200	3	塑钢	楼梯间	现场定做
C-2		1800×1800	4	塑钢	厕所	现场定做
C-3		450×600	63	塑钢	阳台卫生间	现场定做
C-4		1500×1800	7	塑钢	走廊	现场定做
C-5		2100×2100	1	塑钢	管理间	现场定做
C-6		2340×1900	63	塑钢	阳台	现场定做

工 程 做 法

名称	工程做法	部位
台阶	1. 20厚1∶2.5水泥砂浆抹面压实赶光 2. 素水泥浆结合层一道 3. 60厚C15混凝土台阶面向外坡1% 4. 150厚碎石夯实灌M2.5混合砂浆 5. 素土夯实	出入口
外墙1	1. 刷外墙涂料 2. 6厚1∶2.5水泥砂浆找平 3. 12厚1∶3水泥砂浆打底扫光	所有外墙
外墙2	1. 刷外墙涂料 2. 基层用EC聚合物砂浆修补平整	阳台栏板
踢脚	1. 6厚1∶2.5水泥砂浆压实赶光 2. 6厚1∶3水泥砂浆打底扫毛	
内墙1	1. 刮内墙仿瓷涂料 2. 6厚1∶0.3∶0.5水泥石灰膏砂浆抹面压实赶光 3. 12厚1∶1∶6水泥石灰膏砂浆打底扫毛	房间 走廊 楼梯
内墙2	1. 白水泥擦缝 2. 贴5厚釉面砖（在釉面砖粘贴面上随贴随刷一道混凝土界面处理剂） 3. 8厚1∶0.1∶2.5水泥石灰膏砂浆结合层 4. 12厚1∶3水泥砂浆打底扫毛	厕所、盥洗室、阳台、卫生间
顶棚	1. 刷涂料 2. 底板腻子刮平	
油漆1	1. 调和漆二度（颜色建设单位自定） 2. 底油一度 3. 满刮腻子	木门 木扶手
油漆2	1. 调和漆二度（颜色建设单位自定） 2. 刮腻子 3. 防锈漆一度	金属构件

××建筑设计研究院	
注册师签章区	
项目经理签章区	
修改记录	
某学院学生公寓 设计说明 门窗表 工程做法	
A-1	
设计	
审核	
校对	
会签栏	

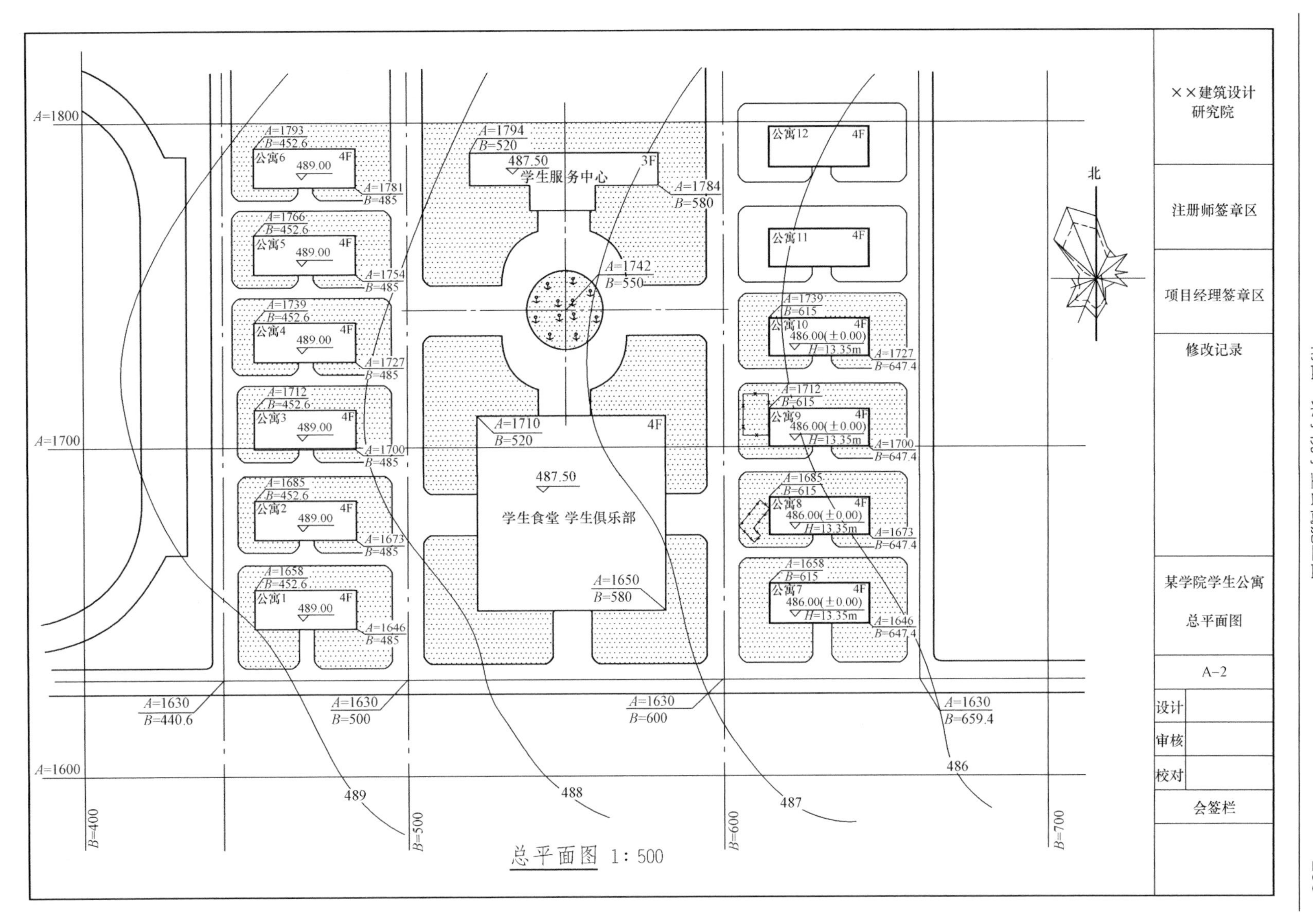
××建筑设计研究院
注册师签章区
项目经理签章区
修改记录
某学院学生公寓
总平面图
A-2
设计
审核
校对
会签栏
北
学生服务中心
3F
487.50
A=1794
B=520
A=1784
B=580
A=1742
B=550
学生食堂 学生俱乐部
4F
487.50
A=1710
B=520
A=1650
B=580
公寓1
公寓2
公寓3
公寓4
公寓5
公寓6
4F
489.00
公寓7
公寓8
公寓9
公寓10
486.00(±0.00)
H=13.35m
公寓11
公寓12
A=1630
B=440.6
A=1630
B=500
A=1630
B=600
A=1630
B=659.4
A=1800
A=1700
A=1600
B=400
B=500
B=600
B=700
486
487
488
489
总平面图 1∶500

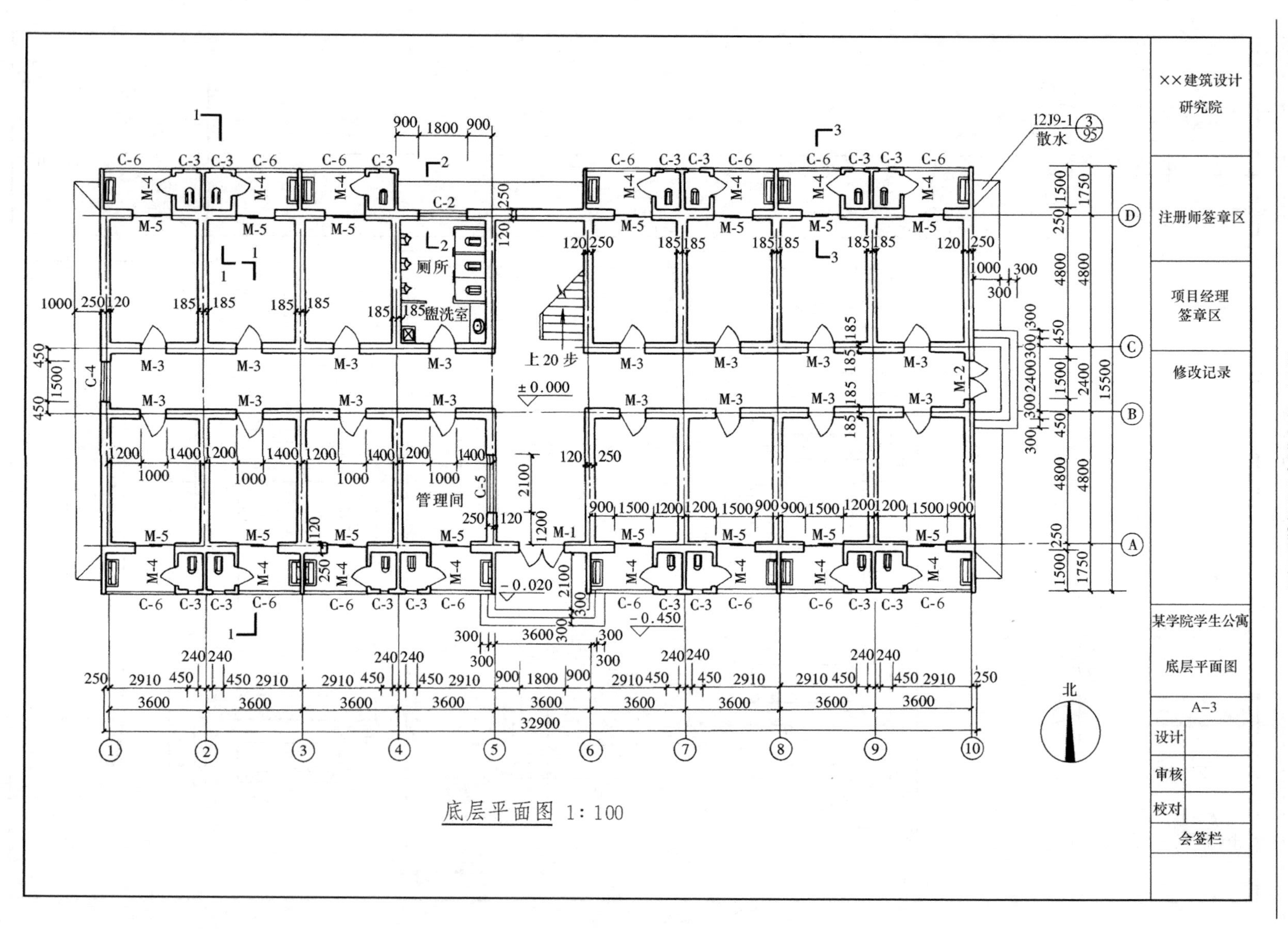
××建筑设计研究院
注册师签章区
项目经理签章区
修改记录
某学院学生公寓
底层平面图
A-3
设计
审核
校对
会签栏
北
12J9-1 散水
厕所
盥洗室
管理间
上20步
±0.000
-0.020
-0.450
15500
32900

底层平面图 1:100

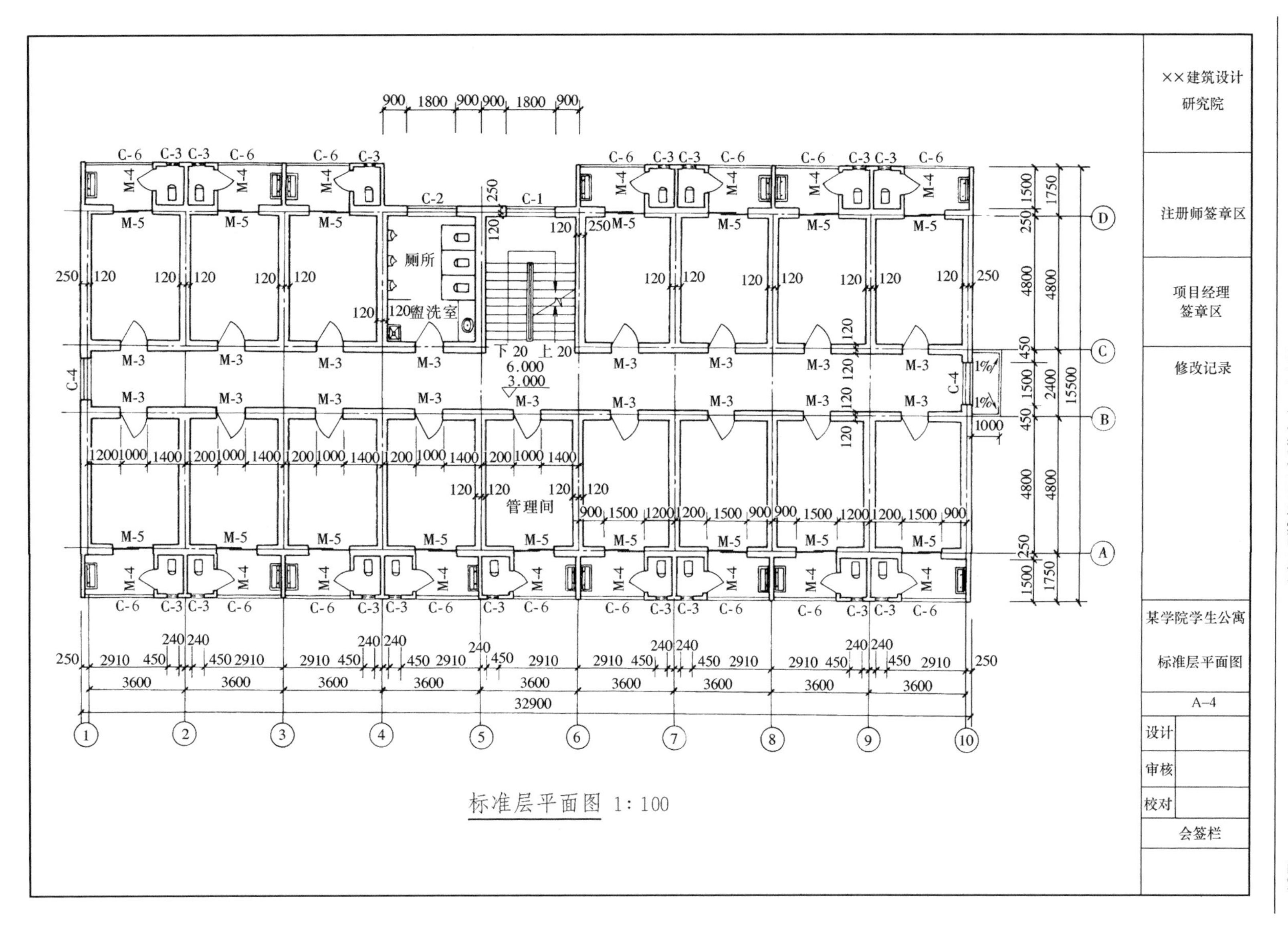
××建筑设计研究院
注册师签章区
项目经理签章区
修改记录
某学院学生公寓
标准层平面图
A-4
设计
审核
校对
会签栏
厕所
盥洗室
管理间
下 20 上 20
6.000
3.000
15500
32900

标准层平面图 1∶100

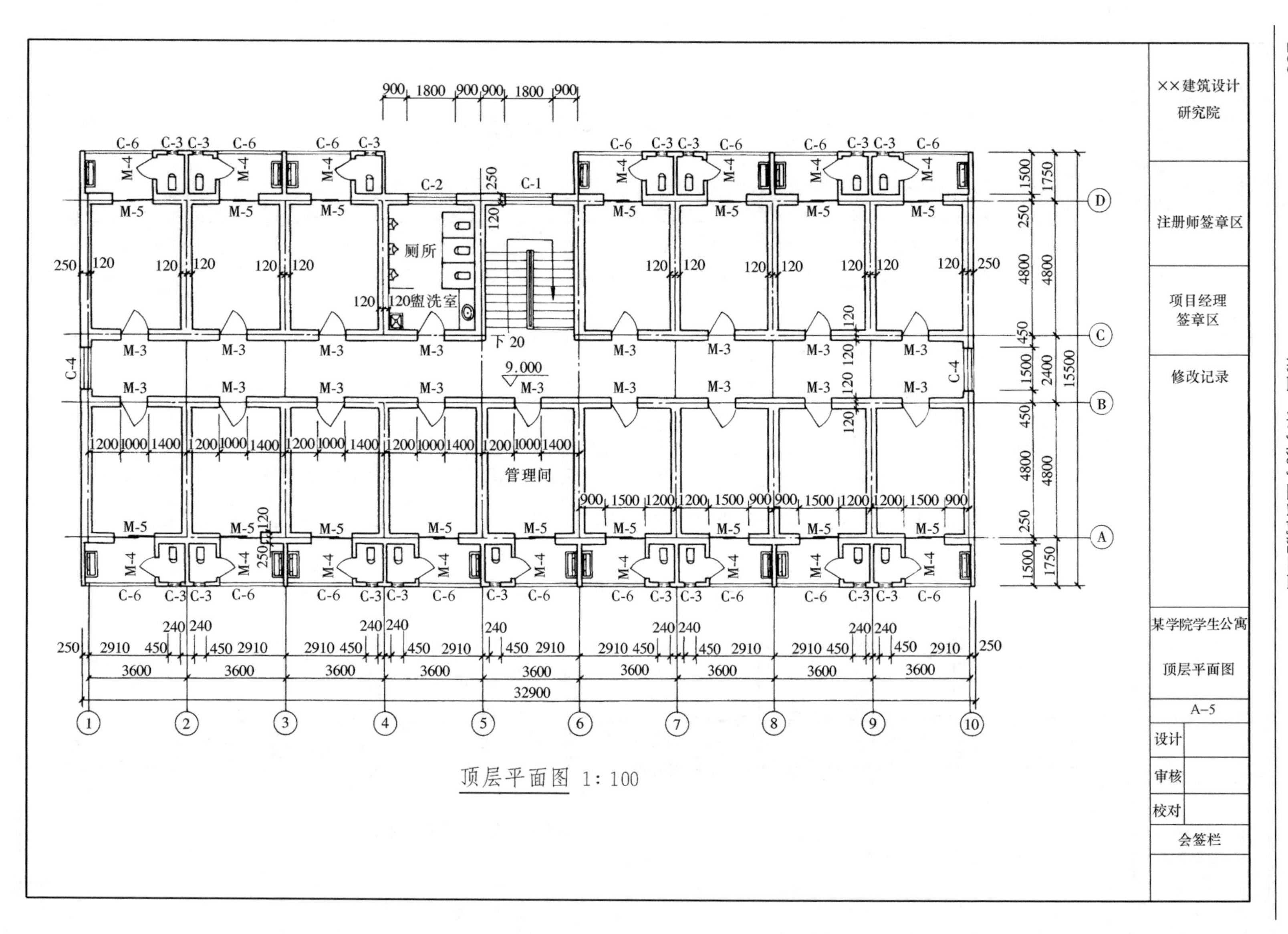
××建筑设计研究院
注册师签章区
项目经理签章区
修改记录
某学院学生公寓
顶层平面图
A-5
设计
审核
校对
会签栏
厕所
盥洗室
管理间
9.000
下 20
M-3
M-4
M-5
C-1
C-2
C-3
C-4
C-6
15500
32900
顶层平面图 1:100

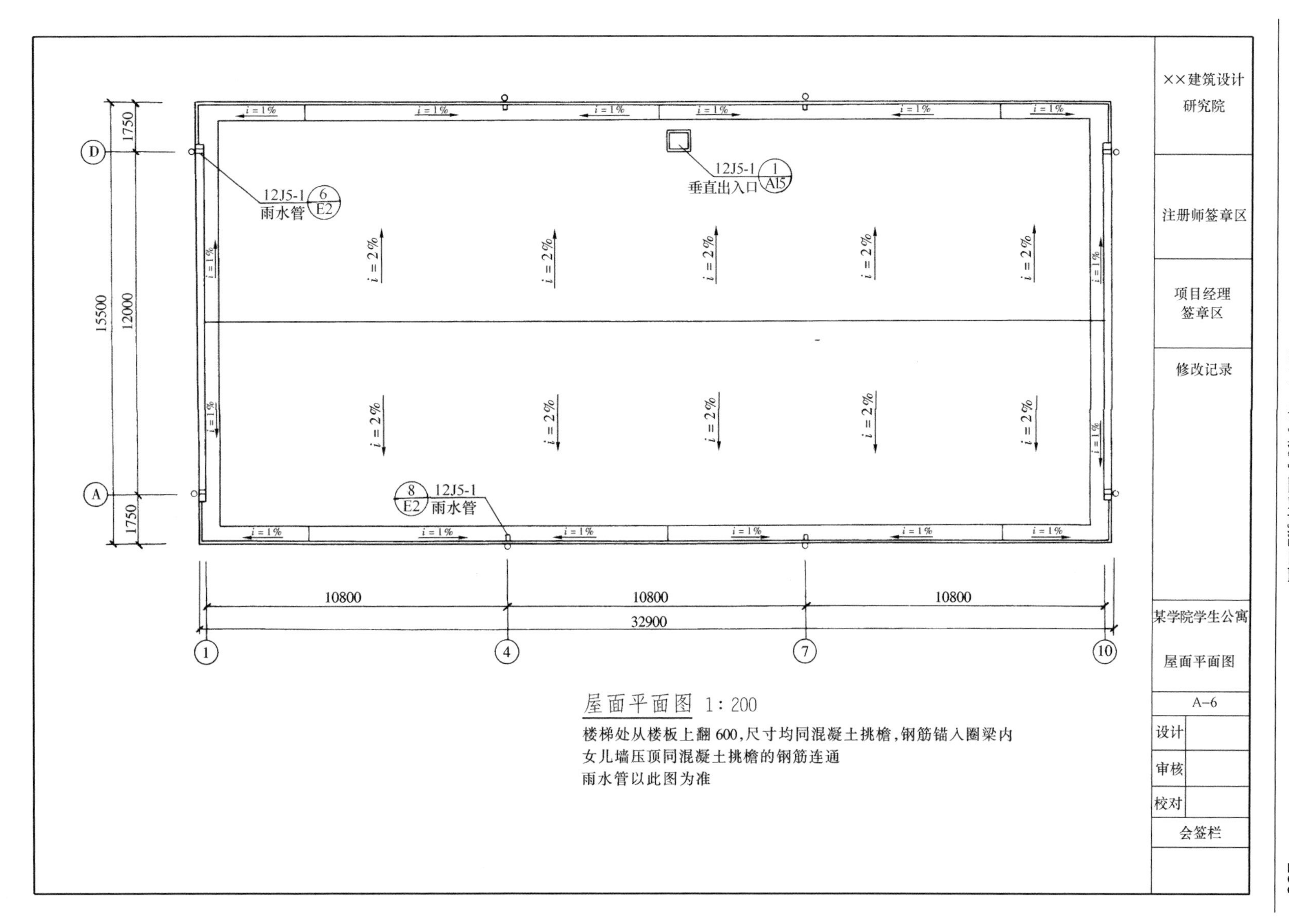
××建筑设计研究院
注册师签章区
项目经理签章区
修改记录
某学院学生公寓
屋面平面图
A-6
设计
审核
校对
会签栏
12J5-1 雨水管 6/E2
12J5-1 垂直出入口 1/A15
12J5-1 雨水管 8/E2
i = 2%
i = 1%
1750
12000
1750
15500
10800
10800
10800
32900
D
A
1
4
7
10
屋面平面图　1：200
楼梯处从楼板上翻600，尺寸均同混凝土挑檐，钢筋锚入圈梁内
女儿墙压顶同混凝土挑檐的钢筋连通
雨水管以此图为准

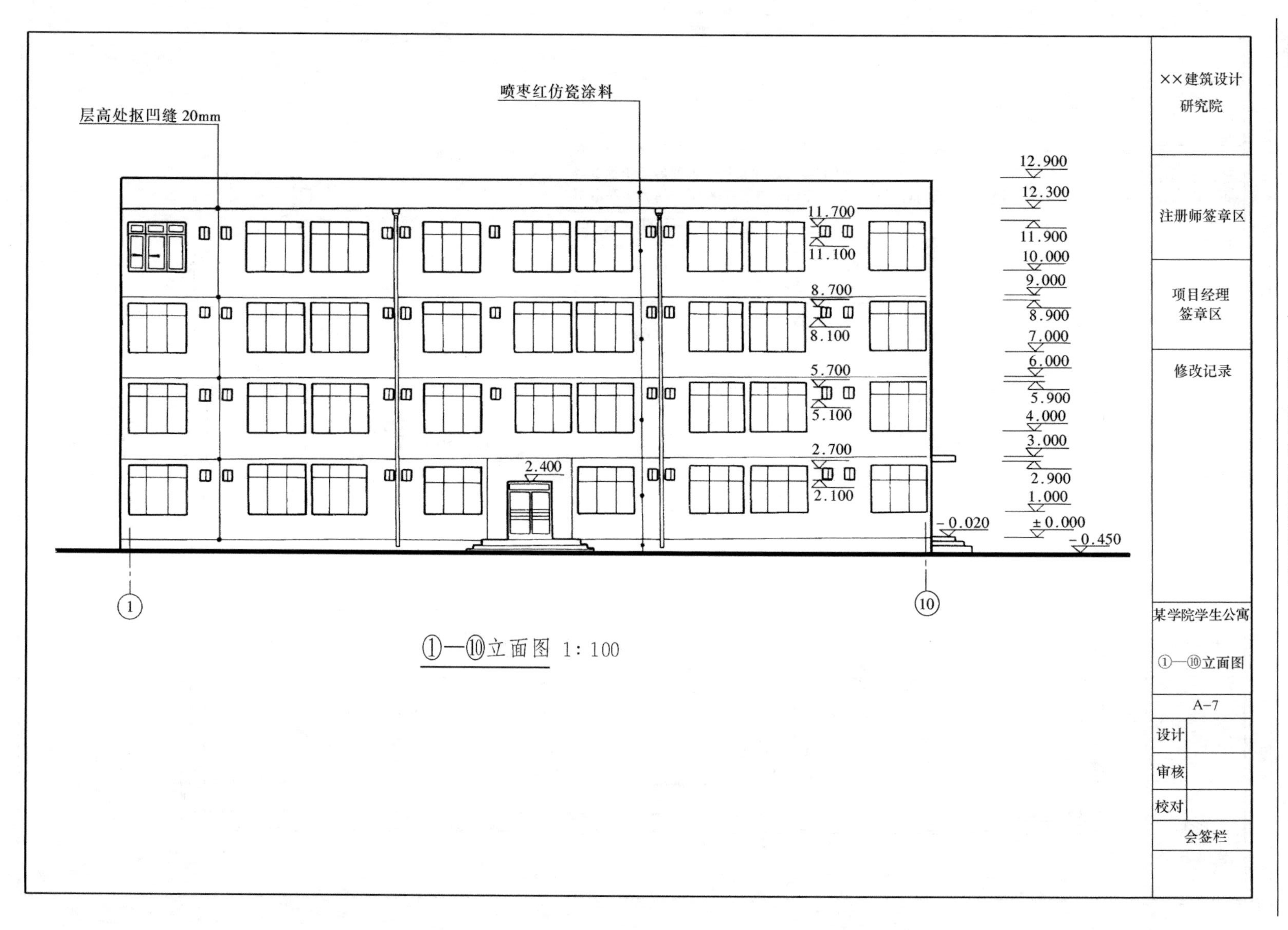
层高处抠凹缝 20mm
喷枣红仿瓷涂料
12.900
12.300
11.900
10.000
9.000
8.900
7.000
6.000
5.900
4.000
3.000
2.900
1.000
±0.000
-0.450
-0.020
11.700
11.100
8.700
8.100
5.700
5.100
2.700
2.100
2.400
①
⑩
××建筑设计研究院
注册师签章区
项目经理签章区
修改记录
某学院学生公寓
①—⑩立面图
A-7
设计
审核
校对
会签栏

①—⑩立面图 1:100

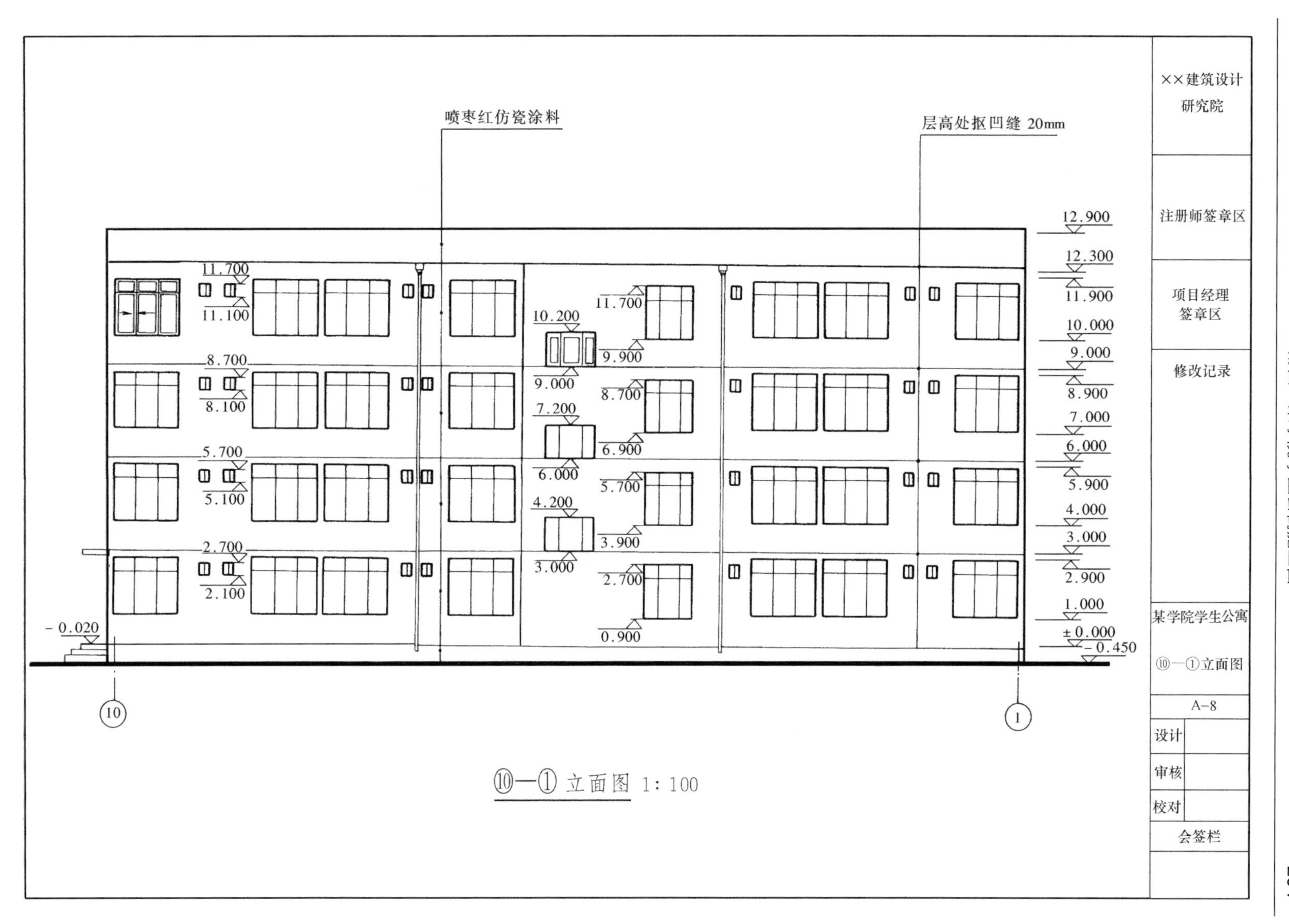

喷枣红仿瓷涂料
层高处抠凹缝 20mm
××建筑设计研究院
注册师签章区
项目经理签章区
修改记录
某学院学生公寓
⑩—①立面图
A-8
设计
审核
校对
会签栏
12.900
12.300
11.900
10.000
9.000
8.900
7.000
6.000
5.900
4.000
3.000
2.900
1.000
±0.000
-0.450
11.700
11.100
8.700
8.100
5.700
5.100
2.700
2.100
10.200
9.900
7.200
6.900
4.200
3.900
0.900
-0.020
10
1

⑩—① 立面图 1:100

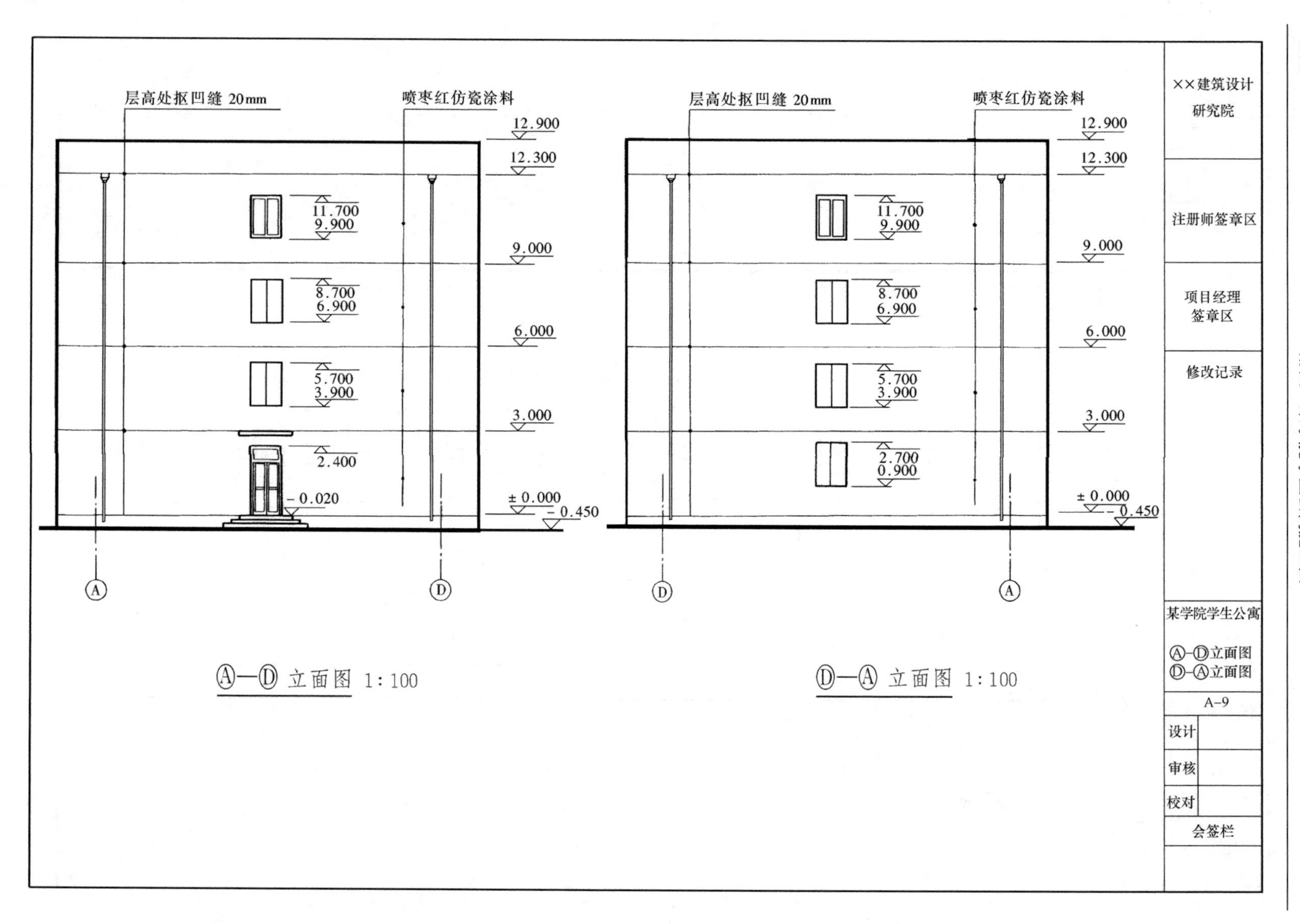

Ⓐ—Ⓓ 立面图 1:100

Ⓓ—Ⓐ 立面图 1:100

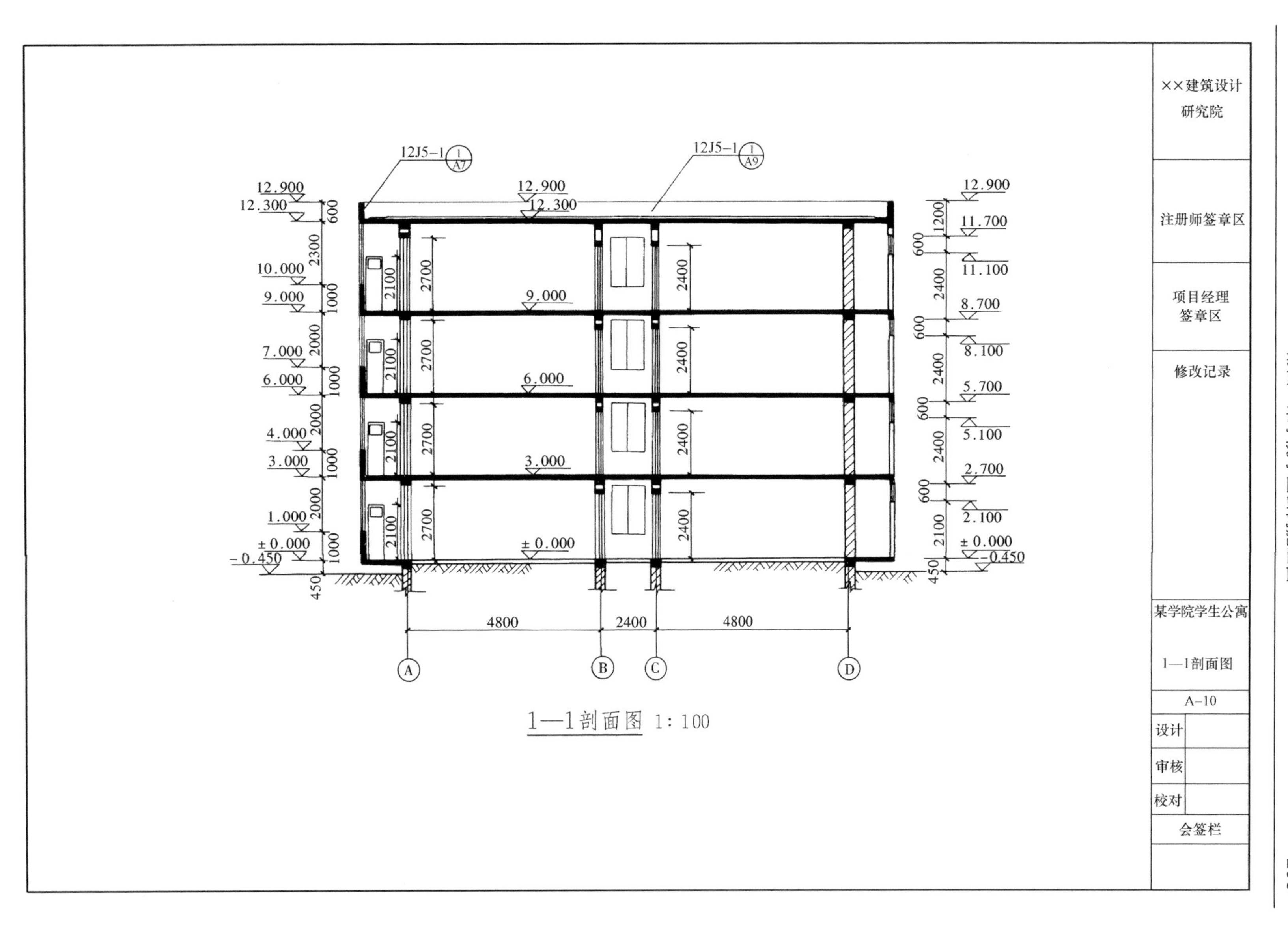
12J5-1 1/A7
12J5-1 1/A9
12.900
12.300
10.000
9.000
7.000
6.000
4.000
3.000
1.000
±0.000
-0.450
11.700
11.100
8.700
8.100
5.700
5.100
2.700
2.100
600
2300
1000
2000
450
1200
2400
2100
2700
4800
A
B
C
D
××建筑设计研究院
注册师签章区
项目经理签章区
修改记录
某学院学生公寓
1—1剖面图
A-10
设计
审核
校对
会签栏

1—1剖面图 1∶100

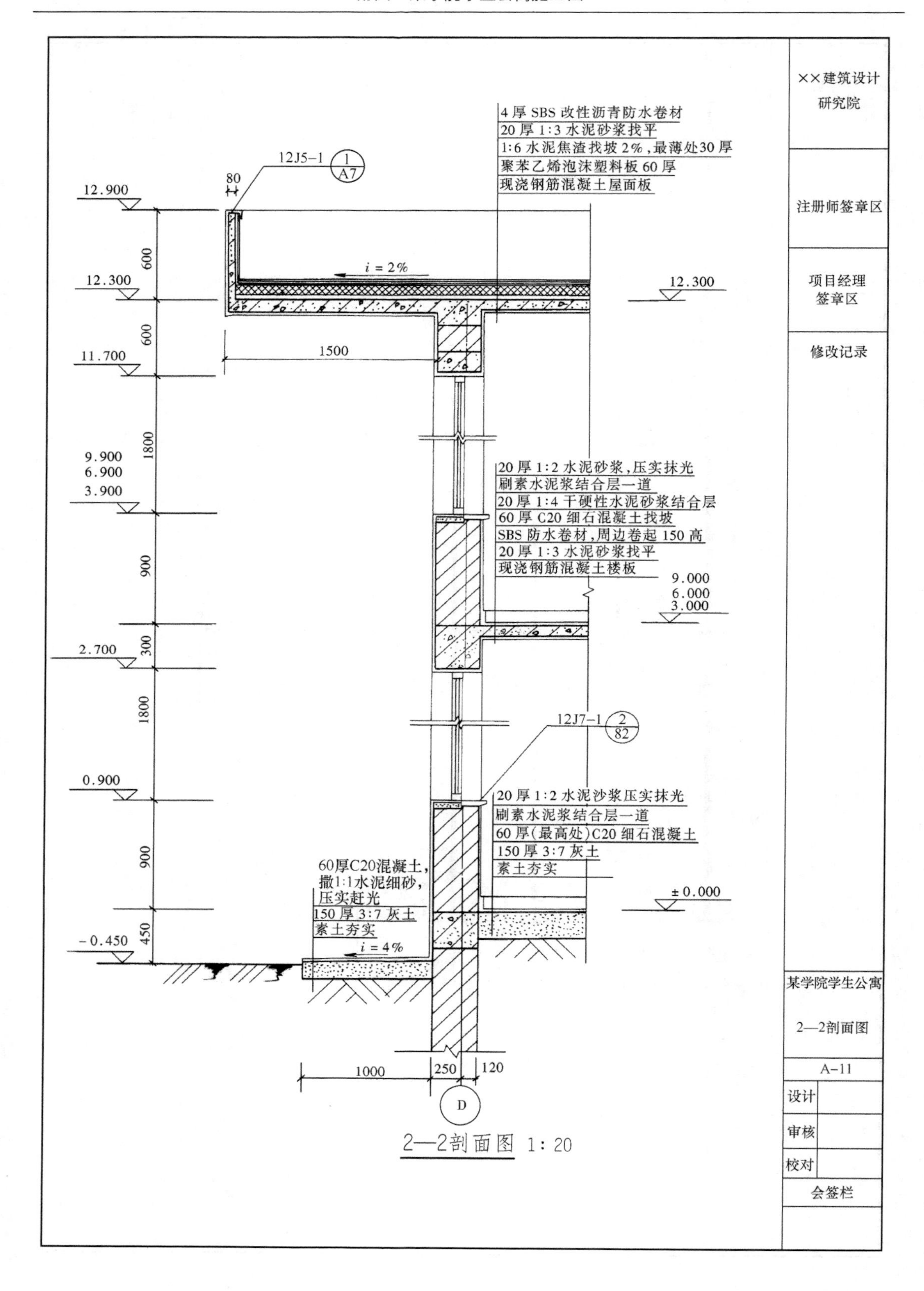
××建筑设计研究院
注册师签章区
项目经理签章区
修改记录
某学院学生公寓
2—2剖面图
A-11
设计
审核
校对
会签栏
4厚SBS改性沥青防水卷材
20厚1:3水泥砂浆找平
1:6水泥焦渣找坡2%，最薄处30厚
聚苯乙烯泡沫塑料板60厚
现浇钢筋混凝土屋面板
12J5-1
1
A7
80
12.900
600
12.300
i = 2%
12.300
600
11.700
1500
1800
9.900
6.900
3.900
20厚1:2水泥砂浆，压实抹光
刷素水泥浆结合层一道
20厚1:4干硬性水泥砂浆结合层
60厚C20细石混凝土找坡
SBS防水卷材，周边卷起150高
20厚1:3水泥砂浆找平
现浇钢筋混凝土楼板
900
9.000
6.000
3.000
2.700
300
1800
12J7-1
2
82
0.900
20厚1:2水泥沙浆压实抹光
刷素水泥浆结合层一道
60厚(最高处)C20细石混凝土
150厚3:7灰土
素土夯实
900
60厚C20混凝土，撒1:1水泥细砂，压实赶光
150厚3:7灰土
素土夯实
±0.000
450
-0.450
i = 4%
1000
250
120
D

2—2剖面图 1:20

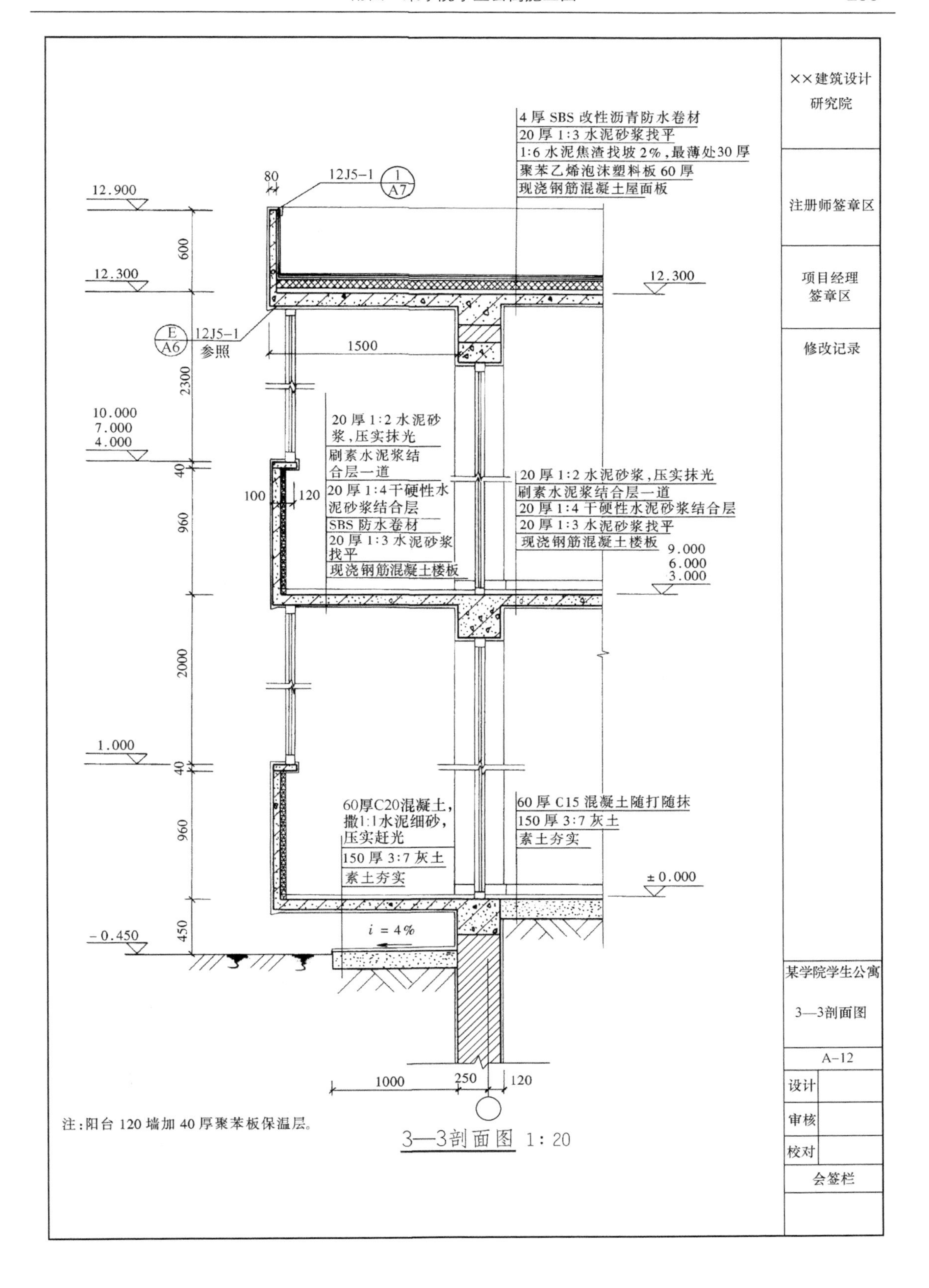

注：阳台120墙加40厚聚苯板保温层。

3—3剖面图 1:20

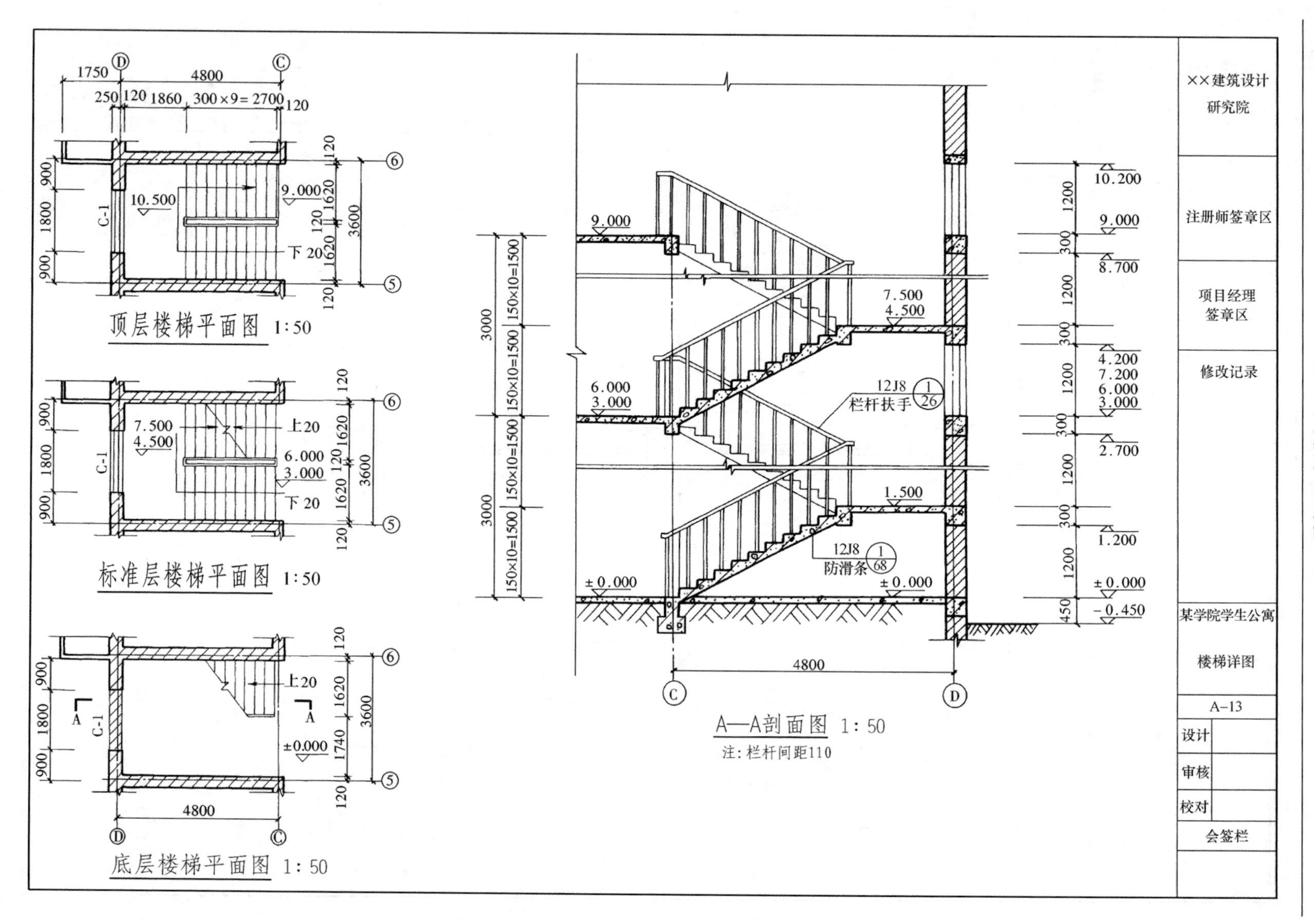
顶层楼梯平面图 1:50
标准层楼梯平面图 1:50
底层楼梯平面图 1:50
A—A剖面图 1:50
注：栏杆间距110
12J8 栏杆扶手
12J8 防滑条
××建筑设计研究院
注册师签章区
项目经理签章区
修改记录
某学院学生公寓
楼梯详图
A-13
设计
审核
校对
会签栏

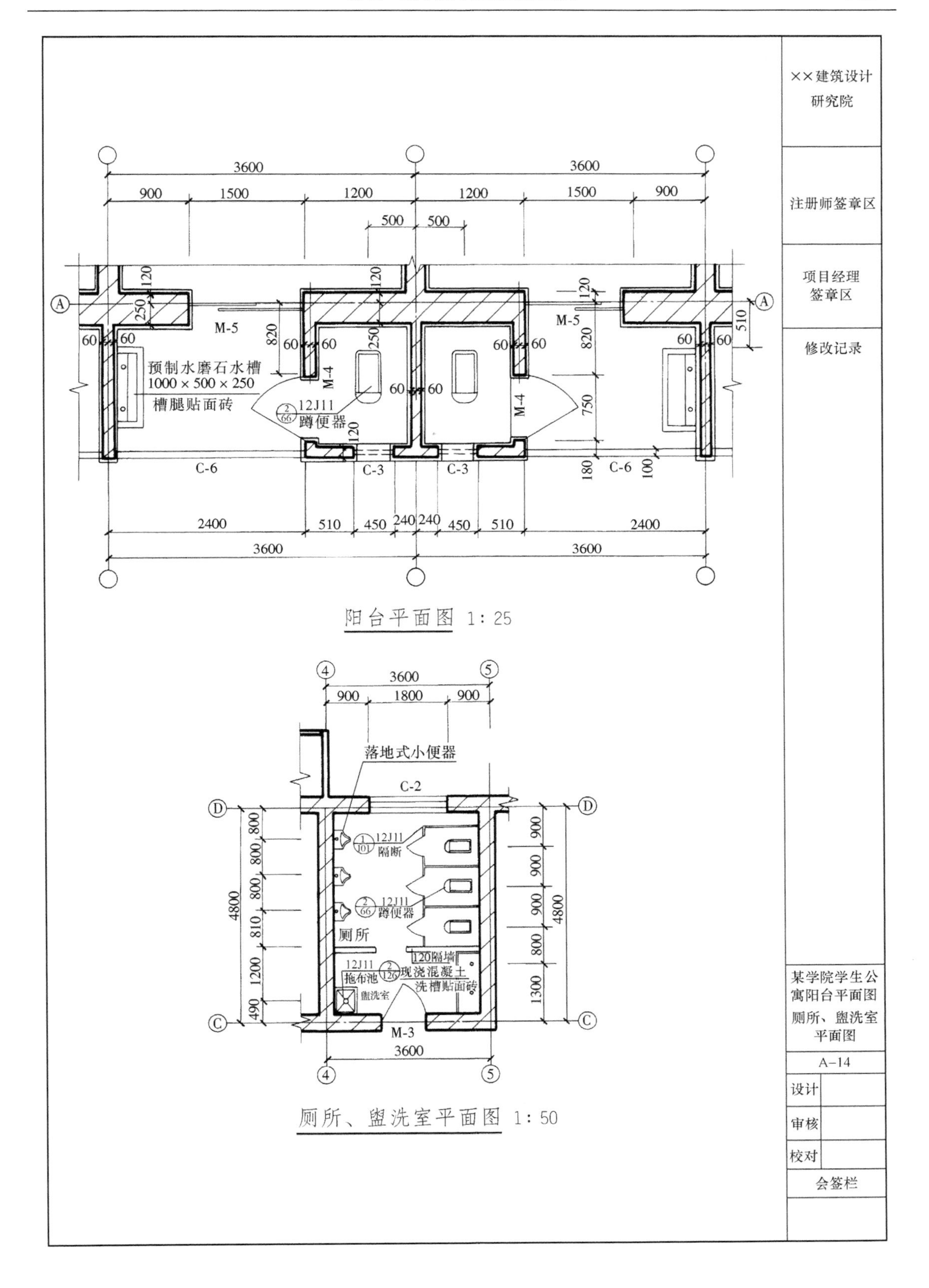
××建筑设计研究院
注册师签章区
项目经理签章区
修改记录
3600
900
1500
1200
500
M-5
预制水磨石水槽
1000×500×250
槽腿贴面砖
12J11
蹲便器
M-4
C-6
C-3
2400
510
450
240
阳台平面图 1:25
厕所、盥洗室平面图 1:50
落地式小便器
C-2
12J11
隔断
12J11
蹲便器
厕所
120隔墙
12J11
拖布池
现浇混凝土
洗槽贴面砖
盥洗室
M-3
4800
某学院学生公寓阳台平面图厕所、盥洗室平面图
A-14
设计
审核
校对
会签栏

三、结构施工图

结构设计说明

一、设计依据

(1) 某学院学生公寓设计要求。
(2) 已批准的可行性论证报告。
(3) 工程地质、水文地质资料。
(4) 现行建筑结构设计规范。

二、地基基础工程

(1) 本工程地基经省建筑勘察设计院地质勘察队勘探，地表下1.8~3.2m为黏性土夹有薄层沙土，土层分布稳定，是主要的持力层，承载力为110kPa。
(2) 基础垫层为C15素混凝土，厚100。
(3) 砖砌基础为MU10非黏土烧结普通砖，M10水泥砂浆。
(4) 地圈梁混凝土标号为C15，钢筋为HPB300及HRB400。
(5) 地圈梁顶标高设在－0.060m处，代替防潮层。
(6) 地基开挖后，应进行验槽、钎探，间距1.5m，深2.6m。如发现异常及湿陷性黄土时，应通知设计人员至现场共同研究解决。

三、砖砌工程

(1) 本工程±0.000标高以下，采用MU10非黏土烧结普通砖，M10水泥砂浆砌筑。±0.000以上墙体采用MU10非黏土烧结普通砖，M5混合砂浆砌筑。
(2) 支撑钢筋混凝土梁、板的砖墙，在支撑处应以1:2水泥砂浆找平，厚20。
(3) 预埋木砖要求防腐处理。
(4) 墙的施工质量应按国家有关部门所颁发的《砖石结构施工质量验收规范》的有关规定执行。

四、钢筋混凝土工程

(1) 本工程钢筋Φ表示钢筋类别为HPB300，⏀表示钢筋类别为HRB400。
(2) 本设计所用钢筋、水泥等材料均应有出厂合格证明，方能使用。
(3) 厕所、盥洗室及阳台的现浇钢筋混凝土楼板均用C20细石混凝土，混凝土应按防水混凝土配制。
(4) 所有砖墙门洞应设钢筋混凝土过梁。
(5) 所有预埋铁件均应采用防锈措施，一般可用钢丝刷除锈后，刷红丹两遍，再刷防锈漆一遍。
(6) 钢筋混凝土工程的施工质量均应按国家有关部门所颁发的《钢筋混凝土工程施工质量验收规范》的有关规定执行。

五、其他事项

(1) 施工过程中的质检记录、混凝土记录及隐蔽工程记录应妥善保存。待工程验收后一并存档。
(2) 本工程未尽事宜，经发现后，由建设单位、施工单位、设计单位共同协商解决。

××建筑设计研究院

注册师签章区

项目经理签章区

修改记录

某学院学生公寓

结构设计说明

S-1

设计	
审核	
校对	

会签栏

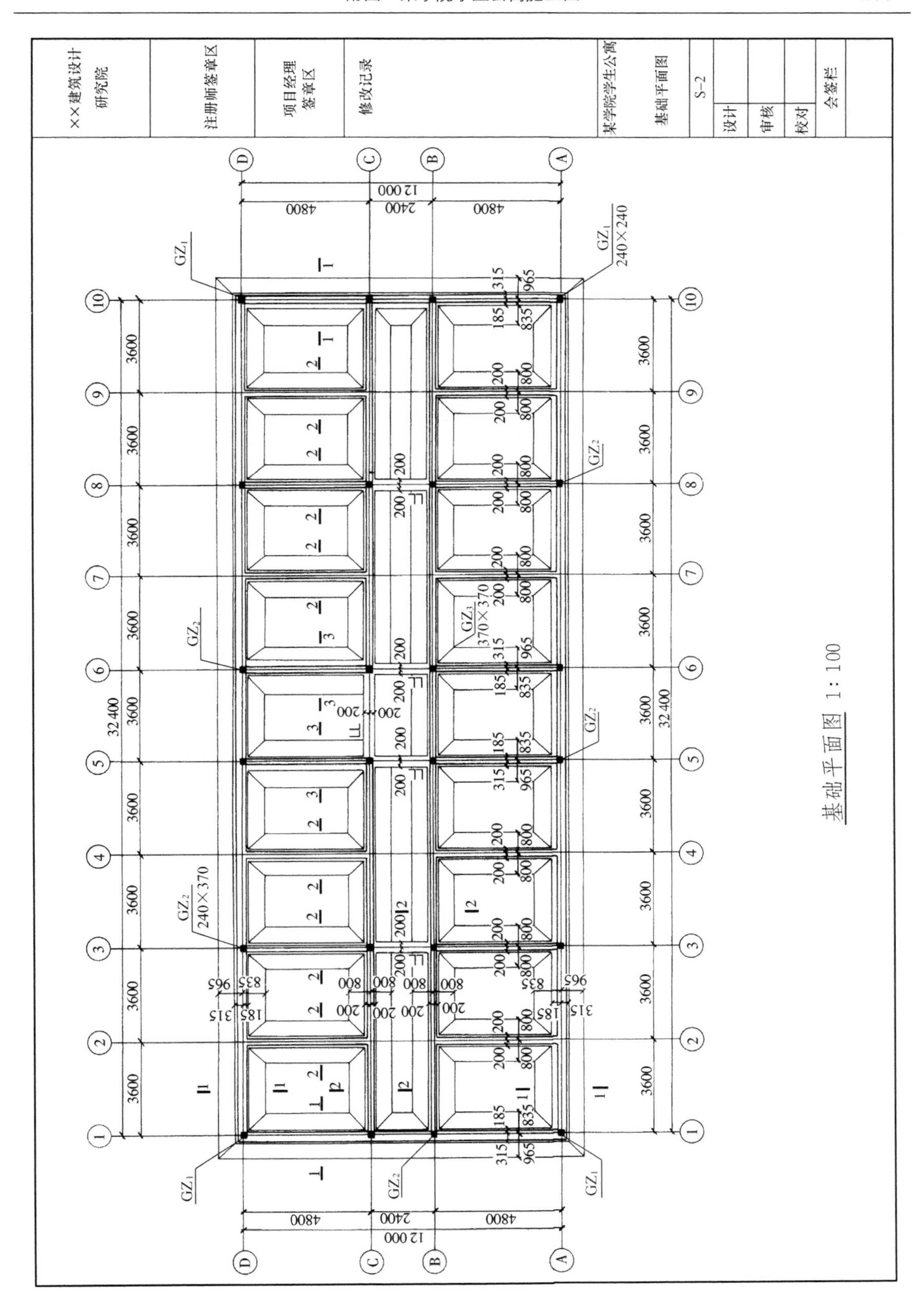
××建筑设计研究院
注册师签章区
项目经理签章区
修改记录
某学院学生公寓
基础平面图
S-2
设计
审核
校对
会签栏
基础平面图 1 : 100

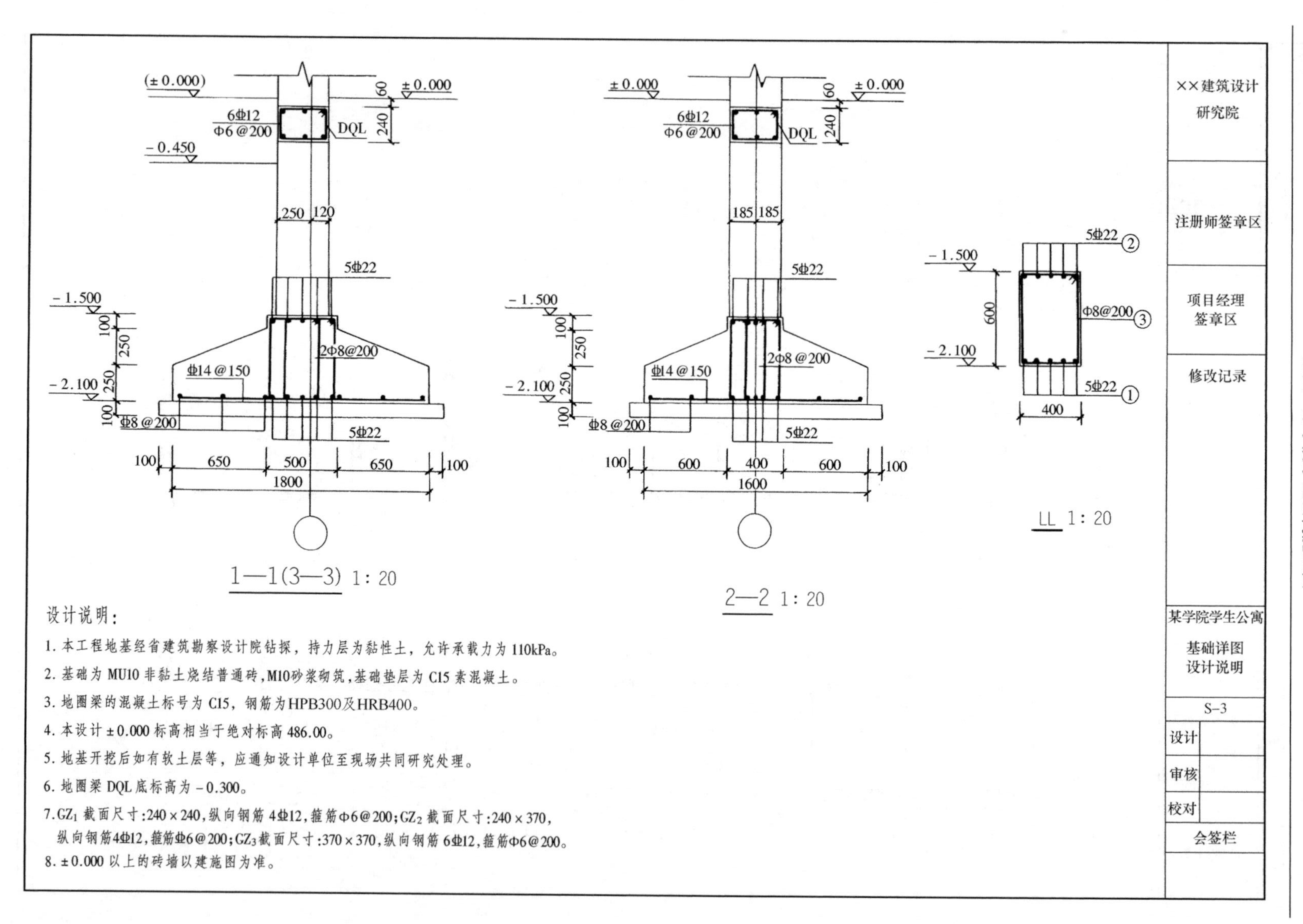
××建筑设计研究院
注册师签章区
项目经理签章区
修改记录
某学院学生公寓
基础详图
设计说明
S-3
设计
审核
校对
会签栏
(±0.000)
±0.000
−0.450
6⌀12
Φ6@200
DQL
60
240
250
120
185
5⌀22
−1.500
−2.100
100
2Φ8@200
⌀14@150
Φ8@200
650
500
1800
600
400
1600
1—1(3—3) 1∶20
2—2 1∶20
②
③
①
LL 1∶20
设计说明：
1. 本工程地基经省建筑勘察设计院钻探，持力层为黏性土，允许承载力为110kPa。
2. 基础为MU10非黏土烧结普通砖，M10砂浆砌筑，基础垫层为C15素混凝土。
3. 地圈梁的混凝土标号为C15，钢筋为HPB300及HRB400。
4. 本设计±0.000标高相当于绝对标高486.00。
5. 地基开挖后如有软土层等，应通知设计单位至现场共同研究处理。
6. 地圈梁DQL底标高为−0.300。
7. GZ1截面尺寸：240×240，纵向钢筋4⌀12，箍筋Φ6@200；GZ2截面尺寸：240×370，纵向钢筋4⌀12，箍筋⌀6@200；GZ3截面尺寸：370×370，纵向钢筋6⌀12，箍筋Φ6@200。
8. ±0.000以上的砖墙以建施图为准。

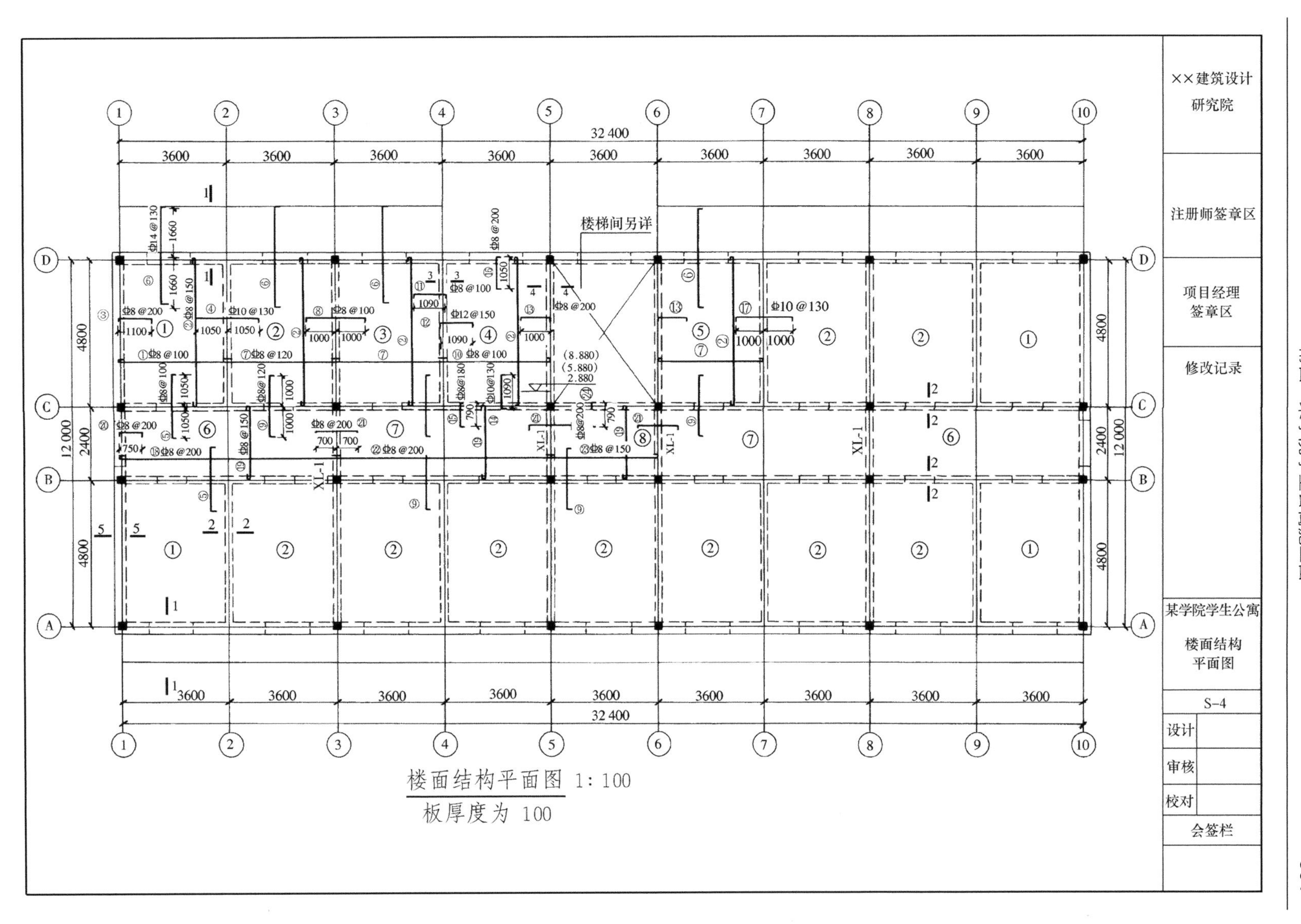
××建筑设计研究院
注册师签章区
项目经理签章区
修改记录
某学院学生公寓
楼面结构平面图
S-4
设计
审核
校对
会签栏
楼梯间另详
XL-1
楼面结构平面图 1：100
板厚度为 100

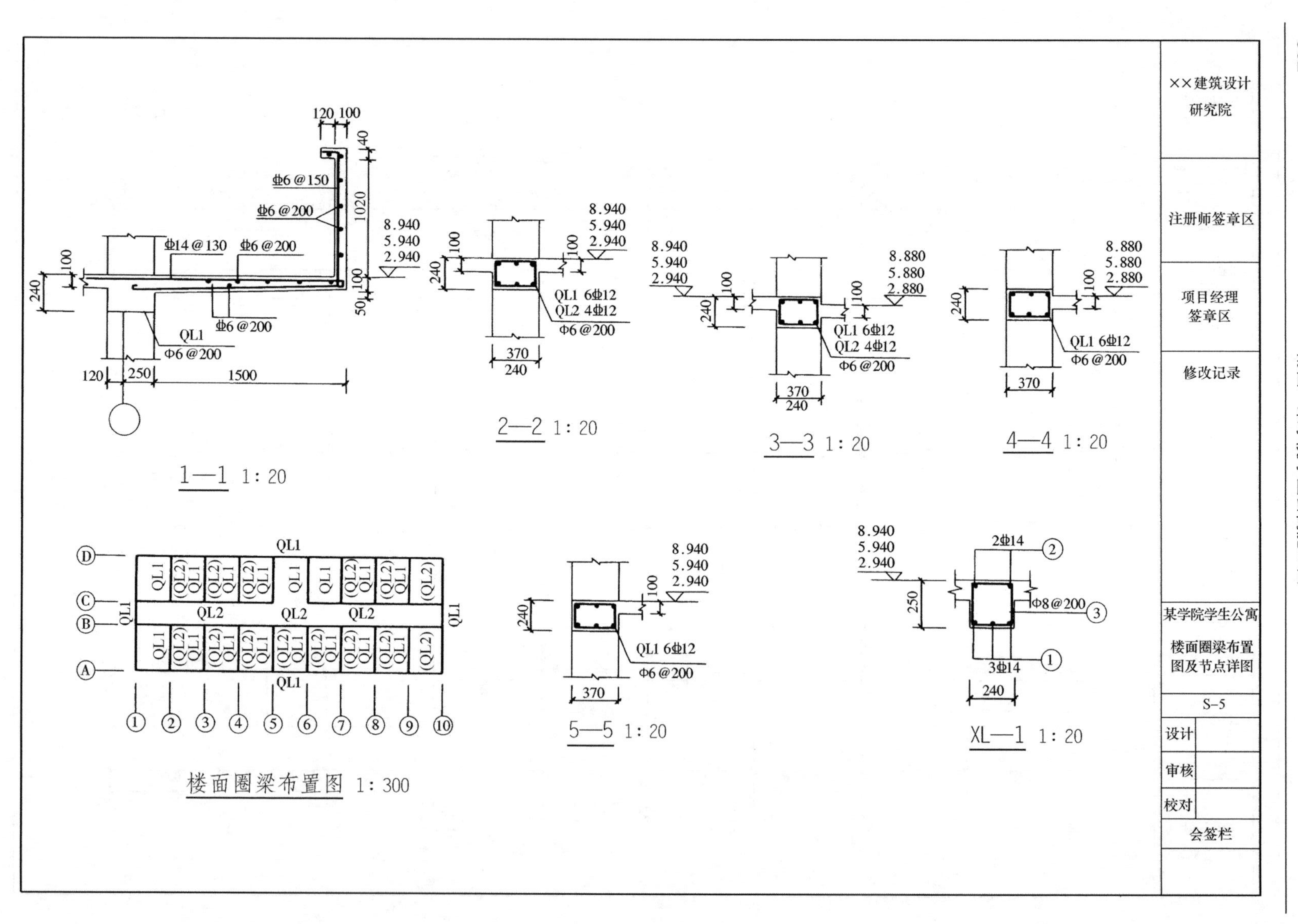
1—1 1:20
2—2 1:20
3—3 1:20
4—4 1:20
楼面圈梁布置图 1:300
5—5 1:20
XL—1 1:20
QL1 6⌀12
QL2 4⌀12
Φ6@200
⌀14@130
⌀6@150
⌀6@200
Φ8@200
2⌀14
3⌀14
8.940
5.940
2.940
8.880
5.880
2.880
QL1
QL2
(QL2)
××建筑设计研究院
注册师签章区
项目经理签章区
修改记录
某学院学生公寓
楼面圈梁布置图及节点详图
S-5
设计
审核
校对
会签栏

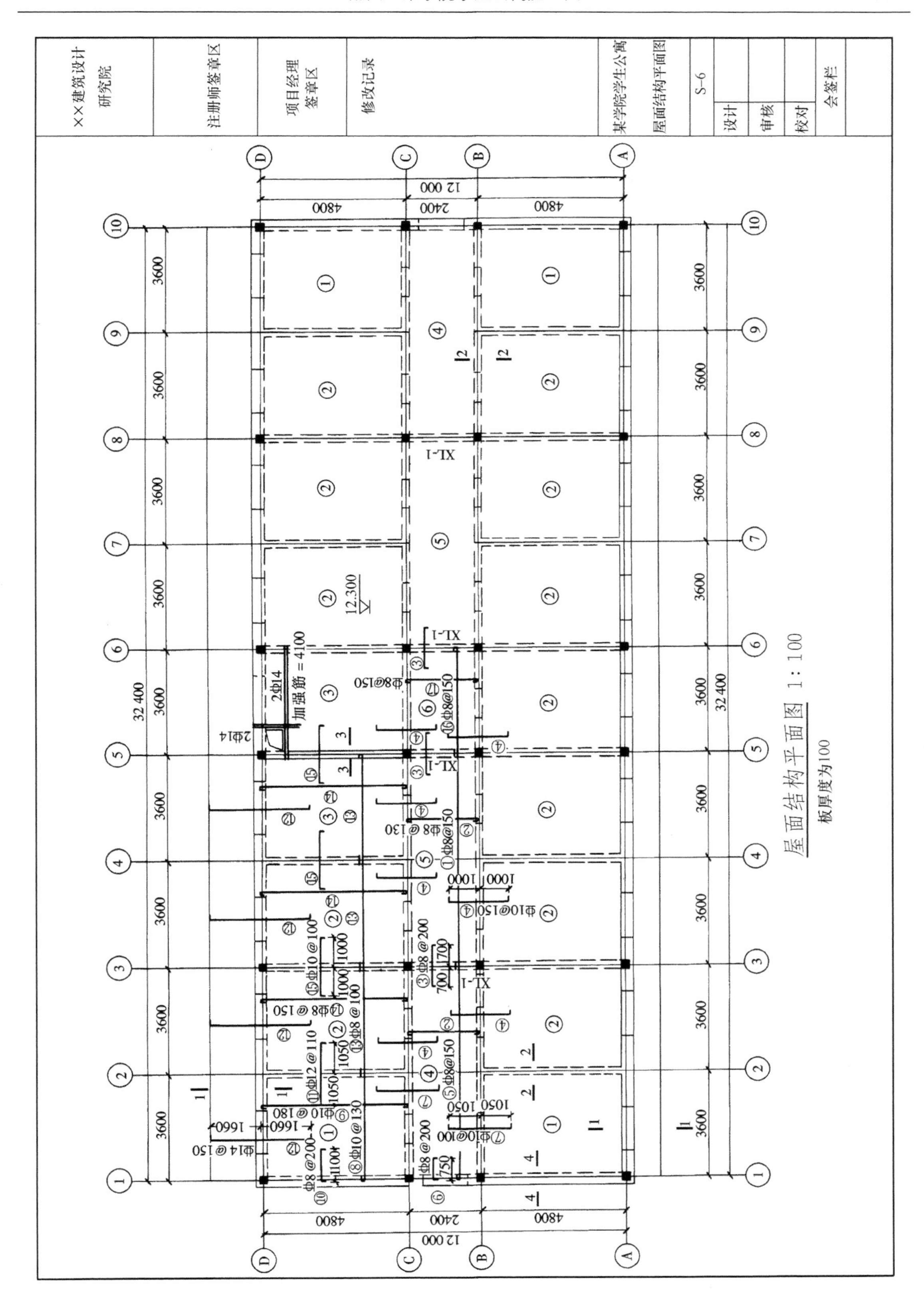

××建筑设计研究院
注册师签章区
项目经理签章区
修改记录
某学院学生公寓
屋面结构平面图
S-6
设计
审核
校对
会签栏
屋面结构平面图 1:100
板厚度为100
12 000
4800
2400
3600
32 400
12.300
XL-1
2⌀14
加强筋 = 4100

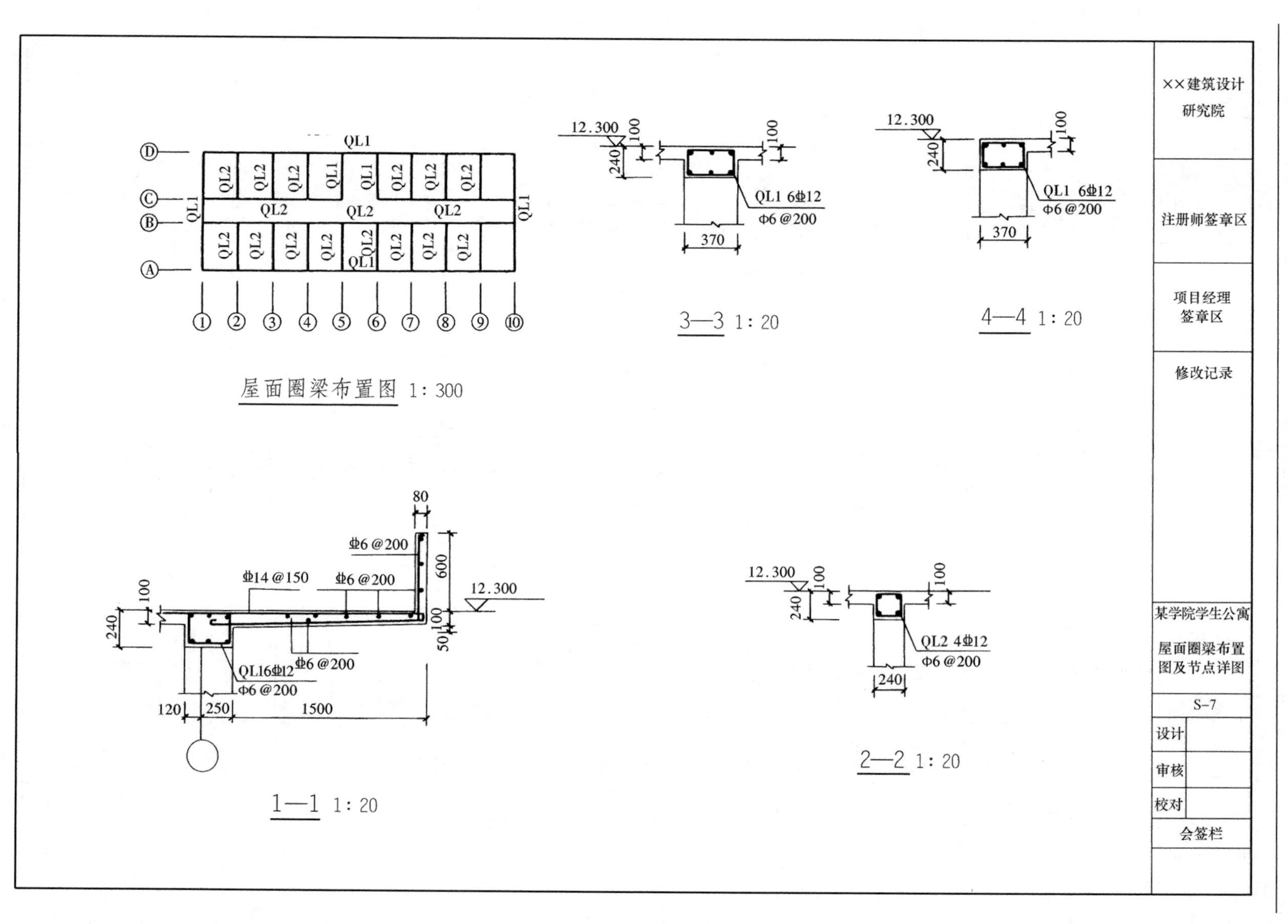
QL1
QL2
QL1
屋面圈梁布置图 1:300
12.300
100
240
370
QL1 6⏀12
Φ6@200
3—3 1:20
4—4 1:20
80
⏀6@200
⏀14@150
600
12.300
50
QL16⏀12
Φ6@200
120
250
1500
1—1 1:20
QL2 4⏀12
2—2 1:20
××建筑设计研究院
注册师签章区
项目经理签章区
修改记录
某学院学生公寓
屋面圈梁布置图及节点详图
S-7
设计
审核
校对
会签栏

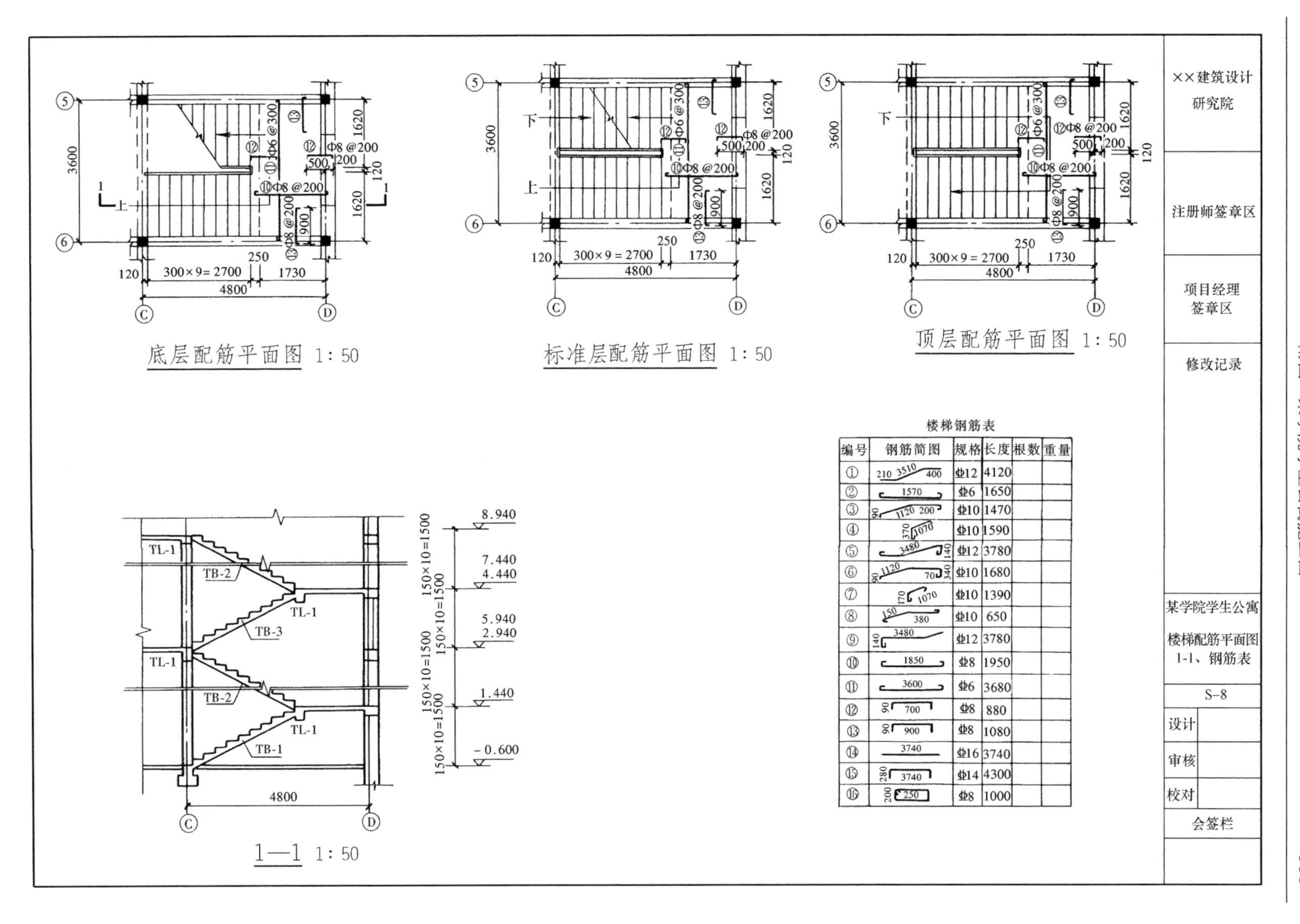

楼梯钢筋表

编号	钢筋简图	规格	长度	根数	重量
①	210 3510 400	Φ12	4120		
②	1570	Φ6	1650		
③	90 1120 200	Φ10	1470		
④	370 1070	Φ10	1590		
⑤	3480 140	Φ12	3780		
⑥	90 1120 70 340	Φ10	1680		
⑦	170 1070	Φ10	1390		
⑧	150 380	Φ10	650		
⑨	140 3480	Φ12	3780		
⑩	1850	Φ8	1950		
⑪	3600	Φ6	3680		
⑫	90 700	Φ8	880		
⑬	90 900	Φ8	1080		
⑭	3740	Φ16	3740		
⑮	280 3740	Φ14	4300		
⑯	200 250	Φ8	1000		

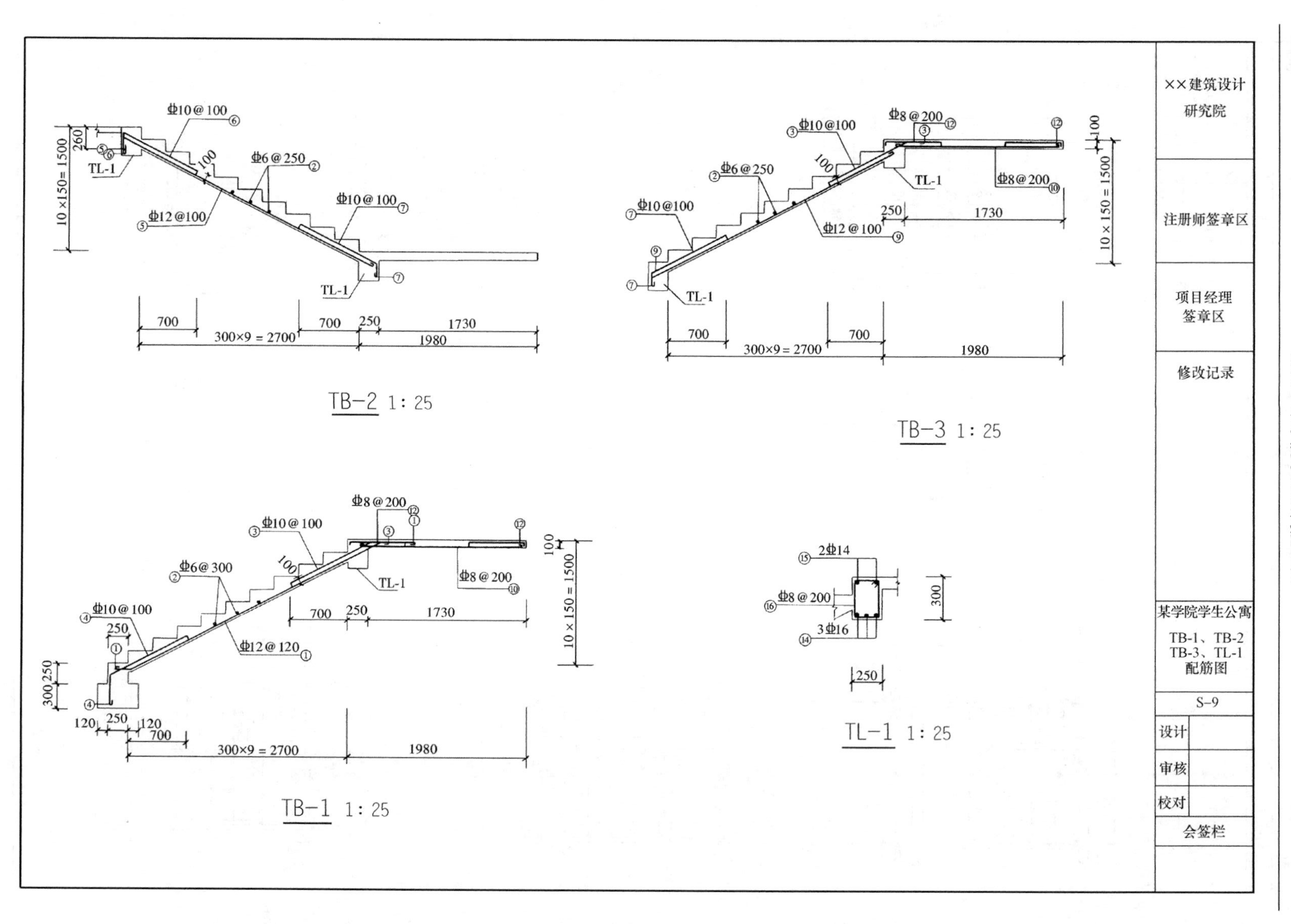
TB-2 1:25
TB-3 1:25
TB-1 1:25
TL-1 1:25
10×150=1500
300×9=2700
700
250
1730
1980
100
260
120
300
2⌀14
3⌀16
⌀8@200
⌀10@100
⌀12@100
⌀12@120
⌀6@250
⌀6@300
TL-1
××建筑设计
研究院
注册师签章区
项目经理
签章区
修改记录
某学院学生公寓
TB-1、TB-2
TB-3、TL-1
配筋图
S-9
设计
审核
校对
会签栏

四、给排水施工图

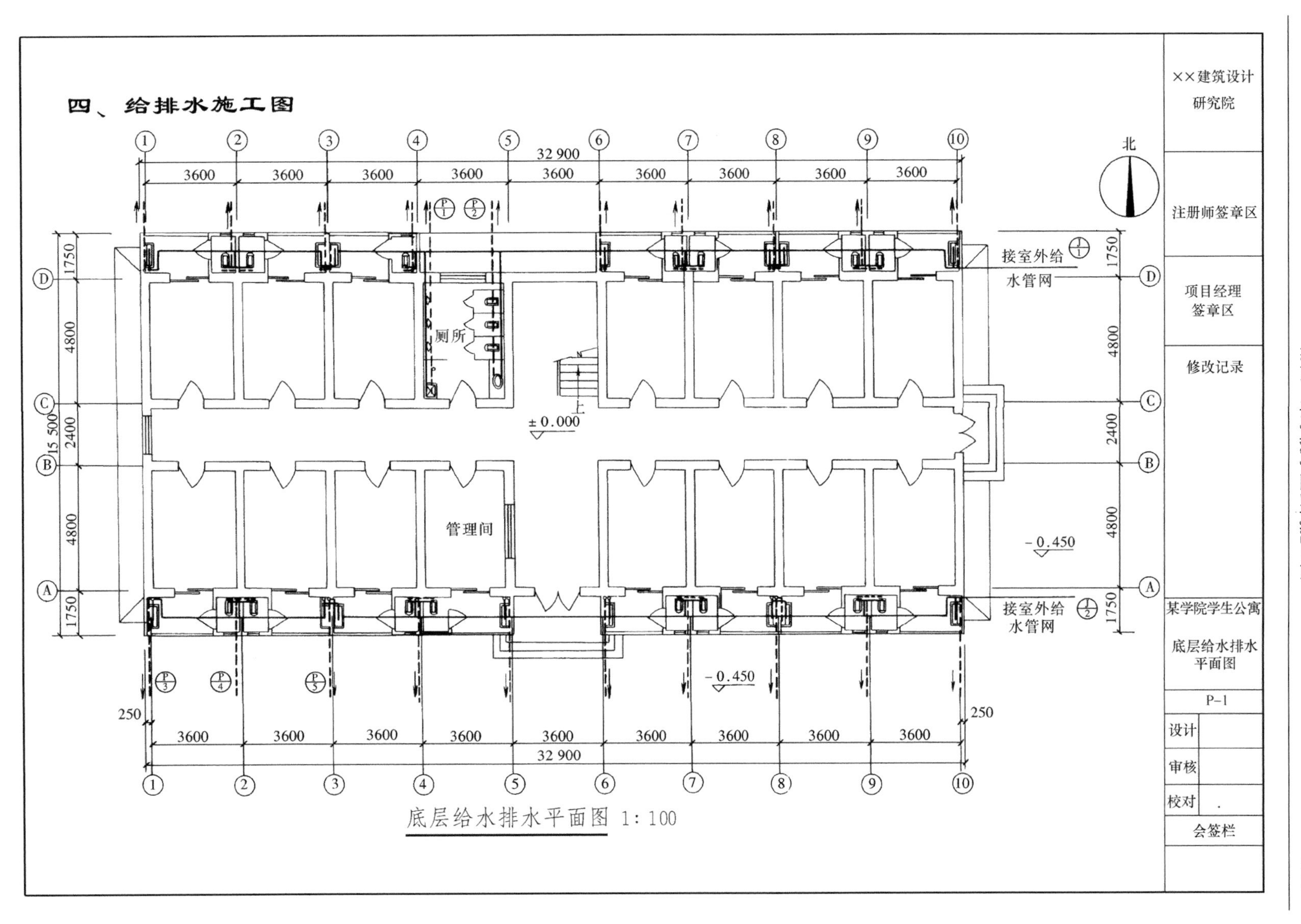

底层给水排水平面图 1:100

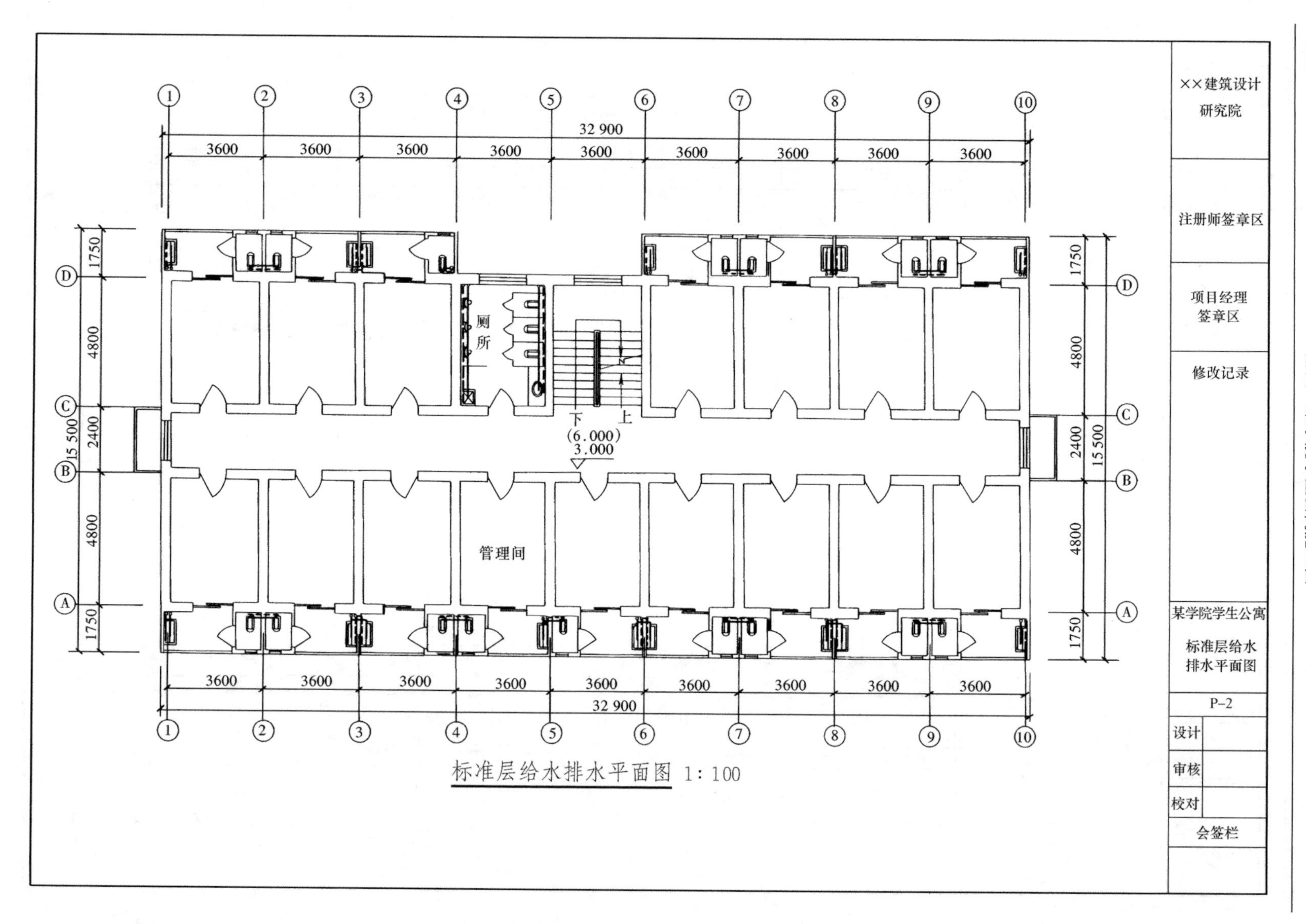

标准层给水排水平面图 1:100

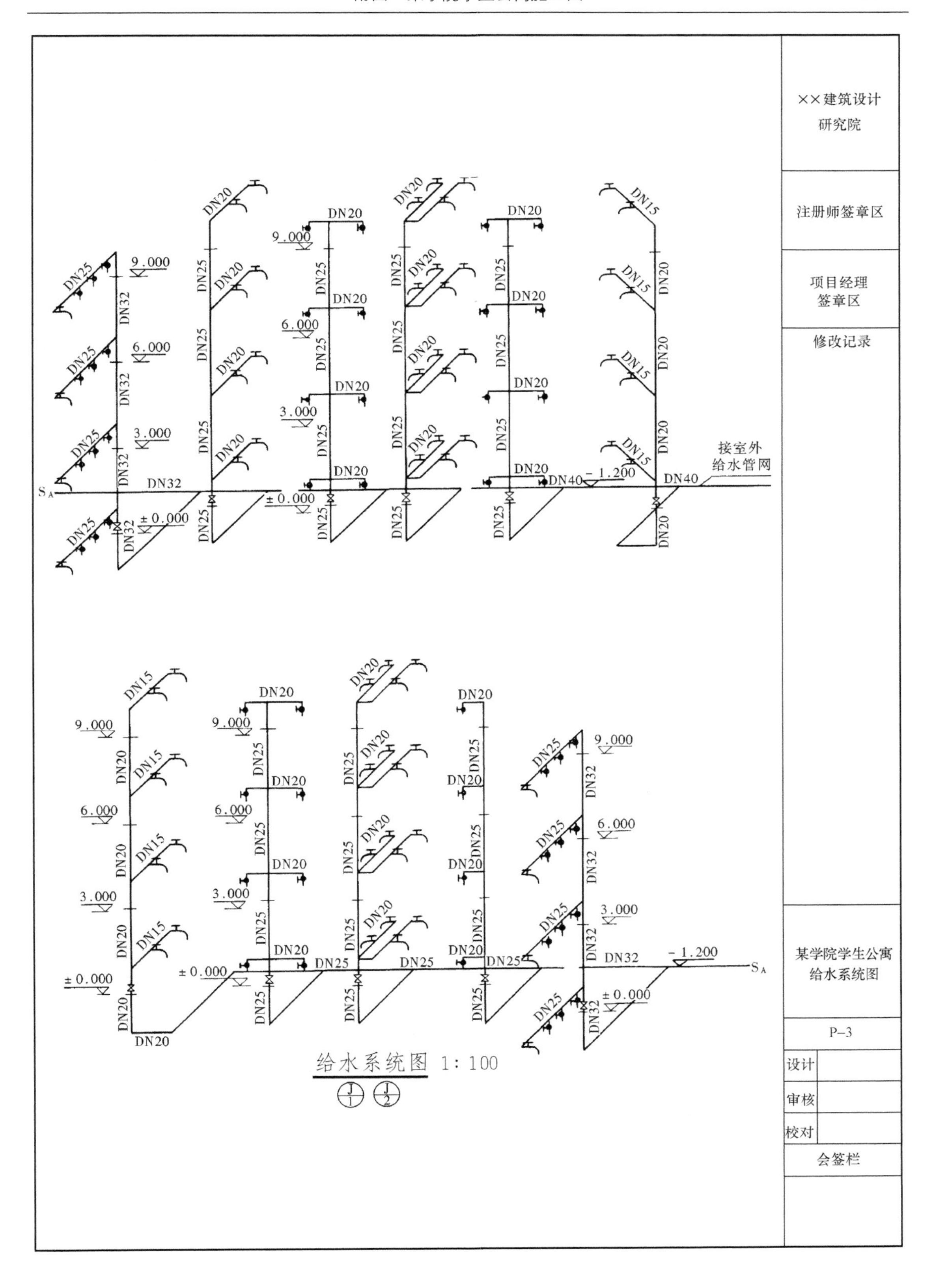
××建筑设计
研究院
注册师签章区
项目经理
签章区
修改记录
某学院学生公寓
给水系统图
P-3
设计
审核
校对
会签栏
接室外
给水管网
9.000
6.000
3.000
±0.000
-1.200
DN15
DN20
DN25
DN32
DN40
给水系统图 1:100

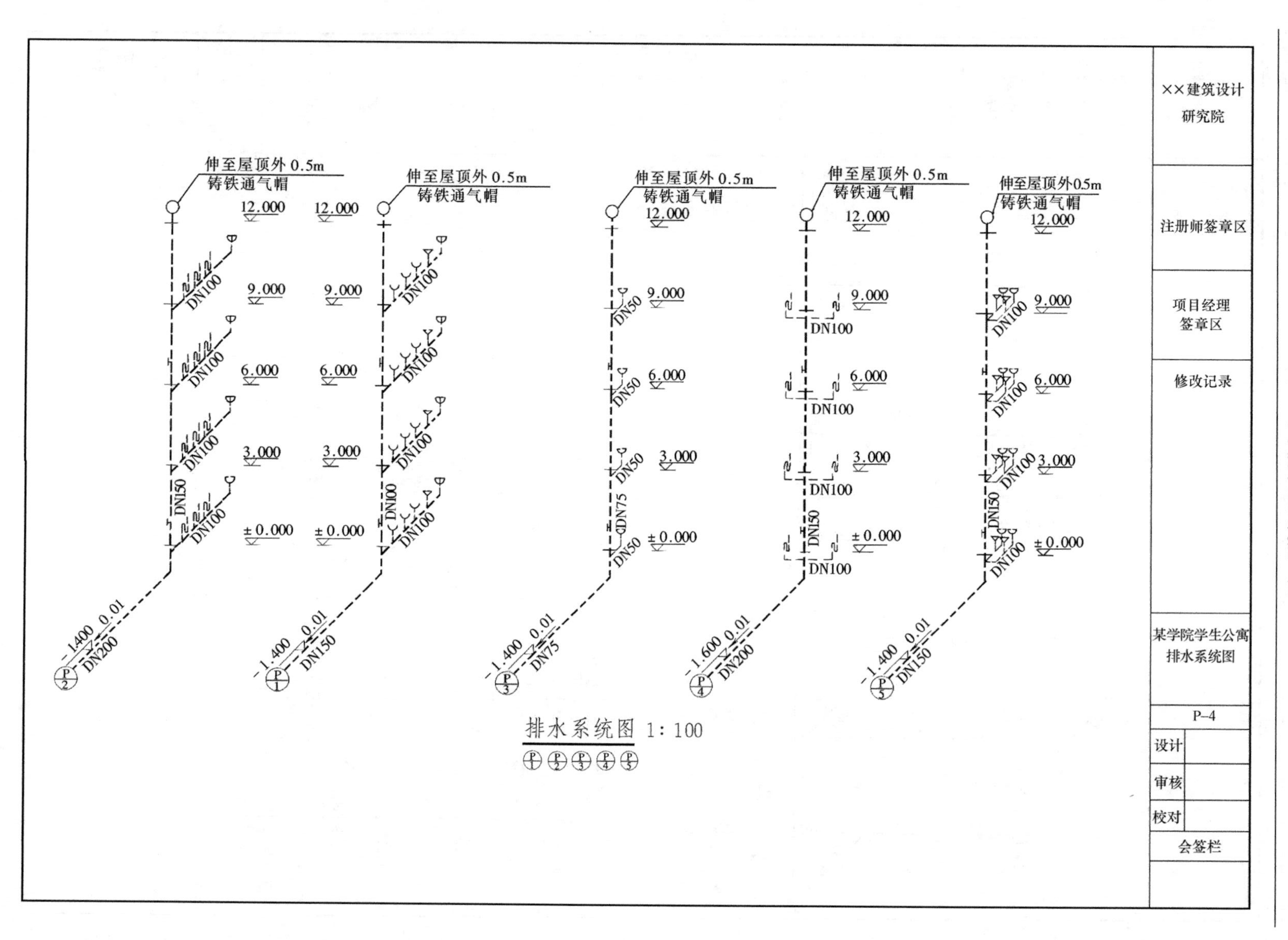

排水系统图 1:100

P1 P2 P3 P4 P5

五、采暖施工图

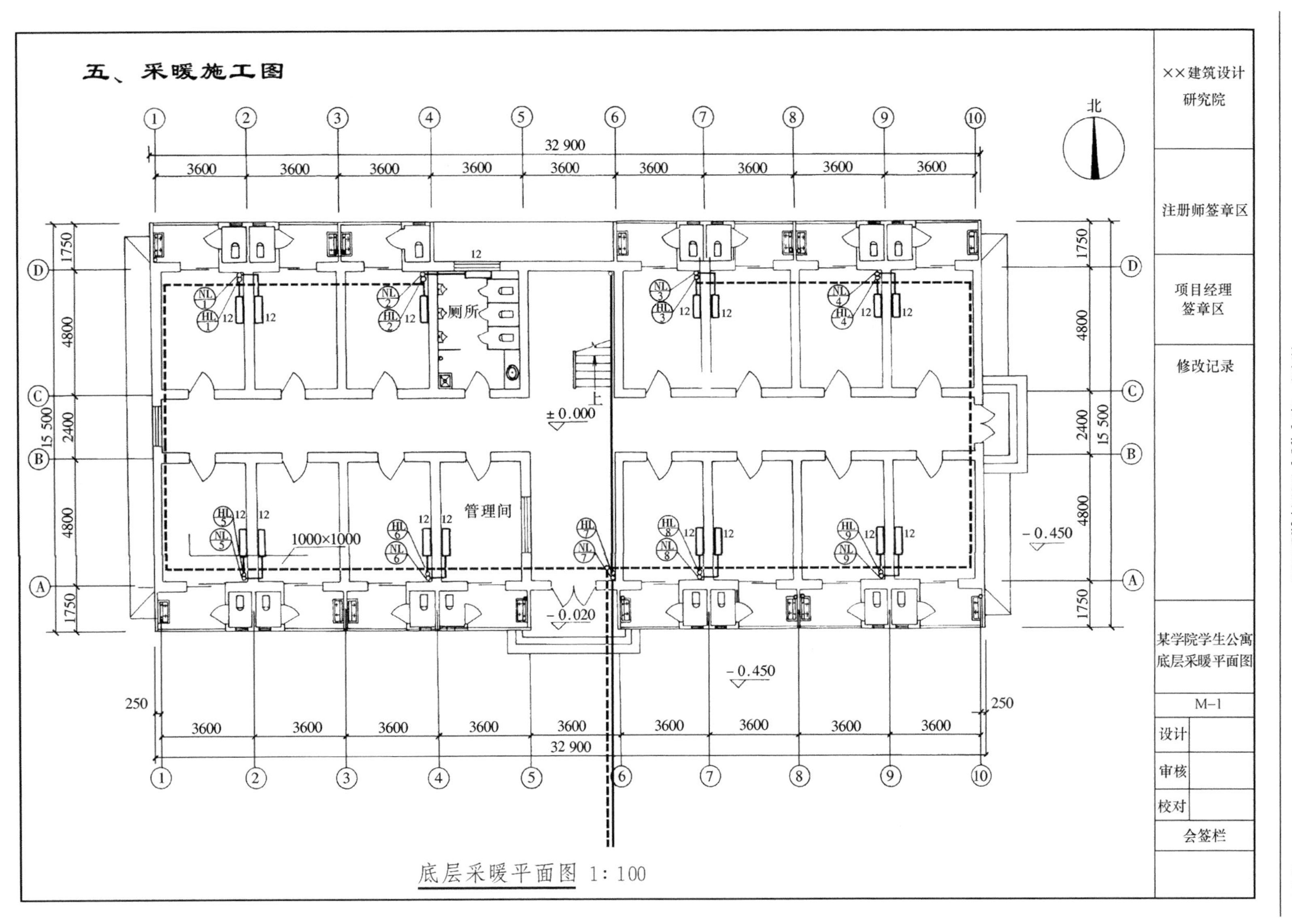

底层采暖平面图　1∶100

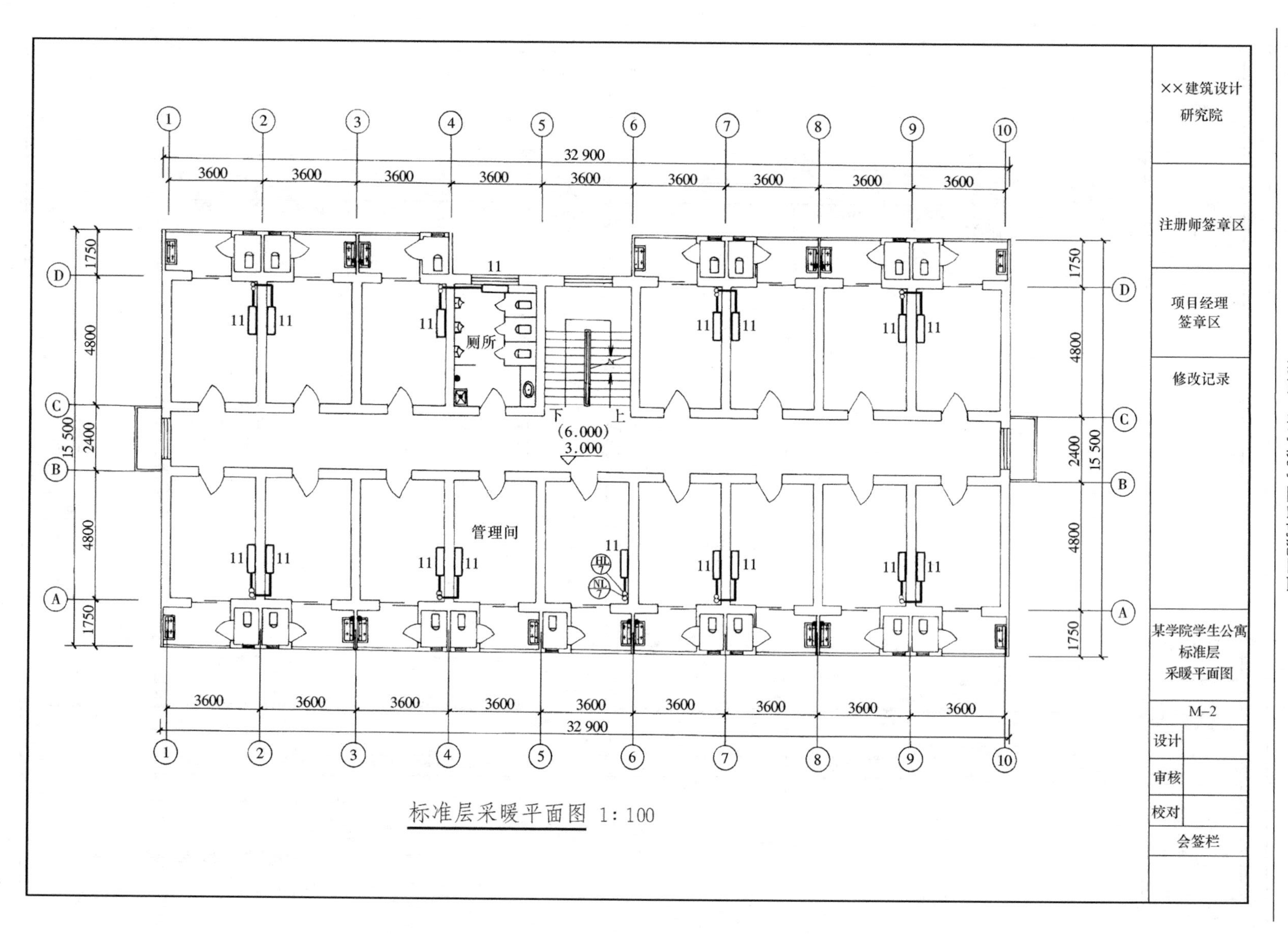

标准层采暖平面图 1:100

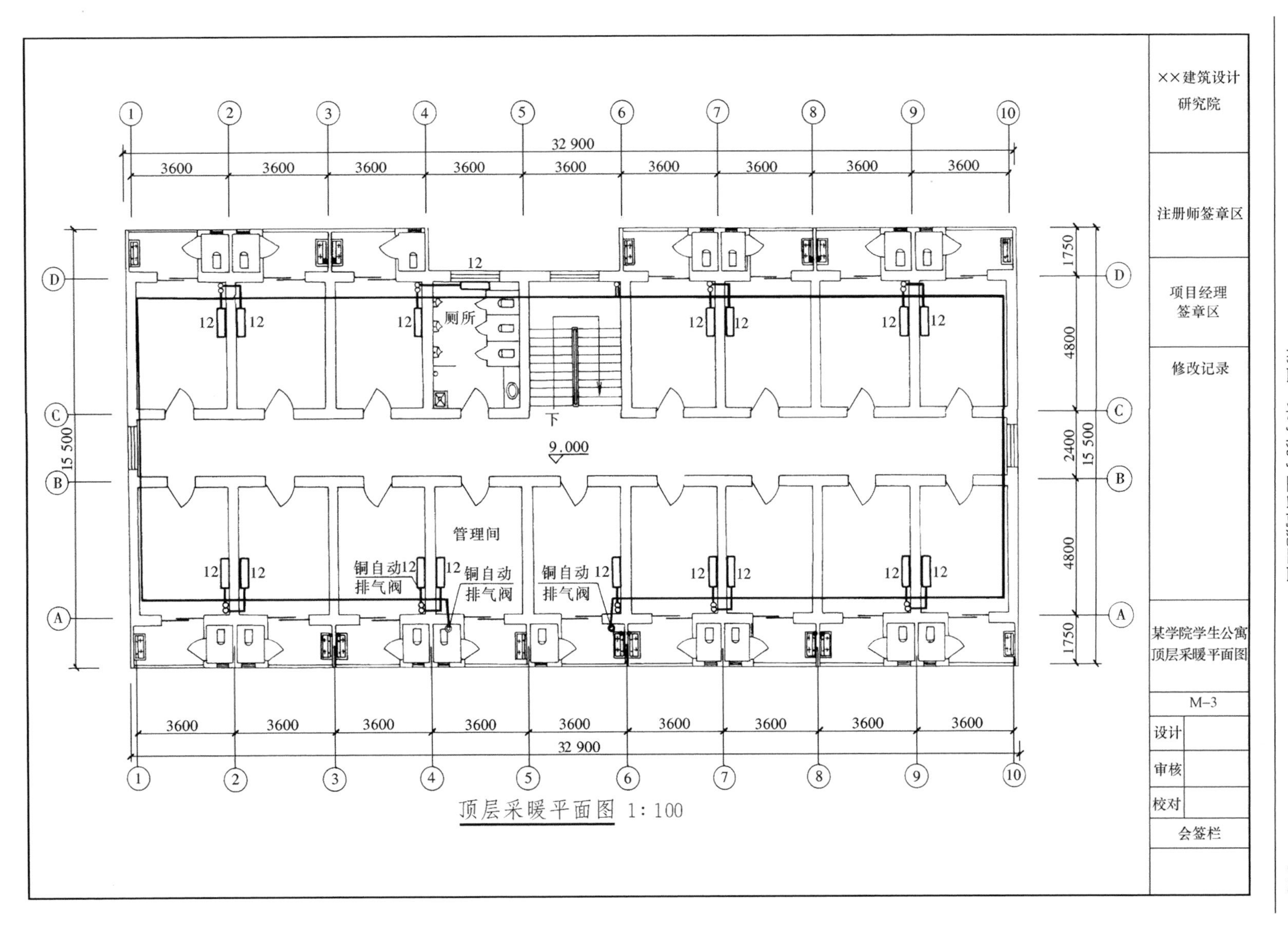

顶层采暖平面图 1∶100

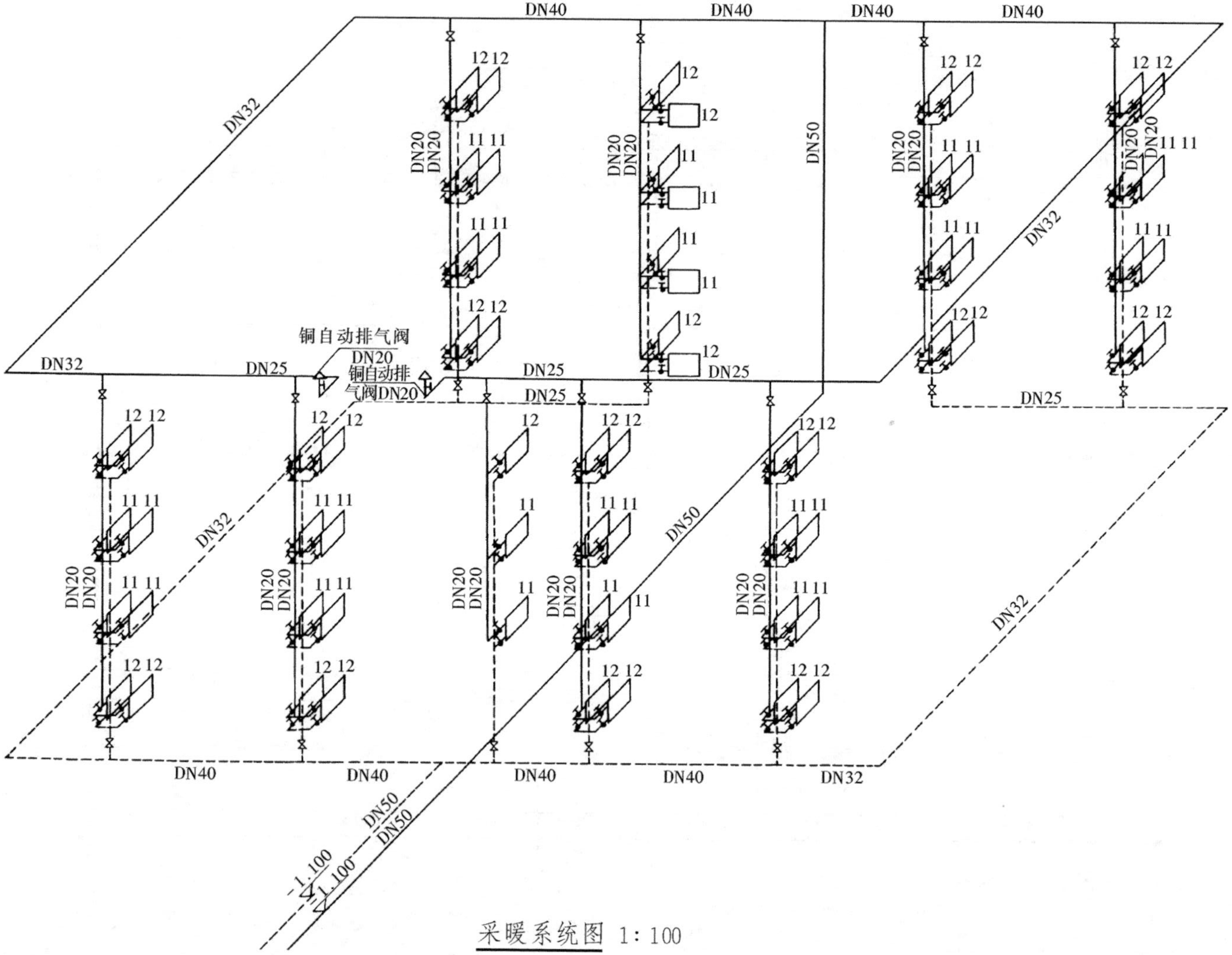
DN40
DN40
DN40
DN40
DN32
DN50
DN32
DN32
DN25
DN25
DN25
DN25
DN25
DN20
DN20
铜自动排气阀
DN20
铜自动排气阀DN20
DN32
DN50
DN32
DN40
DN40
DN40
DN40
DN32
DN50
DN50
-1.100
-1.100
12 12
11 11
12
11

采暖系统图 1:100

××建筑设计研究院	
注册师签章区	
项目经理签章区	
修改记录	
某学院学生公寓采暖系统图	
M-4	
设计	
审核	
校对	
会签栏	

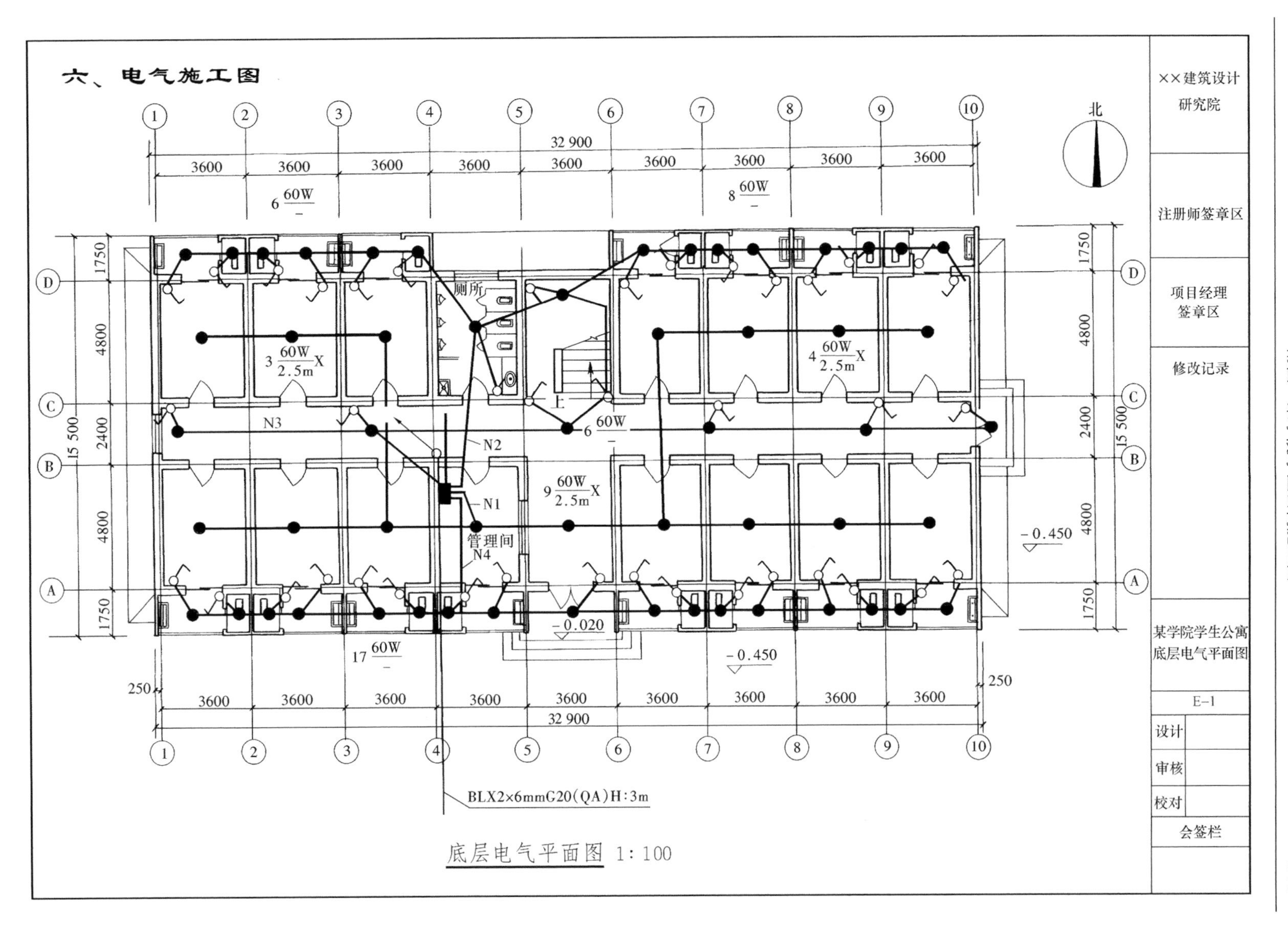
六、电气施工图
××建筑设计研究院
注册师签章区
项目经理签章区
修改记录
某学院学生公寓底层电气平面图
E-1
设计
审核
校对
会签栏
北
32 900
3600
15 500
1750
4800
2400
250
−0.450
−0.020
6 60W/−
8 60W/−
3 60W/2.5m X
4 60W/2.5m X
6 60W/−
9 60W/2.5m X
17 60W/−
厕所
上
管理间
N1
N2
N3
N4
BLX2×6mmG20(QA)H:3m
底层电气平面图 1:100

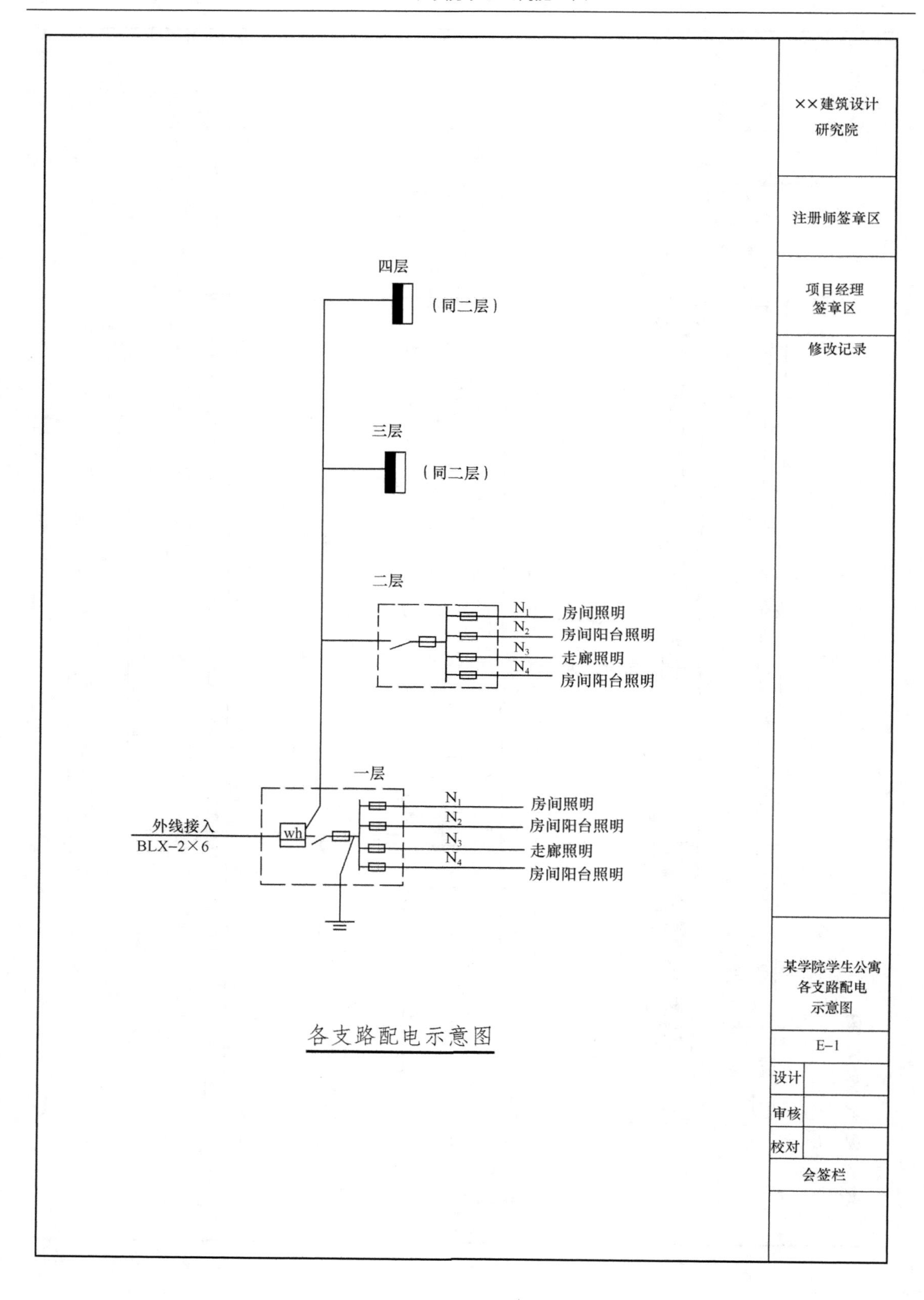
××建筑设计
研究院
注册师签章区
项目经理
签章区
修改记录
四层
（同二层）
三层
（同二层）
二层
N1
房间照明
N2
房间阳台照明
N3
走廊照明
N4
房间阳台照明
一层
外线接入
BLX-2×6
wh
N1
房间照明
N2
房间阳台照明
N3
走廊照明
N4
房间阳台照明
各支路配电示意图
某学院学生公寓
各支路配电
示意图
E-1
设计
审核
校对
会签栏

参　考　文　献

［1］　中华人民共和国住房和城乡建设部．GB/T 50001—2010 房屋建筑制图统一标准．北京：中国计划出版社，2011.

［2］　中华人民共和国住房和城乡建设部．GB/T 50103—2010 总图制图标．北京：中国计划出版社，2011.

［3］　中华人民共和国住房和城乡建设部．GB/T 50104—2010 建筑制图标准．北京：中国计划出版社，2011.

［4］　中国建筑标准设计研究院．GB/T 50105—2010 建筑结构制图标准．北京：中国建筑工业出版社，2010.

［5］　中华人民共和国住房和城乡建设部．GB/T 50010—2010 混凝土结构设计规范．北京：中国建筑工业出版社，2010.

［6］　中华人民共和国住房和城乡建设部．GB/T 50106—2010 建筑给水排水制图标准．北京：中国建筑工业出版社，2010.

［7］　中华人民共和国住房和城乡建设部．JGJ/T 244—2011 房屋建筑室内装饰装修制图标准．北京：中国建筑工业出版社，2011.

［8］　山西省建筑标准设计办公室．DBJT 04—35—2012 山西省工程建设 12 系列建筑标准设计图集．北京：中国建材工业出版社，2013.

［9］　颜金樵．工程制图（含配套的习题集）．北京：高等教育出版社，1998.

(a)

(b)

(c)

(d)

图 16-1　某户型效果图

（a）餐厅；（b）客厅电视墙；（c）客厅；（d）主卧